动态网站与网页设计教学与实践丛书

Flash CS5 中文版入门与提高实例教程

三维书屋工作室

胡仁喜 刘昌丽 杨雪静 等编著

机 械 工 业 出 版 社

本书介绍网页动画创作软件 ——Flash CS5 的基本使用方法与技巧。全书用丰富的实例,大量的图示,详细地介绍了 Flash CS5 的基本功能与技巧。本书从快速入门、技能提高和实战演练 3 个方面介绍了动画制作的完整过程。作者从概念入手，引导读者快速入门，达到灵活应用的目的。本书内容包括 Flash-CS5 的特点与功能,操作环境的基础知识,基本图形与文本的操作,图层、帧、元件、实例和库的使用方法 ，基础动画、交互动画的制作与创建多媒体动画的方法以及如何将制作好的作品导出与发布,最后提供了 6 个当今最流行、也是最经典的综合实例的制作方法。

本书内容翔实,包含了读者多年的网页制作经验,既适合于初级用户入门学习,也适合于中、高级用户作为参考。

图书在版编目(CIP)数据

Flash CS5 中文版入门与提高实例教程/胡仁喜等编著.—北京：机械工业出版社，2010.9
(动态网站与网页设计教学与实践丛书)
ISBN 978-7-111-31722-7

Ⅰ.①F… Ⅱ.①胡… Ⅲ.①动画—设计—图形软件，Flash CS5—教材 Ⅳ.①TP391.41

中国版本图书馆 CIP 数据核字（2010）第 171249 号

机械工业出版社(北京市百万庄大街 22 号 邮政编码 100037)
策划编辑：曲彩云　　责任编辑：曲彩云
责任印制：杨　曦
北京蓝海印刷有限公司印刷
2010 年 9 月第 1 版第 1 次印刷
184mm×260mm ·21.25 印张·521 千字
0001— 4000 册
标准书号：ISBN 978-7-111-31722-7
　　　　：ISBN 978-7-89451-696-1(光盘)
定价：48.00 元（含 1DVD)

凡购本书，如有缺页、倒页、脱页，由本社发行部调换

电话服务	编辑热线:(010)88379782
社服务中心:(010)88361066	网络服务
销 售 一 部:(010)68326294	门户网:http://www.cmpbook.com
销 售 二 部:(010)88379649	教材网:http://www.cmpedu.com
读者服务部:(010)68993821	**封面无防伪标均为盗版**

前　言

Flash CS5 是著名影像处理软件公司 Adobe 最新推出的网页动画制作工具。由于 Flash 所创作的网页矢量动画具有图像质量好、下载速度快和兼容性好等优点，因此它现在已被业界普遍接受，其文件格式已成为网页矢量动画文件的格式标准。和过去的版本相比，Flash CS5 更加确定了 Flash 的多功能网络媒体开发工具的地位。

全书共分 19 章。前 7 章是 Flash CS5 的入门训练，分别介绍了 Flash CS5 的有关概念，基本的操作方法。内容包括 Flash CS5 的特点与功能、基本操作环境等基础知识与基本图形绘制、使用颜色与填充、使用图层与帧、使用元件实例和库等动画制作中常用到的基本操作技巧。第 8～13 章是 Flash CS5 的技巧提高部分，第 8 章介绍了 Flash CS5 的滤镜和混合模式；第 9 章介绍了 Flash 基础动画的创作过程，内容包括运动动画、形变动画、色彩动画、遮罩动画以及关键帧动画等基础动画的创作；第 10、11 章主要介绍交互动画的制作以及 Flash 自带的脚本语言的相关知识；第 12 章介绍了如何创建多媒体的动画，如何通过向 Flash 动画中添加声音、视频以及组件美化和修饰创作的作品，使得创作的作品更生动、更活泼；第 13 章介绍了如何将制作好的作品导出与发布；第 14～19 章提供了 6 个当今最流行也是最经典的综合实例，带领读者一起去创作 Flash 作品。附录部分提供动画创作常用命令的快捷键一览表，使读者能够从中快速查到相应命令的快捷键，方便操作中使用。

本书力求内容丰富、结构清晰、实例典型、讲解详尽、富于启发性；在风格上力求文字精炼、脉络清晰。另外，在文章中包括了大量的“注意”与“技巧”，它们能够提醒读者注意可能出现的问题、容易犯下的错误以及如何避免，还提供操作上的一些捷径，使读者在学习时能够事半功倍，技高一筹。在每一章的末尾，还精心设计了一些“动手练一练”，读者可以通过这些操作熟悉、掌握本章的操作技巧和方法。

本书面向初中级用户、各类网页设计人员，也可作为大专院校相关专业师生或社会培训班的教材。对于初次接触 Flash 的读者，本书是一本很好的启蒙教材和实用的工具书。通过书中一个个生动的实际范例，读者可以一步一步地了解 Flash CS5 的各项功能，学会使用 Flash CS5 的各种创作工具，掌握 Flash CS5 的创作技巧。对于已经使用过 Flash 早期版本的网页创作高手来说，本书将为他们尽快掌握 Flash CS5 的各项新功能助一臂之力。

为了配合各学校师生利用此书进行教学的需要，随书配赠多媒体光盘，包含全书实例操作过程配音讲解录屏 AVI 文件和实例结果文件和素材文件，以及与 Flash 相关的另两个著名软件 Dreamweaver 与 Fireworks 的相关操作实例的源文件和操作过程讲解录屏 AVI 文件，总时长达 200 多分钟。光盘内容丰富，包涵广泛，是读者配合本书学习的最方便的帮手。还为授课老师的教学准备了 Powerpoint 多媒体电子教案，需要时可以联系作者索取。

本书由三维书屋工作室策划，主要由胡仁喜、刘昌丽和杨雪静编写。参与本书编写的还有王佩楷、袁涛、王玉秋、李鹏、周广芬、周冰、李瑞、董伟、王培合、王艳池、路纯红、王兵学、王敏、王义发、郑长松、孟清华、李广荣等。

书中主要内容来自于作者几年来使用 Flash 的经验总结，也有部分内容取自于国内外有关文献资料。虽然笔者几易其稿，但由于时间仓促，加之水平有限，书中纰漏与失误在所难免，恳请广大读者联系 win760520@126.com 提出宝贵的批评意见。欢迎登录 www.sjzsanweishuwu.com 进行讨论。

作　者

目 录

第 1 篇 Flash CS5 快速入门

第 1 章

Flash CS5 概述

本章将向读者介绍 Flash 的基本情况，内容包括 Flash 的软件特色、文件类型、Flash CS5 的新增功能与新特性以及 Flash CS5 的应用范围等知识。

学习要点

- 了解 Flash 的软件特色。
- 掌握 Flash 的文件格式。
- 了解 Flash CS5 比以往 Flash 版本的新增功能与新特性。
- 了解 Flash CS5 的应用范围。

1.1 Flash 的特色

Flash 是制作网络交互动画的优秀工具，它支持动画、声音以及交互，具有强大的多媒体编辑功能，可以直接生成主页代码。

针对目前网络传输速度的问题，Flash 通过使用矢量图形和流式播放技术克服了这一缺点。基于矢量图形的 Flash 动画在尺寸上可以随意调整缩放，而不会影响图形文件的大小和质量，流式技术允许用户在动画文件全部下载完之前播放已下载的部分，而在播放中下载完剩余的动画。

Flash 提供的透明技术和物体变形技术使创建复杂的动画更容易，给 Web 动画设计者丰富想象提供了实现手段；交互设计可以让用户随心所欲控制动画，赋予用户更多主动权；优化界面设计和强大的工具使 Flash 更简单实用。同时，Flash 还具有导出独立运行程序的能力，其优化下载的配置功能更令人为之赞叹。可以说，Flash 为制作适合网络传输的 Web 动画开辟了新的道路。

值得强调的是，由于 Flash 记录的只是关键帧和控制动作，所生成的编辑文件(*.fla)尤其是播放文件(*.swf)非常小巧，这些正是无数 Web 页设计者所孜孜以求的。而且 Flash 格式已经作为开放标准发布，并将获得第三方软件的支持。最新推出的 Flash CS5 允许开发者将他们的新旧 Flash 作品直接转换成 HTML5 Canvas 格式并粘贴到网页上。这就使得那些支持 HTML5 格式的浏览器可以在不安装 Flash 插件的前提下直接播放 Flash 动画。目前各大顶级浏览器都增加了对 HTML5 Canvas 格式的支持，今后，开发者们将可以更加方便地在网页上展示他们的作品，Flash 动画必将获得更加广泛的应用。

1.2 Flash CS5 新特性与新功能

在 Flash CS4 的基础上，Flash CS5 在众多功能上都有了有效的改进，本节将介绍 Flash CS5 的一些较为重要的新功能与特性。Flash 版本有多个，如果不作特殊说明，本书提到的 Flash 或 Flash CS5 均指 Flash Professional CS5 简体中文版。

1.2.1 代码片断面板

针对 Flash 设计人员，Flash CS5 增强了代码易用性方面的功能，比如以前只有在专业编程的 IDE 才会出现的代码片断库，现在也出现在 Flash CS5 中。Flash CS5 代码库可以让用户方便地通过导入和导出功能，管理代码。通过将预建代码注入项目，可以让用户更快更高效地生成和学习 ActionScript 代码，为项目带来更大的创造力。

1.2.2 改进的 ActionScript 编辑器

Flash CS5 增强了 ActionScript 编辑器代码提示功能，很多开发人员熟知的但在之前的Flash IDE中没有体现的功能被增加进来，包括自定义类的导入和代码提示，已经完全支持代码提示及自动代码补全功能，且同样支持扩展类库的代码。借助经过改进的ActionScript 编辑器，开发人员在Flash IDE中编码有体验Flash Builder的感觉，可以加快开发流程。

1.2.3 基于XML的FLA源文件

一般开发者会把所有项目相关的资源存放在同一个文件夹内，而现在Adobe软件会自动生成一个xml文件来描述这些内容的组织关系。这个自动生成的XML文件即.xfl文件。

XFL格式是XML结构。从本质上讲，它是一个所有素材及项目文件，包括XML元数据信息为一体的压缩包。它也可以作为一个未压缩的目录结构单独访问其中的单个元素使用。使用 XFL 文件，开发者可以轻松地将项目添加到各种版本管理系统中，比如 SVN 及 GIT，使用源控制系统管理和修改项目，可以更轻松地实现文件协作。而图片资源在 XFL 文件中则是使用FXG格式来描述，FXG格式可以从InDesign，Photoshop及 Illustrator 中导出。

XFL文件格式是开放的，也就是说其他的应用也可以使用它。在开放格式的情况下，一切都有可能发生。

1.2.4 多平台内容发布

Flash CS5增强了广泛的内容分发功能，可以实现跨任何尺寸屏幕的一致交付（包括 iPhone），将 Adobe Device Central 用于增强测试。

1.2.5 骨骼工具大幅改进

Flash CS5中加入的骨骼动画控制，作为动画创作功能补充，可以说是史无前例的。骨骼动画工具大大地提高了动画制作的效率。

Flash CS5增强了骨骼工具功能，添加了一些物理特性在混合器中。借助为骨骼工具新增的动画属性，设计者可以为每一个关节设置弹性，从而创建出更逼真的反向运动效果。

1.2.6 增强的Deco喷涂工具

使用 Deco 工具可以将任何元件转变为即时设计元素，并应用于喷涂刷工具和装饰工具。针对设计师，Flash CS5 为 Deco 工具新增了一整套刷子，点击库中的资源即可直接在photoshop中编辑它们，为任何设计元素添加高级动画效果。

1.2.7 新的文本布局引擎（TLF）

针对设计师，Flash CS5增加了新的Flash文本布局框架，包含在文本布局面板中。

通过新的文本布局框架，用户可以借助印刷质量的排版全面控制文本内容。

例如，现在在 Flash CS5 中可以使用 InDesign 或 Illustrator 用户熟悉的链接式文本了。在 Flash CS5 中，垂直文本、外国字符集、间距、缩进、列及优质打印等文本布局方面都有所提升，用户可以轻松控制打印质量及排版文本。

1.2.8 视频改进

Flash CS5 进一步增强了视频支持功能，借助舞台视频擦洗和新提示点属性检查器，简化了视频流程。

FLVPlayback 组件完美地整合了提示点编辑功能，支持通过添加采样点来剪切影片，现在不需要太多的编程即可实现高级的视频编辑应用。FLVPlayback 还添加了迷你系列的皮肤，使控件皮肤可以更少地占用屏幕空间。

此外，还可以直接在舞台中播放视频，且视频支持透明度，这意味着用户可以更容易地通过图片资源校准视频。

1.2.9 与 Flash Builder 完美集成

Flash CS5 的新功能和新特性主要是面对开发者进行改进。Flash CS5 对开发人员更加友好，可以将 Flash Builder 用作 Flash 项目的 ActionScript 主编辑器，和 Flash Builder 协作来完成项目。使用 Flash CS5，还可以通过它的新的导出对话框建立一个新的 FlashBuilder 项目。

可以在 Flash 中完成创意，在 Flash Builder 完成 Actionscript 的编码。如果使用 FlashBuilder，只需要定位到 FLA 文件，就可以轻松创建一个 FlashBuilder 项目并且包含这个文件。更重要的是，可以在 Flash Builder 中调试和测试性能。这样就创建了一个非常好的工作流程，使用 FlashBuilder 来编码，使用 Flash IDE 测试和导出。

1.2.10 增强的 Creative Suite 集成

可以从 Photoshop CS5 Extended、Illustrator CS5 或 InDesign CS5 等 Adobe Creative Suite® 组件导入设计，然后使用 Flash 添加交互性和动画，无需编写代码，就可完成互动项目，提高工作效率。

Flash CS5 还可以与 Flash Catalyst CS5 完美集成，将开发团队中的设计及开发快速串联起来。

Flash CS5 的新功能还不止上述介绍的这些。在增加软件的新功能和新特性的同时，Flash CS5 还弃用了一些不常用或不好用的功能，例如，无法在 Flash CS5 中打开或创建基于屏幕的 Flash 文档；已从“组件”面板中删除 ActionScript 2.0 数据组件；不再支持导入 FreeHand、PICT、PNTG、SGI 和 TGA 文件；不再导出 EMF 文件、WMF 文件、WFM 图像序列、BMP 序列或 TGA 序列；由于新的默认 FLA 文件格式包含 XFL 格式的数据，因此不必执行“保存并压缩”命令。

总的来说，Flash CS5 的改进还是十分令人兴奋的，它在动画制作功能上的改进，使得动画行业可以用以节省成本，提高制作效率。

1.3 Flash CS5 的应用

用Flash软件制作完一个动画，存到文件夹中时，它的格式是.fla。当在浏览器中浏览.fla格式的Flash动画时，.fla格式的动画会自动打包，生成.swf格式的动画文件存到用户当前的目录下，.swf 可以直接通过 Flash 自身的播放器来播放，可以直接被 Dreamweaver 网页制作软件使用，当用户浏览网页时，会很轻松的看到自己制做的 Flash 动画。

Flash 软件主要用于动画制作，使用该软件可以制作出网页互动动画，还可以将一个较大的互动动画作为一个完整的网页。

Flash 还被广泛用于多媒体领域，如交互式软件开发、产品展示等多个方面。在 Director 及 Authorware 中，都可以导入 Flash 动画。随着 Flash 的广泛使用，出现了许多完全使用 Flash 格式制作的多媒体作品。由于 Flash 支持交互和数据量小等特性，并且不需要媒体播放器之类软件的支持，这样的多媒体作品取得了很好的效果，应用范围不断扩大。

1.4 思考题

1. 什么是 Flash？它是怎么出现的？
2. Flash 软件的特色有哪些？
3. 与以往的版本相比，Flash CS5 增加了哪些新功能和新特点？
4. Flash 软件都用在哪些方面？

第 2 章

Flash CS5 基础

本章将向读者介绍 Flash CS5 的操作界面以及如何对 Flash CS5 的工作环境进行相关的设置。内容包括：菜单栏、工具栏、绘图工具箱、时间轴线、工作区域、组件库等工作环境里的各菜单或按钮的命令介绍，以及时间轴、工具栏、工具面板、工作参数、快捷键、动画属性和工作区网格等工作环境的设置。

学习要点

- 熟悉 Flash CS5 的工作环境。
- 掌握 Flash CS5 环境设置的基本内容。

2.1 Flash CS5 的工作环境

在启动 Flash CS5 后，执行“文件”|“新建”命令，在弹出的“新建文档”对话框中选择“Flash 文件（ActionScript 3.0）”或“Flash 文件（ActionScript 2.0）”，单击“确定”按钮进入 Flash CS5 中文版的工作界面，如图 2-1 所示。

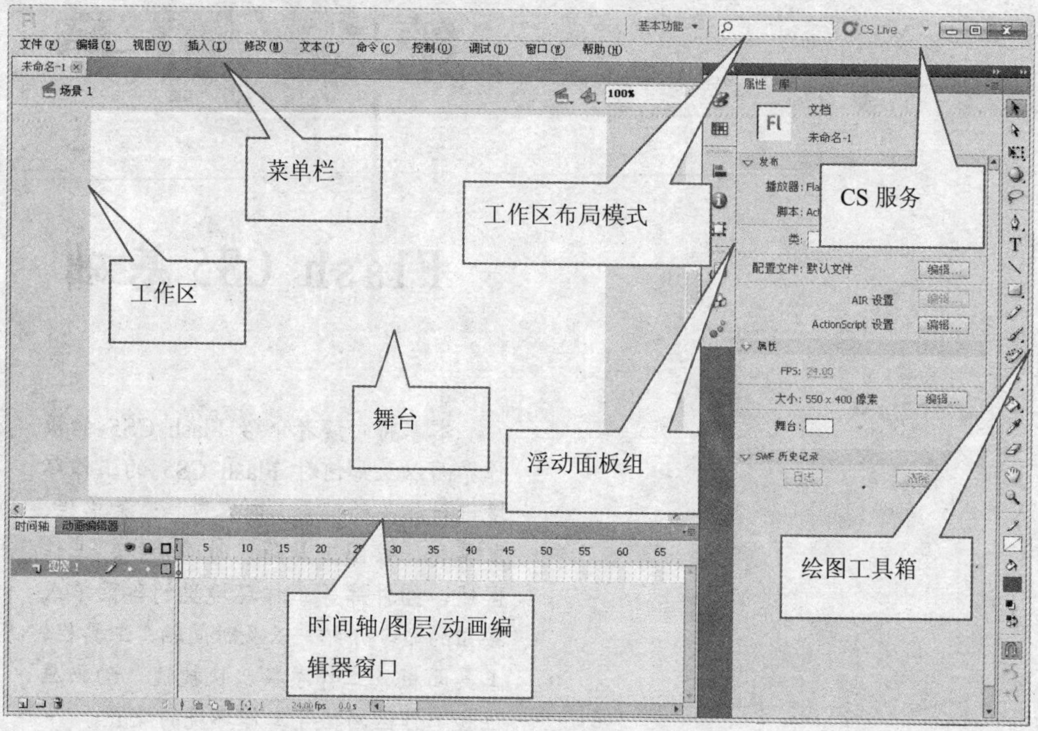

图 2-1 Flash CS5 界面

相比较于早期的版本，Flash CS5 的时间轴窗口被放到了工作区下方，工具栏和原本位于工作区下方的属性栏都放到了工作区右侧，作为浮动面板集合在一起，更能提升效率。由于动画方式的改进，Flash CS5 还多了一个动画编辑窗口和一个动画预设窗口。一些常用的面板也默认以图标的形式显示在舞台右侧，如动画预设、变形、信息、对齐、颜色、样本，以及 Flash CS5 新增的“代码片断”面板。

单击 CS Live 按钮，可以访问 Adobe® Creative Suite® 5 在线服务。这些服务使用户能够快速增强现有工作流程。

2.1.1 标题栏

标题栏在整个屏幕的最上方。与以往版本相比，Flash CS5 对界面进行了优化，把菜单栏与标题栏合在一起，使得界面整体感觉更为人性化，工作区域进一步扩大。窗口栏的右侧新增的搜索栏，可以使用户很方便地搜索到官网上有关的帮助信息。

在 Flash CS5 中，工作区预设外观模式增加到了 7 种（动画、传统、调试、设计人员、开发人员、基本功能、小屏幕），方便不同的用户群的喜好选择。单击标题栏右上角的“基本功能”按钮，可以快速更换工作区外观模式。

2.1.2　菜单栏

标题栏的下面就是菜单栏，如图 2-2 所示。菜单是应用程序中最基本、最重要的部件之一，除了某些特殊要求需要鼠标操作之外，绝大部分的功能都可以在菜单中实现。因此，只要熟练掌握每个菜单及其子菜单的使用规则与大致功能，基本上学会 Flash CS5 也就成功了一大半！

文件(F) 编辑(E) 视图(V) 插入(I) 修改(M) 文本(T) 命令(C) 控制(O) 调试(D) 窗口(W) 帮助(H)

图 2-2 菜单栏

1. 文件菜单

其作用包括文件处理、参数设置、输入和输出文件，、发布、打印等功能。如图 2-3 所示。下面逐一介绍：

- “新建”：创建一个新的 Flash 文档。
- “打开”：打开一个已有的 Flash 项目。
- “从站点打开”：从已创建的站点中选择一个 Flash 文件，并打开。
- “打开最近的文件”：打开最近使用过的 Flash 文件。
- “关闭”：关闭当前 Flash 文件。
- “全部关闭”：关闭所有 Flash 文件。
- “保存”：保存当前文件。
- “保存并压缩”：保存当前 Flash 工作并压缩。
- “另存为”：可命名一个新的文件或者重新命名一个已有的文件。
- “另存为模板”：将当前 Flash 文件保存为模板
- “全部保存”：保存当前打开的所有 Flash 文件。
- “还原”：还原到上次保存过的文件。
- “导入”：导入声音、位图、QuickTime 视频和其他文件。
- “导出”：分为电影和图像的导出。

导出影片：将当前 Flash 项目导出为 Flash 电影、QuickTime 电影、具有动画效果的 GIF 或者其他具有动画效果的片段。

导出图像：根据舞台上的内容创建一个无动画效果的图像。

- “发布设置”：调整设置以便将 Flash 项目发布为 HTML、QuickTime 或其他格式。
- “发布预览”：打开一个子菜单，该子菜单可创建一个临时预览文件。
- “发布”：将您的作品发布出去。
- “AIR 设置”：配置 AIR 程序文件。在 AIR 程序配置完成后，软件会自动启动 Adobe CONNECTNOW 程序，把注册地址发送给对方。
- “文件信息”：设置 Flash 文件的元数据。
- “共享我的屏幕”：该功能与微软发布的 Share 桌面软件的功能相似。通过该菜单项用户可以启动 Adobe CONNECTNOW 程序，成功登录之后可以在 Web 上与最多 3 人共享您的屏幕，使用音频、聊天、视频和白板功能与远程用户进行协作。

- “页面设置”：设置打印选项。
- “打印”：打印项目框架。
- “发送”：将当前文档附在电子邮件后面。
- “退出”：关闭程序。

注意：用“保存”和“另存为…”保存的.fla 文件只是用户作品的源文件，而用“导出电影”输出的.swf 文件才是最后影片，最后作品也可用“发布”输出，不过要首先把“发布设置”设置好。

2．编辑菜单

编辑菜单中的选项将帮助用户处理文件，如图 2－4 所示。包括：

- “撤消”：撤消上一次操作。
- “重复”：恢复刚刚撤消的操作。
- “剪切”：剪切所选的内容并将它放入剪贴板。
- “复制”：复制所选的内容并将它放入剪贴板。
- “粘贴到中心位置”：将当前剪贴板中的内容粘贴到舞台中心位置。
- “粘贴到当前位置”：将剪贴板中的内容粘贴到当前复制或剪切的位置。
- “选择性粘贴”：设置将剪贴板中的内容插入文档中的方式。
- “清除”：删除舞台中所选的内容。
- “直接复制”：创建舞台中所选内容的副本。
- “全选”：选择舞台中的所有内容。
- “取消全选”：取消对舞台中所选内容的选择。
- “查找和替换”：对文档中的文本、图形、颜色等对象进行查找和替换操作。
- “查找下一个”：查找相关的下一个对象。
- “时间轴”：对帧进行复制，剪切，删除，移动等操作。
- “编辑元件”：将上次编辑过的元件重新放回元件编辑模式，以便编辑它的舞台和时间线。
- “编辑所选项目”：将所选的元件放入元件编辑模式。
- “全部编辑”：使所有内容可编辑。
- “首选参数”：对操作的环境进行参数选择。
- “自定义工具面板”：对工具面板的内容进行重新设置。
- “字体映射”：对字体进行映射操作。
- “快捷键”：设置常用的快捷键。

技巧：通过“首选参数”命令可以从打开的“首选参数”对话框里，重新设定允许的最多撤销步骤数，如图 2-5 所示。

3．视图菜单

视图菜单中的选项用于控制屏幕的各种显示效果，它可控制文件的外观。如图 2-6 所示，它包括显示比例、显示轮廓及实现栅格的鼠标作图时的“捕捉(Snap)”功能，但所有这些都是为了设计制作的方便，不用担心其会对作品有什么不良影响。

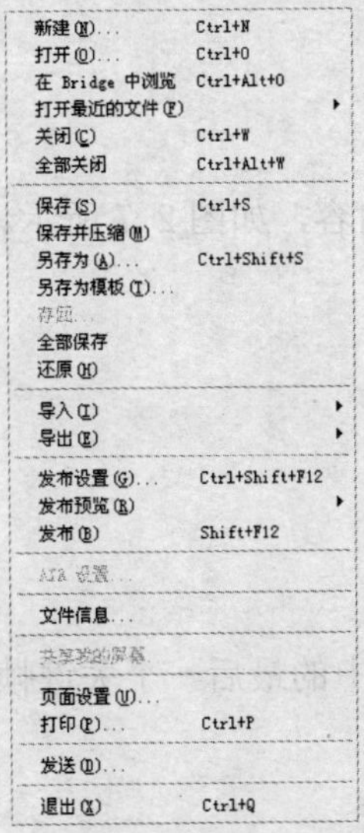

图 2-3 文件菜单

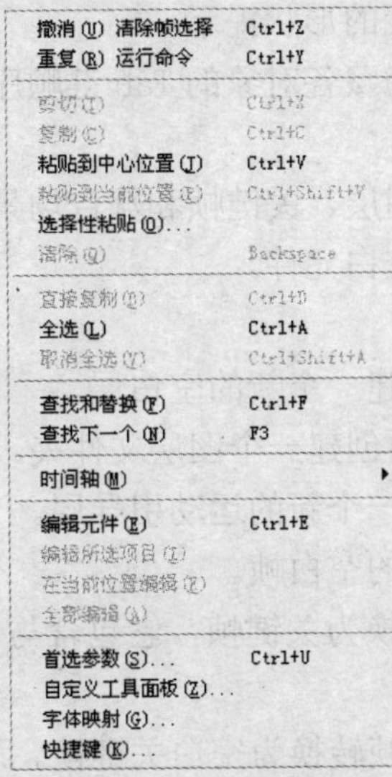

图 2-4 编辑菜单

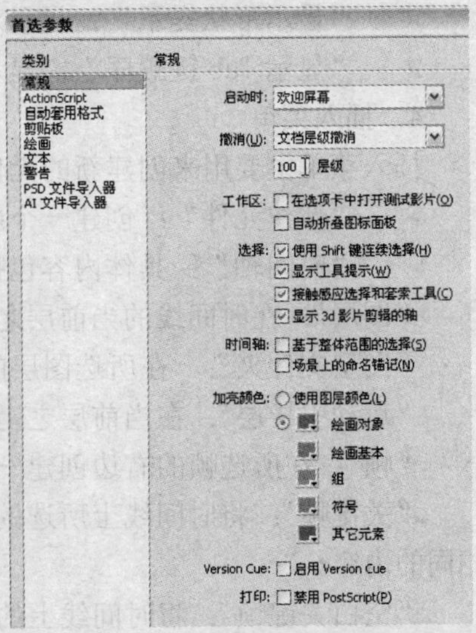

图 2-5 修改撤销次数

- “转到”：带有一个可导航到电影中的任意帧或舞台的子菜单。
- “放大”：将舞台进行放大。
- “缩小”：将舞台进行缩小。
- “缩放比率”：对舞台进行相应比率缩放。
- “预览模式”：包括以下几个方面：

“整个”：使舞台和工作区域中的所有对象可见；

“轮廓”：将所有的舞台对象转化为无填充的轮廓以便于快速重绘；

“高速显示”：关闭消锯齿功能以便于对象的快速重绘；

“消除锯齿”：对除了文本以外的所有对象的边缘进行平滑处理；

“消除文字锯齿”：为包括文本在内的全部舞台对象使用消锯齿功能。

- “粘贴板”：显示或隐藏工作区域。
- “标尺”：显示或隐藏水平和垂直标尺。
- “网格”：显示或隐藏网格。
- “辅助线”：显示、锁定或编辑辅助线。
- “贴紧”：将各个元素彼此自动对齐。包括以下几个选项：

“贴紧至对象”：将对象沿着其他对象的边缘直接与它们贴紧。

“贴紧至像素”：在舞台上将对象直接与单独的像素或像素的线条贴紧。

“贴紧至网格”：使用网格精确定位或对齐文档中的对象。

“贴紧至辅助线”：使用辅助线精确定位或对齐文档中的对象。

“贴紧对齐”使您可以按照指定的贴紧对齐容差、对象与其他对象之间或对象与舞台边缘之间的预设边界对齐对象。

“编辑贴紧方式”：编辑以上各种贴紧方式的参数。

➢ “隐藏边缘”：显示或隐藏项目边缘。

➢ “显示形状提示”：显示对象上的形状提示。

➢ “显示 Tab 键顺序”：显示或隐藏各对象的 Tab 键顺序。

4. 插入菜单

插入菜单主要用来创建新的元件、图层、关键帧和舞台场景等内容，如图 2-7 所示。

➢ “新建元件”：创建一个新的空白元件。

➢ “时间轴”：具体内容包括：

“图层”：在时间线的当前层之上创建一个新的空白层。

“图层文件夹”： 在所选图层的上面创建一个图层文件夹。

“运动引导层”：在当前层之上创建一个新的运动引导层。

“帧”：在所选帧的右边创建一个新的空白帧。

“关键帧”：将时间线上所选的帧转换为关键帧，它包含与该层中的最后一个关键帧相同的内容。

“空白关键帧”：将时间线上的所选帧转换为空白关键帧。

注意：在 Flash CS5 中，已取消“时间轴特效”。

➢ “补间动画”：该功能是在 Flash CS5 Professional 中引入的，基于对象的动画形式。与传统补间相比，功能强大且易于创建。

通过补间动画可对补间的动画进行最大程度的控制。补间动画提供了更多的补间控制，而传统补间提供了一些用户可能希望使用的某些特定功能。

➢ “补间形状”：在关键帧之间的帧中创建从一个关键帧到下一个关键帧的外形渐变动画。

➢ “传统补间”：该动画形式即 Flash 早期版本中的作用于关键帧的补间动画形式。传统补间与补间动画类似，但在某种程度上，其创建过程更为复杂，也不那么灵活。不过，传统补间所具有的某些类型的动画控制功能是补间动画所不具备的。

➢ “场景”：在 Flash 文件中插入新的舞台场景。

5. 修改菜单

使用修改菜单设置不同的 Flash 属性，如图 2-8 所示。包括：

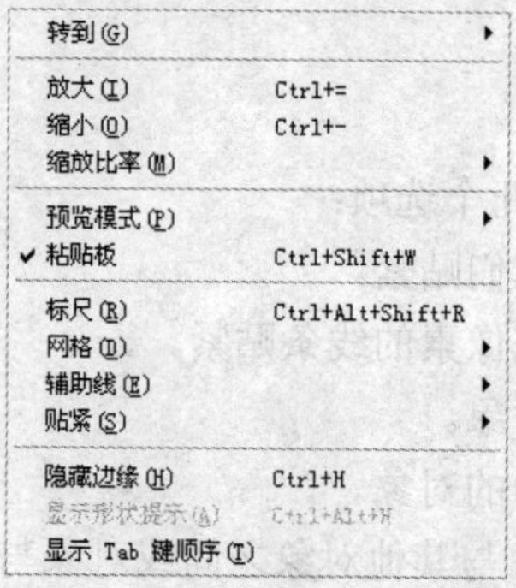

图 2-6 视图菜单

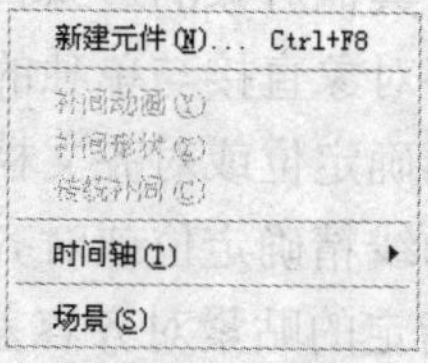

图 2-7 插入菜单

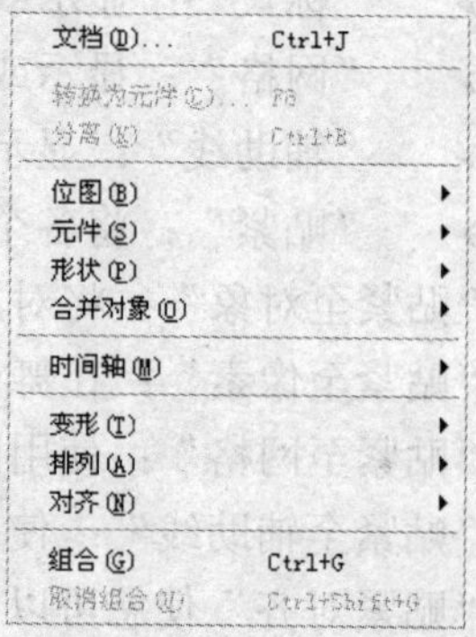

图 2-8 修改菜单

➢ “文档”：打开文档属性对话框，在其中配置所选文档的属性。

➢ “转化成元件”：将所选择的对象转化成为 Flash 元件。
➢ “分离”：将选择的对象打散。
➢ “位图”：打开一个位图对话框，在其中调整设置，以便将所选的位图转换为一个矢量。
➢ “元件”：对元件进行复制和交换。
➢ “形状”：对元件的形状进行修改。
➢ “合并对象”：合并或改变现有对象。
➢ “时间轴”：时间轴上的层属性和帧属性进行设置修改。
➢ “变形”：用于改变、编辑和修整所选对象或形状。
➢ “排列”：用于改变对象的“叠放顺序”或者锁定和解锁对象。
➢ “对齐”：打开 Align 对话框，通过它对齐所选对象。
➢ “组合”：将所选的对象进行组合。
➢ “取消组合”：取消对所选对象的组合。

6. 文本菜单

文本菜单的内容主要包括“字体”、“大小”、“样式”、“对齐”等，都是读者早已熟悉的操作，这里不详细介绍。

7. 命令菜单

命令菜单包括的内容，如图 2-9 所示。

➢ “管理保存的命令”：显示已经保存过的所有命令。
➢ “获取更多命令”：通过 Internet 读者可以到相关网站下载到更多的命令。
➢ “运行命令”：执行一个已保存的命令。
➢ “导入动画 XML”：导入被转换为 XML 文件的时间轴动画。
➢ “导出动画 XML”：导出被转换为 XML 文件的时间轴动画。
➢ “将元件转换为 Flex 组件”：使用 Flahs CS5 创建 Flex 组件。
➢ “将元件转换为 Flex 容器”：使用 Flahs CS5 创建 Flex 容器。

若要在 Flash 中创建 Flex 组件，必须为 Flash 安装 Flex 组件工具包。可使用 Adobe Extension Manager 来安装该组件工具包。

Flash CS5 Flex 组件工具包可以让用户在 Flash 中创建交互内容、动画内容，然后在 Flex 中将其作为一个 Flex 组件来使用。这些组件在运行时拥有 Flex 的特征，例如状态查看，以及渐变过渡，外观，以及标签提示工具。这些内容可以作为 Flex 的子容器使用，或者可以作为任何 Flex 组件的外观使用。

➢ “将动画复制为 XML”：将定义时间轴中某个补间动画的属性复制为 ActionScript 3.0 并将该动画应用于其它元件。

8. 控制菜单

控制菜单可用来控制对电影的操作，如图 2-10 所示。包括：

➢ “播放”：从时间线的当前位置开始放映。
➢ “后退”：将时间线退回到当前舞台的第一帧。
➢ “转到结尾”：将当前的时间线跳到最后一帧。

➢ “前进一帧”：将时间线从当前位置向前移动一帧。

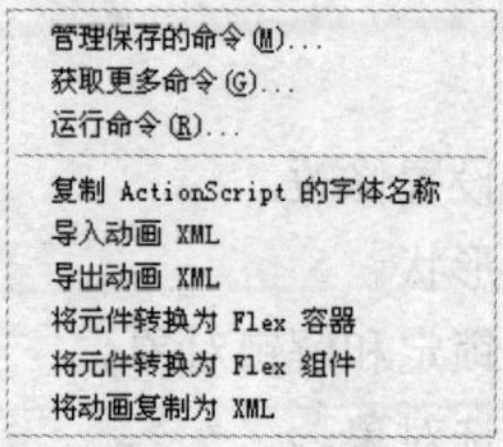

图 2-9 命令菜单

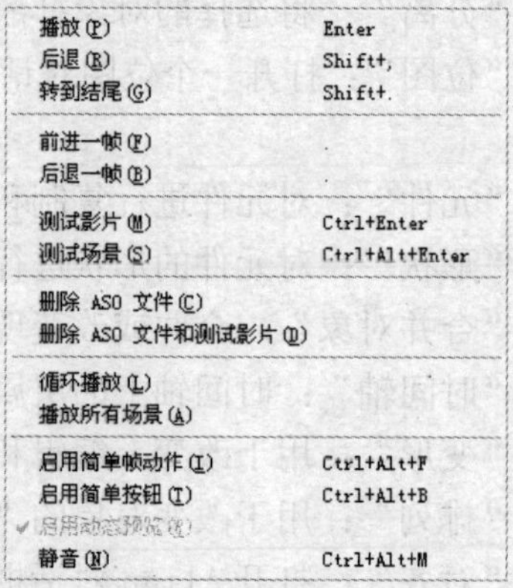

图 2-10 控制菜单

➢ “后退一帧”：将时间线从当前位置向后退回一帧。

➢ “测试电影”：在编辑环境测试导出的. swf 文件。

➢ “测试场景”：在编辑环境测试导出的. swf 文件。

➢ “删除 ASO 文件”：编辑 FLA 文件时删除 ASO 文件并继续进行编辑。

➢ “删除 ASO 文件和测试影片”：编辑 FLA 文件时删除 ASO 文件并测试影片。

➢ “循环播放”：到达最后一帧后重新放映时间线。

➢ “播放全部场景”：放映项目中的所有舞台。当关闭此功能时，放映将在当前舞台的最后一帧停止。

➢ “启用简单帧动作”：允许时间线响应已激发的任何帧动作。

➢ “启用简单按钮”：启用编辑环境中的按钮，以反映它们在响应光标时的 Up、Over、Down 和 Hit 状态，并执行一些按钮动作。

➢ “启用动态预览”：启用或取消 Flash 电影的实时预览功能。

➢ “静音”：关闭所有的声音。

技巧：控制菜单控制着影片的播放，并使创作者可以现场控制影片的进程。尽管 Flash 基本是所见即所得的，但仍有部分在舞台上无法直接显示的效果，需要通过菜单中的“测试影片”或“测试场景”命令实现。

9. 窗口菜单

可通过窗口菜单获得 Flash 中的各种工具栏和对话框，使它们显示在用户的工作界面上。如图 2-11 所示，常用选项包括：

➢ “直接复制窗口”：在当前文档中打开新窗口。

➢ “工具栏”：打开工具栏对话框可在该对话框中设置可见工具栏及工具栏的外观。

➢ “属性”：调出属性、滤镜、参数设置面板。

➢ “时间轴”：将时间轴线显示或隐藏。

➢ “工具”：将绘图工具箱显示或隐藏。

➢ “库”：打开库窗口以处理电影中可重复使用的对象。

➢ “其他面板”：包括“历史记录”、“辅助功能”、“字符串”、“Web 服务”

等面板的操作。

➢ “隐藏面板”：使用这个命令可以隐藏所有 Flash 面板。

➢ “层叠”：将所有已打开的窗口层叠在一起。

➢ “平铺”：将打开窗口平铺开来。

10. 帮助菜单

帮助菜单可以用作学习指南，如图 2-12 所示。在这里只介绍常用的几个选项，其他选项请读者自己使用后归纳总结。

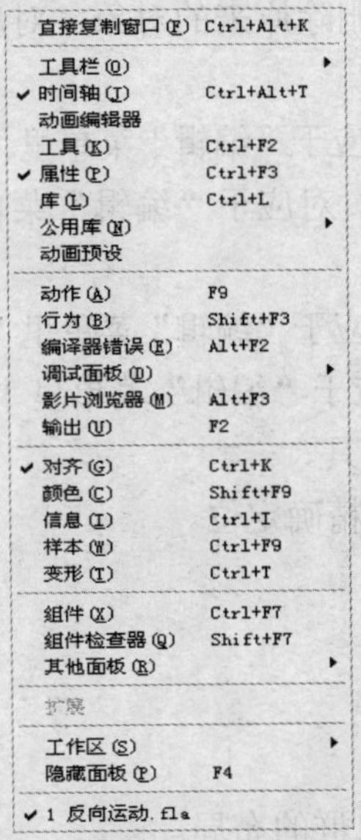

图 2-11 窗口菜单

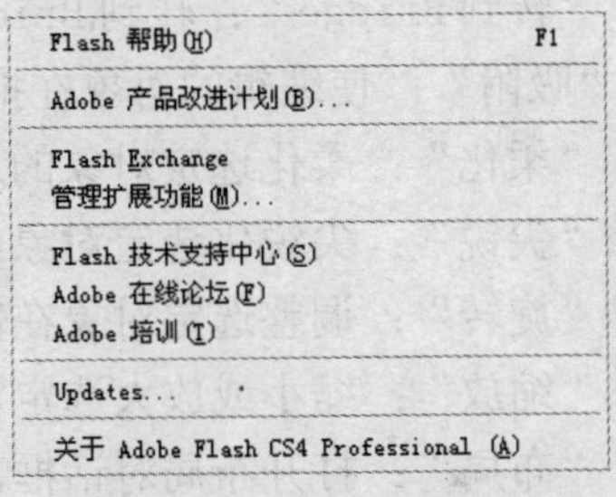

图 2-12 帮助菜单

➢ “Flash 帮助”：启用或隐藏帮助面板。

➢ “Flash Exchange”：链接到 Flash Exchange 网站。可以在其中下载助手应用程序、扩展功能以及相关信息。

➢ “Flash CS5 中的新功能”：弹出帮助窗口显示新增功能。

➢ “Flash 技术支持中心”：通过 Internet 给 Flash CS5 提供技术支持。

2.1.3 主工具栏

Flash CS5 为了方便用户的使用，将一些使用频率比较高的菜单命令以图形按钮的形式放在一起，组成了工具栏，如图 2-13 所示。工具栏中的按钮可用来快速开始一个新的项目，用户只需单击工具栏上的按钮，就可以执行该按钮所代表的操作。

图 2-13 主工具栏

通过执行“窗口”/“工具栏”/“主工具栏”命令，可以在 Flash CS5 的工作界面显示或隐藏工具栏。从图中可以看出该工具栏提供了 16 个最常用的命令，它可以固定横放在菜单栏的下面，也可以垂直固定在左右边框上，还可以浮动在屏幕上。该工具栏上的各个按钮选项的意义及功能如下：

- “新建”：创建一个新的 Flash 动画。对应于“文件”菜单里“新建”命令。
- “打开”：打开一个已存在的 Flash 文件。对应“文件”菜单里“打开”命令。
- “保存”：保存当前编辑的 Flash 文件。对应于“文件”菜单里“保存”命令。
- “打印”：将编辑的 Flash 文件输出到打印设备。对应“文件”菜单里“打印”命令。
- “剪切”：复制选定的对象到剪切板中并删除原来的对象。对应于“编辑”菜单里的“剪切”命令。
- “复制”：复制选定的对象到剪切板中。对应于“编辑”菜单里“复制”命令。
- “粘贴”：将剪切板中的对象粘贴到舞台。对应于“编辑”菜单里“粘贴到中心位置”命令。
- “撤消”：撤消以前对对象的错误操作。对应于“编辑”菜单里“撤消”命令。
- “重做”：重复最近一次撤消的操作。对应于“编辑”菜单里“重做”命令。
- “转到 Bridge”：转到 Bridge 资源管理工具。
- “吸附”：使编辑的对象在拖放操作时进行精确定位。
- “柔化”：柔化选定对象的边界。
- “尖锐”：尖锐化选定对象的边界。
- “旋转”：调整选定对象在舞台中的角度。
- “缩放”：缩小或放大选定对象的尺寸。
- “布局”：打开布局对话框，调节选定对象群的布局。

2.1.4 绘图工具箱

使用 Flash CS5 进行动画创作，必须绘制各种图形和对象，这就必须使用到各种绘图工具。绘图工具箱中包含了 10 多种绘图工具，用户可以使用这些工具对图像或选定区进行操作。单击工作区右侧的工具箱缩略图标，即可展开工具箱面板，如图 2-14 所示。

Flash CS5 采用了全新的 Creative Suite 5 界面，单击绘图工具箱顶部的或按钮，可以将工具箱伸缩成单列/多列或面板，还可以缩为精美的图标。将工具箱拖动到工作区之后，通过拖曳工具箱的左右侧边或底边，可以调整工具箱的尺寸。

绘图工具箱通常固定在窗口的右边，也可以通过用鼠标拖动绘图工具箱，改变它在窗口中的位置。Flash CS5 的绘图工具箱中的工具大体与 Flash CS4 之前的版本相同。不过，在 Flash CS3 的基础上新增了几个很实用的工具：3D 旋转工具、3D 平移工具、装饰工具、喷涂刷工具、骨骼工具以及绑定工具。这些工具能增强动画的表现力。有关绘图工具箱中的工具的使用方法及属性设置将在本书下一章中进行详细介绍。

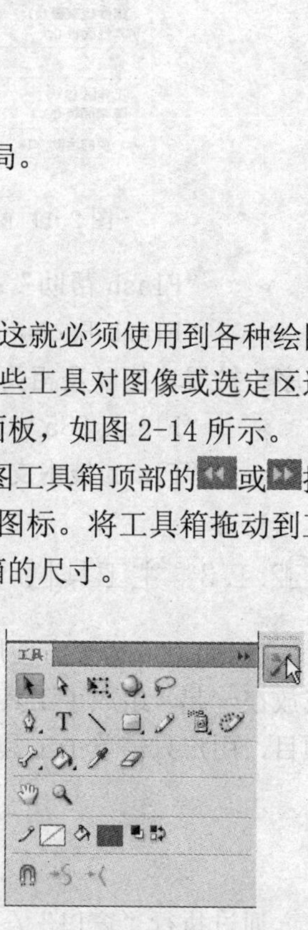

图 2-14 Flash CS5 绘图工具

2.1.5 时间轴

Flash CS5 的时间轴窗口默认情况下位于工作区的下方，它是处理帧和层的地方，而帧和层则是动画的主要组成部分。当选择某一层，然后在舞台上绘制内容或者将内容导入到舞台中时，该内容将成为这个层的一部分，因为它是当前所选的内容。时间线上的帧可根据时间改变内容。舞台中所出现的每一帧的内容表示该时间点上出现在各层上的所有内容的反映。可以移动、添加、改变和删除不同帧的各层上的内容以创建运动和动画。在时间线上使用多层层叠技术可将不同内容放置在不同层，从而创建一种有层次感的动画效果。

时间轴窗口分为两大部分：图层面板和时间轴控制区，如图 2-15 所示。下面对这两部分进行简单的介绍。

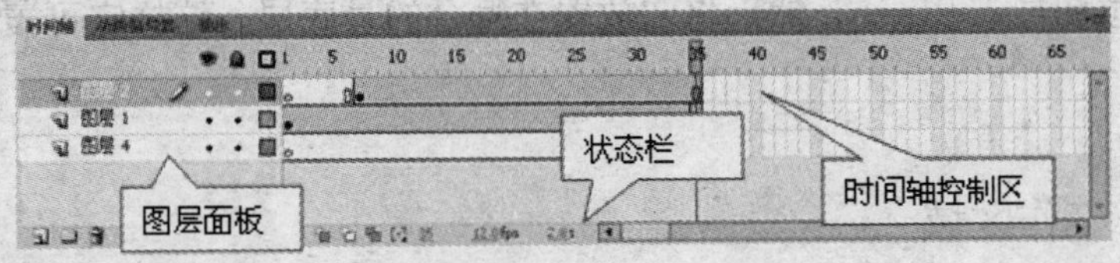

图 2-15 时间轴窗口

1. 图层面板

时间轴窗口的左边区域就是图层面板的层控制区，它是用来进行与图层有关的操作。它按顺序显示了当前正在编辑的文件的所有层的名称、类型、状态等。在层的操作层中也有一些按钮，其各个工具按钮的功能如下：

- （显示/隐藏）：用来切换选定层的显示或隐藏状态。
- （锁定/解锁）：用来切换选定层的锁定或解锁状态。
- （显示/隐藏外框）：用来切换选定层的显示或隐藏外框状态。
- （增加层）：增加一个新层。
- （增加文件夹）：增加一个线的文件夹。
- （删除层）：删除选定层。

Flash CS5 的图层面板底部已找不到添加运动引导层的图标了。如果要添加运动引导层，则需要右键单击需要添加运动引导层的图层，在弹出的上下文菜单中选择“添加传统的运动引导层”命令。

2. 时间轴控制区

时间轴的右边部分就是时间轴控制区，它是用来控制当前帧、动画播放速度、时间等。时间轴控制区中各个工具按钮的功能如下：

- （居中帧）：改变时间轴控制区显示范围，将当前帧显示到控制区窗口中间。
- （显示多帧）：在时间轴上选择一个连续的区域，将该区域中包含的帧全部显示在窗口中。
- （显示多帧外框）：在时间轴上选择一个连续的区域，除了当前帧外，只会在窗口中显示该区域中包含的帧的外框。

➢ （编辑多帧）：在时间轴上选择一个连续区域，区域内的帧可同时显示和编辑。

➢ （显示多帧）：单击该按钮，会显示一个菜单，用来选择显示 2 帧、5 帧或全部帧等。

➢ 状态栏：它显示在时间轴窗口的底部，它显示的是当前帧数以及当前动画设置的帧频率等。

2.1.6 动画舞台

舞台是一个矩形区域，相当于实际表演中的舞台。可以在其中绘制和放置电影内容。任何时间看到的舞台中显示当前帧的内容。

舞台的默认颜色为白色，可用作电影的背景。在最终电影中的任何区域都可看见该背景，可以将位图导入 Flash，然后将它放置在舞台的最底层，这样它可覆盖舞台，成为一个背景。

2.1.7 工作区域

工作区域是舞台周围的灰色区域。它通常用作动画的开始和结束点，即对象幻灯片进入和离开电影的地方。

技巧：如果你不想被工作区域中的内容分散注意力，可在“视图”菜单中取消对“粘贴板”的选择。

2.1.8 组件库

在一般情况下，用户启动 Flash CS5 的时候，库面板不会出现在工作界面上。由于库面板是使用频率比较高的一个工具，很多操作都需要它，下面就对它做一个简单的介绍。

库帮助用户组织 Flash 项目中可重复使用的元素。用“窗口”菜单中的“库”命令，就可以打开库面板，如图 2-16 所示。

图 2-16 库面板

用户之间可能希望交换彼此的 Flash 物件来使用，尤其是共同制作同一个网站、方案的小组，Flash CS5 中的公共库功能可以很方便地达到这个目的。它可以将影片所使用的物件单独开放为库，放到另一个 Flash 影片中使用，而且如果修改了共用元素库文件，所有使用这个库元素的影片都会自动对应改变。

2.2 Flash CS5 环境设置

在 Flash CS5 中，可以根据不同需要与习惯对工作界面以及某些工作参数进行设置。

2.2.1 时间轴线的设置

时间轴面板在默认情况下位于工作区的下方，两者相对固定。如果经常需要移动时间轴，并不希望它固定在屏幕的底部，可以将鼠标移动到时间轴面板标题栏下方，然后按下鼠标左键进行拖曳，可以将时间轴从 Flash 主窗口中脱离并保持漂浮，这时可以将它移动到屏幕的任何地方，如图 2-17 所示。

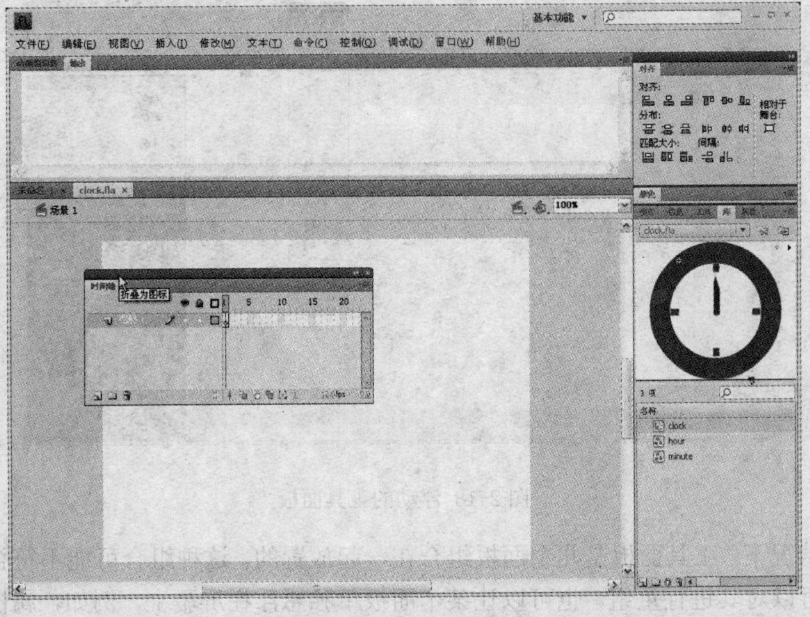

图 2-17 浮动的时间轴

单击浮动的时间轴标题栏，即可将时间轴面板折叠为图标；单击折叠后的时间轴面板图标或标题栏上的按钮，可以展开时间轴面板。

读者也可以通过增加或减少分配给舞台和工作区的屏幕空间来调整时间轴面板的大小，以便根据需要显示时间轴面板中图层的数量。还可以将时间轴面板从编辑环境的默认位置移动到屏幕的任何一边。

按照下列步骤调整时间轴面板的大小：

01 将光标置于分隔时间轴面板和舞台的直线上，此时光标将变为双向箭头。

02 按住鼠标左键拖动到合适的位置，然后释放鼠标左键。

2.2.2 工具栏、工具面板的设置

通过“窗口”菜单及其子菜单下的各项命令，可以方便地显示工具栏和工具面板。工具面板有很多种，同时显示出来的话会使工作界面凌乱不堪，可以根据实际工作需要选择其中几种，或修改面板的显示方式。单击 Flash CS5 面板右上角的按钮可以将面板缩为标题栏半透明的精美图标。单击按钮即可展开面板。

此外，工具栏、工具面板以及工作区等都可以在屏幕上任意拖动，可以将其拖放到最

适合自己操作的位置。例如绘图工具栏，默认情况下出现在屏幕的右侧，读者也可以将其拖动到工作区的中间作为一个独立的浮动面板。方法是将鼠标移动到绘图工具栏上方的灰色区域，按住鼠标左键就可以将绘图工具栏拖动到合适的地方再释放，如图 2-18 所示。

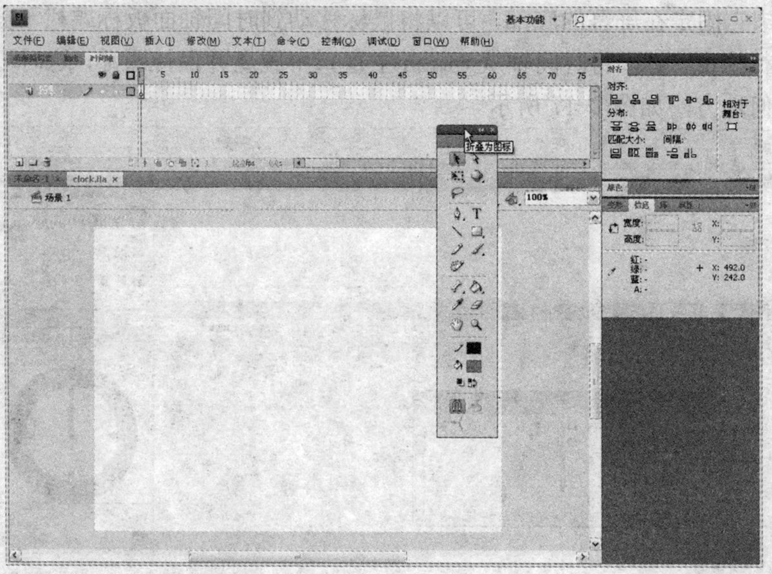

图 2-18 浮动的工具面板

默认情况下，工具面板是几个面板组合在一起放置的。这种组合可能不符合实际操作的需要，可以对其进行重组，也可以让某个面板单独悬浮在屏幕上。例如，属性面板和工具面板叠放在工作区右侧，在设置工具属性时如果觉得这样不方便，也可以将属性面板释放出来，方法与上述拖动绘图工具栏的方法一样，如图 2-19 所示。

此外，还可以通过单击各个面板的标题栏来展开或折叠面板。点击各个面板右上角的 × 图标，就可以关闭相应的面板。这样，在暂时不需要用到某个面板的时候将它折叠或关闭，便于进行其他的编辑工作。

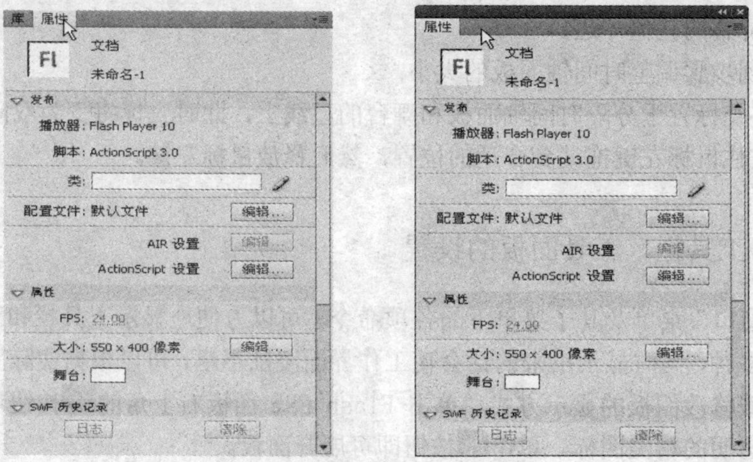

图 2-19 拖动属性面板

2.2.3　工作参数设置

选择“编辑”菜单下的“首选参数”命令，会出现首选参数设置面板，如图 2-20 所示。在这里可以进行工作环境参数设置，主要通过以下 3 个子面板：

- “常规”面板，进行某些常用设置如允许取消或恢复的次数等操作。
- “绘画”面板，主要是对图像编辑时的设置，包括钢笔工具的设置和对鼠标定位精确度的设置等。
- “剪贴板”面板，设置剪贴板中位图的分辨率，矢量格式保持及文本打印等内容。

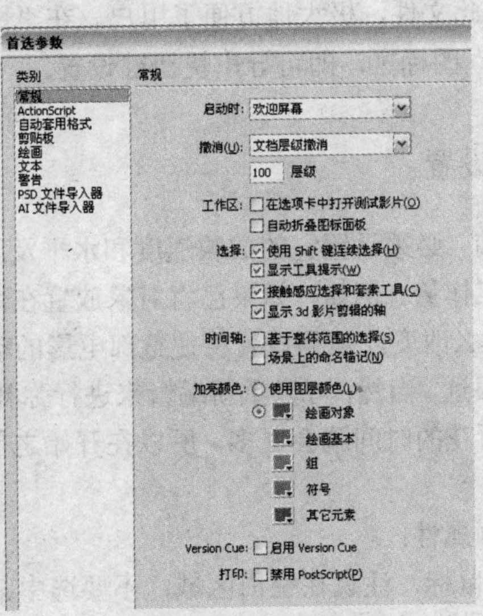

图 2-20　工作参数设置

2.2.4　快捷键的设置

选择“编辑”菜单下的“快捷键”命令，弹出“快捷键”设置面板，在这个面板上可以设定各种操作的键盘快捷方式，如图 2-21 所示。按照下列步骤创建快捷键：

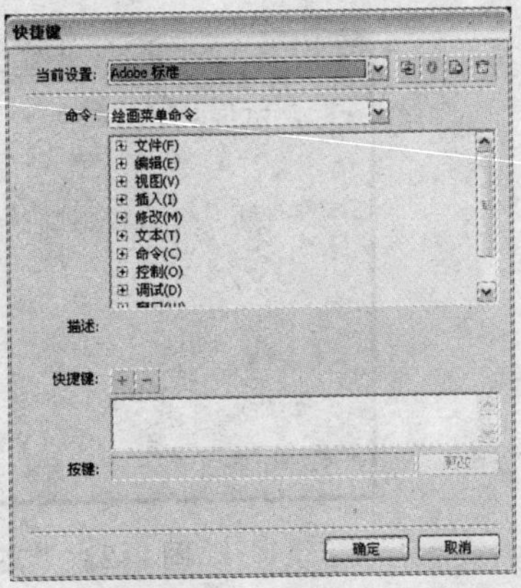

图 2-21　快捷键设置

01 在“当前设置”下拉列表里，选择各种标准工作环境下的快捷键设定。默认为 Adobe 标准。

02 在“命令”下拉列表里，选择需要设置快捷键的命令，下面的框中会出现选中命令类中的所有操作。

03 选中其中的一个操作，在下面的“快捷键”栏中单击“+”，可以定义一个新的快捷键，单击“-”就会删除快捷键。

快捷键是制作动画的一个好帮手，使用得当可以大大增加工作效率。利用 Flash CS5 中将快捷键导出为 HTML 的功能，可以把 Flash 快捷键导出为 HTML 文件，并可以用标准 Web 浏览器查看和打印此文件，极大地方便了用户。在“快捷键设置”页面单击右上角的“将设置导出为 HTML”图标，即可导出快捷键设置。

2.2.5 动画属性的设置

在开始 Flash 创作之前，必须设置它的放映速度和水平及屏幕大小。因为如果要在中途改的话，将会大大增加工作量。例如，如果已将对象放置在舞台上，并将它们设置成速度为 12 帧每秒的动画，那么改变此帧频设置将使整部电影的动画速度发生改变，结果使电影与原来所预想的相差很远。当然，可以重新编辑来进行弥补，但是这会花费很多时间，尤其在电影很长的时候，所花的时间就会更多。所以在开始之前务必进行周密的计划，以选择正确的设置。

按照下列步骤设置动画属性：

01 在工作区内单击鼠标，注意在空白区域，不要选中某一个对象。此时，工作区右侧的“属性”面板会显示整个动画的属性。如图 2-22。

02 点击“550 像素×400 像素”右侧的“编辑”按钮，弹出“文档属性”对话框，如图 2-23 所示。

03 在“帧频”框键入正确的放映速度，即帧每秒。默认值 24 对于大多数项目已足够，但是，如果愿意，仍然可以选择一个更大或更小的数。帧速率越高，对于速度较慢的计算机，则越难放映。

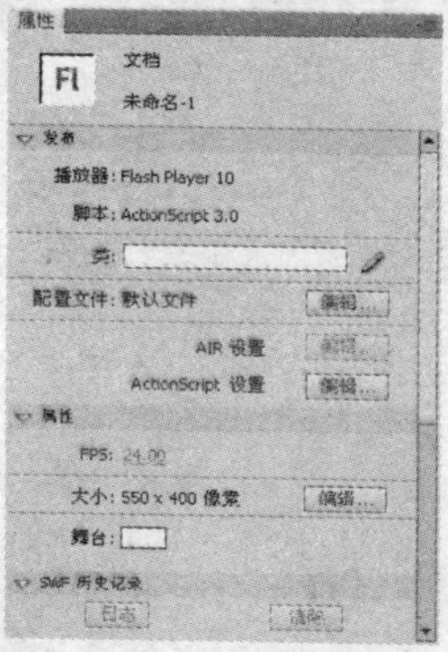

图 2-22 属性面板设置

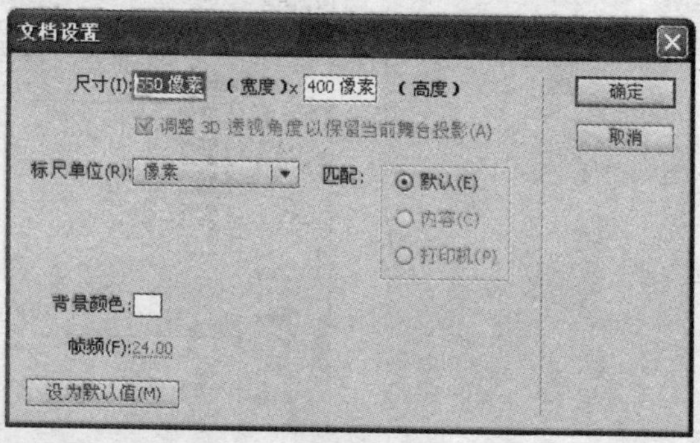

图 2-23 “文档属性”对话框

04 在“尺寸”框中，输入电影的宽度和高度值。最小为 18 个像素；最大为 2880

像素。

05 点击“背景颜色”右侧的色框，在弹出的颜色面板里用户可以选择动画背景的颜色。用户选择一种颜色，面板左上角会显示这种颜色，同时以“RGB”格式显示它对应的数值，如图 2-24 所示。

06 单击“确定”按钮，屏幕即可反映出刚才所做的改动。

Flash CS5 新增了 SWF 大小历史记录。单击如图 2-22 所示的属性面板中的“日志”按钮，可以查看在“测试影片”、“发布”和“调试影片”操作期间生成的所有 SWF 文件的大小。单击“清除”按钮，则清除历史记录。

07 若要在 SWF 文件内嵌入元数据，执行“文件”/“文件信息”菜单命令，在打开的 XMP 面板中可以设置元数据，如图 2-25 所示。

使用 ActionScript 3.0 时，SWF 文件可以关联一个顶级类。此类称为文档类。Flash Player 载入这种 SWF 文件后，将创建此类的实例作为 SWF 文件的顶级对象。SWF 文件的该对象可以是用户选择的任何自定义类的实例。

如果要为当前文档关联一个文档类，可以在如图 2-22 所示的文档属性面板的“文档类”文本框中输入该类的 ActionScript 文件的路径和文件名。或在“发布设置”对话框中输入文档类信息。AcitonScript 2.0 文档不支持此功能。

技巧：设置好动画属性以后，如果希望以后新建的动画文件都沿用这种设置，则可以点击属性面板上的“设为默认值”按钮，将它作为默认的属性设置，如果不想设置为默认属性，点击“确认”按钮即可完成对这个动画属性的设置。

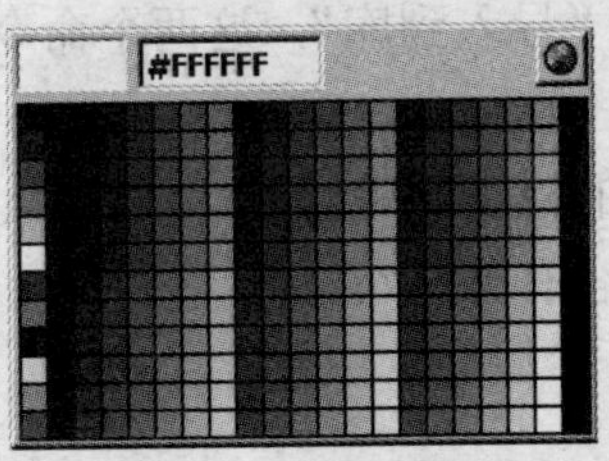

图 2-24 背景色的设置

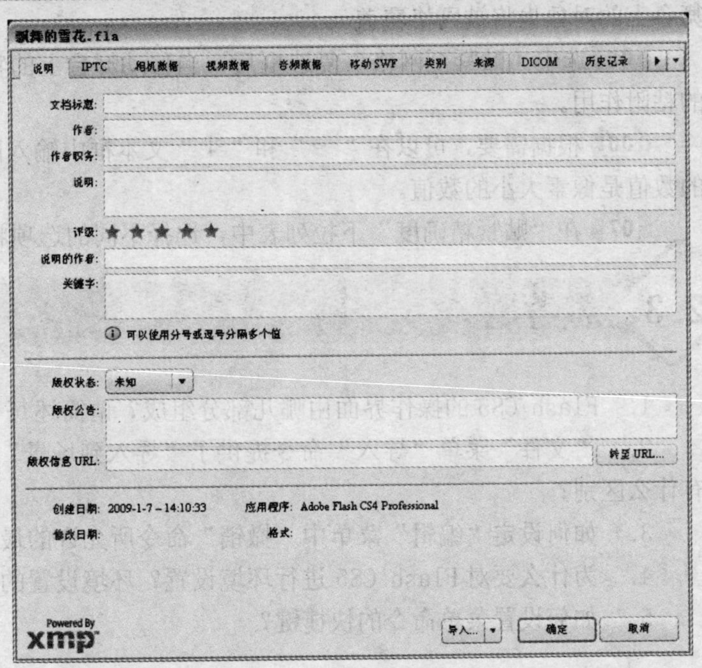

图 2-25 设置文档信息

2.2.6 设置工作区网格

为了更好地进行创作，有时需要显示工作区网格。网格用于精确地对齐、缩放和放置对象。它不会导入最终电影，仅在Flash的编辑环境中可见。

按照下列步骤设置工作区网格：

01 从“视图”菜单的“网格”子菜单里选择“编辑网格”命令，打开“网格”对话框，如图2-26所示。

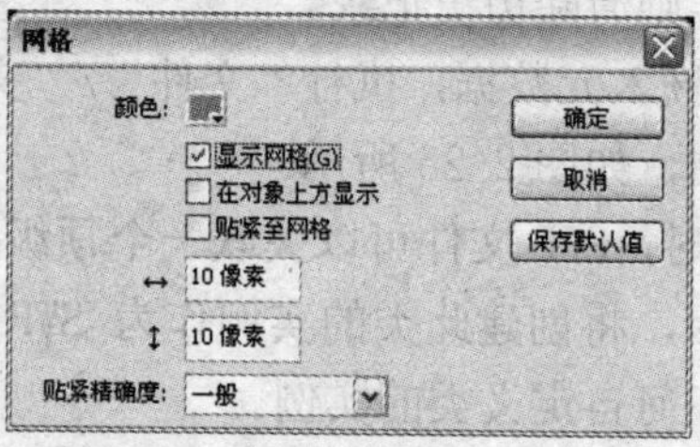

图2-26 “网格”对话框

02 要改变网格线的颜色，单击颜色图标进行颜色设置。默认的颜色与舞台背景色是相互反衬的。

03 选中“显示网格”复选框可以显示网格，反之则隐藏网格。

04 Flash CS5的网格选项中多了一个“在对象上方显示”复选框。选中该项，则舞台上的对象也将被网格覆盖。

05 选中“贴紧至网格”复选框后，当移动舞台上的物体时，网格对物体会有轻微的粘附作用。

06 根据需要，可以在“↔”和“↕”文本框中输入网格单元的宽度和高度，这里的数值是像素大小的数值。

07 在“贴紧精确度”下拉列表中，选择不同的选项将决定对齐网格的精确程度。

2.3 思考题

1. Flash CS5的操作界面由哪几部分组成？请简述每个部分的作用。
2. “文件”菜单“导入”命令提供了“导入到场景”和“导入到库”，这两个命令有什么区别？
3. 如何设定“编辑”菜单中“撤销”命令所允许的最多的撤销步骤数？
4. 为什么要对Flash CS5进行环境设置？环境设置的内容有哪些？
5. 如何设置菜单命令的快捷键？

第 3 章

绘制图形

本章将向读者介绍绘图工具箱里绘图工具的使用方法，内容包括直线、铅笔、钢笔、椭圆、矩形、刷子等 6 种图形绘制工具的使用，吸管、墨水瓶以及颜料桶等 3 种填充工具的使用，橡皮擦、手形工具和放大镜工具等辅助工具的使用，以及 3D 工具和反向运动工具的使用方法。最后还将向读者介绍如何选择色彩，以美化绘制的图形。

学习要点

- 掌握直线、铅笔和钢笔工具绘制线条的方法。
- 掌握椭圆、矩形、吸管、墨水瓶、颜料桶等工具绘制填充图形的方法。
- 掌握 Deco 工具的使用方法。
- 掌握 3D 工具和反向运动工具的使用方法。
- 掌握色彩选择的操作方法。

3.1 使用线条绘制工具

在 Flash CS5 中，线条的绘制是最简单的图形绘制，可以通过绘图工具箱里的直线工具、铅笔工具以及钢笔工具在舞台上绘制出一条需要的线条。

3.1.1 使用直线工具

直线工具专门用于绘制各种不同方向的矢量直线段，可以在绘制的起点和终点间建立精确的直线。直线工具的使用方法：

01 新建一个文档，选择绘图工具箱里的直线工具“/”。

02 在工作区下方的属性设置面板里，对直线的笔画颜色、线条宽度和风格、笔触样式和路径终点的样式进行设置，如图 3-1 所示。

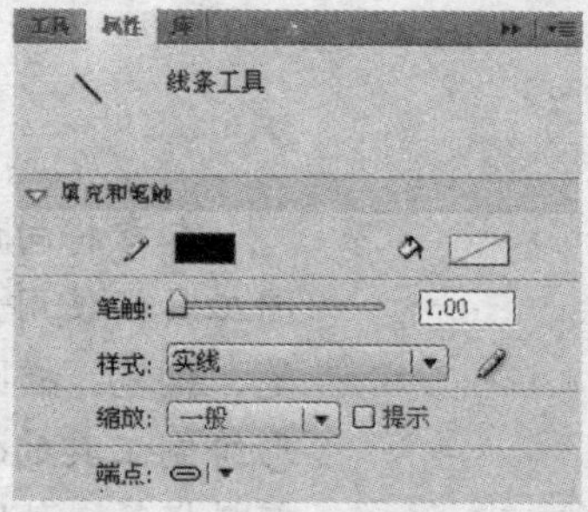

图 3-1 直线工具的属性面板

- 笔画颜色：可以通过 按钮右侧的色块，可以选择绘制出的线条的颜色。
- 线条宽度：在属性面板的中间部分，有一个滑块和一个文本输入框，这就是线条宽度设定选项。读者可以直接在文本框里输入线条的宽度值，也可以用滑块来调节线条的宽度，如图 3-2 所示。
- 线条风格的设定：在线条宽度设定选项的下方就是线条风格设定选项，该选项是一个下拉列表。它包括了“极细线”、“实线”、“虚线”、“点状线”、“锯齿线”、“点刻线”和“斑马线”7 种可以选择的线条风格，如图 3-3 所示。
- 相对于 Flash 8 以前的版本，Flash CS5 可以更清楚、精确地绘制笔触的接合及端点。
- 启用笔触提示：单击选中“提示”复选框，可以在全像素下调整直线锚记点和曲线锚记点，防止出现模糊的垂直或水平线。
- 笔触缩放：在“缩放”下拉列表中可以选择在 Flash Player 中缩放笔触的方式。其中，“一般”指始终缩放粗细，是 Flash CS5 的默认设置；“水平”：如果仅水平缩放对象，则不缩放粗细；“垂直”：如果仅垂直缩放对象，则不缩放粗细；“无”：从不缩放粗细。
- 端点的设定：设定路径终点的样式。
- 接合的设定：定义两个路径片段的相接方式：尖角、圆角或斜角。要更改开放或闭合路径中的转角，请选择一个路径，然后选择另一个接合选项。

- 尖角的设定：当接合方式选择为“尖角”时，为了避免尖角接合倾斜而输入的一个尖角限制。超过这个值的线条部分将被切成方型，而不形成尖角。

图 3-2 线条宽度的设定

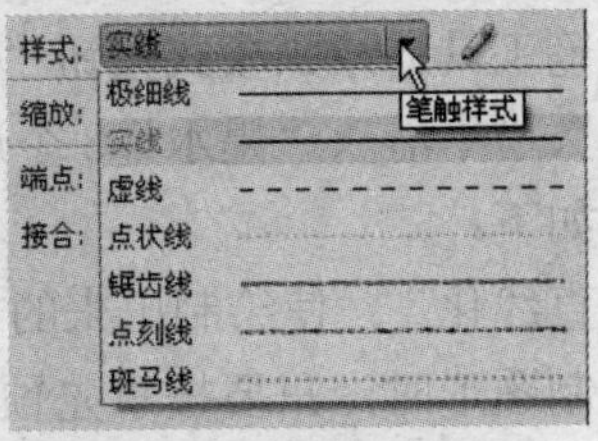

图 3-3 设置线条风格

03 在舞台选择一个起点，按住鼠标左键并拖动到线条的终点处释放，即可显示出绘制的线条。

技巧：按住 Shift 键拖动鼠标可将线条方向限定为水平、垂直或斜向 45° 方向。

如果用户需要对矢量线进行更详细的设置，可单击属性面板中“样式”右侧的✎按钮，打开“笔触样式”对话框，如图 3-4 所示。该对话框中各个属性的意义如下：

- “4 倍缩放”：将预览区域放大 4 倍，便于用户观看属性设置后的效果。
- “粗细”：定义矢量线的宽度，单位是 pts，该下拉列表框中给出了一些默认设置，用户也可以输入需要的宽度，但是宽度的最大值不能超过 10pts，如果输入比该值大则不会起作用。

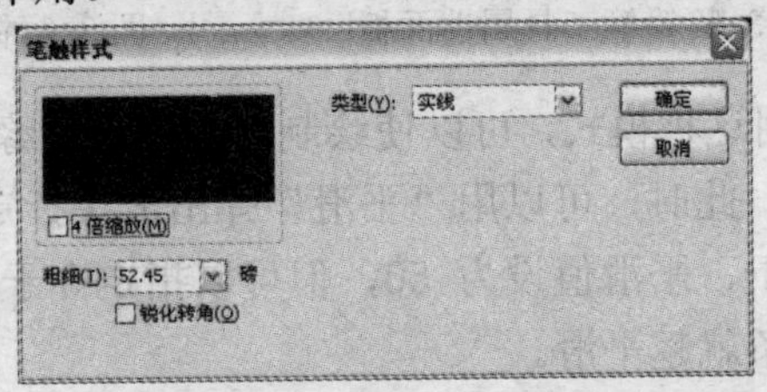

图 3-4 “笔触样式”对话框

- “锐化转角”：使直线的转折部分更加尖锐。
- “类型”：设置不同的线型，当用户从该下拉列表框中选择具体的线型后，会出现不同的选项，让用户进一步设置各种线型的属性。注意，选择非实心笔触样式会增加文件的大小。

注意：用户对矢量线的线型、线宽以及颜色的修改结果都会显示在线型对话框左边的预览框内。如果在舞台上没有选择矢量线，则当前的设置会对以后绘制的直线、曲线发生作用，否则将只修改当前所选择的矢量线。

3.1.2 使用铅笔工具

利用 Flash CS5 提供的铅笔工具，可以绘制出随意、变化灵活的直线或曲线。铅笔工具的使用方法：

01 新建一个新文件，然后单击绘图工具箱中的铅笔工具“✎”，激活铅笔工具。

02 通过如图 3-5 所示属性设置面板，对所绘制的矢量线的宽度、线型、颜色进行设置。

03 在绘图工具箱的底部，可以选择一种绘画模式。

按下铅笔工具的绘画模式按钮“ ”，将会出现一个下拉菜单，如图 3-6 所示。其中有“直线化”、“平滑”、“墨水”3 个选项，系统默认的铅笔模式是“直线化”选项，具体含义及功能如下：

- “直线化”：使绘制出来的曲线趋向于规则的图形。选择这种模式后，使用铅笔绘制图形时，只要按事先预想的轨迹描述，Flash CS5 会自动将曲线规整。

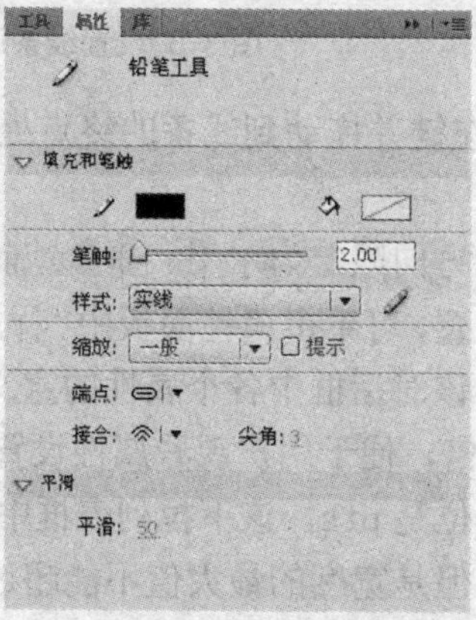

图 3-5 铅笔工具属性面板

图 3-6 铅笔工具的选项

- “平滑”：使用这种模式，可以使绘制出的图形边缘的棱角尽可能地消除，使矢量线更加光滑。此时，可以用“平滑”弹出滑块指定 Flash 平滑所绘线条的程度。默认情况下，平滑值设为 50，但可以指定介于 0～100 之间的值。平滑值越大，所得线条就越平滑。
- “墨水”：使用这种模式，Flash CS5 会关闭所有的图形处理功能，绘制出来的矢量线更加接近手工绘制的矢量线，它对于绘制出来的曲线不作任何调整。即不会被拉直、平滑和连接处理，只是显示出实际的绘制效果。
- 单击图标可以切换到对象绘制模式，用对象绘制模型创建的形状是独立的对象，且在叠加时不会自动合并。分离或重排重叠图形时，也不会改变它们的外形。支持“对象绘制”模型的绘画工具有：铅笔、线条、钢笔、刷子、椭圆、矩形和多边形工具。

04 拖动鼠标在舞台上移动即可进行绘画。按住 Shift 键拖动可将线条限制为垂直或水平方向。

3.1.3 使用钢笔工具

Flash CS5 中改良的钢笔工具，其功效类似于 Illustrator 的高级画笔，可以对点和线进行 Bézier 曲线控制，绘制更加复杂、精确的曲线。选择钢笔工具后，在绘图工具栏的“选项”选择区会出现对象绘制模式选项。可以通过钢笔对应的属性设置面板，对钢笔的线型、颜色进行设置，如图 3-7 所示。

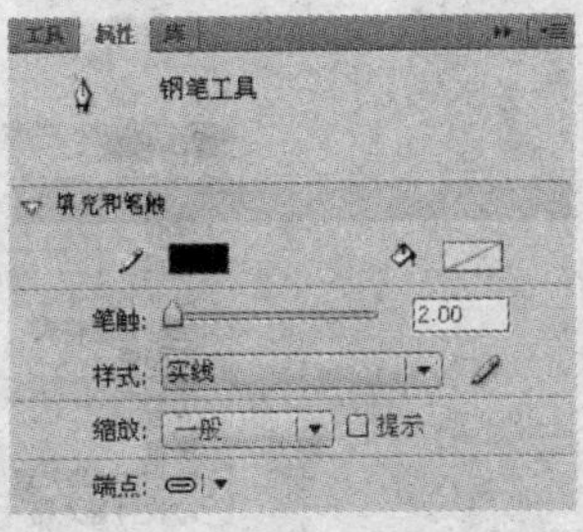

图 3-7 钢笔工具属性面板

钢笔的使用方法如下：

01 新建一个文件，用鼠标单击绘图工具箱中的钢笔工具按钮“”。

02 在舞台下方的属性设置面板中对钢笔的线型、线宽与颜色进行设置。

03 在舞台上选择一个点，单击鼠标左键，可以看到在选择点处绘制出一个点。

04 在舞台上选择第二个点，如果在第二个点处单击鼠标左键，系统就会在起点和第二个点之间绘制出一条直线，如图 3-8a 所示；如果在第二个点按下鼠标不放并拖动鼠标，就会出现图 3-8b 所示的情况，这样就可以在第一个点和第二个点之间绘制出一条曲线，这两个点被成为节点。可以看到图中有一条经过第二个节点并沿着鼠标拖动方向的直线，并且这条直线与两个节点之间的曲线相切。松开鼠标后，绘制出曲线如图 13-8c 所示。

05 选择第三个点，重复上面的步骤，就会在第二个点和第三个点之间绘制出一段曲线，这一段曲线不但与在第三个节点处拖动的直线相切，而且与在第二个节点处拖动的直线相切，如图 3-8d 所示。依此类推，直到曲线制作完成。

06 绘制完成，如果要结束开放的曲线，可以用鼠标双击最后一个节点，或再次单击绘图工具栏上的钢笔工具。如果要结束封闭曲线，可以将鼠标放置在开始的锚点上，这时在鼠标指针上会出现一个小圆圈，单击鼠标就会形成一个封闭的曲线。

07 绘制曲线后，还可以在曲线中添加、删除以及移动某些节点。选择钢笔工具，将鼠标在曲线上移动，当鼠标箭头会变成钢笔形状，并且在钢笔的左下角出现一个“+”号，此时，如果单击鼠标左键，就会增加一个节点，如图 3-9 所示。

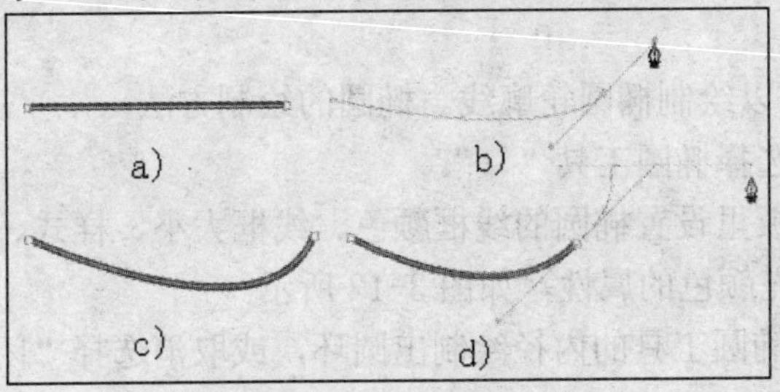

图 3-8 使用钢笔工具绘制的线条

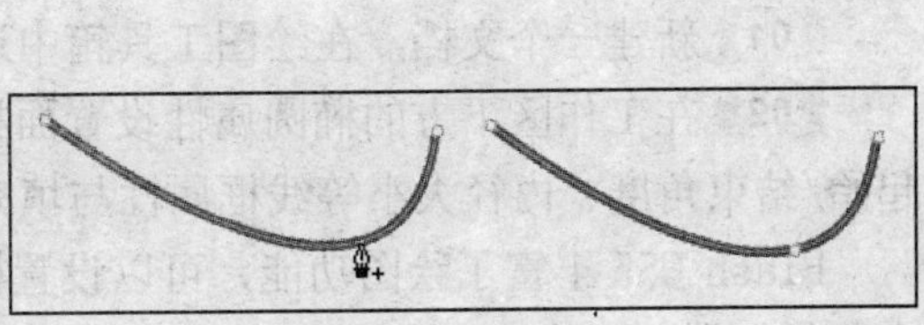

图 3-9 添加节点

08 如果将鼠标移动到一个已有的节点上，当鼠标箭头会变成钢笔形状，并且在钢笔的左下角出现一个“-”号，此时，如果双击鼠标，就会删除该节点，而曲线也重新绘制。如图 3-10 所示。

利用“首选参数”对话框可以设置钢笔的一些属性，选择“编辑”菜单里的“首选参数”命令，则会出现“首选参数”对话框，单击其中的“绘画”标签，弹出如图 3-11 所示对话框。

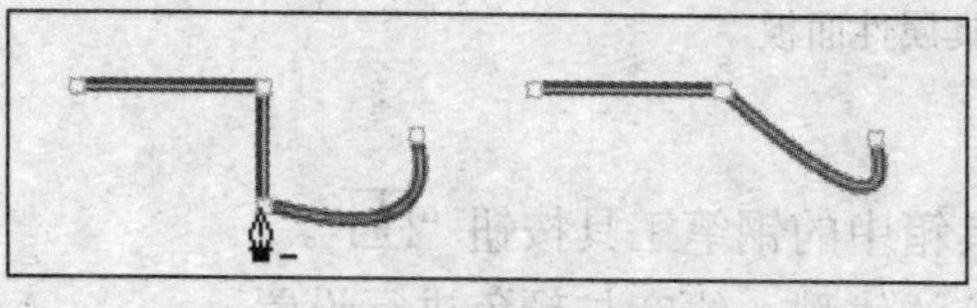

图 3-10 删除节点

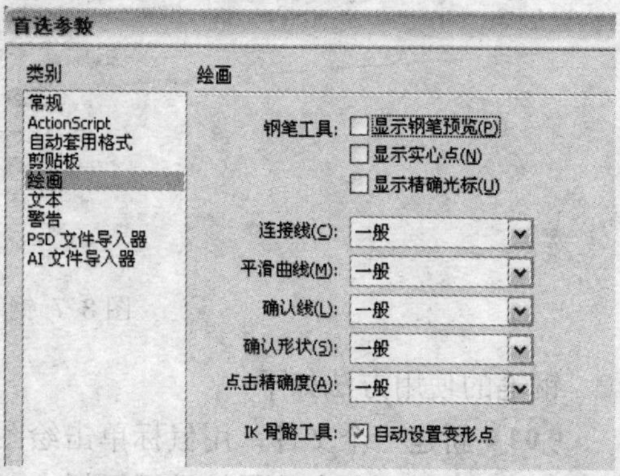

图 3-11 “首选参数”对话框

可以在该对话框中设置钢笔的如下属性：

- “显示钢笔预览”：如果选择该项，可以在绘制曲线时进行预览。
- “显示实心点”：如果选择该项，可以将不选择的节点显示为实点，将当前选择的节点显示为空心点。取消选择该复选框，则显示结果刚好相反。
- “显示精确光标”：如果选择该项，可以将选择钢笔工具后的鼠标变成十字指针，与默认的钢笔形状相比，这样在绘制曲线时，更加容易定位。取消选择该复选框，指针就会恢复成为默认形状。

3.2 使用填充图形绘制工具

使用填充图形绘制工具绘制出来的图形不仅包括矢量线，还能够在矢量线内部填充色块，除此之外，用户可以根据具体的需要，取消矢量线内部的填充色块或外部的矢量线。

3.2.1 使用椭圆工具

使用椭圆工具不但可以绘制椭圆，还可以绘制椭圆轮廓线。椭圆的绘制方法：

01 新建一个文档，在绘图工具箱中选择椭圆工具“ ”。

02 在工作区下方的椭圆属性设置面板里设置椭圆的线框颜色、线框大小、样式、起始/结束角度、内径大小等线框属性与填充颜色的属性，如图 3-12 所示。

Flash CS5 丰富了绘图功能，可以设置椭圆工具的内径绘制出圆环，或取消选择“闭合路径”绘制弧线。

03 如果用户想绘制椭圆轮廓线，在使用椭圆工具前，可以先将填充色设置为无色状态，即单击绘图工具箱内颜色栏的填充色图标，再单击“ ”中间的按钮，取消填充色。

04 在舞台上拖动鼠标，确定椭圆的轮廓后，释放鼠标，规定长度与宽度的椭圆就显示在舞台上。

05 在绘制椭圆或正圆后，用户还可以通过“窗口”菜单里的“颜色”面板来修改填充颜色。

打开填充模式下拉列表框，可以看到该面板提供了“无”、“纯色”、“放射状”、“线性”、“位图”5种填充模式，如图3-13所示。下面对这5种填充模式进行简单的介绍。

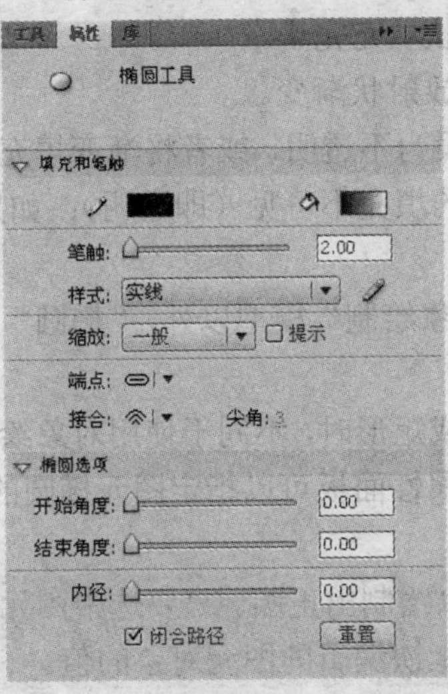

图3-12 椭圆属性面板

图3-13 “颜色”面板

- “无”：选择该项时，表示不使用任何方式对椭圆进行填充，此时舞台上绘制的椭圆只有轮廓线。
- “纯色”：如果选择该项，表示使用单一的填充色对椭圆进行填充，此时，该面板的左边会出现一个“ ”颜色块，它用于设置新的填充色，用户所选择的矢量色块的颜色会填充椭圆的内部。
- “线性”：如果选择该项，表示使用线性渐变填充，则使用“ ”框中选择的渐变色的颜色范围在矢量线内部进行线性渐变填充。
- “放射状”：如果选择该项，表示采用径向渐变填充模式，与选择线性渐变类似，只不过填充时的效果是辐射渐变。
- “位图”：如果选择该项，表示在矢量内部填充位图，不过必须先导入外部的位图素材，或者从库中选择位图素材进行填充。

选择不同填充模式绘制的椭圆如图3-14所示。

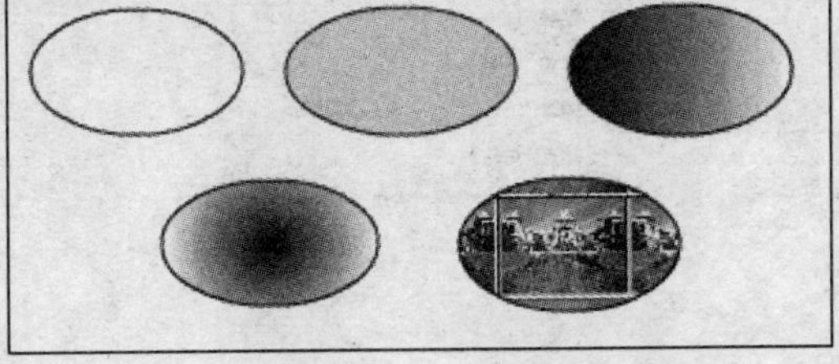

图3-14 不同填充模式绘制的椭圆

当选择“线性”或“放射状”两种填充模式时，面板上还会出现如下两项：

➢ “溢出”：允许控制超出线性或放射状渐变限制的颜色。溢出模式有扩展（默认模式）、镜像和重复模式。“扩展”指将所指定的颜色应用于渐变末端之外。“镜像”指以反射镜像效果来填充形状。指定的渐变色以下面的模式重复：从渐变的开始到结束，再以相反的顺序从渐变的结束到开始，直到选定的形状填充完毕。“重复”指从渐变的开始到结束重复渐变，直到选定的形状填充完毕。

➢ “线性 RGB”：创建 SVG 兼容的线性或放射状渐变。

“颜色”面板中的 Alpha 选项可将纯色填充设为不透明，或者将渐变填充的当前所选滑块设为不透明。如果 Alpha 值为 0%，则创建的填充不可见（即透明）；如果 Alpha 值为 100%，则创建的填充不透明。

在 Flash CS5 中，除了“合并绘制”和“对象绘制”模型以外，“椭圆”和“矩形”工具还提供了图元对象绘制模式。

使用图元椭圆工具或图元矩形工具创建椭圆或矩形时，不同于使用对象绘制模式创建的形状，Flash 将形状绘制为独立的对象。利用属性面板可以指定图元椭圆的开始角度、结束角度和内径以及图元矩形的圆角半径。

提示：使用椭圆形工具时，按住 Shift 键可以绘制出正圆。只要选中图元椭圆工具或图元矩形工具中的一个，属性面板就将保留上次编辑的图元对象的值。

3.2.2 使用矩形工具

使用矩形工具不但可以绘制矩形，还可以绘制矩形轮廓线。矩形工具的使用方法与椭圆工具类似。矩形的绘制方法：

01 新建一个文档，选择绘图工具箱里的矩形工具“□”。

02 在矩形属性设置面板里设置矩形的线框颜色、线框大小、样式等线框属性与填充颜色的属性，如图 3-15 所示。

03 在“矩形选项”区域，在文本框中输入数值，或拖动滑块可以调整矩形各个角的圆角半径。默认情况下，调整圆角半径时，4 个角的半径同步调整。如果要分别调整每一个角的半径，单击 4 个调整框下方的图标，如图 3-16 所示。

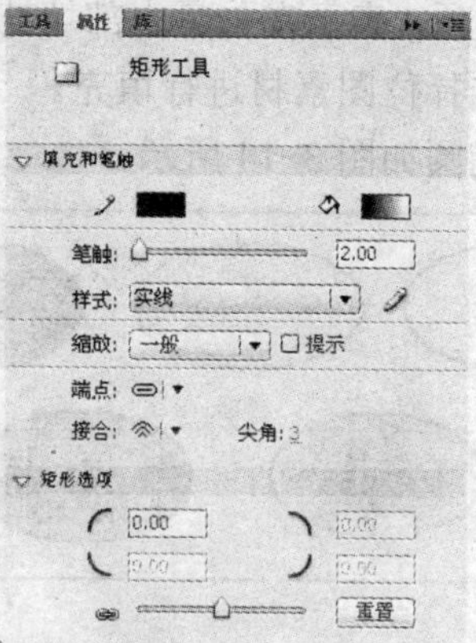

图 3-15 矩形属性面板

04 在舞台上拖动鼠标，确定矩形的轮廓后，释放鼠标，规定尺寸与圆角的矩形就显示在舞台上。

采用不同圆角半径，绘制出的矩形矢量图形如图 3-17 所示。

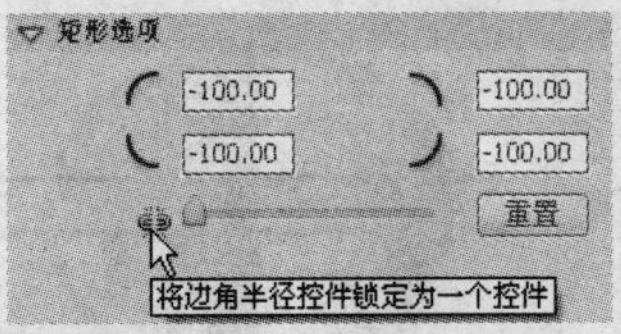

图 3-16 设置圆角半径

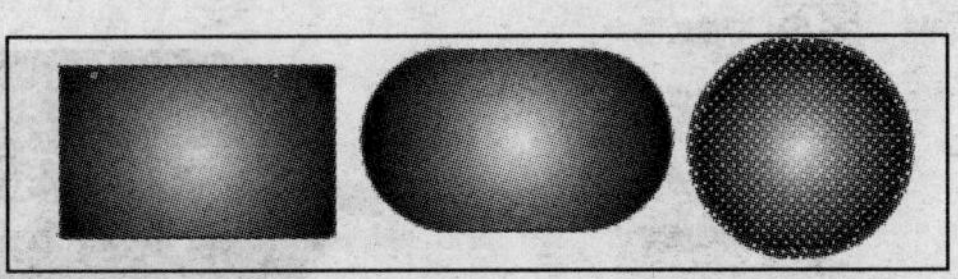

图 3-17 不同圆角半径的矩形

> 注意：使用矩形工具时，按住 Shift 键可以绘制出正方形。“边角半径”文本输入框中输入的单位是“点”，范围是 0～999 之间的任何数值。当设置值越大时，矩形的圆角半径就越明显。设置为 0 时，可得到标准的矩形；设置为 999 时，绘制出来的矩形就是圆形。

3.2.3 使用刷子工具

刷子工具可以用来建立自由形态的矢量色块，可以随意绘制出形状多变的色块。

刷子工具的使用方法：

01 新建一个文档，单击选中绘图工具箱中的刷子工具“”。

02 在刷子属性面板中选择填充颜色，如图 3-18 所示。

03 在绘图工具箱中底部的区域中可以设置刷子的大小、形状、颜色以及刷子模式，如图 3-19 所示。

04 确定是否选择填充锁定选项。

05 在舞台上拖动鼠标即可绘制出相应的色块。按住 Shift 键拖动可将刷子笔触限定为水平和垂直方向。

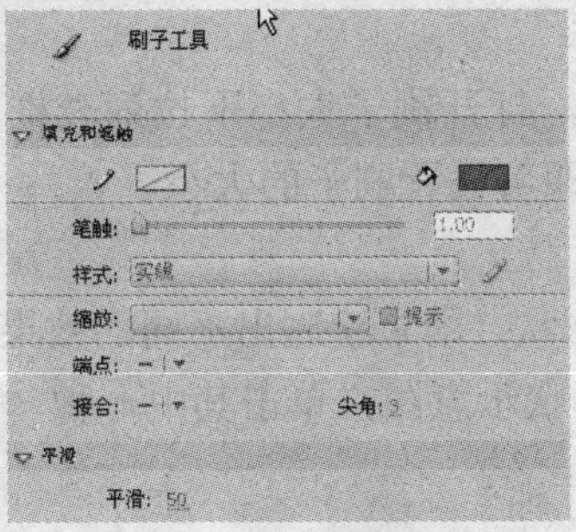

图 3-18 刷子工具属性面板

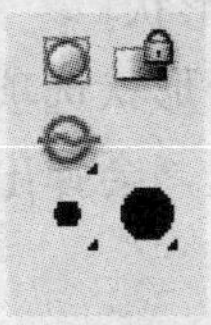

图 3-19 刷子工具对应的“选项”栏

下面介绍刷子工具选项里的内容：

1. 刷子模式

刷子模式的属性可以用来设置刷子对舞台中其他对象的影响方式，单击“刷子模式”按钮，出现如图 3-20 所示的菜单，其中各个选项的功能如下：

- “标准绘画”：在这种模式下，新绘制的线条覆盖同一层中原有的图形，但是不会影响文本对象和引入的对象，如图 3-21 所示。

- “颜料填充”：在这种模式下，只能在空白区域和已有矢量色块的填充区域内绘图，并且不会影响矢量线的颜色，如图 3-22 所示。

图 3-20 “刷子模式”按钮选项

图 3-21 刷子的“标准绘画”模式

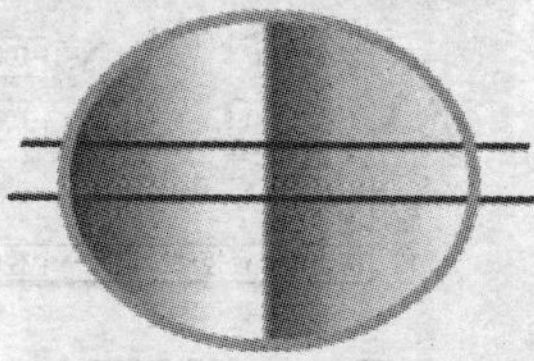

图 3-22 “颜料填充”模式

- “后面绘画”：在这种模式下，只能在空白区绘图，不会影响原有的图形，只是从原有图形的背后穿过，如图 3-23 所示。
- “颜料选择”：在这种模式下，可以将新的填充应用到选择区。该模式就跟简单地选择一个填充区域应用新填充一样，如图 3-24 所示。
- “内部绘画”：在这种模式下，可分为两种情况：一种情况是当刷子起点位于图形之外的空白区域，在经过图形时，从其背后穿过；第二种情况是当刷子的起点位于图形的内部时，只能在图形的内部绘制图，如图 3-25 所示。

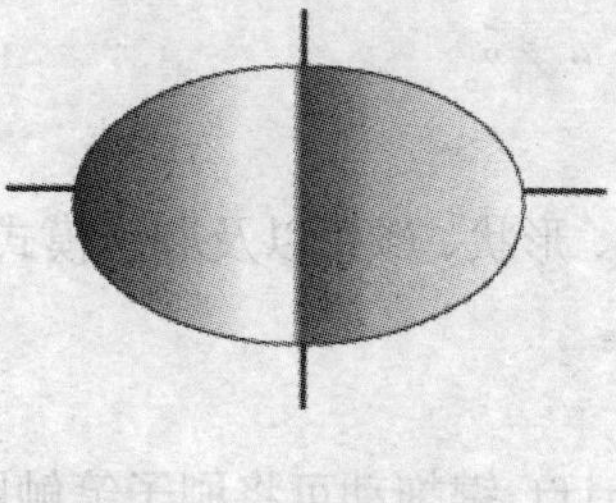

图 3-23 “后面绘画”模式

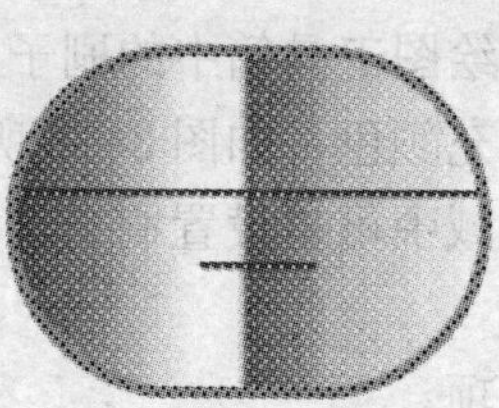

图 3-24 “颜料选择”模式

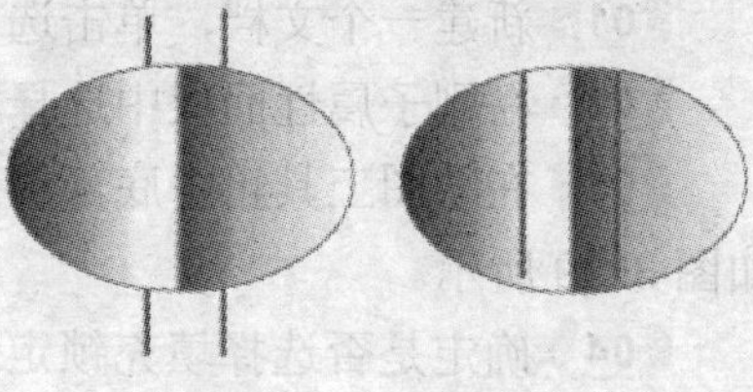

图 3-25 “内部绘画”模式

2. 刷子大小

利用刷子大小选项，可以设置刷子的大小，打开刷子大小下拉列表框，会弹出如图 3-26 所示的刷子宽度示意图，单击其中一种，即可设置刷子的大小。

3. 刷子形状

利用刷子形状选项，可以设置刷子不同的形状，用来绘制出不同的效果，打开刷子形状下拉列表框，会弹出如图 3-27 所示的刷子形状示意图，单击其中一种，即可设置刷子的形状。

4. 锁定填充

锁定填充选项用来切换在使用渐变色进行填充时的参照点，单击“”按钮，即可进入锁定填充模式。

在非锁定填充模式下，对现有图形进行填充，即在刷子经过的涂过的地方，都包含着一个完整的渐变过程。

当刷子处于锁定状态时，以系统确定的参照点为准进行填充，完成渐变色的过渡是以整个动画为完整的渐变区域，刷子涂到什么区域，就对应出现什么样的渐变色，如图 3-28

所示。

图 3-26 刷子大小示意图

图 3-27 刷子形状示意图

图 3-28 锁定填充的对比

3.2.4 使用喷涂刷工具

这一节介绍两个装饰性绘画工具：喷涂刷工具和 Deco 工具。使用装饰性绘画工具，可以将创建的图形形状转变为复杂的几何图案。

喷涂刷的作用类似于粒子喷射器，使用它可以一次将形状图案“刷”到舞台上。默认情况下，喷涂刷使用当前选定的填充颜色喷射粒子点。读者也可以使用喷涂刷工具将影片剪辑或图形元件作为图案应用。

喷涂刷工具的使用方法如下：

01 新建一个文档，单击选中绘图工具箱中的喷涂刷工具，此时鼠标指针变成。

如果在绘图工具箱中没有找到喷涂刷工具，则单击刷子工具图标，在弹出的下拉菜单中即可看到喷涂刷工具图标。

02 切换到喷涂刷的属性面板，如图 3-29 左图所示。单击“编辑”按钮下方的色块，选择默认喷涂点的填充颜色。或者单击“编辑”按钮，从打开的“库”面板中选择一个自定义的影片剪辑或图形元件作为喷涂刷“粒子”。

如果选中“库”面板中的某个元件作为喷涂粒子，其元件名称将显示在“喷涂：”的右侧。同时，“默认形状”复选框将自动取消选择，颜色选取器被禁用，如图 3-29 右图所示。

03 单击“缩放宽度”后面的值，将出现一个文本框，读者可以输入值设置喷涂粒子的元件的宽度。例如，输入 10 将使元件宽度缩小 10%；输入 200 将使元件宽度增大 200%。

04 同理，设置喷涂粒子的元件的高度。

05 如果选中“随机缩放”复选框，则将按随机缩放比例将每个基于元件的喷涂粒子放置在舞台上，并改变每个粒子的大小。使用默认形状的喷涂点时，会禁用此选项。

06 如果希望围绕中心点旋转基于元件的喷涂粒子，则选中“旋转元件”复选框。

07 如果希望按随机旋转角度将每个基于元件的喷涂粒子放置在舞台上，则选中“随机旋转”复选框。使用默认形状的喷涂点时，会禁用此选项。

08 设置好以上选项之后，在舞台上要显示图案的位置单击或拖动，即可使用默认形状的粒子或基于元件的粒子进行喷涂，效果如图 3-30 所示。

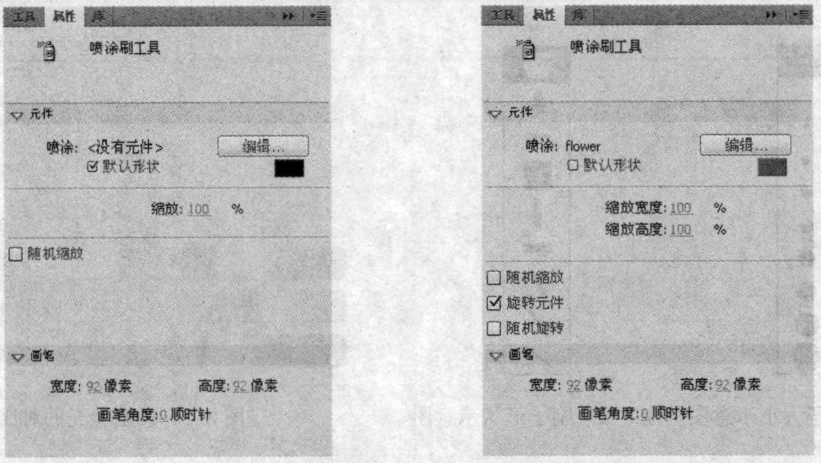

图 3-29 喷涂刷工具的属性面板

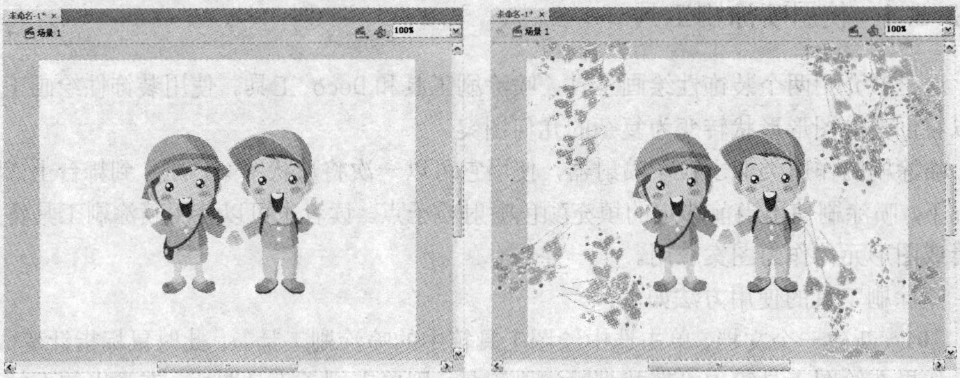

图 3-30 使用基于元件的粒子喷涂前后的效果

3.2.5 使用 Deco 工具

使用 Deco 绘画工具，可以对舞台上的选定对象应用效果。将一个或多个元件与 Deco 工具一起使用，可以创建万花筒效果，极大地丰富了 Flash 的绘画表现力。

Deco 工具的使用方法如下：

01 新建一个文档，单击选中绘图工具箱中的 Deco 工具，此时鼠标指针变成。

02 切换到 Deco 工具的属性面板，如图 3-31 左图所示。单击“绘制效果”下方的按钮，可以从弹出的下拉列表中选择 Deco 工具的绘制效果。不同的绘制效果还有不同的填充选项。在 Flash CS5 中，Deco 工具的绘制效果只有三种：藤蔓式填充、网格填充和对称刷子。Flash CS5 针对设计师为 Deco 工具新增了一整套刷子：建筑物刷子、装饰性刷子、火焰动画、火焰刷子、花刷子、闪电刷子、粒子系统、烟动画、树刷子，如图 3-31 右图所示。点击库中的资源即可直接在 photoshop 中编辑它们，为任何设计元素添加高级动画效果。

03 单击“编辑”按钮下方的色块，可以选择默认装饰图案的填充颜色。或者单击“编辑”按钮，从打开的“库”面板中选择一个自定义的影片剪辑或图形元件作为装饰图案。

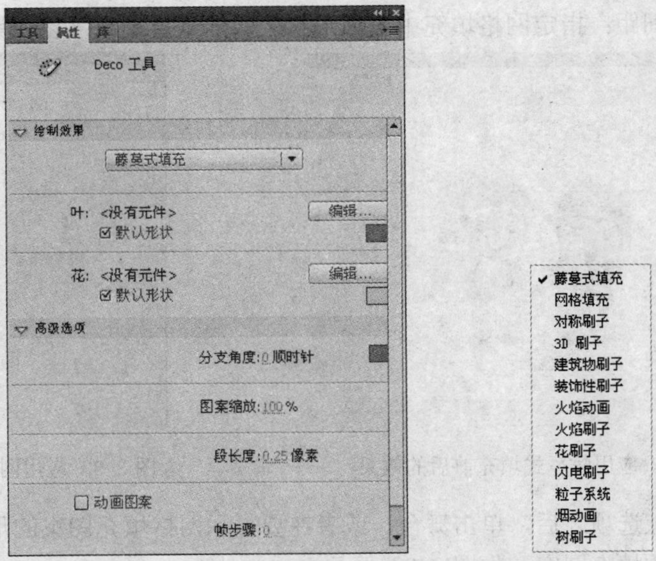

图 3-31 Deco 工具的属性面板和绘制效果

1. 应用藤蔓式填充效果

利用藤蔓式填充效果，可以用藤蔓式图案填充舞台、元件或封闭区域。通过从“库”面板中选择元件，可以替换默认的叶子和花朵的图案。生成的图案将包含在影片剪辑中，而影片剪辑本身包含组成图案的元件。

选中“藤蔓式填充”效果之后，读者还可以指定填充形状的水平间距、垂直间距和缩放比例。应用藤蔓式填充效果后，将无法更改属性检查器中的高级选项以改变填充图案。

- 分支角度：指定分支图案的角度。
- 分支颜色：单击“分支角度”右侧的色块，可以在弹出的颜色板中指定用于分支的颜色。
- 图案缩放：缩放操作会使对象同时沿水平方向（沿 x 轴）和垂直方向（沿 y 轴）放大或缩小。
- 段长度：指定叶子节点和花朵节点之间的段的长度。
- 动画图案：指定效果的每次迭代都绘制到时间轴中的新帧。在绘制花朵图案时，此选项将创建花朵图案的逐帧动画序列。
- 帧步骤：指定绘制效果时每秒要横跨的帧数。

设置好以上选项之后，单击舞台，或者在要显示填充图案的形状或元件内单击，即可应用设置的填充图案。如图 3-32 所示，其中的黄色花朵和绿色叶子即为填充的效果。

2. 应用网格填充效果

使用网格填充效果可创建棋盘图案、平铺背景或用自定义图案填充的区域或形状。对称效果的默认元件是 25 像素×25 像素、无笔触的黑色矩形形状。将网格填充绘制到舞台后，如果移动填充元件或调整其大小，则网格填充将随之移动或调整大小。

选中“网格填充”效果之后，读者还可以在如图 3-33 所示的属性面板中选择默认矩形形状的填充颜色，或选择影片剪辑或图形元件。

> 水平间距：指定网格填充中所用形状之间的水平距离（以像素为单位）。
> 垂直间距：指定网格填充中所用形状之间的垂直距离（以像素为单位）。

图 3-32 应用藤蔓式填充前后的效果

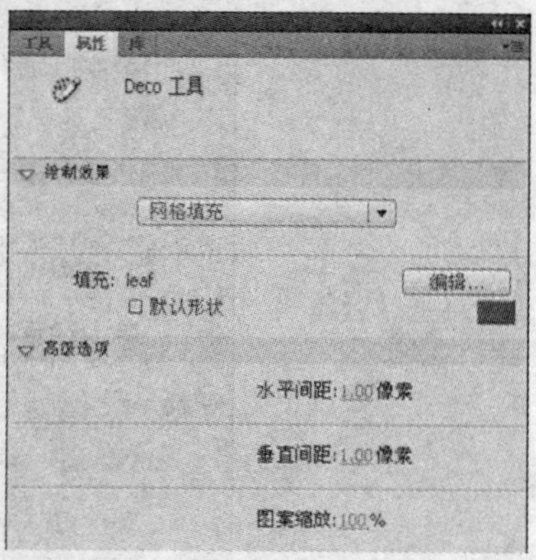

图 3-33 应用网格填充的属性面板

设置好以上选项之后，单击舞台，或者在要显示网格填充图案的形状或元件内单击，即可应用设置的填充图案，如图 3-34 所示。

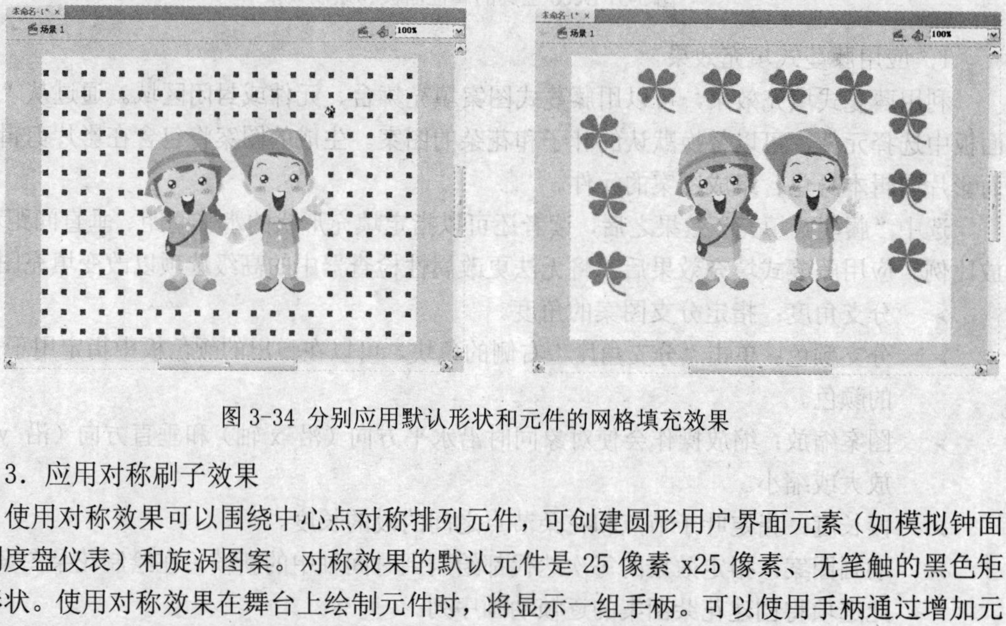

图 3-34 分别应用默认形状和元件的网格填充效果

3. 应用对称刷子效果

使用对称效果可以围绕中心点对称排列元件，可创建圆形用户界面元素（如模拟钟面或刻度盘仪表）和旋涡图案。对称效果的默认元件是 25 像素 x25 像素、无笔触的黑色矩形形状。使用对称效果在舞台上绘制元件时，将显示一组手柄。可以使用手柄通过增加元件数、添加对称内容或者编辑和修改效果的方式来控制对称效果。

选中“对称刷子”效果之后，读者还可以在如图 3-35 应用对称刷子填充的属性面板中选择默认矩形形状的填充颜色，或选择影片剪辑或图形元件。

> 绕点旋转：围绕指定的固定点旋转对称中的形状。默认参考点是对称的中心点。填充效果如图 3-36 所示。

若要围绕对象的中心点旋转对象，按下带有旋转标志的圆形手柄进行拖动。

若要修改元件数，可以按下带有加号（+）的圆形手柄进行拖动。

> 跨线反射：跨指定的不可见线条等距离翻转形状，如图 3-37 所示。

在图 3-37 中间图中左右移动鼠标，可以调整对称图形之间的距离。

按下圆形手柄进行拖动，填充的形状将随之进行相应的旋转，如图 3-37 右图所示。

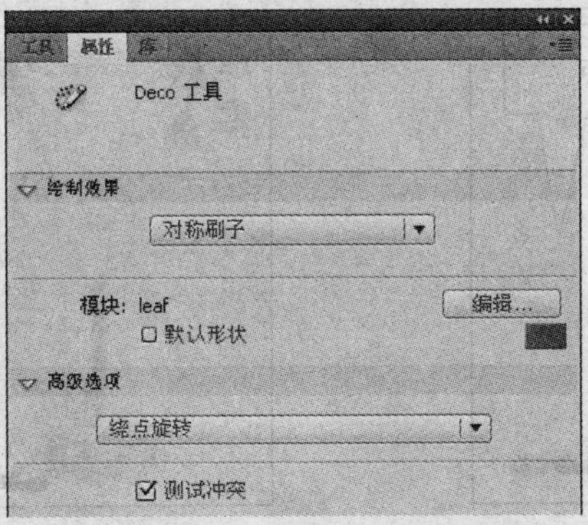

图 3-35 应用对称刷子填充的属性面板

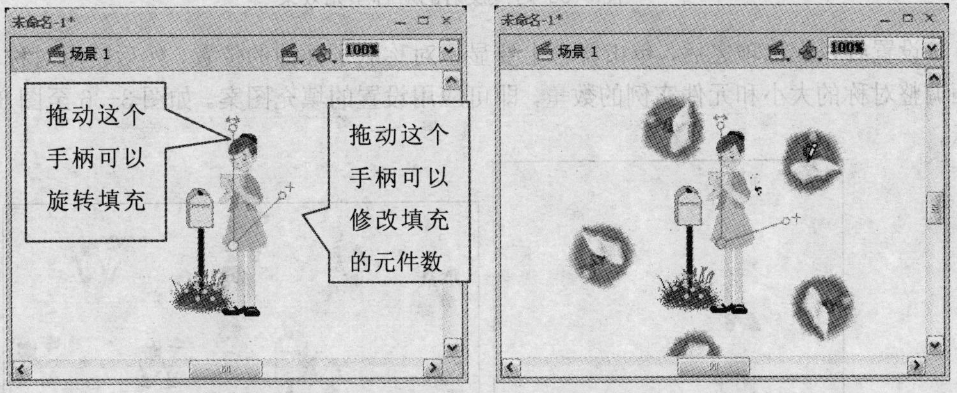

图 3-36 绕点旋转的对称填充效果

图 3-37 跨线反射的对称填充效果

- 跨点反射：围绕指定的固定点等距离放置两个形状。效果如图 3-38 所示。

按下绿色的圆形手柄拖动，可以调整对称元件的位置。

- 网格平移：使用按对称效果绘制的形状创建网格。每次在舞台上单击 Deco 绘画工具都会创建形状网格。使用由对称刷子手柄定义的 x 和 y 坐标调整这些形状的高度和宽度。
- 测试冲突：选择此项后，不管如何增加对称效果内的实例数，都可防止绘制的对称效果中的形状相互冲突。取消选择此选项后，会将对称效果中的形状重叠。

图 3-38 跨点反射的对称填充效果

设置好以上选项之后，单击舞台上要显示对称刷子插图的位置，然后使用对称刷子手柄调整对称的大小和元件实例的数量，即可应用设置的填充图案。如图 3-36 至图 3-39 所示。

图 3-39 网格平移的对称填充效果

4. 应用 3D 刷子效果

利用 3D 刷子效果，用户可以在舞台上对某个元件的多个实例进行涂色，使其具有 3D 透视效果。Flash 通过在舞台顶部附近缩小元件，并在舞台底部附近放大元件来创建 3D 透视。接近舞台底部绘制的元件位于接近舞台顶部的元件之上，不管它们的绘制顺序如何。若要使用 3D 刷子效果，请执行下列操作：

01 选中“3D 刷子”效果之后，在属性面板中设置装饰图形的填充颜色，或选择 1 到 4 个影片剪辑或图形元件作为装饰图案。舞台上显示的每个元件实例都位于其自己的组中。用户可以直接在舞台上或者形状或元件内部涂色。

02 确保已选择“透视”属性以创建 3D 效果。

03 在属性检查器中设置此效果的其他属性。

- 最大对象数：要涂色的对象的最大数目。
- 喷涂区域：与对实例涂色的光标的最大距离。
- 透视：切换 3D 效果。若要为大小一致的实例涂色，则取消选中此选项。

- 距离缩放：此属性确定 3D 透视效果的量。增加此值会增加由向上或向下移动光标而引起的缩放。
- 随机缩放范围：此属性允许随机确定每个实例的缩放。增加此值会增加可应用于每个实例的缩放值的范围。
- 随机旋转范围：此属性允许随机确定每个实例的旋转。增加此值会增加每个实例可能的最大旋转角度。

04 在舞台上拖动以开始涂色。将光标向舞台顶部移动为较小的实例涂色。将光标向舞台底部移动为较大的实例涂色。

5. 应用建筑物刷子效果

借助建筑物刷子效果，可以在舞台上绘制建筑物。建筑物的外观取决于为建筑物属性选择的值。若要在舞台上绘制一个建筑物，请执行下列操作：

01 在“绘图工具”面板中单击 Deco 工具。

02 在属性检查器中，从“绘制效果”下拉菜单中选择“建筑物刷子”。

03 设置建筑物刷子效果的属性。

- 建筑物类型：要创建的建筑样式。
- 建筑物大小：建筑物的宽度。值越大，创建的建筑物越宽。

04 从希望作为建筑物底部的位置开始，垂直向上拖动光标，直到希望完成的建筑物所具有的高度，效果如图 3-40 所示。

6. 应用装饰性刷子效果

通过应用装饰性刷子效果，可以绘制装饰线，例如点线、波浪线及其他线条。若要使用装饰性刷效果，请执行下列操作：

01 在“绘图工具”面板中单击 Deco 工具。

02 在属性检查器中，从“绘制效果”下拉菜单中选择“装饰性刷子”。

03 在属性检查器中设置效果的属性。

- 线条样式：要绘制的线条样式。读者可以试验所有 20 个选项查看装饰效果。
- 图案颜色：线条的颜色。
- 图案大小：所选图案的大小。
- 图案宽度：所选图案的宽度。

04 在舞台上拖动光标。装饰性刷子效果将沿光标的路径创建一条样式线条，如图 3-41 所示。

7. 应用火焰动画效果

火焰动画效果可以创建程式化的逐帧火焰动画。若要使用火焰动画效果，请执行下列操作：

01 在“绘图工具”面板中单击 Deco 工具。

02 从属性检查器中的“绘制效果”菜单中选择“火焰动画”。

03 设置火焰动画效果的属性。、

- 火大小：火焰的宽度和高度。值越高，创建的火焰越大。
- 火速：动画的速度。值越大，创建的火焰越快。

- 火持续时间：动画过程中在时间轴中创建的帧数。
- 结束动画：选择此选项可创建火焰燃尽而不是持续燃烧的动画。Flash 会在指定的火焰持续时间后添加其他帧以造成烧尽效果。如果要循环播放完成的动画以创建持续燃烧的效果，请不要选择此选项。
- 火焰颜色：火苗的颜色。
- 火焰心颜色：火焰底部的颜色。
- 火花：火源底部各个火焰的数量。

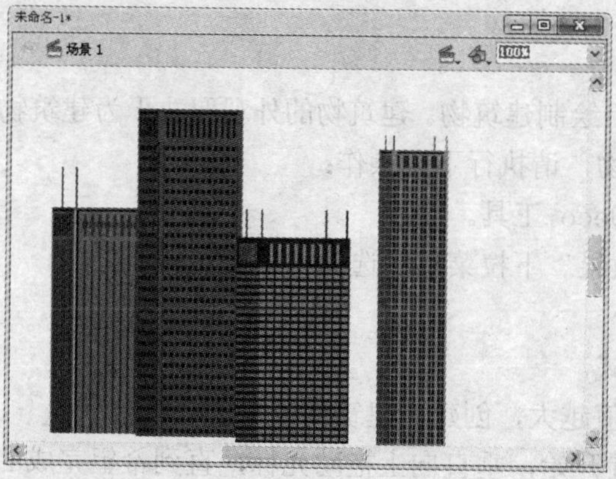

图 3-40　建筑物刷子效果

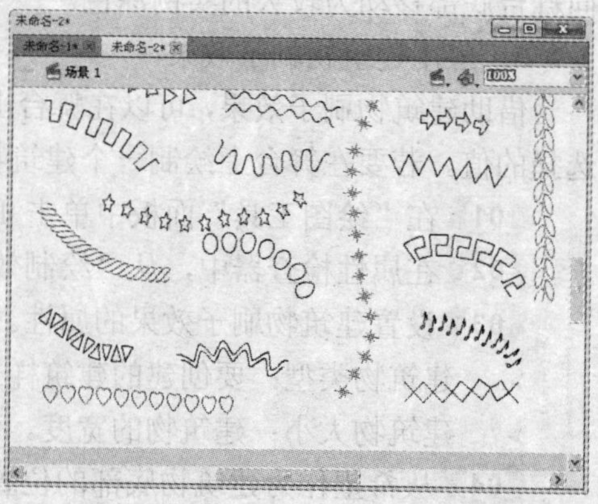

图 3-41　装饰性刷子效果

04 在舞台上拖动鼠标以创建动画。

当按住鼠标左键时，Flash 会将帧添加到时间轴。在多数情况下，最好将火焰动画置于元件中，例如影片剪辑元件。

8. 应用火焰刷子效果

借助火焰刷子效果，可以在时间轴的当前帧中的舞台上绘制火焰。若要使用火焰刷子效果，请执行下列操作：

01 在“绘图工具”面板中单击 Deco 工具。

02 从属性检查器中的“绘制效果”菜单中选择“火焰刷子”。

03 设置火焰刷子效果的属性。

- 火焰大小：火焰的宽度和高度。值越高，创建的火焰越大。
- 火焰颜色：火焰中心的颜色。在绘制时，火焰从选定颜色变为黑色。

04 在舞台上拖动以绘制火焰。

9. 应用花刷子效果

借助花刷子效果，可以在时间轴的当前帧中绘制程式化的花。若要使用花刷子效果，请执行下列操作：

01 在“绘图工具”面板中单击 Deco 工具。

02 从属性检查器中的“绘制效果”菜单中选择“花刷子”。

03 从“花类型”菜单中选择一种花。

04 设置花刷子效果的属性。

- 花色：花的颜色。

- 花大小：花的宽度和高度。值越高，创建的花越大。
- 树叶颜色：叶子的颜色。
- 树叶大小：叶子的宽度和高度。值越高，创建的叶子越大。
- 果实颜色：果实的颜色。
- 分支：选择此选项可绘制花和叶子之外的分支。
- 分支颜色：分支的颜色。

05 在舞台上拖动以绘制花。效果如图 3-42 所示。

10. 应用闪电刷子效果

通过闪电刷效果，可以创建闪电，以及创建具有动画效果的闪电。闪电刷子效果包含下列属性：

- 闪电颜色：闪电的颜色。
- 闪电大小：闪电的长度。
- 动画：借助此选项，可以创建闪电的逐帧动画。在绘制闪电时，Flash 将帧添加到时间轴中的当前图层。
- 光束宽度：闪电根部的粗细。
- 复杂性：每支闪电的分支数。值越高，创建的闪电越长，分支越多。

在属性检查器中设置闪电刷子效果的属性之后，在舞台上拖动。Flash 将沿着移动鼠标的方向绘制闪电。

11. 应用粒子系统效果

使用粒子系统效果，可以创建火、烟、水、气泡及其他效果的粒子动画。若要使用粒子系统效果，请执行下列操作：

01 在“绘图工具”面板中选择 Deco 工具。

02 在“属性”面板中设置效果的属性。

- 粒子 1：用户可以分配两个元件用作粒子，这是其中的第一个。如果未指定元件，将使用一个黑色的小正方形。通过正确地选择图形，可以生成非常有趣且逼真的效果。
- 粒子 2：指定第二个可以分配用作粒子的元件。
- 总长度：从当前帧开始，动画的持续时间（以帧为单位）。
- 粒子生成：在其中生成粒子的帧的数目。如果帧数小于“总长度”属性，则该工具会在剩余帧中停止生成新粒子，但是已生成的粒子将继续添加动画效果。
- 每帧的速率：每个帧生成的粒子数。
- 寿命：单个粒子在舞台上可见的帧数。
- 初始速度：每个粒子在其寿命开始时移动的速度。速度单位是像素/帧。
- 初始大小：每个粒子在其寿命开始时的缩放。
- 最小初始方向：每个粒子在其寿命开始时可能移动方向的最小范围。测量单位是度。零表示向上；90 表示向右；180 表示向下，270 表示向左，而 360 还表示向上。允许使用负数。
- 最大初始方向：每个粒子在其寿命开始时可能移动方向的最大范围。测量单位是度。零表示向上；90 表示向右；180 表示向下，270 表示向左，而 360 还表示向上。允许使用负数。

➢ 重力效果：当此数字为正数时，粒子方向更改为向下并且其速度会增加（就像正在下落一样）。如果重力是负数，则粒子方向更改为向上。

➢ 旋转速率：应用到每个粒子的每帧旋转角度。

03 在舞台上要显示效果的位置单击鼠标。Flash 将根据设置的属性创建逐帧动画的粒子效果。

12. 应用烟动画刷子效果

烟动画效果可以创建程式化的逐帧烟动画。若要使用烟动画效果，请执行下列操作：

01 在“绘图工具”面板中单击 Deco 工具。

02 从属性检查器中的“绘制效果”菜单中选择“烟动画”。

03 设置烟动画效果的属性。

➢ 烟大小：烟的宽度和高度。值越高，创建的火焰越大。

➢ 烟速：动画的速度。值越大，创建的烟越快。

➢ 烟持续时间：动画过程中在时间轴中创建的帧数。

➢ 结束动画：选择此选项可创建烟消散而不是持续冒烟的动画。Flash 会在指定的烟持续时间后添加其他帧以造成消散效果。如果要循环播放完成的动画以创建持续冒烟的效果，则不要选择此选项。

➢ 烟色：烟的颜色。

➢ 背景色：烟的背景色。烟在消散后更改为此颜色。

04 在舞台上拖动以创建动画。

当按住鼠标左键时，Flash 会将帧添加到时间轴。在多数情况下，最好将烟动画置于其自己的元件中，例如影片剪辑元件。

13. 应用树刷子效果

通过树刷子效果，可以快速创建树状插图。若要使用树刷子效果，请执行下列操作：

01 在“绘图工具”面板中单击 Deco 工具。

02 在属性检查器中，从“绘制效果”菜单中选择“树刷效果”。

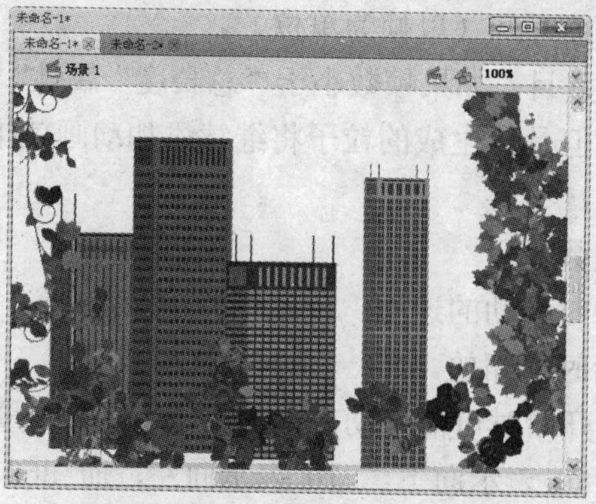

图 3-42 花刷子效果

图 3-43 树刷子效果

03 设置树刷效果的属性。

- 树样式：要创建的树的种类。每个树样式都以实际的树种为基础。
- 树缩放：树的大小。值必须在 75～100 之间。值越高，创建的树越大。
- 分支颜色：树干的颜色。
- 树叶颜色：叶子的颜色。
- 花/果实颜色：花和果实的颜色。

04 在舞台上拖动鼠标指针可以创建大型分支。通过将光标停留在一个位置可以创建较小的分支，效果如图 3-43 所示。

3.3 使用填充工具

填充工具可以用来对填充图形的颜色填充，对于墨水瓶和颜料桶工具可以直接为图形填充颜色，还可以使用吸管工具采集填充颜色，然后通过墨水瓶或颜料桶工具应用到其他图形上去。

3.3.1 墨水瓶工具

墨水瓶工具用来改变已经存在的线条或形状的轮廓线的笔触颜色、宽度和样式。它经常与吸管工具结合使用。

墨水瓶工具的使用方法：

01 单击选择绘图工具箱里的墨水瓶工具“ ”。

02 在属性面板中设置墨水瓶使用的笔触颜色、线宽以及线性，如图 3-44 所示。

03 单击舞台中的对象来对笔触的修改。

注意：使用墨水瓶工具时，如果单击一个没有轮廓线的区域，墨水瓶工具会为该区域增加轮廓线；如果该区域已经存在轮廓线，则它会把该轮廓线改为墨水瓶工具设定的样式。

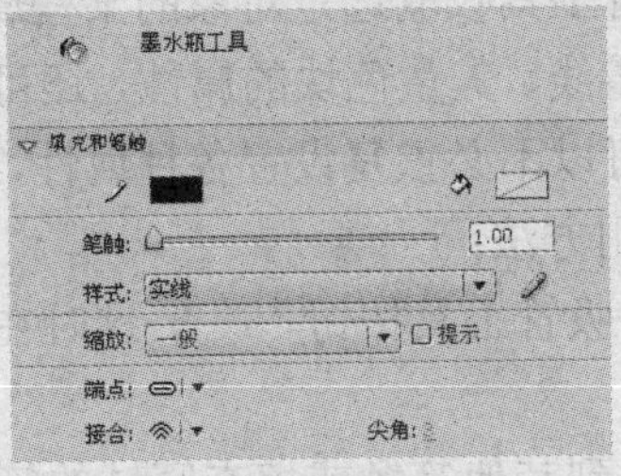

图 3-44 墨水瓶工具的属性面板

3.3.2 颜料桶工具

颜料桶工具用于填充颜色、渐变色以及位图到封闭的区域。它既可以填充空的区域，也可以更改已经涂色区域的颜色。颜料桶工具经常会和吸管工具配合使用。当吸管工具单击的对象是填充物的时候，它将首先获得填充物的各种属性，然后自动转换成为颜料桶工具。颜料桶工具的使用方法：

01 单击选择绘图工具箱里的颜料桶工具“”。

02 在颜料桶工具的属性面板里设置一个图形的填充颜色，如图 3-45 所示。

03 单击工具箱里的颜料桶工具的选项，然后选择一个空隙大小选项，如图 3-46 所示。

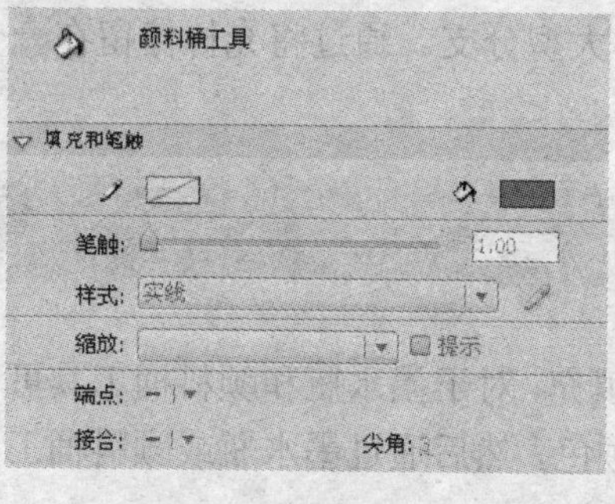

图 3-45 颜料桶工具的属性面板

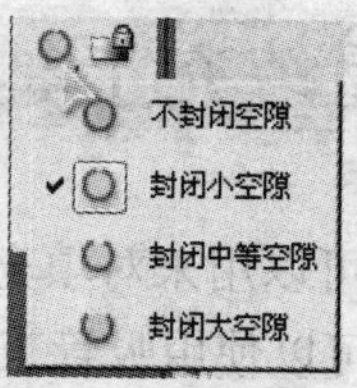

图 3-46 颜料桶工具的选项

- 不封闭空隙：只有区域完全闭合时才可以填充。
- 封闭小空隙：当区域存在较小空隙时可以填充。
- 封闭中等空隙：当区域存在中等空隙时可以填充。
- 封闭大空隙：当区域存在较大空隙时可以填充。

04 确定是否选择“锁定填充”选项。

05 单击要填充的形状或者封闭区域即可完成颜色的填充。

注意：上面所说的填充区域空隙的大小只是相对的，当填充区域缺口太大时，“间隙大小”命令将不能完成填充任务，而只能人工将其闭合。

3.3.3 吸管工具

在 Flash 中，可以使用吸管工具吸取选定对象的某些属性，再将这些属性赋给其他目标图形，吸管工具可以吸取矢量线、矢量色块的属性，还可以吸取导入的位图和文字的属性。使用吸管的优点就是用户可以不必重复设置各种属性，只要从已有的各种矢量对象中吸取就可以了。吸管工具的使用方法：

01 在绘图工具栏中单击吸管工具按钮“”，这时在舞台中的鼠标指针就会变为一个吸管形状。

02 单击要将其属性应用到其他笔触或填充区域的笔触或填充区域。把鼠标指针移动到某个线条上时，吸管工具的下方就会显示出一个铅笔形状，当吸管工具在某个填充区域内移动的时候，吸管工具的下方就会显示出一个刷子形状，这时如果单击鼠标即可拾取该线条的颜色或该区域的填充样式，如图 3-47 所示。

图 3-47 吸管的不同状态

03 单击其他笔触或已填充区域以应用新吸取的属性。

在使用吸管工具对线条进行拾取操作以后，绘图工具栏会自动将墨水瓶工具转为当前工具，而此时墨水瓶工具具有的填充颜色就是吸管工具刚才拾取的颜色，如图 3-48 所示。

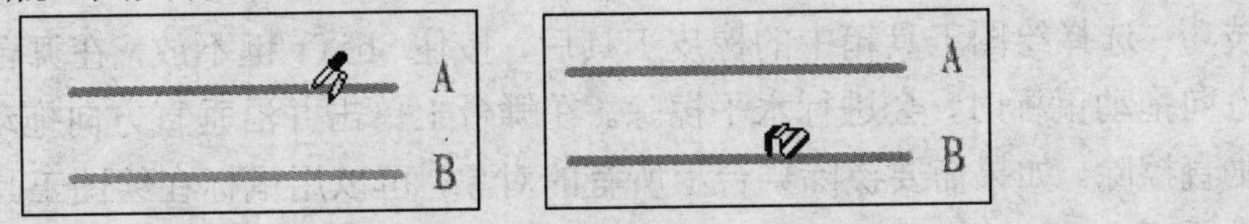

图 3-48 颜色的拾取

在使用吸管工具对填充区域进行拾取操作以后，绘图工具栏会自动将颜料桶工具转为当前工具，而此时颜料桶工具具有的填充颜色就是吸管工具刚才拾取的样式或颜色，如图 3-49 所示。

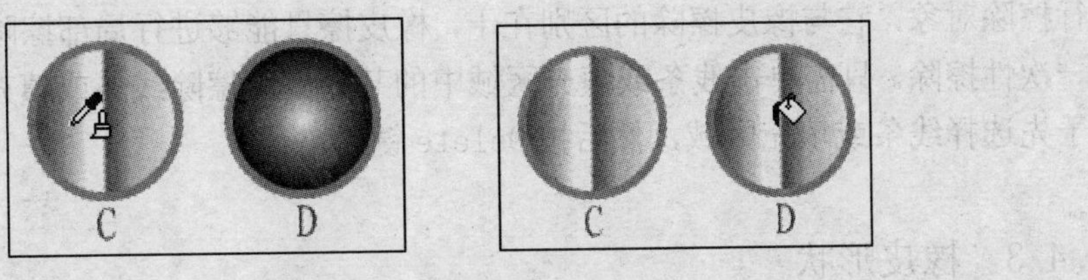

图 3-49 填充区域的拾取

3.4 橡皮工具

橡皮工具主要用来擦除舞台上的对象，选择绘图工具箱中的橡皮工具后，会在“选项”栏中出现 3 个选项。它们分别是橡皮擦模式、水龙头、橡皮擦形状。下面分别对这 3 个选项进行介绍。

3.4.1 橡皮擦模式

在橡皮工具的“选项”栏中单击“橡皮擦模式”按钮，会打开擦除模式选项。可以看到如图 3-50 所示的 5 个选项，也就是说可以设置 5 种不同的擦除模式，下面对这 5 种擦除模式进行简单的介绍。

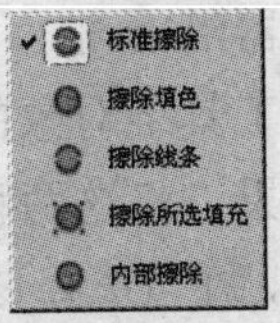

图 3-50 橡皮擦模式

标准擦除：这是系统默认的擦除模式，选择该模式后鼠标变成橡皮状，它可以擦除矢量图形、线条、打散的位图和文字。

- 擦除填色：在这种模式下，用鼠标拖动擦除图形时，只可以擦除填充色块和打散的文字，但不会擦除矢量线。
- 擦除线条：在这种模式下，用鼠标拖动擦除图形时，只可以擦除矢量线和打散的文字，但不会擦除矢量色块。
- 擦除所选填充：在这种模式下，用鼠标拖动擦除图形时，只可以擦除已被选择的填充色块和打散的文字，但不会擦除矢量线。使用这种模式之前，必须先用箭头工具或套索工具等选择一块区域。

➢ 内部擦除：在这种模式下，用鼠标拖曳擦除图形时，只可以擦除连续的、不能分割的填充色块。在擦除时，矢量色块被分为两部分，而每次只能擦除一个部分的矢量色块。

技巧：选择绘图工具箱中的橡皮工具后，按住 Shift 键不放，在舞台上单击并沿水平方向拖动鼠标时，会进行水平擦除。在舞台上单击并沿垂直方向拖动鼠标时，会进行垂直擦除。如果需要擦除舞台上所有的对象，可以用鼠标在绘图工具箱中双击橡皮工具即可。

3.4.2 水龙头

选择了水龙头工具之后，鼠标指针会变成水龙头工具形状，此时就可以使用水龙头工具进行擦除对象，它与橡皮擦除的区别在于，橡皮擦只能够进行局部擦除，而水龙头工具可以一次性擦除。只需单击线条或填充区域中的某处就可擦除线条或填充区域。它的作用类似于先选择线条或填充区域，然后按 Delete 键。

3.4.3 橡皮形状

打开橡皮形状下拉列表框，可以看到 Flash CS5 提供了 10 种大小不同的橡皮形状选项，其中圆形和矩形的橡皮各 5 种，用鼠标单击即可选择橡皮形状。

注意：在舞台上创建的矢量文字，或者导入的位图图形，都不可以直接使用橡皮工具擦除。必须先使用“修改”菜单中的“分离”命令将文字和位图打散成矢量图形后才能够擦除。

3.5 3D 转换工具

Flash CS5 提供了两个 3D 转换工具——3D 平移工具和 3D 旋转工具。借助这两个工具，用户可以在舞台的 3D 空间中移动和旋转影片剪辑来创建 3D 效果，这是通过在每个影片剪辑实例的 z 轴属性来实现的。

在 3D 术语中，在 3D 空间中移动一个对象称为“平移”，在 3D 空间中旋转一个对象称为“变形”。若要使对象看起来离查看者更近或更远，可以使用 3D 平移工具或属性检查器沿 z 轴移动该对象；若要使对象看起来与查看者之间形成某一角度，可以使用 3D 旋转工具绕对象的 z 轴旋转影片剪辑。通过组合使用这些工具，用户可以创建逼真的透视效果。将这两种效果中的任意一种应用于影片剪辑后，Flash 会将其视为一个 3D 影片剪辑，每当选择该影片剪辑时就会显示一个重叠在其上面的彩轴指示符（x 轴为红色、y 轴为绿色，而 z 轴为蓝色）。

3D 平移和 3D 旋转工具都允许用户在全局 3D 空间或局部 3D 空间中操作对象。全局 3D 空间即为舞台空间。全局变形和平移与舞台相关。局部 3D 空间即为影片剪辑空间。局部变形和平移与影片剪辑空间相关。例如，如果影片剪辑包含多个嵌套的影片剪辑，则嵌套的影片剪辑的局部 3D 变形与容器影片剪辑内的绘图区域相关。3D 平移和旋转工具的默认模式是全局，若要切换到局部模式，可以单击工具面板底部“全局”切换按钮。

注意：在为影片剪辑实例添加 3D 变形后，不能在“在当前位置编辑”模式下编辑该实例的父影片剪辑元件。

若要使用 Flash 的 3D 功能，FLA 文件的发布设置必须设置为 Flash Player 10 和 ActionScript 3.0。只能沿 z 轴旋转或平移影片剪辑实例。可通过 ActionScript 使用的某些 3D 功能不能在 Flash 用户界面中直接使用，如每个影片剪辑的多个消失点和独立摄像头。使用 ActionScript 3.0 时，除了影片剪辑之外，还可以向对象（如文本、FLV Playback 组件和按钮）应用 3D 属性。

注意：不能对遮罩层上的对象使用 3D 工具，包含 3D 对象的图层也不能用作遮罩层。

3.5.1 3D 平移工具

使用 3D 平移工具可以在 3D 空间中移动影片剪辑实例。在使用该工具选择影片剪辑后，影片剪辑的 X、Y 和 Z 3 个轴将显示在舞台上对象的顶部，如图 3-51 所示。

影片剪辑中间的黑点即为 z 轴控件。默认情况下，应用了 3D 平移的所选对象在舞台上显示 3D 轴叠加。读者可以在 Flash 的“首选参数”/“常规”部分中关闭此叠加。

若要移动 3D 空间中的单个对象，可以执行以下操作：

01 在工具面板中选择 3D 平移工具，并在工具箱底部选择局部或全局模式。

02 用 3D 平移工具选择舞台上的一个影片剪辑实例。

03 将鼠标指针移动到 x、y 或 z 轴控件上，此时鼠标指针的形状将发生相应的变化。例如，移到 x 轴上时，指针变为 ▶x，移到 y 轴上时，显示为 ▶y。

04 按控件箭头的方向按下鼠标左键拖动，即可沿所选轴移动对象。上下拖动 z 轴控件可在 z 轴上移动对象。沿 x 轴或 y 轴移动对象时，对象将水平方向或垂直方向直线移动，图像大小不变；沿 z 轴移动对象时，对象大小发生变化，从而使对象看起来离查看者更近或更远。

此外，读者还可以打开如图 3-52 所示的属性面板，在“3D 定位和查看”区域通过设置 X、Y 或 Z 的值平移对象。在 z 轴上移动对象，或修改属性面板上 z 轴的值时，“高度”和“宽度”的值将随之发生变化，表明对象的外观尺寸发生了变化，这些值是只读的。

注意：如果更改了 3D 影片剪辑的 z 轴位置，则该影片剪辑在显示时也会改变其 x 和 y 位置。

如果在舞台上选择了多个影片剪辑，按住 Shift 并双击其中一个选中对象，可将轴控件移动到该对象；通过双击 z 轴控件，可以将轴控件移动到多个所选对象的中间。

05 单击属性面板上右侧的文本框，可以设置 FLA 文件的透视角度。

透视角度属性值的范围为 1°～180°，该属性会影响应用了 3D 平移或旋转的所有影片剪辑。默认透视角度为 55° 视角，类似于普通照相机的镜头。增大透视角度可使 3D 对象看起来更接近查看者。减小透视角度属性可使 3D 对象看起来更远。

06 单击属性面板上右侧的文本框，可以设置 FLA 文件的消失点。

该属性用于控制舞台上 3D 影片剪辑的 z 轴方向。消失点是一个文档属性，它会影响应用了 z 轴平移或旋转的所有影片剪辑，更改消失点将会更改应用了 z 轴平移的所有影片剪辑的位置。消失点的默认位置是舞台中心。

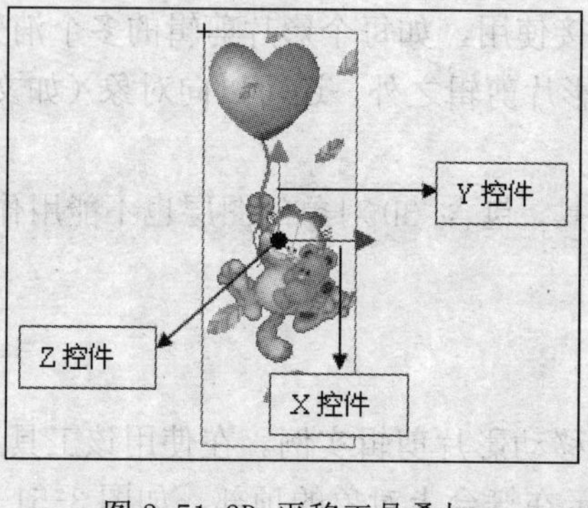

图 3-51 3D 平移工具叠加

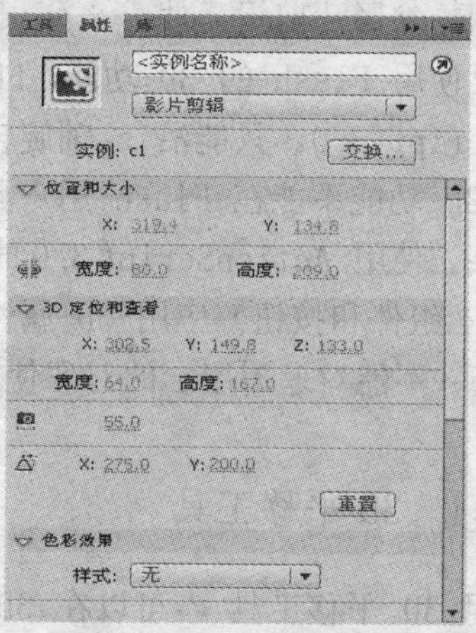

图 3-52 3D 平移工具的属性面板

FLA 文件中所有 3D 影片剪辑的 z 轴都朝着消失点后退。通过重新定位消失点，可以更改沿 z 轴平移对象时对象的移动方向。

若要将消失点移回舞台中心，则单击属性面板上的“重置”按钮。

3.5.2 3D 旋转工具

使用 3D 旋转工具可以在 3D 空间中旋转影片剪辑实例。在使用该工具选择影片剪辑后，3D 旋转控件出现在舞台上的选定对象之上。X 控件显示为红色、Y 控件显示为绿色、Z 控件显示为蓝色，自由旋转控件显示为橙色，如图 3-53 所示。

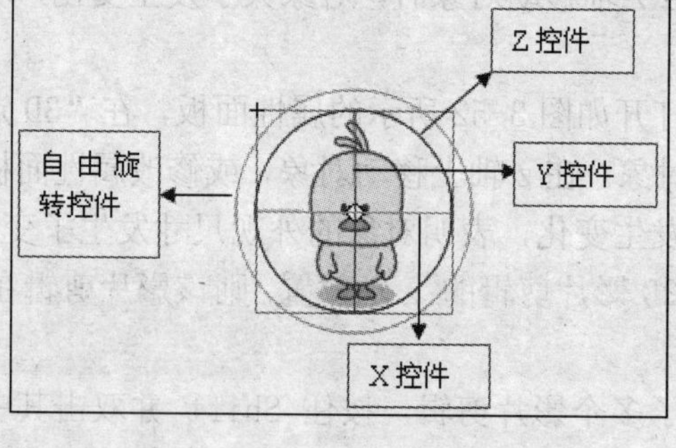

图 3-53 3D 旋转工具叠加

使用橙色的自由旋转控件可同时绕 X 和 Y 轴旋转。

若要旋转 3D 空间中的单个对象，可以执行以下操作：

01 在工具面板中选择 3D 旋转工具，并在工具箱底部选择局部或全局模式。

02 用 3D 旋转工具选择舞台上的一个影片剪辑实例。

3D 旋转控件将显示为叠加在所选对象之上。如果这些控件出现在其他位置，请双击控件的中心点以将其移动到选定的对象。

03 请将鼠标指针移动到 x、y、z 轴或自由旋转控件之上，此时鼠标指针的形状将发生相应的变化。例如，移到 x 轴上时，指针变为▸x，移到 y 轴上时，显示为▸y。

04 拖动一个轴控件以绕该轴旋转，或拖动自由旋转控件（外侧橙色圈）同时绕 x 和 y 轴旋转。

左右拖动 x 轴控件可绕 x 轴旋转。上下拖动 y 轴控件可绕 y 轴旋转。拖动 z 轴控件进行圆周运动可绕 z 轴旋转。

若要相对于影片剪辑重新定位旋转控件中心点，则拖动中心点。若要按 45° 增量约束中心点的移动，请在按住 Shift 键的同时进行拖动。

移动旋转中心点可以控制旋转对于对象及其外观的影响。双击中心点可将其移回所选影片剪辑的中心。所选对象的旋转控件中心点的位置可以在“变形”面板的“3D 中心点”区域查看或修改。

若要重新定位 3D 旋转控件中心点，可以执行以下操作之一：

- 拖动中心点到所需位置。
- 按住 Shift 并双击一个影片剪辑，可以将中心点移动到选定的影片剪辑的中心。
- 双击中心点，可以将中心点移动到选中影片剪辑组的中心。

05 调整透视角度和消失点的位置。

3.6 反向运动工具

反向运动（IK）是自 Flash CS4 引入的动画制作功能，是一种使用骨骼的有关节结构对一个对象或彼此相关的一组对象进行动画处理的方法。使用骨骼，用户只需做很少的设计工作，就可以使元件实例和形状对象按复杂而自然的方式移动。例如，通过反向运动可以更加轻松地创建人物动画，如胳膊、腿和面部表情。可以向单独的元件实例或单个形状的内部添加骨骼。移动一个骨骼时，与启动运动的骨骼相关的其他连接骨骼也会移动。使用反向运动进行动画处理时，只需指定对象的开始位置和结束位置即可。

Flash CS5 增强了骨骼工具的功能，添加了一些物理特性在混合器中。借助为骨骼工具新增的动画属性，设计者可以为每一个关节设置弹性，从而创建出更逼真的反向运动效果。通过反向运动，用户可以更加轻松地创建自然的运动效果。

注意： 若要使用反向运动，FLA 文件必须在“发布设置”对话框的“Flash”选项卡中将 ActionScript 3.0 指定为“脚本”设置。

Flash 包括两个用于处理 IK 工具——骨骼工具和绑定工具。使用骨骼工具可以向元件实例和形状添加骨骼；使用绑定工具可以调整形状对象各个骨骼和控制点之间的关系。

3.6.1 骨骼工具

在 Flash 中可以按两种方式使用 IK。第一种方式是，通过添加将每个实例与其他实例连接在一起的骨骼，用关节连接一系列的元件实例。骨骼允许元件实例链一起移动。例如，用一组影片剪辑分别表示人体的不同部分，通过将躯干、上臂、下臂和手链接在一起，可以创建逼真移动的胳膊。可以创建一个分支骨架以包括两个胳膊、两条腿和头。

使用 IK 的第二种方式是向形状对象的内部添加骨架。通过骨骼，可以移动形状的各个部分并对其进行动画处理，而无需绘制形状的不同版本或创建补间形状。

在向元件实例或形状添加骨骼时，Flash 将实例或形状以及关联的骨架移动到时间轴中的新图层，此新图层称为姿式图层。每个姿式图层只能包含一个骨架及其关联的实例或形状。通过在不同帧中为骨架定义不同的姿势，在时间轴中进行动画处理。

1. 向元件添加骨骼

在 Flash CS5 中，可以向影片剪辑、图形和按钮实例添加 IK 骨骼。一般步骤如下：

01 在舞台上创建元件实例。若要使用文本，则应首先将其转换为元件。

02 按照与添加骨骼之前所需近似的空间配置排列实例。

03 在工具面板中选择骨骼工具，并单击要成为骨架的根部或头部的元件实例。然后拖动到单独的元件实例，以将其链接到根实例。

在拖动时，将显示骨骼。释放鼠标后，在两个元件实例之间将显示实心的骨骼。每个骨骼都具有头部、圆端和尾部（尖端）。如图 3-54 所示。

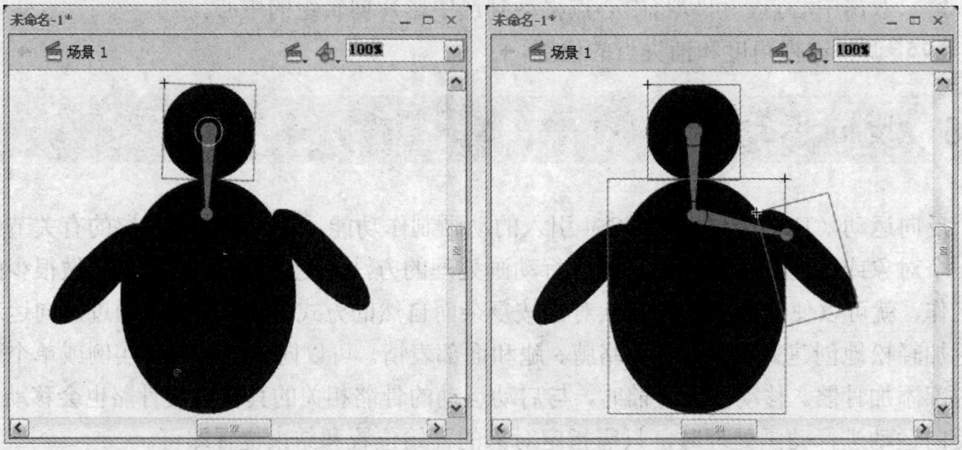

图 3-54　添加骨骼

骨架中的第一个骨骼是根骨骼。它显示为一个圆围绕骨骼头部。默认情况下，Flash 将每个元件实例的变形点移动到由每个骨骼连接构成的连接位置。对于根骨骼，变形点移动到骨骼头部。对于分支中的最后一个骨骼，变形点移动到骨骼的尾部。当然，也可以在“首选参数”/“绘画”选项卡中禁用变形点的自动移动。

04 从第一个骨骼的尾部拖动到要添加到骨架的下一个元件实例，添加其他骨骼，如图 3-54 右图所示。指针在经过现有骨骼的头部或尾部时会发生改变。为便于将新骨骼的尾部拖到所需的特定位置，可以启用“贴紧至对象”功能。

05 按照要创建的父子关系的顺序，将对象与骨骼链接在一起。例如，如果要向表示胳膊的一系列影片剪辑添加骨骼，请绘制从肩部到肘部的第一个骨骼、从肘部到手腕的第二个骨骼以及从手腕到手部的第三个骨骼。

若要创建分支骨架，单击希望分支开始的现有骨骼的头部，然后进行拖动以创建新分支的第一个骨骼。

注意：分支不能连接到其他分支（其根部除外）。

创建 IK 骨架后，可以在骨架中拖动骨骼或元件实例以重新定位实例。拖动骨骼会移动其关联的实例，但不允许它相对于其骨骼旋转。拖动实例允许它移动以及相对于其骨骼旋转。拖动分支中间的实例可导致父级骨骼通过连接旋转而相连。子级骨骼在移动时没有连接旋转。

创建骨架且其所有的关联元件实例都移动到姿势图层后，仍可以将新实例从其他图层添加到骨架。在您将新骨骼拖动到新实例后，Flash 会将该实例移动到骨架的姿势图层。

2. 向形状添加骨骼

使用 IK 骨架的第二种方式是使用形状对象。每个实例只能具有一个骨骼，而对于形状，可以向单个形状的内部添加多个骨骼。

在添加第一个骨骼之前必须选择所有形状。在将骨骼添加到所选内容后，Flash 将所有的形状和骨骼转换为 IK 形状对象，并将该对象移动到新的姿式图层。在将形状转换为 IK 形状后，它无法再与 IK 形状外的其他形状合并。

向形状添加骨骼的一般步骤如下：

01 在舞台上创建填充的形状。如图 3-55 所示。形状可以包含多个颜色和笔触。编辑形状，以便它们尽可能接近其最终形式。向形状添加骨骼后，用于编辑形状的选项将变得更加有限。

02 在舞台上选择整个形状。 如果形状包含多个颜色区域或笔触，请确保选择整个形状。围绕形状拖出一个矩形选择区域可确保选择整个形状。

03 在工具面板中选择骨骼工具，然后在形状内单击并拖动到形状内的其他位置。该形状变为 IK 形状后，就无法再向其添加新笔触了。但仍可以向形状的现有笔触添加控制点或从中删除控制点。IK 形状具有自己的注册点、变形点和边框。

04 若要添加其他骨骼，则从第一个骨骼的尾部拖动到形状内的其他位置。添加骨骼后的效果如图 3-56 所示。

图 3-55 创建的填充形状

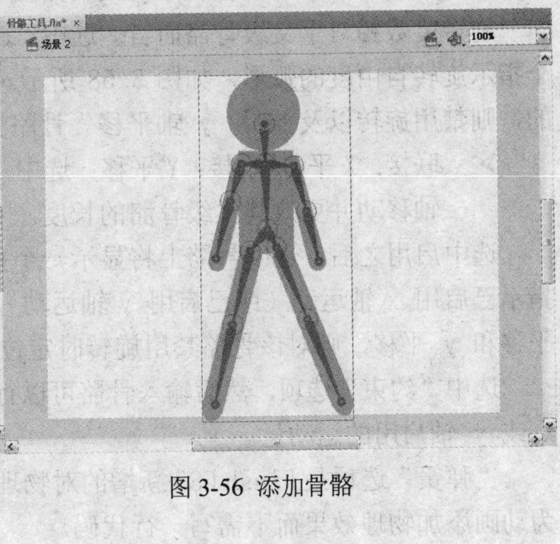

图 3-56 添加骨骼

创建骨骼之后，若要从某个 IK 形状或元件骨架中删除所有骨骼，可以选择该形状或该骨架中的任何元件实例，然后执行“修改”/“分离”命令，IK 形状将还原为正常形状。

若要移动 IK 形状内骨骼任一端的位置，可以使用部分选取工具拖动骨骼的一端。

若要移动元件实例内骨骼连接、头部或尾部的位置，可以使用“变形”面板移动实例的变形点。骨骼将随变形点移动。

若要删除单个骨骼及其所有子级，可以单击该骨骼并按 Delete 键。通过按住 Shift 单击每个骨骼可以选择要删除的多个骨骼。

若要移动骨架，可以使用选取工具选择 IK 形状对象，然后拖动任何骨骼以移动它们。或者在如图 3-57 所示的属性面板中编辑 IK 形状。

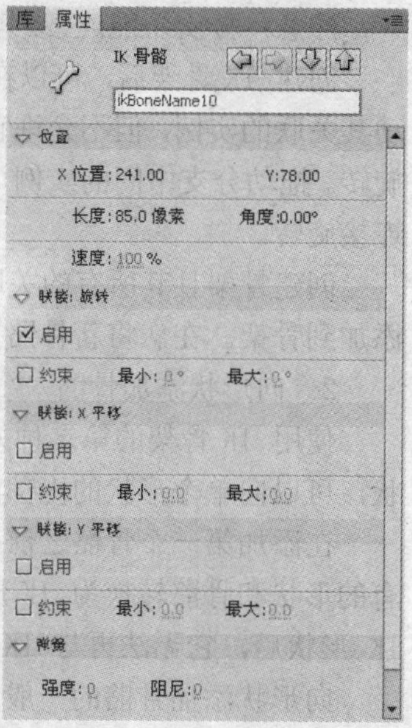

图 3-57 IK 骨骼的属性面板

下面对属性面板中常用的选项工具进行简要说明：

- ：使用选取工具选中一个骨骼之后，单击这组按钮，可以将所选内容移动到相邻骨骼。

若要选择骨架中的所有骨骼，则双击某个骨骼。

若要选择整个骨架并显示骨架的属性及其姿式图层，请单击姿式图层中包含骨架的帧。

- 位置：显示选中的 IK 形状在舞台上的位置、长度和角度。

若要限制选定骨骼的运动速度，则在“速度”字段中输入一个值。连接速度为骨骼提供了粗细效果。最大值 100% 表示对速度没有限制。

若要创建 IK 骨架的更多逼真运动，可以控制特定骨骼的运动自由度。例如，可以约束作为胳膊一部分的两个骨骼，以便肘部无法按错误的方向弯曲。

- 联接：旋转：约束骨骼的旋转角度。

旋转度数相对于父级骨骼而言。选中“启用”选项之后，在骨骼连接的顶部将显示一个指示旋转自由度的弧形，如图 3-58 所示。若要使选定的骨骼相对于其父级骨骼是固定的，则禁用旋转以及 x 和 y 轴平移。骨骼将变得不能弯曲，并跟随其父级的运动。

- 联接：X 平移/联接：Y 平移：选中“启用”选项，可以使选定的骨骼沿 x 或 y 轴移动并更改其父级骨骼的长度。

选中启用之后，选中骨骼上将显示一个垂直于（或平行于）连接上骨骼的双向箭头，指示已启用 x 轴运动（或已启用 y 轴运动），如图 3-59 所示。如果对骨骼同时启用了 x 平移和 y 平移，则对该骨骼禁用旋转时定位它更为容易。

选中“约束”选项，然后输入骨骼可以行进的最小距离和最大距离，可以限制骨骼沿 x 或 y 轴启用的运动量。

“弹簧”选项是 Flash CS5 新增的对物理引擎的支持功能，利用该功能，设计师能够为动画添加物理效果而不需写一行代码。

骨骼的“强度”和“阻尼”属性通过将动态物理集成到骨骼 IK 系统中，使 IK 骨骼体现真实的物理移动效果，使骨骼动画效果逼真，并且动画效果具有高可配置性。用户最好在向姿势图层添加姿势之前设置这些属性。

- 强度：设置弹簧强度。值越高，创建的弹簧效果越强。
- 阻尼：设置弹簧效果的衰减速率。值越高，弹簧属性减小得越快，动画结束得越快。如果值为 0，则弹簧属性在姿势图层的所有帧中保持其最大强度。

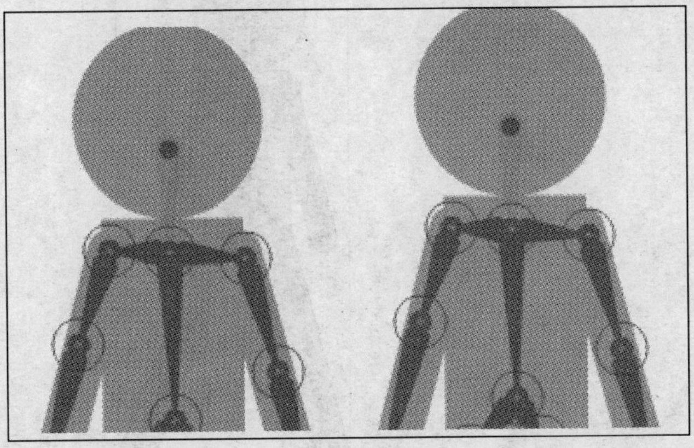

图 3-58 禁用旋转前后

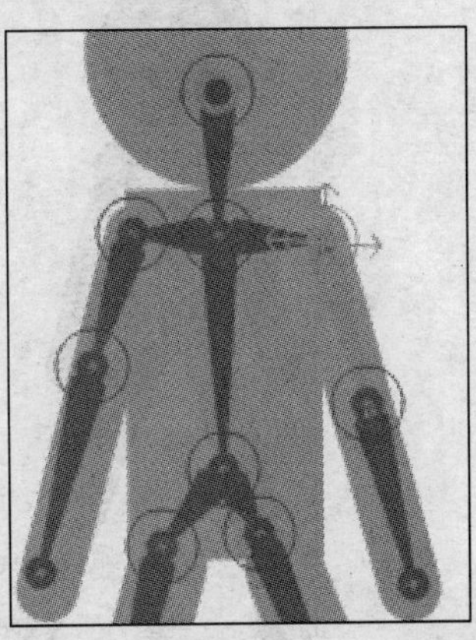

图 3-59 启用 X/Y 平移

若要启用弹簧属性，则需要先选择一个或多个骨骼，并在属性检查器的“弹簧”部分设置“强度”值和“阻尼”值。

若要禁用“强度”和“阻止”属性，则要在时间轴中选择姿势图层，并在属性检查器的“弹簧”部分中取消设置弹簧选项。

读者要注意的是，当使用弹簧属性时，强度、阻尼、姿势图层中姿势之间的帧数、姿势图层中的总帧数、姿势图层中最后姿势与最后一帧之间的帧数等因素将影响骨骼动画的最终效果。调整其中每个因素可以达到所需的最终效果。

3.6.2 绑定工具

根据 IK 形状的配置，读者可能会发现，在移动骨架时形状的笔触并不按令人满意的方式进行扭曲。使用绑定工具，就可以编辑单个骨骼和形状控制点之间的连接，从而可以控制在每个骨骼移动时笔触扭曲的方式，以获得更满意的结果。

在 Flash CS5 中，可以将多个控制点绑定到一个骨骼，以及将多个骨骼绑定到一个控制点。使用绑定工具单击控制点或骨骼，将显示骨骼和控制点之间的连接。然后可以按各种方式更改连接。

若要加亮显示已连接到骨骼的控制点，请使用绑定工具单击该骨骼。已连接的点以黄色加亮显示，而选定的骨骼以红色加亮显示。仅连接到一个骨骼的控制点显示为方形。连接到多个骨骼的控制点显示为三角形，如图 3-60 所示。

若要向选定的骨骼添加控制点，请按住 Shift 单击未加亮显示的控制点。也可以通过按住 Shift 拖动来选择要添加到选定骨骼的多个控制点。

若要从骨骼中删除控制点，请按住 Ctrl（Windows）或 Option（Macintosh）单击以黄色加亮显示的控制点。也可以通过按住 Ctrl（Windows）或 Option（Macintosh）拖动来删除选定骨骼中的多个控制点。

使用绑定工具单击控制点，可以加亮显示已连接到该控制点的骨骼。已连接的骨骼以黄色加亮显示，而选定的控制点以红色加亮显示，如图 3-61 所示。

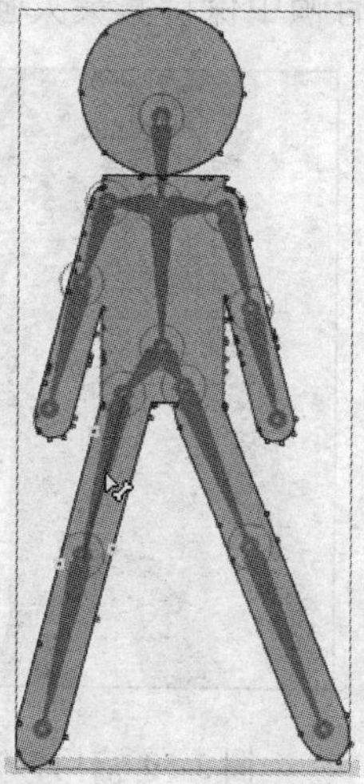

图 3-60 显示骨骼和控制点

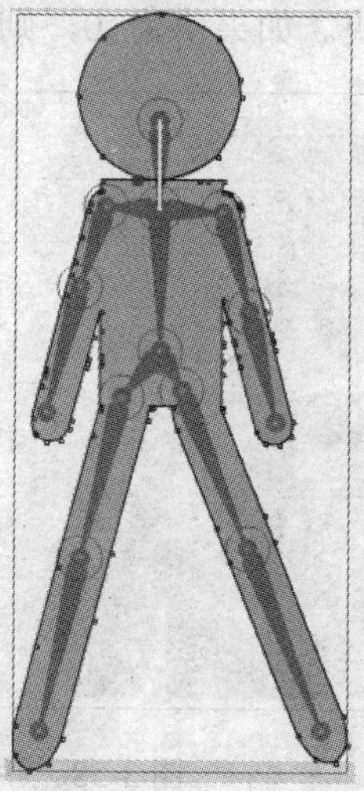

图 3-61 选定控制点已连接的骨骼

若要向选定的控制点添加其他骨骼，请按住 Shift 单击骨骼。

若要从选定的控制点中删除骨骼，请按住 Ctrl（Windows）或 Option（Macintosh）单击以黄色加亮显示的骨骼。

3.7 辅助工具

在绘图工具箱里 Flash CS5 提供了方便用户进行绘图操作的手形工具和放大镜工具。

3.7.1 手形工具

手形工具能够帮助用户抓住舞台，以便轻松地在工作区域周围的各个方向移动。手形工具没有选项栏，使用时单击它并按住需要抓住的任意位置即可。

注意：要使用此抓手工具工作，必须从“视图”菜单中选择“显示工作区”命令以使工作区域可见，当工作区不可见时，不能使用手形工具。

3.7.2 放大镜工具

放大镜工具用于放大或缩小图画以查看细小部分或进行总览。

放大镜工具有两个选项：

- 放大：将工作区中的图形放大。

➢ 缩小：将工作区中的图形缩小。

技巧：要放大舞台的某个区域，可以选择此放大镜，然后在舞台上单击并拖动鼠标。所定义的区域将由一个细的黑框标示出来。释放鼠标完成区域的选择。Flash 将自动放大所定义的区域。(放大比例最大为 2000%)。

3.8 色彩选择

合理地搭配和应用各种色彩是创作出成功作品的必要技巧，这就要求用户除了具有一定的色彩鉴赏能力外，还要有丰富的色彩编辑经验和技巧。Flash CS5 为用户发挥色彩的创造力提供了强有力的支持。这一节中就介绍 Flash CS5 中提供的色彩编辑工具。

3.8.1 颜色选择面板

Flash CS5 的绘图颜色由笔画颜色和填充颜色两个部分构成。可以在工具箱的笔触颜色和填充颜色工具按钮中看到当前的颜色设定，如图 3-62 所示。单击这些按钮可以打开颜色选择面板，可以通过颜色选择面板重新设定笔画颜色或填充颜色。

在工具箱中笔触颜色和填充颜色工具的右侧还有 2 个按钮，这 2 个按钮从左至右依次为：“黑白”和“交换颜色”。

这两个按钮的作用如下：

➢ ：无论当前笔画颜色和填充颜色是什么颜色，单击这个按钮之后，可以同时将笔画颜色设定为黑色，将填充颜色设定为白色。

➢ ：单击这个按钮可以将当前的笔画颜色和填充颜色进行交换。

如果希望将笔画颜色或填充颜色设定为无颜色，可以单击笔触颜色或填充颜色工具中的色块，在弹出的调色板中单击面板右上角的按钮，如图 3-63 所示。

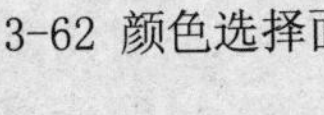

图 3-62 颜色选择面板

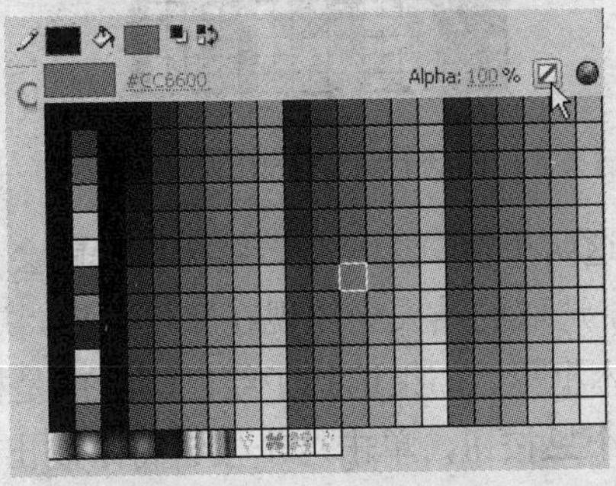

图 3-63 使用“无颜色”按钮绘制椭圆和矩形

Flash CS5 的颜色设定除了可以使用工具箱中的颜色设定以外，还可以使用如图 3-64 所示的“颜色”面板设定需要的颜色。

与使用工具箱中的颜色设定作比较，使用“颜色”面板有更强大的功能。例如，可以在“颜色”面板里通过设定 RGB 三原色来获得一个准确的颜色；还可以通过“颜色”面板中的填充风格列表选择填充颜色的风格。填充风格列表的内容有：无、纯色、线性、径向和位图等，如图 3-65 所示。

注意：当选中作为填充颜色的图像文件后，该文件就被导入到了符号库中。如果想重新选择作为填充颜色的图像文件，必须先从符号库中将前面导入的图像删除，然后才能选择另一个图像文件作为填充颜色。

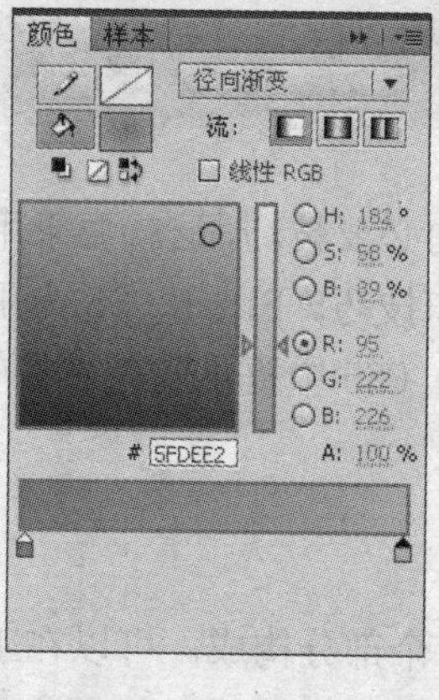

图 3-64 颜色面板

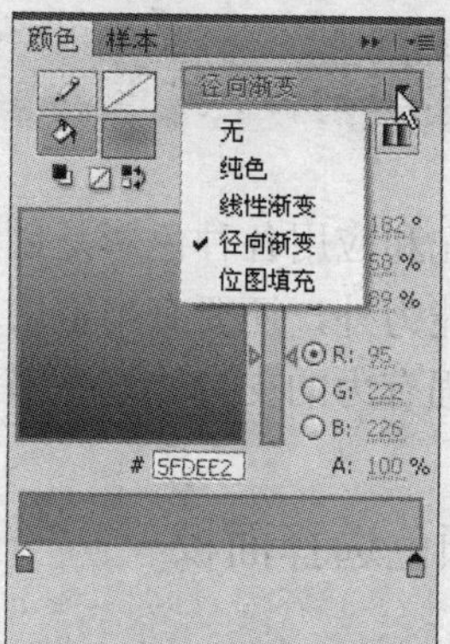

图 3-65 填充风格

3.8.2 颜色面板的类型

Flash CS5 的颜色面板分为两种类型：一种是进行单色选择的颜色面板，如图 3-66 所示，它提供了 252 种颜色供用户选择；另一种是包含单色和渐变色的颜色面板，如图 3-67 所示，它除了提供 252 种单色之外，还提供了 7 种渐变颜色。

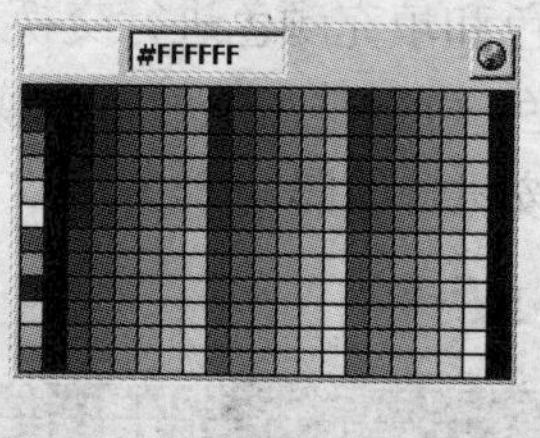

图 3-66 单色颜色面板

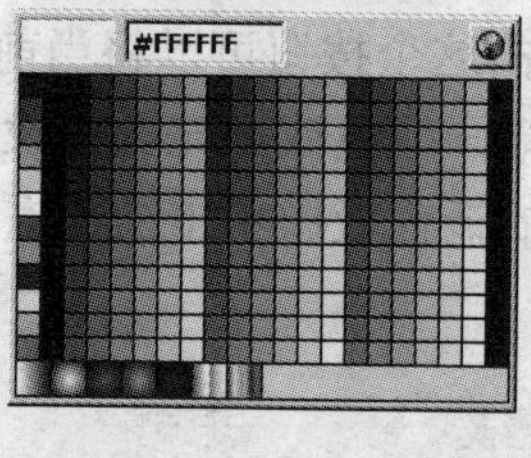

图 3-67 复合颜色面板

出现了这两个窗口之一后，鼠标指针就会变成吸管的符号，此时可以在颜色面板窗口中选择颜色，选取的结果会出现在颜色框内，并且与之对应的 16 进制数值将会显示在“颜色值”的文本框里。如果选择了绘制矩形或是椭圆这类的填充图形后，在颜色面板的右上方会出现一个按钮，单击这个按钮将绘制出无填充颜色的图形。

3.8.3 创建新的渐变色

当复合颜色面板中的 7 种渐变色类型不能满足创作的需要时，可以通过下列步骤自定义新的渐变色。

01 从“窗口”菜单选中“颜色”命令，调出颜色面板。

02 单击“绘图”工具栏中的“填充颜色”按钮，选择一种渐变色，于是在颜色面板横向颜色条下方出现多个已经定义好位置的滑块，如图 3-68 所示。

03 在面板上方的“类型”下拉列表里选择一种渐变的类型。

04 选中色块，在面板下方的色谱中指定所需的颜色。

05 调整滑块的位置来改变渐进色的不同颜色间的渐变宽度，如图 3-69 所示。

06 在 Alpha 文本框中指定当前颜色的透明度。

07 设置好渐变色后，单击颜色面板右上角的选项菜单按钮，在弹出的菜单里选择“添加样本”命令，这时即可将创建的渐变色添加到复合颜色面板中。如图 3-70 所示。

精确控制渐变焦点的位置，并对渐变应用其他参数。

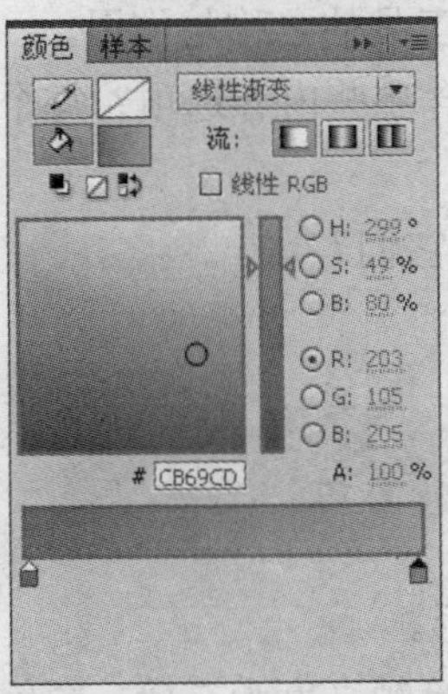

图 3-68 颜色面板中的色块色

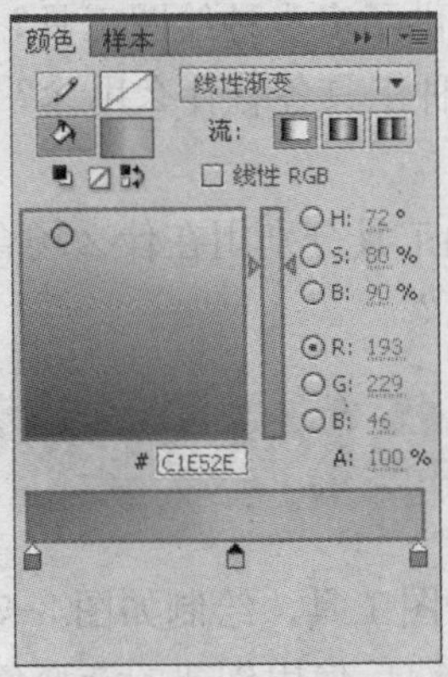

图 3-69 调整色块宽度

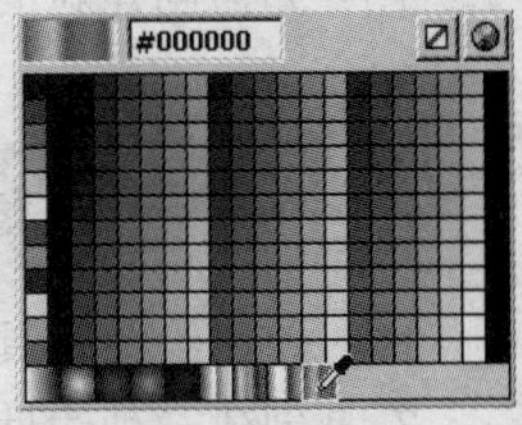

图 3-70 新创建的填充渐变

> 技巧：如果需要增加更多的色块以便调整渐变色的渐变宽度，可在横向颜色条的任意位置单击鼠标即可；如果需要删除渐变色中的某种颜色时，只需要将代表该颜色的滑块拖离横向颜色条既可。在 Flash CS5 中，可以对一个渐变最多添加 15 种颜色。

3.8.4 自定义颜色

单击单色颜色面板或复合颜色面板内右边的色盘“ ” 图标按钮，会打开如图 3-71 所示的“颜色”对话框。可以根据需要定制自己喜爱的颜色。定制颜色有如下 3 种方法：

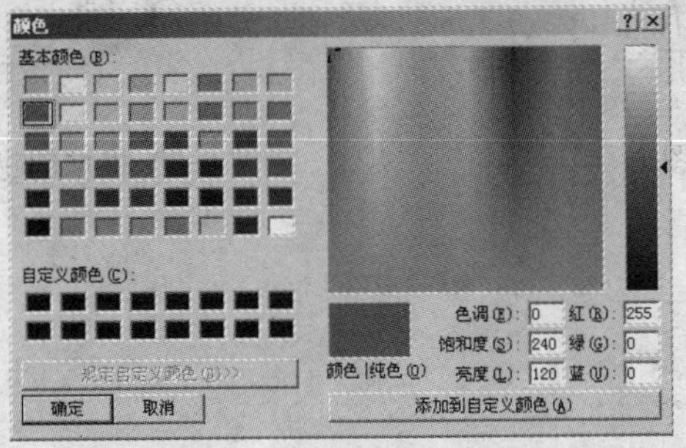

图 3-71 “颜色”对话框

- 在“色调”、“饱和度”、“亮度”的文本框中输入数值。

- 在“红”、“绿”、“蓝”文本框中输入数值。
- 在右边的色彩选择区域内选一种颜色，然后通过拖动旁边的滑块调整色彩的亮度。

单击“添加到自定义颜色”图标按钮后，用户所设置的颜色将出现在“自定义颜色”栏的颜色框内。

3.9 思考题

1. Flash CS5 的工具箱提供了多少种绘图工具？请简述这些工具的名称与作用。

2. 钢笔、铅笔、刷子这 3 种工具各有什么用途？他们各自包含哪些内容选项？每个选项有什么特殊作用？

3. 吸管，墨水瓶与颜料桶工具分别用在什么场合？如何使用它们？

4. 如何创建新的渐变效果？

3.10 动手练一练

1. 使用绘图工具栏中的绘图工具，绘制如图 3-72 所示的图形。

2. 创建一种线性渐变色，然后使用创建的渐变色，绘制一个笔触高度为 5 磅，颜色为红色，角半径为 100 的矩形。如图 3-73 所示。

图 3-72 绘制图形

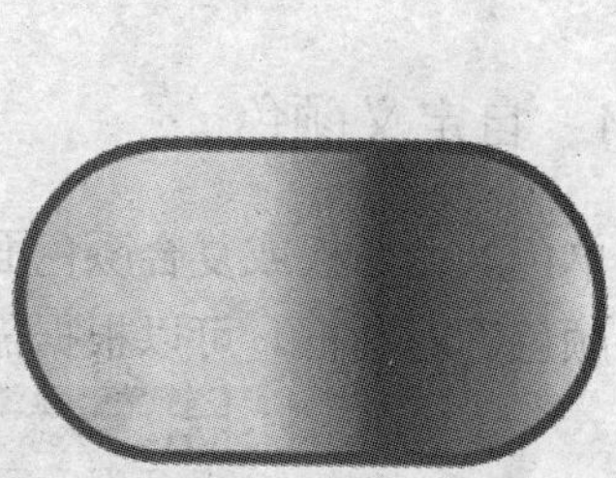

图 3-73 根据创建的渐变色绘制填充图形

第 4 章

文本处理

本章将向读者介绍如何使用 Flash CS5 来对文本进行处理，内容包括：文本的类型介绍、文本的属性设置、段落的属性设置与文本的创建和编辑方法。其中文本的创建又包括横向文本的输入与垂直文本的输入；文本的属性设置又包括字体与字号、颜色与样式的设置，这些内容将是本章学习的重点。

学习要点

- 掌握静态文本和动态文本的创建方法。
- 掌握文本属性的设置。
- 掌握如何分散文字。

4.1 传统文本类型

Flash CS5 针对设计师增加了新的 Flash 文本布局框架（TLF），包含在文本布局面板中。TLF 支持更多丰富的文本布局功能和对文本属性的精细控制。与以前的文本引擎（即 Flash CS5 中的“传统文本”）相比，TLF 文本可加强对文本的控制。通过新的文本布局框架，用户可以借助印刷质量的排版全面控制文本内容。

例如，现在在 Flash CS5 中可以使用 InDesign 或 Illustrator 用户熟悉的链接式文本了。在 Flash CS5 中，垂直文本、外国字符集、间距、缩进、列及优质打印等文本布局方面都有所提升，用户可以轻松控制打印质量及排版文本。

在新增文本引擎的同时，Flash CS5 也保留了原有的文本引擎，在本章接下来的小节中将对这两种文本引擎控制文本的方式进行详细介绍。

4.1.1 静态文本

传统文本可分为 3 种：静态文本、动态文本、输入文本。

一般情况下的文本是静态文本，在动画播放过程中，文本区域的文本是不可编辑和改变的。但是可以对静态文本块进行缩放，旋转，转移或者扭曲，可以在保持单个可编辑字符不变的情况下为他们指定不同的颜色和透明度效果。和 Flash 中的其他图形元素一样，静态文本也可以动画或者分层。Flash 会把静态文字中使用的任何字体的轮廓都嵌入文件中，以便在其他机器上显示文字，但是可以选择特定的设备字体以减小最终的输出文件大小，还可以消除对小文字的抗锯齿或是平滑功能。

点击绘图工具箱里的文本工具按钮，调出属性设置面板，在静态文本下拉列表框中选择“静态文本”选项，此时，属性设置面板如图 4-1 所示。

- 字体：可以从“字符”区域的“系列”下拉列表里选择各种电脑已安装的字体。
- 字号：单击“大小”右侧的字段，可以直接输入字号。或者在字段上按下鼠标左键拖动，改变字体的大小。
- 颜色：单击“颜色”右侧的色块，从打开的调色板中选择颜色。
- 文字风格：在“样式”下拉列表中可以设置文本的样式，如粗体、斜体、粗斜体。
- 对齐方式：在“段落”区域单击中的一个按钮，设置文本的对齐方式。
- 格式：在“段落”区域的“间距”和“边距”右侧的字段中可以设置文本的缩进量、行距和左/右边距，如图 4-2 所示。
- 文本方向：单击按钮可以改变文本的方向，有 3 种方式：水平、垂直（从左至右）、垂直（从右至左）。
- 字距调节：单击“字母间距：”后面的字段，在出现的文本框中输入一个－60～60 之间的整数，可以设置文本的字距；也可以按下鼠标左键拖动，设置文本间距大小。如果字体包括内置的紧缩信息，勾选“自动调整字距”选项可自动将其紧缩。
- 垂直偏移：单击按钮，可从下拉列表中选择文字的位置。

- 默认情况下，文本显示在输入框的中间；单击按钮，表示将文字向上移动，可用此方法将所选文字变成上标；按钮表示将文字向下移动，用此方法可将所选文字变成下标。
- 消除锯齿：指定字体的消除锯齿属性。有以下几项可供选择：

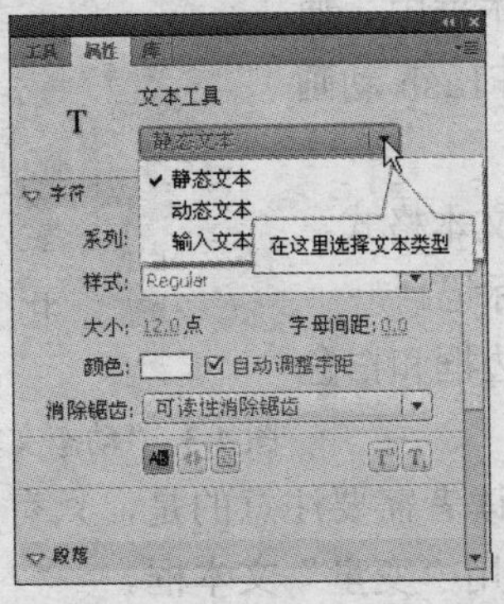

图 4-1 “静态文本”属性面板

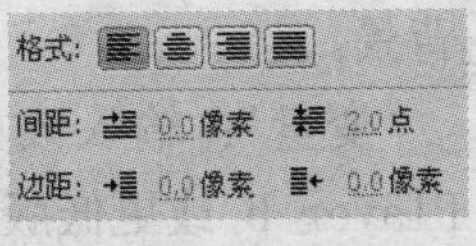

图 4-2 文本格式

- “使用设备字体”：指定 SWF 文件使用本地计算机上安装的字体来显示字体。使用设备字体时，应只选择通常都安装的字体系列，否则可能不能正常显示。
- “位图文本（未消除锯齿）”：关闭消除锯齿功能，不对文本进行平滑处理。位图文本的大小与导出大小相同时，文本比较清晰，但对位图文本缩放后，文本显示效果比较差。
- “动画消除锯齿”：创建较平滑的动画。使用“动画消除锯齿”呈现的字体在字体较小时会不太清晰。建议在指定该选项时使用 10 磅或更大的字型。
- “可读性消除锯齿”：使用新的消除锯齿引擎，可以创建高清晰的字体，即使在字体较小时也是这样。但是，它的动画效果较差，并可能会导致性能问题。为了使用该项设置，必须将 Flash 内容发布到 Flash Player 8。
- “自定义消除锯齿”：按照需要修改字体属性。

自定义消除锯齿属性如下：

- “粗细”：确定字体消除锯齿转变显示的粗细。较大的值可以使字符看上去较粗。
- “清晰度”：确定文本边缘与背景过渡的平滑度。
- “”图标表示在播放输出的 Flash 文件时，可以用鼠标拖曳选中这些文字，并可以进行复制和粘贴。如果不单击选择它，则在播放输出的 Flash 文件时不能用鼠标选中这些文字。
- 超级链接：在图标后输入网址，就可以给电影动画中的字符建立超级链接。

4.1.2 动态文本

动态文本就是可编辑的文本，在动画播放过程中，文本区域的文本内容可通过事件的激发来改变。在静态文本下拉列表框中选择“动态文本”选项时的属性设置面板如图

4-3 所示。该面板的很多内容在上一节作了介绍，选择“动态文本”，表示在舞台上创建可以随时更新的信息，它提供了一种实时跟踪和显示分数的方法。可以在“动态文本”文本框中为该文本命名，文本框将接收这个变量的值，如果需要，还可以在变量的前面加上路径。这个变量的值会显示在文本框中。通过程序，可以动态地改变文本框所显示的内容。在 Flash 动画播放时，其文本内容可通过事件的激发来改变。

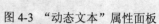

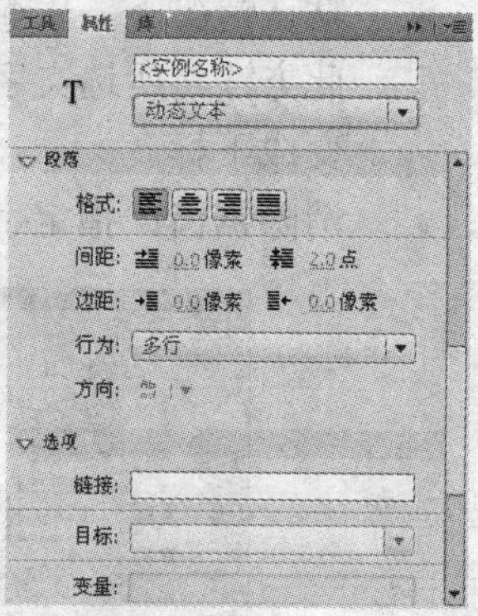

图 4-3 “动态文本”属性面板

- “将文本呈现为 HTML”：保留丰富的文本格式，如字体和超级链接，并带有相应的 HTML 标记。
- “显示边框”：显示文本字段的黑色边框和白色背景。
- “变量”：输入该文本字段的变量名称。读者需要注意的是，只有在为 Flash Player 6 或更低版本创作内容时，才应使用“变量”文本框。
- “嵌入”：选择要嵌入的字体轮廓。在“字符嵌入”对话框中，单击“自动填充”将选定文本字段的所有字符都嵌入文档。

注意：为了与静态文本相区别，动态文本的控制手柄出现在右下角，它也是由圆形手柄和方行手柄组成，圆形手柄表示以单行的形式显示文本，方形的手柄表示多行形式显示文本，双击方形控制手柄，可以切换到圆形控制手柄。

4.1.3 输入文本

输入文本就是在动画播放过程中，提供用户输入文本，产生交互。它允许用户在空的文本区域中输入文字，用于填充表格，回答调查的问题或者输入密码等。

在“静态文本”下拉列表框中选择“输入文本”选项时的属性设置面板如图 4-4 所示。它与动态文本框用法一样，但是它可以作为一个输入文本框来使用，在 Flash 动画播放时，可以通过这种输入文本框输入文本，实现用户与动画的交互。

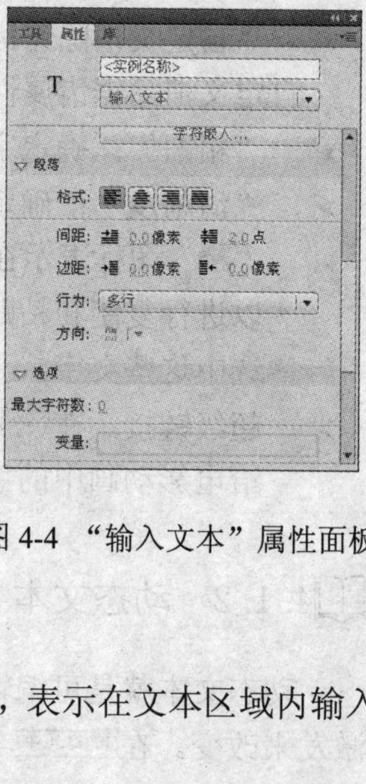

图 4-4 “输入文本”属性面板

创建输入文本的操作步骤如下：

01 新建一个 Flash 文件。

02 点击绘图工具箱里的文本输入按钮，调出属性设置面板。

03 在属性设置面板中打开文本类型下拉列表框选择“输入文本”选项。

04 打开文本长度下拉下拉列表框，确定文本的行数。

05 在“变量”后面文本框中输入文本区域的变量名称。

06 在舞台上单击鼠标，确定文本区域的位置。

07 在文本区域中输入文字。

如果在输入文本对应的属性设置面板中单击“”图标按钮，表示在文本区域内输入

HTML 代码。

如果单击“”图标按钮，则会显示文本区域的边界以及背景。如果不选择该项，在动画播放过程中文本区域的边框以及文本区域的背景是被隐藏看不见的，文本区域的背景被整个动画的背景代替，此时，文本区域与普通的文本框在外观上没有区别。

输入文字与静态文字的属性面板中的多数选项相同，这里主要说明输入文本特有的选项。

- 输入行类型：在 单行 列表框中有 4 个列表选项：“单行”、“多行”、“多行不换行”以及“密码”，其中“密码”为输入文字所特有，选择密码类型，则输入的信息将以星号代替，不允许任何人观看。
- 最大字符数：用于设置表单的长度，表示文本区域内可以看见信息的最大字符数，最大值为 65535。

4.2 传统文本的属性设置

Flash 提供的文本工具位于绘图工具箱中，当用户用鼠标单击选择绘图工具箱中“A”文本工具后，在舞台中单击，就会出现一个空白的字符输入框，此时用户可以在输入框中输入文字。在输入文本之前，常常需要设置文本的不同属性，或在输入文本之后修改文本的属性。文本的属性包括文字的字体、字号、颜色和样式等。

4.2.1 设置字体与字号

字体与字号是文本属性中最基本的两个属性，在 Flash CS5 中，用户可以通过菜单命令或属性面板来进行设置。

1. 设置字体

选择“文本”菜单里的“字体”命令，则会弹出字体子菜单命令，如图 4-5 所示。

显示字体的数量多少与 Window 操作系统安装字体的多少有关，当前被选择的字体左边有一个√。

可以通过单击选择其中一种满意字体；也可以单击选择绘图工具箱中的文本工具，然后调出属性设置面板，打开字体下拉列表框，如图 4-6 所示。可以通过预览，再单击选择其中一种字体。

2. 设置字号

选择“文本”窗口里的“大小”命令，会弹出字号子菜单命令。可以从中选择一种字号。也可以调出属性设置面板，然后通过拖动滑块设置字号的大小，它的范围是 8～96 之间的任意一个整数。

当然，还可以在其前面的文本输入框中输入数值，它的范围是 0～2500 之间的任意一个整数。

图 4-5 “字体” 子菜单

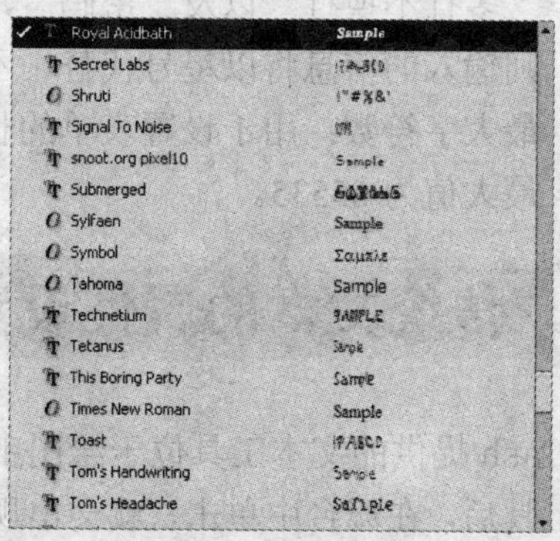

图 4-6 字体列表

4.2.2 设置文本的颜色及样式

1. 设置文本颜色

在属性设置面板中，单击颜色选择框会打开颜色选择器，可以为当前选择的文字设置新的颜色。如果对颜色选择器内显示的颜色不满意，还可以选择自定义的颜色。

2. 设置文本的样式

在属性设置面板中的“样式”下拉列表中可以设置文本的样式。或选择“文本”菜单下的“样式”命令，会弹出子菜单，如图 4-7 所示。使用该菜单命令也可以设置不同的样式。该菜单中各个菜单命令的意义如下：

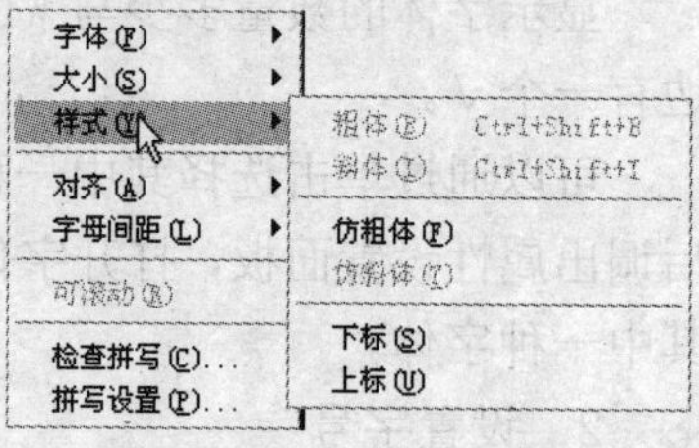

图 4-7 “样式”子菜单

- “粗体”：设置文本为粗体。
- “斜体”：设置文本为斜体。
- “仿粗体”：仿粗体样式。
- “仿斜体”：仿斜体样式。

在 Flash CS5 中， 如果所选字体不包括粗体或斜体样式，例如常见的宋体，则可选择仿粗体或仿斜体样式。仿样式可能看起来不如包含真正粗体或斜体样式的字体好。

- “下标”：设置文本为下标。
- “上标”：设置文本为上标

4.3 设置段落属性

4.3.1 设置段落的对齐方式

选择“文本”菜单里的“对齐”命令，会弹出一个子菜单，如图 4-8 所示。该菜单中各个命令的功能如下：

- “左对齐”：表示以左边对齐。
- “居中对齐”：表示以中间对齐。
- “右对齐”：表示以右边对齐。
- “两端对齐”：表示以两端对齐。

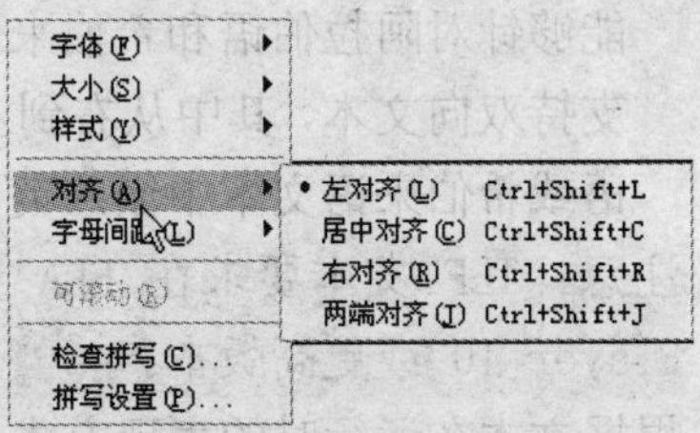

图 4-8 “对齐”子菜单

点击绘图工具箱里的文本输入工具，调出属性设置面板，可以看到该面板中有 4 个设置段落对齐方式的图标按钮。它们分别是：“”、“”、“”、“”。它们的意义分别是左对齐、中间对齐、右对齐、两端对齐。

4.3.2 设置间距和边距

边距就是文本内容距离文本框或文本区域边缘的距离。左边距就是文本内容距离文本框或文本区域左边缘的距离。首行缩进就是第一行文本距离文本框或文本区域左边缘的距离，当数值为正时，表示文本在文本框或文本区域左边缘的右边，当数值为负时，表示文本在文本框或文本区域左边缘的左边。行间距表示两行文本之间的距离，当数值为正时，表示两行文本处于相离状态，当数值为负时，表示两行文本处于相交状态。

点击绘图工具箱里的文本输入工具，调出属性设置面板，单击属性设置面板上的“间距”和“边距”右侧的文本字段，可以设置间距和边距，如图 4-9 所示。

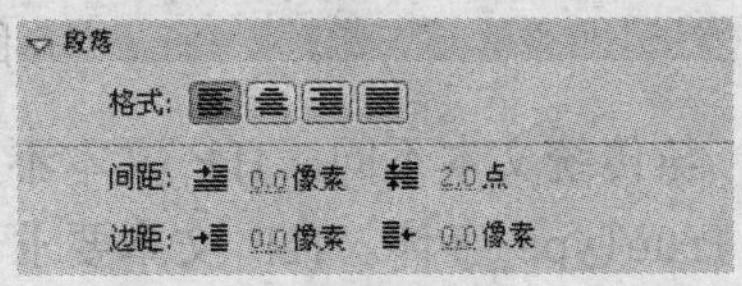

图 4-9 设置间距和边距

- ：设置首行缩进的距离。
- ：设置行间的距离。
- ：设置左边距的距离。
- ：设置右边距的距离。

4.4 使用文本布局框架（TLF）文本

TLF 文本是 Flash Professional CS5 中的默认文本类型。与传统文本相比，TLF 文本提供了下列增强功能：

- 更多字符样式，包括行距、连字、加亮颜色、下划线、删除线、大小写、数字格式及其他。

- 更多段落样式，包括通过栏间距支持多列、末行对齐选项、边距、缩进、段落间距和容器填充值。
- 控制更多亚洲字体属性，包括直排内横排、标点挤压、避头尾法则类型和行距模型。
- 可以为 TLF 文本应用 3D 旋转、色彩效果以及混合模式等属性，而无需将 TLF 文本放置在影片剪辑元件中。
- 文本可按顺序排列在多个文本容器。这些容器称为串接文本容器或链接文本容器。
- 能够针对阿拉伯语和希伯来语文字创建从右到左的文本。
- 支持双向文本，其中从右到左的文本可包含从左到右文本的元素。当遇到在阿拉伯语或希伯来语文本中嵌入英语单词或阿拉伯数字等情况时，此功能必不可少。

注意：TLF 文本要求在 FLA 文件的发布设置中指定 ActionScript 3.0 和 Flash Player 10 或更高版本。

根据文本在运行时的表现方式，用户可以使用 TLF 文本创建 3 种类型的文本块，如图 4-10 所示。

- 只读：当作为 SWF 文件发布时，文本无法选中或编辑。
- 可选：当作为 SWF 文件发布时，文本可以选中并可复制到剪贴板，但不可以编辑。对于 TLF 文本，此设置是默认设置。
- 可编辑：当作为 SWF 文件发布时，文本可以选中和编辑。

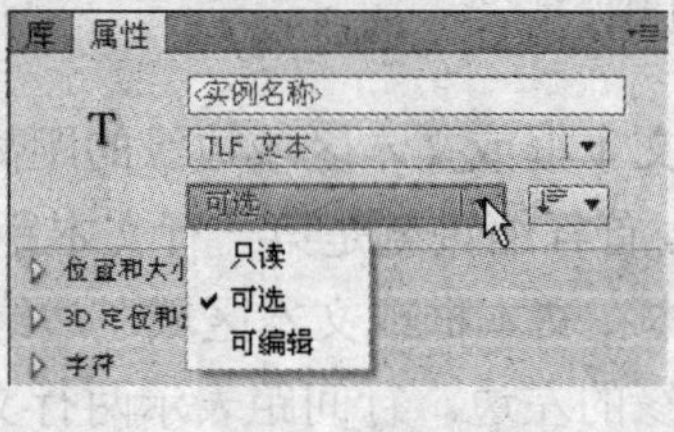

图 4-10 设置 TLF 文本的类型

与传统文本不同，TLF 文本不支持 PostScript Type 1 字体。TLF 仅支持 OpenType 和 TrueType 字体。TLF 文本要求一个特定 ActionScript 库对 Flash Player 运行时可用。如果此库尚未在播放计算机中安装，则 Flash Player 将自动下载此库。

注意：TLF 文本无法用作遮罩。若要使用文本创建遮罩，则需要使用传统文本。

4.4.1 使用字符样式

TLF 文本的字符样式是应用于单个字符或字符组（而不是整个段落或文本容器）的属性。要设置字符样式，可使用文本属性检查器的“字符”和“高级字符”部分。

属性检查器的“字符”部分包括以下的文本属性与传统文本的属性大体相似，如图 4-11 所示。由于篇幅所限，本节只介绍两者不相同的、或 TLF 文本特有的属性。

- 样式：设置字符的样式，如常规、粗体或斜体。与传统文本不同的是，TLF 文本对象不能使用仿斜体和仿粗体样式。
- 行距：文本行之间的垂直间距。默认情况下，行距用百分比表示，也可用点表示。

- 字距调整：所选字符之间的间距。即传统文本中的“字母间距”属性。
- 加亮显示：给文本加亮颜色。
- 字距微调：TLF 文本使用字距微调信息自动微调字符字距。设置该属性可以在特定字符对之间加大或缩小距离。

启用亚洲字体选项时，“字距微调”包括以下值：

- 自动：为拉丁字符使用内置于字体中的字距微调信息。对于亚洲字符，仅对内置有字距微调信息的字符应用字距微调。没有字距微调信息的亚洲字符包括日语汉字、平假名和片假名。
- 开：总是打开字距微调。
- 关：总是关闭字距微调。
- 旋转：旋转各个字符。读者需要注意的是，为不包含垂直布局信息的字体指定旋转可能出现非预期的效果。
- 0°：强制所有字符不进行旋转。
- 270°：主要用于具有垂直方向的罗马字文本。如果对其他类型的文本（如越南语和泰语）使用此选项，可能导致非预期的结果
- 自动：仅对全宽字符和宽字符指定 90 度逆时针旋转，这是字符的 Unicode 属性决定的。此值通常用于亚洲字体，仅旋转需要旋转的那些字符。此旋转仅在垂直文本中应用，使全宽字符和宽字符回到垂直方向，而不会影响其他字符。
- 下划线：将水平线放在字符下。
- 删除线：将水平线置于从字符中央通过的位置。
- 上标：将字符移动到稍微高于标准线的上方并缩小字符的大小。
- 下标：将字符移动到稍微低于标准线的下方并缩小字符的大小。

TLF 文本的“高级字符”面板如图 4-12 所示。

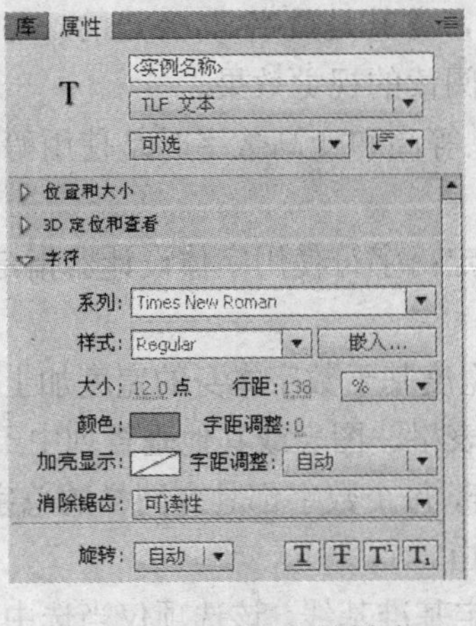

图 4-11 设置字符样式

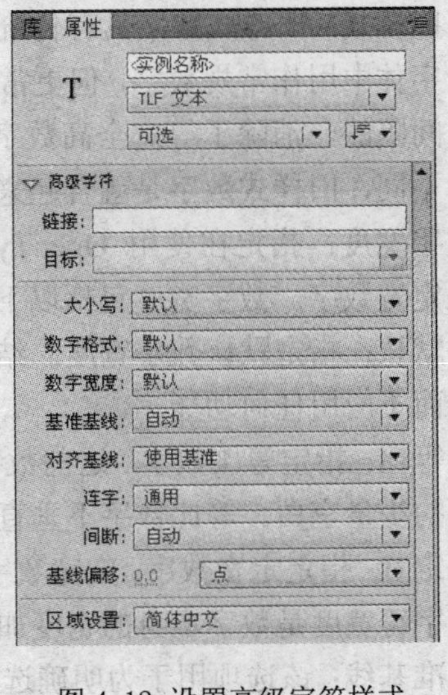

图 4-12 设置高级字符样式

该部分包含以下属性：

- 链接：使用此字段创建文本超链接。输入于运行时在已发布 SWF 文件中单击字符时要加载的 URL。
- 目标：用于链接属性，指定 URL 打开的方式。目标包括以下值：
  - _self ：指定当前窗口中的当前帧。
  - _blank：指定一个新窗口。
  - _parent ：指定当前帧的父级。
  - _top ：指定当前窗口中的顶级帧。
  - 自定义：在“目标”字段中输入任何所需的自定义字符串值。如果知道在播放 SWF 文件时已打开的浏览器窗口或浏览器框架的自定义名称，将执行以上操作。
- 大小写：指定如何使用大写字符和小写字符。大小写包括以下值：
  - 默认：使用每个字符的默认字面大小写。
  - 大写：指定所有字符使用大写字型。
  - 小写：指定所有字符使用小写字型。
  - 大写转为小型大写字母：指定所有大写字符使用小型大写字型。此选项要求选定字体包含小型大写字母字型。
  - 小写转换为小型大写字母：指定所有小写字符使用小型大写字型。此选项要求选定字体包含小型大写字母字型。
- 数字格式：指定在使用 OpenType 字体提供等高和变高数字时应用的数字样式。数字大小写包括以下值：
  - 默认：指定默认数字大小写。字符使用字体设计器指定的设置，而不应用任何功能。
  - 全高：全高数字是全部大写数字，通常在文本外观中是等宽的，这样数字会在图表中垂直排列。
  - 旧样式：旧样式数字具有传统的经典外观。这样的数字仅用于某些字样，有时在字体中用作常规数字，但更常见的是用在附属字体或专业字体中。数字是按比例间隔的，消除了等宽全高数字导致的空白，尤其是数字 1 旁边的。与全高数字不同，旧样式数字是融合起来，不会影响阅读的视觉效果。
- 数字宽度：指定在使用 OpenType 字体提供等高和变高数字时是使用等比数字还是定宽数字。数字宽度包括以下值：
  - 默认：指定默认数字宽度。结果视字体而定；字符使用字体设计器指定的设置，而不应用任何功能。
  - 等比：指定等比数字。这些数字的总字符宽度基于数字本身的宽度加上数字旁边的少量空白。等比数字不垂直对齐，此在表格、图表或其他垂直列中不适用。
  - 定宽：指定定宽数字。定宽数字是数字字符，每个数字都具有同样的总字符宽度。字符宽度是数字本身的宽度加上两旁的空白。
- 基准基线：该选项用于为明确选中的文本指定基准基线。该选项仅当选中了文本属性面板选项菜单中的“显示亚洲文本选项”时可用。基准基线包括以下值：
  - 自动：根据所选的区域设置改变。此设置为默认设置。

- 罗马语：对于文本，文本的字体和点值决定此值。对于图形元素使用图像的底部。
- 上缘：指定上缘基线。对于文本，文本的字体和点值决定此值。对于图形元素，使用图像的顶部。
- 下缘：指定下缘基线。对于文本，文本的字体和点值决定此值。对于图形元素，使用图像的底部。
- 表意字顶端：将行中的小字符与大字符全角字框的顶端对齐。
- 表意字中央：将行中的小字符与大字符全角字框的中央位置对齐。
- 表意字底端：将行中的小字符与大字符全角字框的低端对齐。

➢ 对齐基线：为段落内的文本或图形图像指定不同的基线。例如，如果在文本行中插入图标，则可使用图像相对于文本基线的顶部或底部指定对齐方式。该选项仅当选中了文本属性面板选项菜单中的“显示亚洲文本选项”时可用。

- 使用基准：指定对齐基线使用“基准基线”设置。

➢ 连字：连字是某些字母对的字面替换字符，如某些字体中的“fi”和“fl”。连字通常替换共享公用组成部分的连续字符。它们属于一类更常规的字型，称为上下文形式字型。使用上下文形式字型，字母的特定形状取决于上下文，例如周围的字母或邻近行的末端。请注意，对于字母之间的连字或连接为常规类型并且不依赖字体的文字，连字设置不起任何作用。这些文字包括：波斯-阿拉伯文字、梵文及一些其他文字。

连字属性包括以下值：

- 最小值：最小连字。
- 通用：常见或“标准”连字。此设置为默认设置。
- 非通用：不常见或自由连字。
- 外来：外来语或“历史”连字。仅包括在几种字体系列中。

➢ 间断：该选项用于防止所选词在行尾中断。该设置也用于将多个字符或词组放在一起，例如，词首大写字母的组合或名和姓。间断属性包括以下值：

- 自动：断行机会取决于字体中的 Unicode 字符属性。此设置为默认设置。
- 全部：将所选文字的所有字符视为强制断行机会。
- 任何：将所选文字的任何字符视为断行机会。
- 无间断：不将所选文字的任何字符视为断行机会。

➢ 基线偏移：以百分比或像素设置基线偏移。如果是正值，则将字符的基线移到该行其余部分的基线下；如果是负值，则移动到基线上。在此菜单中也可以应用“上标”或“下标”属性。默认值为 0。范围是 +/- 720 点或百分比。

➢ 区域设置：指定特定于语言和地域的规则和数据的集合。作为字符属性，所选区域设置通过字体中的 OpenType 功能影响字形的形状。

4.4.2 使用段落样式

若要设置 TLF 文本的段落样式，则使用文本属性检查器的“段落”和“高级段落”部分，如图 4-13 所示。

“段落”部分包括以下文本属性：

➢ 对齐：此属性可用于水平文本或垂直文本。

“左对齐”会将文本沿容器的开始端（从左到右文本的左侧）对齐。“右对齐”会将文本沿容器的末端（从左到右文本的右端）对齐。

此外，TLF 文本的两端对齐方式可以更详细地指定文本末行的对齐方式。如末行左对齐、末行居中对齐、末行右对齐、全部两端对齐。

在当前所选文字的段落方向为从右到左时，对齐方式图标的外观会反过来，以表示正确的方向。

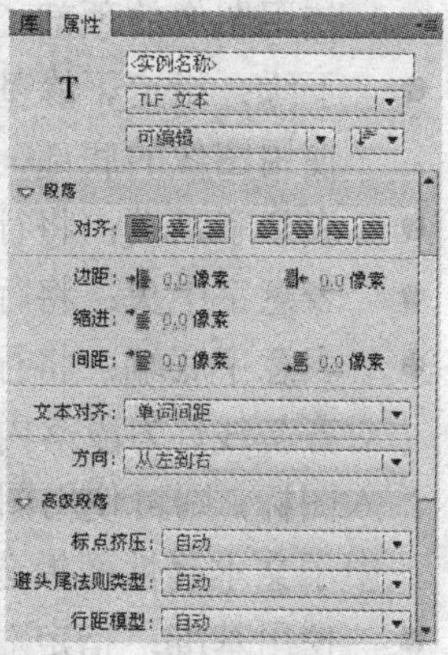

图 4-13 设置段落样式

➢ 边距：指定左边距和右边距的宽度（以像素为单位）。默认值为 0。

➢ 缩进：指定所选段落的第一个词的缩进（以像素为单位）。

➢ 间距：为段落的前后间距指定像素值。

在这里，读者需要注意的是，与传统页面布局应用程序不同，TLF 段落之间指定的垂直间距在这两个值重叠时会折叠。例如，有两个相邻段落，Para1 和 Para2。Para1 后面的空间是 12 像素（段后间距），而 Para2 前面的空间是 24 像素（段前间距）。TLF 会在这两个段落之间生成 24 像素的间距，而不是 36 像素。如果段落开始于列的顶部，则不会在段落前添加额外的间距。在这种情况下，可以使用段落的首行基线位移选项。

➢ 文本对齐：指示对文本如何应用对齐。文本对齐包括以下值：

● 字母间距：在字母之间进行字距调整。

● 单词间距：在单词之间进行字距调整。此设置为默认设置。

➢ 方向：指定文本容器中的当前选定段落的方向。仅当在“首选参数”对话框中勾选了“显示从右至左的文本选项”选项时，该设置才可用。方向包括以下值：

● 从左到右：从左到右的文本方向。用于大多数语言。此设置为默认设置。

● 从右到左：从右到左的文本方向。

如果在“首选参数”对话框中勾选了“显示亚洲文本选项”复选框，或在 TLF 文本属性面板的“选项”菜单中选中了“显示亚洲文本选项”时，“高级段落”选项才可用。利用“高级段落”部分可以设置 TLF 文本的以下属性：

➢ 标点挤压：此属性有时称为对齐规则，用于确定如何应用段落对齐。

根据此设置应用的字距调整器会影响标点的间距和行距。标点挤压包括以下值：

● 自动：基于在文本属性面板的“容器和流”部分所选的区域设置应用字距调整。此设置为默认设置。

● 间距：使用罗马语字距调整规则。

● 东亚：使用东亚语言字距调整规则。

➢ 避头尾法则类型：此属性有时称为对齐样式，用于指定处理日语避头尾字符的选项，此类字符不能出现在行首或行尾。避头尾法则类型包括以下值：

- 自动：根据文本属性检查器中的“容器和流”部分所选的区域设置进行解析。此设置为默认设置。
- 优先进行最小调整：使字距调整基于展开行或压缩行。
- 行尾压缩避头尾字符：使对齐基于压缩行尾的避头尾字符。如果没有发生避头尾或者行尾空间不足，则避头尾字符将展开。
- 仅向外推动：使字距调整基于展开行。

➢ 行距模型：行距模型是由允许的行距基准和行距方向的组合构成的段落格式。

行距基准确定了两个连续行的基线，它们的距离是行高指定的相互距离。行距方向确定度量行高的方向。如果行距方向为向上，行高就是一行的基线与前一行的基线之间的距离。如果行距方向为向下，行高就是一行的基线与下一行的基线之间的距离。

4.4.3 使用“容器和流”属性

TLF 文本属性检查器中的“容器和流”部分用于控制影响整个文本容器的选项。

Flash CS5 提供了两种类型的 TLF 文本容器——点文本和区域文本。点文本容器的大小仅由其包含的文本决定。区域文本容器的大小与其包含的文本量无关。默认使用点文本。要将点文本容器更改为区域文本，可使用选择工具调整其大小或双击容器边框右下角的小圆圈。

TLF 文本属性面板中的“容器和流”部分如图 4-14 所示。

在该部分可以设置以下属性：

➢ 行为：此选项用于指定容器如何随文本量的增加而扩展。

在这里需要说明的是，“多行”选项仅当选定文本是区域文本时可用。

➢ ：指定容器内文本的对齐方式。

读者需要注意的是，如果将文本方向设置为“垂直”，“对齐”选项会相应更改。

➢ 列数：指定容器内文本的列数。此属性仅适用于区域文本容器。默认值是 1。最大值为 50。

➢ ：指定选定容器中的每列之间的间距。默认值是 20。最大值为 1000。此度量单位根据“文档设置”中设置的“标尺单位”进行设置。

➢ 填充：指定文本和选定容器之间的边距宽度。所有 4 个边距都可以设置“填充”。

➢ ：容器外部边框的颜色及边框宽度。默认为无边框。边框宽度的最大值为 200。

➢ ：容器的背景色。默认值是无色。

➢ 首行偏移：指定首行文本与文本容器的顶部的对齐方式。

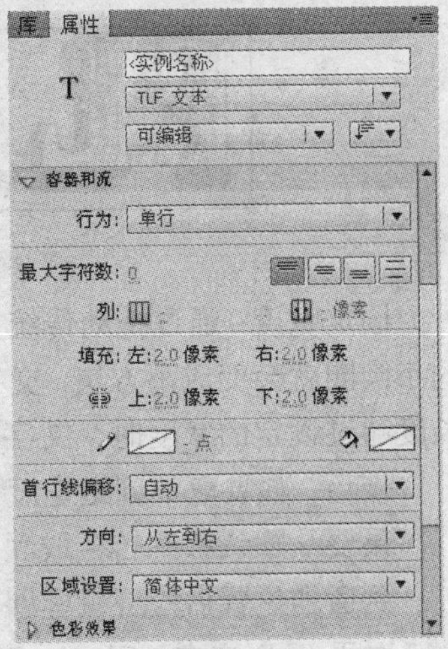

图 4-14 设置容器和流属性

首行偏移可具有下列值：

- 点：指定首行文本基线和框架上内边距之间的距离（以点为单位）。

- 自动：将行的顶部与容器的顶部对齐。
- 上缘：文本容器的上内边距和首行文本的基线之间的距离是字体中最高字型的高度。
- 行高：文本容器的上内边距和首行文本的基线之间的距离是行的行高（行距）。

➢ 方向：为选定容器指定文本方向。

当在段落级别应用时，方向将控制从左到右或从右到左的文本方向，以及段落使用的缩进和标点。当在容器级别应用时，方向将控制列方向。容器中的段落从该容器继承方向属性。

4.5 文本的输入

当完成对文字的属性和段落的属性设置后，就可以输入文字了。下面介绍Flash CS5中文本的输入方法和不同的输入状态。

想要在电影画面中输入文字，单击绘图工具箱中的文本工具，然后在舞台的工作区中单击鼠标，或按下鼠标左键拖动，此时，舞台上出现一个文本框，用户可以在文本框内输入文字。用户还可以将其他应用程序内的文字复制粘贴到舞台上。

Flash CS5提供了两种输入方法：

➢ 默认状态：选中文本工具后，在舞台上单击产生文字输入框，当输入文字时，输入框会随着文字的增加而延长。如果需要对输入的文字换行，使用回车键即可。如图4-15所示。

细心的读者可能会发现，图 4-15 中的两个文本框不太一样。左边的文本框右下角有个小圆圈，而右边的文本框的小圆圈则在右上角。事实上，左边的文本框中输入的是TLF文本，而右边的文本框输入的是传统文本中的静态文本。

图 4-15 默认状态下的输入

固定宽度：通过拖动传统文字框上的小圆圈可以设定文字输入宽度，拖动后文字框上的小圆圈就会变成小方块，文字输入框也会自动转变为固定宽度的输入框，当输入的文字长度超过设定的宽度时，文字将被自动换行，如图 4-16 所示。

技巧：如要取消固定宽度设置，可双击传统文本框上的小方块，则回到默认状态；如果要从默认状态转换成固定宽度输入形式，只需要用鼠标拖动传统文本框上的小圆圈到适当位置后松开鼠标即可。

对于 TLF 文本，Flash CS5 也提供了两种类型的 TLF 文本容器——点文本和区域文本。点文本容器的大小仅由其包含的文本决定，即在默认状态下输入TLF文本时显示的文本框。使用TLF文本引擎时，选中文本工具之后，按下鼠标左键在舞台上拖动，即可产生一个区域文本容器。与固定宽度的传统文本输入框不同，区域文本容器的大小与其包含的文本量无关。

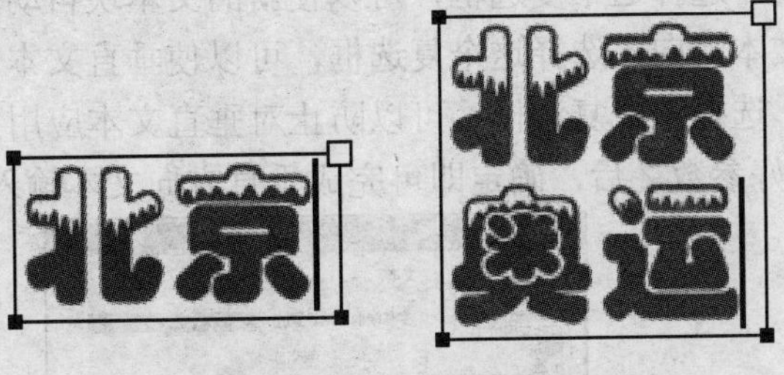

图 4-16 固定宽度下的传统文本输入

例如，在一个固定宽度的 TLF 区域文本容器中输入“FLASH 动画”，如图 4-17 左图所示。由于容器宽度小于输入的文本宽度，多于容器宽度的字符不显示，但文本容器右下角的方块将显示为折叠标记，如图 4-17 右图所示。

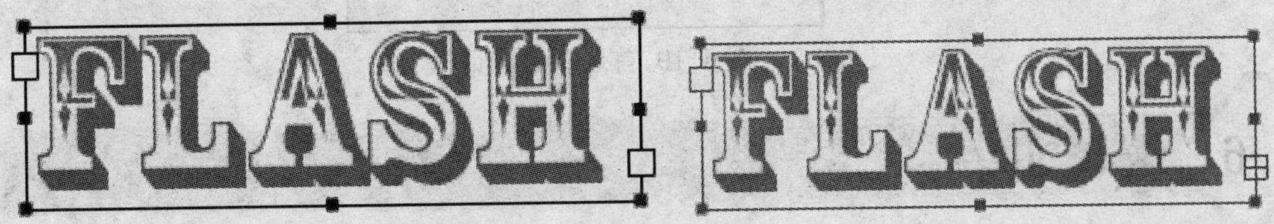

图 4-17 在区域文本容器中输入文本

单击区域文本容器右下角的折叠标记，然后在舞台上的其他区域单击，将显示折叠的内容，如图 4-18 所示。

默认使用点文本。若要将点文本容器更改为区域文本，可使用选择工具调整其大小或双击文本容器边框右下角的小圆圈。

默认条件下文字的输入方向是水平方向，但是也可以从垂直方向输入文字。垂直方向输入文字也有两种输入方式：从左至右和从右至左。单击传统文本的属性面板上的“更改文字方向”按钮，或 TLF 文本的属性面板上的“改变文本方向”按钮，从其下拉菜单中选择所需的输入方式即可。

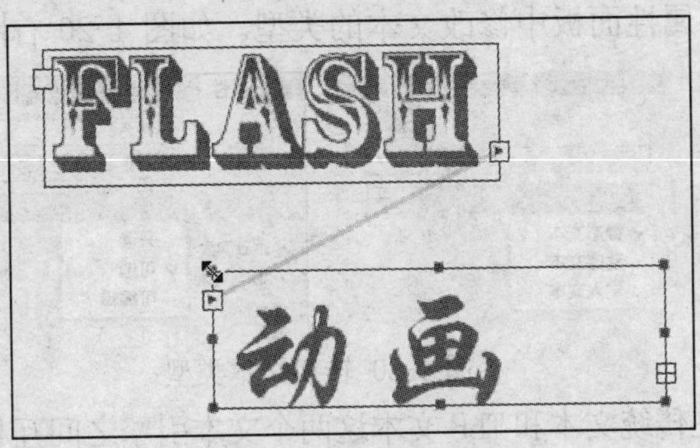

图 4-18 显示区域文本容器中的文本

还可根据需要设置垂直文本的一些选项，操作如下：

01 选择“编辑”菜单里的“首选参数”命令，弹出 “首选参数”对话框。

02 点击“文本”选项卡，在“垂直文本”选项中设置垂直文本选项。如图 4-19 所示。

- 默认文本方向：选择这个复选框，可以使新的文本块自动垂直排列。
- 从右至左的文本流向：选择这个复选框，可以使垂直文本自动从右到左输入。
- 不调整字距：选择这个复选框，可以防止对垂直文本应用字距微调。

03 选择设置好参数之后，确定即可完成垂直方向文本输入的属性设置。

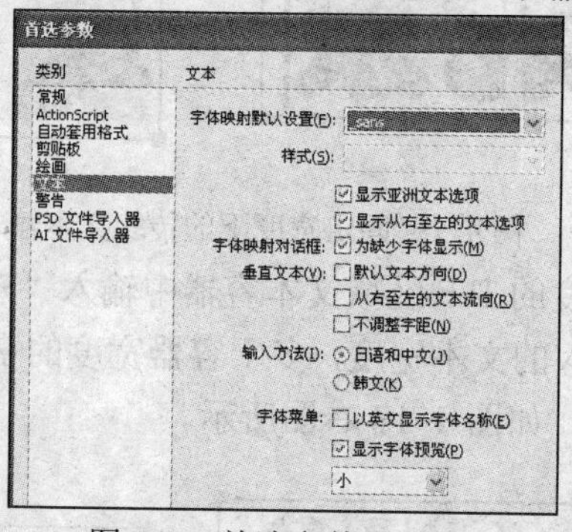

图 4-19 首选参数对话框

4.6 编辑文字

当用户在舞台上创建了文本后，常常需要进行修改。转换文本的类型以及将文字转换为矢量图形等操作。

4.6.1 转换文本类型

Flash CS5 传统文本类型有 3 种：静态文本、动态文本、输入文本，其中静态文本是系统默认的文本类型。通过属性设置面板的文本类型下拉列表框中可以对现有文本类型进行转换，如图 4-20 左图所示。

根据文本在运行时的表现方式，TLF 文本创建的文本块也有 3 种：只读、可选和可编辑。也可以轻松地在属性面板中修改文本的类型。如图 4-20 右图所示。

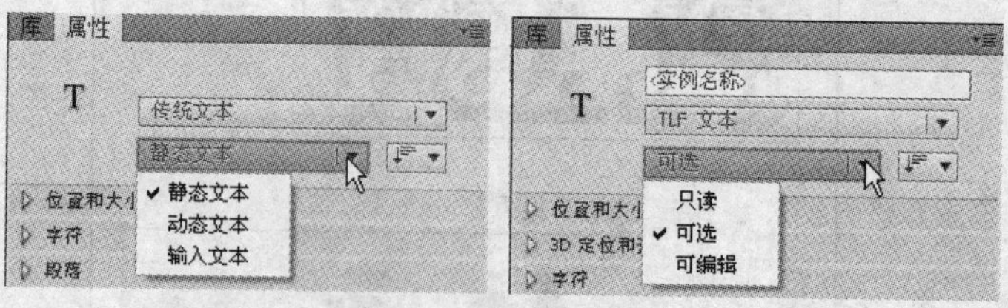

图 4-20 转换文本类型

Flash CS5 支持在传统文本和 TLF 文本这两个文本引擎之间互相转换。在转换时，Flash 将 TLF 只读文本和 TLF 可选文本转换为传统静态文本，TLF 可编辑文本转换为传统输入文本。

在 TLF 文本和传统文本之间转换文本对象时，Flash 将保留大部分格式。然而，由于文本引擎的功能不同，某些格式可能会稍有不同，包括字母间距和行距。因此，读者在转换文本类型之后，应仔细检查文本并重新应用已经更改或丢失的任何设置。

此外，如果需要将传统文本转换为 TLF，应尽可能一次转换成功，而不要多次反复转换。同理，将 TLF 文本转换为传统文本时也应如此。

4.6.2 分散文字

分散文字就是将文字转换为矢量图形。虽然可以将文字转变成矢量图形，但是这个过程是不可逆的，不能将矢量图形转变成单个的文字或文本。“修改”菜单里的“分离”命令通常用于把符号简化为形状，也可以用来修改静态文本。分散文字的步骤如下：

01 选择“修改”菜单里的“分离”命令，这时，选定的文本中的每个字符就会被放置在单独的文本块中，如图 4-21 所示。

图 4-21 应用了一次“分离”命令

02 用“分离”命令可以把上一步中分离的字符转化成图形文本，如图 4-22 所示。

图 4-22 应用了两次“分离”命令

注意：可滚动文本字段中的文字不能使用“分离”命令。

4.6.3 填充文字

将文字转化成矢量图形的好处就是能够使文字产生更特殊的效果，如使用渐变色、变形、应用滤镜或作为填充色块填充到其他封闭对象中。

当把字符转化成为图形文本以后，就可以使用任何绘图工具来修改图形文字，还可以选择位图或者渐变色等特殊填充效果来创建图案文本，如图 4-23。或者使用橡皮擦工具来删除文字的一部分，如图 4-24 所示。

图 4-23 填充图形文本

图 4-24 删除文字

填充文字的操作步骤如下：

01 在 Flash CS5 中新建一个 Flash 文件（ActionScript 2.0）或（ActionScript 3.0）。

02 选择绘图工具箱里的文本工具，在舞台上的确定位置上单击鼠标左键。

03 在文本工具的属性面板里设置相应的字体，大小，文本填充颜色等属性。比如，设置字体为“华文新魏”，字号 50，文本填充颜色为蓝色。

04 返回舞台，在文本输入块中输入需要的文字，如“网页梦工厂”。

05 选中文本框中的文字，然后连续从“修改”菜单里选择两次“分离”命令，将文本转换成为矢量图形。

06 在属性面板中单击“颜色填充”按钮，选择需要的渐变色对其填充，比如选择蓝黄渐变色，此时效果如图 4-25 所示。

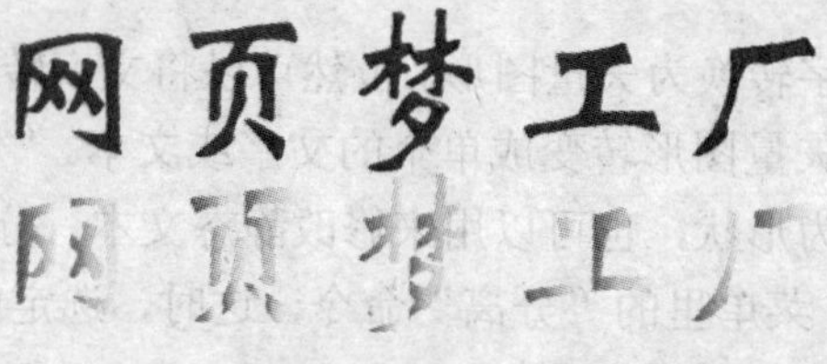

图 4-25 使用渐变色填充前后的文字

注意：一旦把字符转换成为线条和填充以后，就不能把它们作为文本来编辑。即使重新组合字符或者把他们转换成为符号，也不能再应用字体，字距或是段落选项。

4.7 思考题

1. 传统文本有哪几种类型？TLF 文本有哪几种类型？它们各有什么特点？
2. 如何创建一个动态文本？
3. 在 Flash CS5 中文本排列的方式有哪几种？如何垂直排列一个新文本？
4. 如何对输入的文字进行渐变色的填充？

4.8 动手练一练

1. 创建如图 4-26 所示的文字。

图 4-26 创建文字效果

2. 创建如图 4-27 所示的两个文本块。

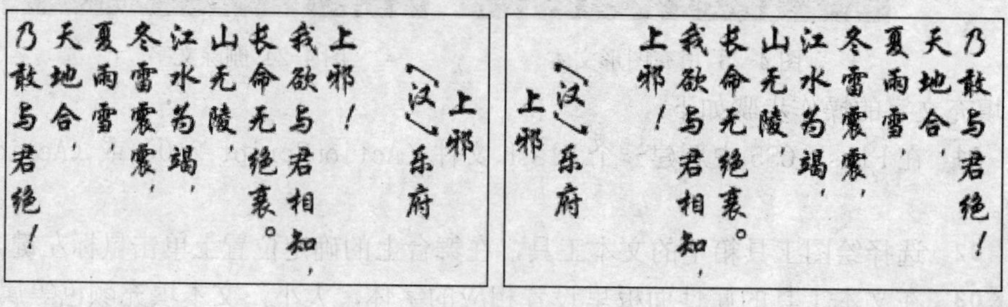

图 4-27 创建文本块

第 5 章

对象操作

本章将向读者介绍如何对 Flash 舞台中的对象进行基本的操作，内容包括对对象进行选择、移动、复制、删除等基本操作以及对对象进行翻转、旋转、斜切、缩放、扭曲、自由变换、封套、排列、对齐和组合等的变形操作，还将介绍如何使用“信息”面板和“变形”面板对对象进行精确的调整。

学习要点

- 掌握 Flash 动画中对象的选取方法。
- 掌握对象的选取、移动和删除的方法。
- 掌握对象的缩放、旋转与翻转及自由变形的方法。
- 掌握对象对齐、排列和组合的方法。

5.1 选择对象

要对对象进行编辑修改，必须先选择对象。在 Flash CS5 中提供了多种选择对象的工具，最常用的就是黑色箭头工具、套索工具。

5.1.1 黑色箭头工具

单击工具箱内的图标按钮，就可以选择对象。下面介绍不同性质的对象的选择。

在一个新建立的 Flash 文件中使用椭圆工具绘制一个椭圆，再利用矩形工具绘制一个矩形，如图 5-1 所示。就以这个图为例来说明如何使用黑色箭头工具选择对象。

01 如果单击矩形的矢量线，则只能选择一条边线，如图 5-2 所示。

02 双击矢量线进行选择，则会同时将与这条矢量线相连的所有外框矢量线一起选择，如图 5-3 所示。

03 在矢量色块上单击，选中这部分矢量色块，不会选择矢量线外框，如图 5-4 所示。

04 双击矢量色块，则连同这部分色块的矢量线外框同时被选中，如图 5-5 所示。

05 如果想同时选择多个不同的对象，使用以下两种方法之一：

- 按下鼠标左键不放拖动鼠标，用拖曳的矩形线框来选择多个对象，如图 5-6 所示。
- 按住 Shift 键，然后单击需要增加的对象。

06 如果只选择矢量图形的一部分，可以通过黑色箭头工具来选择所需要选择的部分。但是这样只能选择规则的矩形区域，如图 5-7 所示。

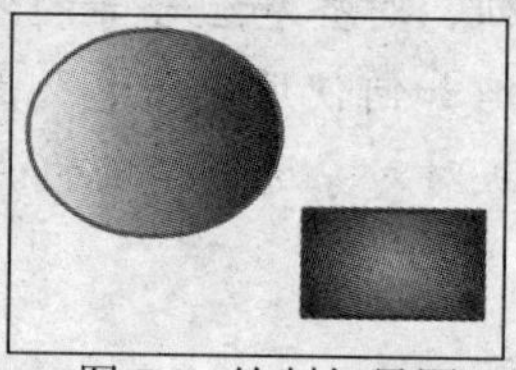

图 5-1 绘制矢量图

图 5-2 选择一条边线

图 5-3 选择外框

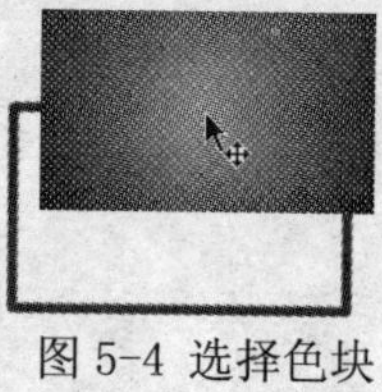

图 5-4 选择色块

图 5-5 选择整体

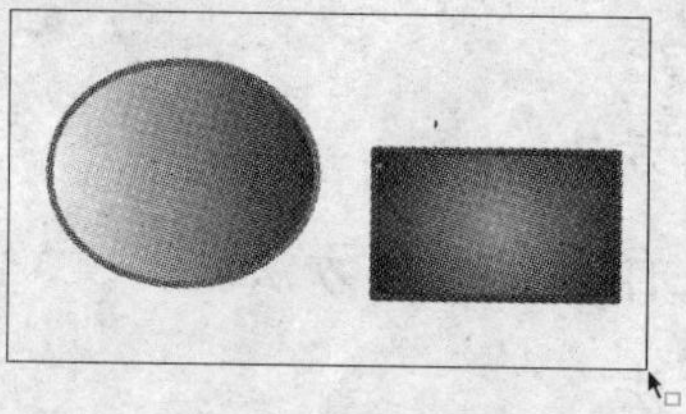

图 5-6 选择多个对象

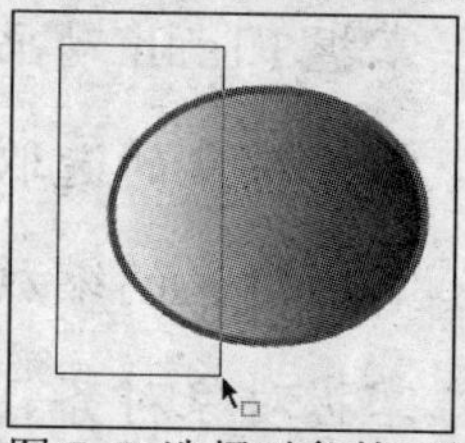

图 5-7 选择对象的一部分

07 如果需要选择不规则的区域，就要用到下面介绍的套索工具。

5.1.2　套索工具

单击工具箱内的“ ”图标按钮，可以看到绘图工具箱的“选项”区域中出现了套索工具的 3 种属性设置，即“魔术棒”、“魔术棒设置”和“多边形模式”，如图 5-8 所示。

使用套索工具的时候，可以选择 3 种套索模式之一：自由选取模式、魔术棒模式和多边形模式。下面分别进行说明。

（1）自由选取模式是系统默认的模式，在自由选取模式下比较随意，只要在工作区内拖动鼠标，会沿鼠标运动轨迹产生一个不规则的黑线，如图 5-9 所示。拖动的轨迹既可以是封闭区域，也可以是不封闭的区域，套索工具都可以建立一个完整的选择区域。如图 5-10 所示就是利用套索工具选择对象的一部分。

图 5-8 套索工具的选项区

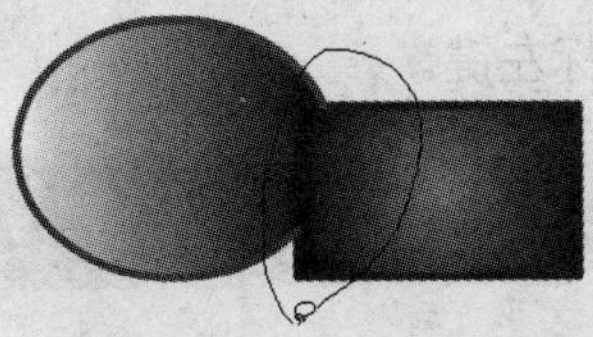

图 5-9 使用套索工具选取的黑线

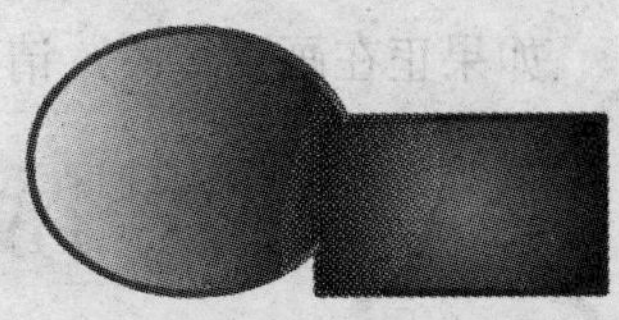

图 5-10 选取后的图形

注意：在自由模式下，如果按住 Alt 键，则可以选择直线区域。如果想选择了区域后增加区域，只要按住 Shift 键进行选择，不然，选择的只是后来拖动鼠标所选择的区域。

（2）单击 按钮，就会进入魔术棒模式，将鼠标指针移动到某种颜色处，当鼠标变成 时，单击鼠标左键，即可将该颜色以及和该颜色相近的颜色图形块都选中。这种模式主要用于编辑色彩变化细节比较丰富的对象。

在使用魔术棒选取模式的时候，需要对魔术棒的属性进行设置。单击 按钮，就会打开“魔术棒设置”对话框，如图 5-11 所示。该对话框各个选项的作用如下：

- “阈值”：在该文本框中输入阈值，该值越大，魔术棒选取对象时的容差范围就越大，该选项的范围在 0~200 之间。
- “平滑”：有 4 个选项，分别是“像素”、“粗糙”、“一般”和“平滑”。这 4 个选项是对阈值的进一步补充。

（3）单击 按钮，就会进入多边形模式，将鼠标移动到舞台中，单击鼠标，再将鼠标移动到下一个点，单击鼠标，重复上述步骤，就可以选择一个多边形区域。选择结束后，双击鼠标即可，如图 5-12 所示。

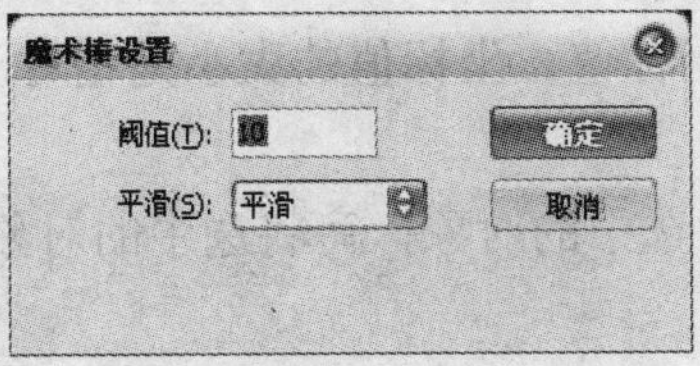

图 5-11 “魔术棒设置”对话框

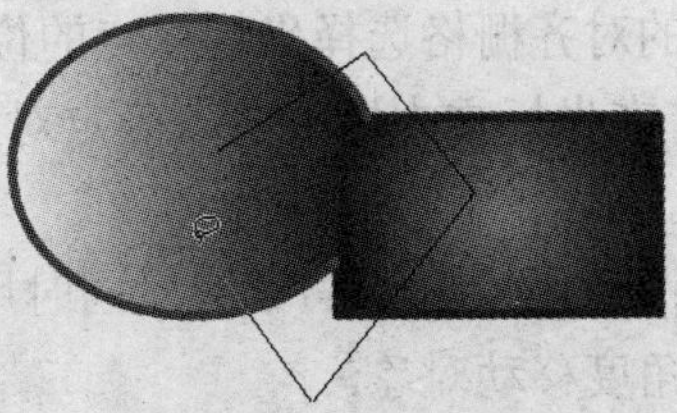

图 5-12 多变形选取模式

使用套索工具通过勾画直边选择区域选择对象的方法：

01 选择套索工具，并在工具箱的“选项”选择区内选中“多边形模式”选项。

02 单击设定起始点。

03 将指针放在第一条线要结束的地方，然后单击。继续设定其他线段的结束点。

04 要闭合选择区域，双击即可。

使用套索工具通过同时勾画不规则和直边选择区域选择对象的方法：

01 选择套索工具，取消选择“多边形模式”选项。

02 在舞台上拖动鼠标指针，画一条不规则线段；要画一条直线段，请按住 Alt 键单击设置起始和结束点。

03 要闭合选择区域，请执行以下操作之一：

➢ 如果正在画不规则线段，直接释放鼠标左键。

➢ 如果正在画直线段，请双击鼠标左键。

5.2 移动、复制和删除对象

移动、复制和删除对象是编辑对象中最基本的操作，这些操作都很简单。

5.2.1 移动对象

要移动对象，可以拖动它、使用箭头键、使用“信息”面板。使用箭头工具移动对象的方法：

01 先使用黑色箭头工具选中一个或多个对象。

02 如果单击矩形的矢量线，则只能选择一条边线，如图 5-2 所示。

03 将鼠标指针移动到对象上，当鼠标指针变成在它的右下方增加两个垂直交叉的双箭头，拖动鼠标即可移动对象。

使用键盘上的方向键移动对象的方法：

01 先使用黑色箭头工具选中一个或多个对象。

02 按键盘上的箭头键可以进行微调，按一下移动一个像素。按一下 Shift 和箭头组合键可以将选择的对象移动 10 个像素。

使用信息面板移动对象的方法：

01 选择舞台上要移动的单个对象。

02 选择“窗口”菜单里的“信息”命令，打开“信息面板”，如图 5-13 所示。在信息面板的对齐栅格选择坐标原点的位置。

03 在坐标文本框中输入确定对象位置的坐标值，坐标值的大小是相对于舞台左上角而言的。

技巧：如果按住 Shift 键，同时用鼠标拖动选中的对象，可将选中的对象沿 45° 的整倍角度移动对象。

当用户在对矢量图形进行移动时，经常会碰到这种情况，将一个矢量图形移动到另一个图形的上面，然后再移开时，下面图形和上面图形重叠的部分被上面的图形擦除掉了，留下一片空白。这种绘制模式称为“合并绘制模型”。为了避免或利用这种特性，就需要使用“分离”、“组合”以及“取消组合”这几个命令。

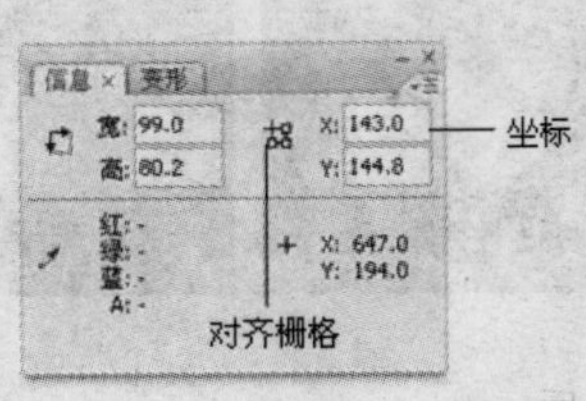

图 5-13 信息面板

此外，利用“对象绘制模式”可以将每个图形创建为独立的对象，分别进行处理，而不会干扰其他重叠形状。

5.2.2 复制并粘贴对象

01 选中一个或多个对象。

02 选择“编辑”菜单里的“复制”命令，即可复制选中的对象。

03 选择另一个层、场景或文件执行以下操作之一：

- 选择“编辑”|“粘贴到中心位置”，将选择的对象粘贴在舞台中央。
- 选择“编辑”|“粘贴到当前位置”，将选择的对象粘贴到相对于舞台的同一位置。

此外，利用剪切板的剪切、复制和粘贴功能，也可以复制并粘贴对象。

5.2.3 删除对象

01 选择一个或多个对象。

02 执行以下操作之一：

- 按 Delete 或退格键，即可删除选中的所有对象。
- 打开“编辑”菜单，选择“清除”或“剪切”命令，也可以删除选中的对象。

5.3 对象变形

一般用户可以使用工具箱中的自由变形工具和变形浮动面板对对象进行变形操作，还可以使用“修改”菜单里“变形”子菜单中的命令来变形对象。

5.3.1 翻转对象

01 选择舞台上需要翻转的对象。

02 选择“修改”菜单“变形”子菜单里“水平翻转”或“垂直翻转”命令，可以对对象进行相应的翻转操作。如图 5-14、图 5-15 所示。

图 5-14 水平翻转前后

图 5-15 垂直翻转前后

5.3.2 旋转对象

01 选择舞台上的对象。

02 从“修改”菜单“变形”子菜单里选择“旋转与倾斜”命令。此时，在选择的对象周围会出现选择标志，如图 5-16 所示。

03 将鼠标指针移动到选择标志的一个角上，当鼠标指针变成“↶”形状时，按下鼠标左键并拖动，即可对对象进行旋转，如图 5-17 所示。

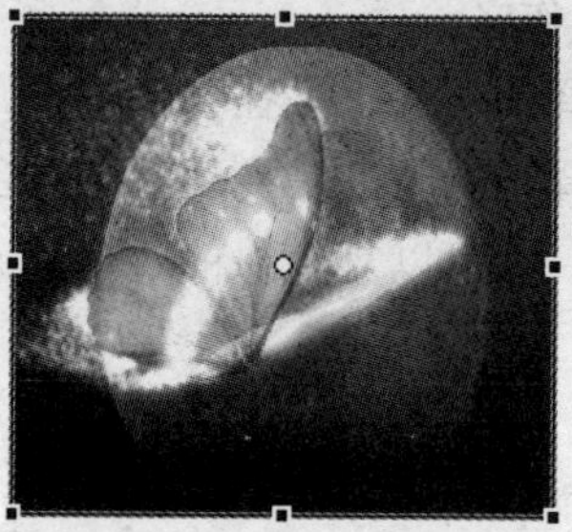

图 5-16 选择标志

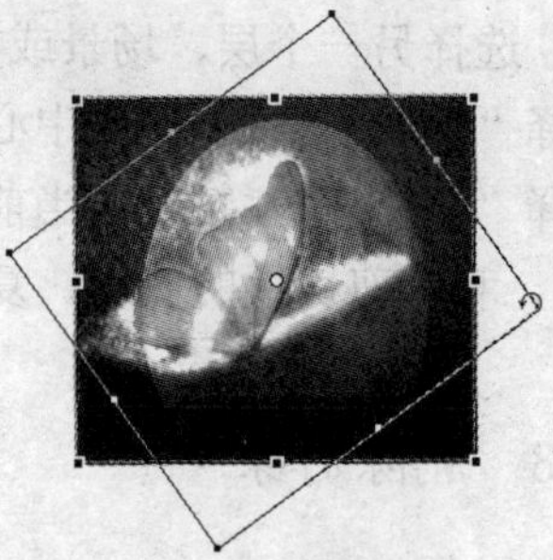

图 5-17 旋转对象

04 如果选择的是“顺时针旋转 90°”或者是“逆时针旋转 90°”命令，则将会对对象进行顺时针或者逆时针旋转 90°。

5.3.3 对象斜切

01 选择舞台上的对象。

02 从“修改”菜单“变形”子菜单里选择“旋转与倾斜”命令。此时，在选择的对象周围会出现选择标志。

03 将鼠标指针移动到选择标志某个边的中点上，当鼠标指针变成“⇋”形时，按下鼠标左键并拖动，即可对对象进行斜切，如图 5-18 所示。

5.3.4 缩放对象

01 选择舞台上的对象。

02 从“修改”菜单“变形”子菜单里选择“缩放”命令。

图 5-18 斜切对象

03 将鼠标指针移动到某条边的中点上，当鼠标指针变成双向箭头时按下鼠标左键并拖动，则可对对象进行水平或垂直方向的缩放，如图 5-19、图 5-20 所示。

04 将鼠标移动到某个顶点上，当鼠标指针变成双向箭头时按下鼠标左键并拖动，可以将对象在垂直和水平方向同时进行缩放，如图 5-21 所示。

技巧：拖动之前按下 Shift 键，可以将对象按比例进行缩放。

图 5-19 水平缩放对象

图 5-20 垂直缩放对象

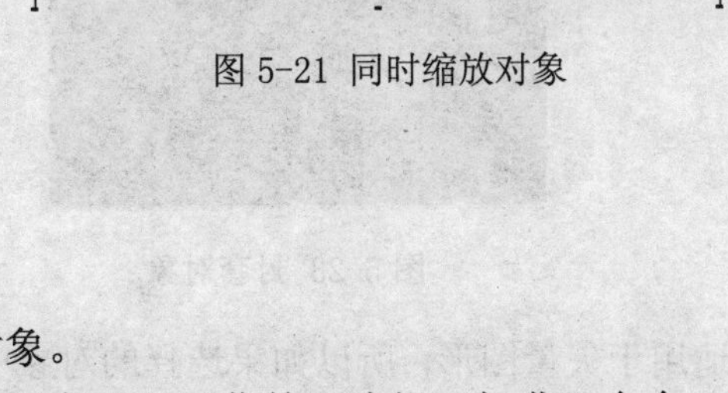

图 5-21 同时缩放对象

5.3.5 扭曲对象

01 选择舞台上的对象。

02 从“修改”菜单“变形”子菜单里选择“扭曲”命令。

03 将鼠标指针移动到选择标志上，当鼠标指针变成“▷”形时，按下鼠标左键并拖动，即可完成对对象的扭曲操作，如图 5-22 所示。

图 5-22 扭曲对象

注意：扭曲操作只适用于矢量图形，如果同时选中了舞台中的多个不同对象，扭曲操作也只会对其中的矢量图形发生作用。

5.3.6 自由变换对象

可以说绘图工具箱中的自由变形工具囊括了前面介绍的所有对对象的变换功能，熟练地使用自由变换工具就可以灵活地对对象进行各种变换操作。

要对对象进行自由变换，执行以下操作即可：

01 选择舞台上的对象。

02 选择工具箱中的自由变形工具。

03 将鼠标指针移动到选择对象的选择标志上，根据鼠标指针放置位置的不同，可以对对象进行移动、旋转、缩放、斜切、扭曲等不同操作。

5.3.7 封套对象

01 选择舞台上的对象。

02 从“修改”菜单“变形”子菜单里选择“封套”命令。

03 拖动选择标志就可以对选择的对象进行封套变形，如图 5-23 所示。

图 5-23 封套对象

注意：封套操作只适用于矢量图形，所以如果选择的对象中包含了非矢量图形，变形将只会对矢量图形起作用。

5.3.8 使用“变形”面板调整对象

使用“变形”面板可以精确地对对象进行等比例缩放、旋转，还可以精确地控制对象的倾斜度。

要精确地调整一个对象，执行以下操作即可：

01 在舞台中选择需要精确调整的对象。

02 选择“窗口”菜单里的“变形”命令，打开“变形”面板，如图 5-24 所示。

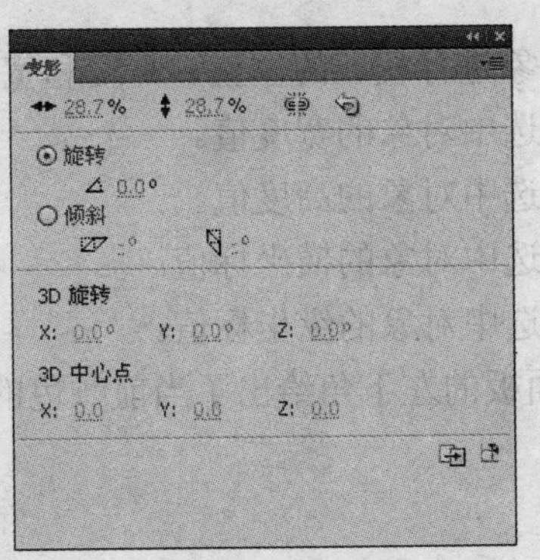

图 5-24 变形面板

03 在该面板中进行相应的变形设置。

- 在后面的对话框中输入水平方向的伸缩比例。
- 在后面的对话框中输入垂直方向的伸缩比例。
- 如果选择约束按钮，表示进行伸缩的对象的纵横尺寸之比是固定的，对一个方向进行了伸缩，则另一个方向上也将进行等比例的伸缩；如果不选择该复选框，水平方向和垂直方向的伸缩比例没有任何联系，可以分别进行伸缩。
- 如果选择了“旋转”单选按钮，则可以在后面的文本框中输入需要旋转的角度。
- 如果选择了“倾斜”单选按钮，则可以在后面的文本框中输入水平方向与垂直方向需要倾斜的角度。
- 如果对设置的变形参数不满意，可以单击“重置”按钮，清空设置。
- 在“3D 旋转”区域，通过设置 X、Y 和 Z 轴的坐标值，可以旋转选中的 3D 对象。
- 在“3D 中心点”区域，可以移动 3D 对象的旋转中心点。
- 如果单击按钮，则原来的对象保持不变，将变形后的对象效果制作一个副本放置在舞台中。
- 如果单击按钮，可以将选中的对象恢复到变形前的状态。

5.3.9 使用“信息”面板调整对象

使用“信息”面板可以精确地调整对象的位置和大小。

01 在舞台中选中需要精确调整的对象。

02 选择“窗口”菜单里的“信息”命令，弹出“信息”面板，如图 5-25 所示。

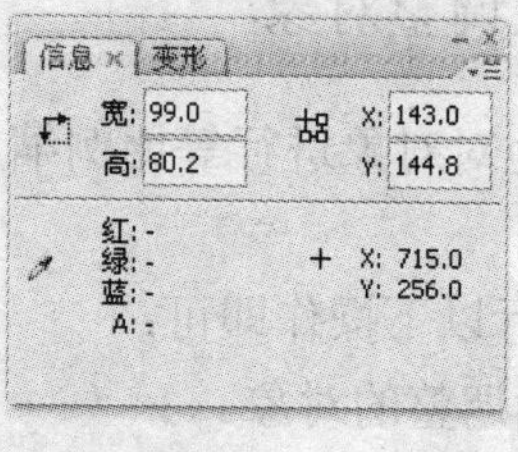

图 5-25 “信息”面板

03 在该面板中对对象进行相应的位置、高度和宽度的设置。

- W：在该文本框中输入选中对象的宽度值。
- H：在该文本框中输入选中对象的高度值。
- X：在该文本框中输入选中对象的横坐标值。
- Y：在该文本框中输入选中对象的纵坐标值。

读者还可以看到在该面板的左下角给出了当前颜色的 R、G、B 和 A 值。右下角给出了当前鼠标的坐标值。

5.3.10 还原变形的对象

当对对象进行缩放、旋转、扭曲和封套等变形时，Flash 会保存对象的初始大小和旋转值。这样就可以删除已经应用的变形并还原初始值。

选择“编辑”菜单里的“撤消”命令只能撤消在舞台中执行的最后一次变形。在取消选择对象之前单击“变形”面板中的“重置”按钮“”，可以重置在该面板中执行的所有变形。将变形的对象还原到初始状态：

01 选择变形的对象。

02 选择“修改”菜单“变形”子菜单中的“取消变形”命令即可还原变形的对象。

需要重置在“变形”面板中执行的变形时，只需要在变形对象仍处于选中状态时，单击“变形”面板右下方的“重置”按钮“”即可还原对象。

5.4 排列对象

在同一层中如果舞台上出现多个对象时，对象之间会出现相互重叠，上层对象覆盖底层对象的现象，这时就需要对对象的排列次序作相应的调整，方便编辑。

改变同一层中对象的排列次序的步骤如下：

01 选择舞台上的对象，如图 5-26 所示，选择“说吧说你爱我吧”这个对象。

02 选择“修改”菜单中“排列”子菜单里的“上移一层”命令，此时即可将选择的对象向前移动一层，如图 5-27 所示。

03 选择“修改”菜单中“排列”子菜单里的“移至顶层”命令，此时即可将选择的对象移动到最顶层，如图 5-28 所示。

04 选择“修改”菜单中“排列”子菜单里的“下移一层”命令，此时即可将选择的对象向后移动到下面一层，如图 5-29 所示。

图 5-26 选择对象

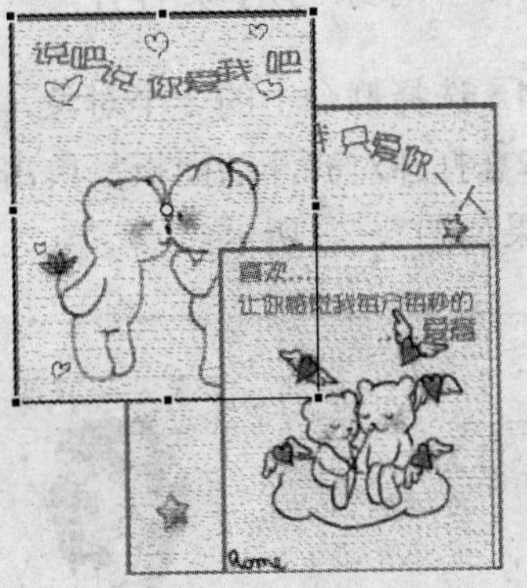

图 5-27 对象上移一层

05 选择“修改”菜单中“排列”子菜单里的“移至底层”命令，此时即可将选择的对象移动到最下面一层，如图 5-30 所示。

图 5-28 将对象移至最顶层

图 5-29 对象下移一层

图 5-30 将对象移至最底层

如果排列时同时选择了多个对象，所选择的对象将同时进行移动排列，并且它们之间的排列关系保持不变。

注意：以上的这几个命令只能用来改变同一层中的对象之间的排列关系，不能改变不同层中的对象排列关系。

5.5 对象对齐

对象的对齐包括对象与对象的对齐以及对象与舞台的对齐，我们只需要通过一个排列浮动面板即可完成对象的对齐。

从“窗口”菜单找到“对齐”命令，点击这个命令就会在屏幕上显示出如图 5-31 所示的对齐浮动面板。

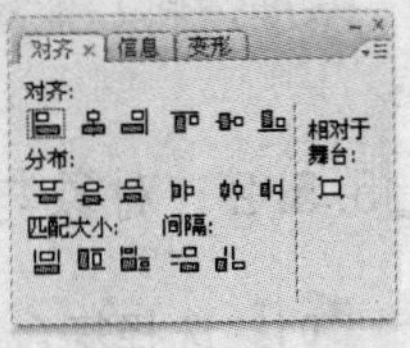

图 5-31 对齐面板

5.5.1 对象与对象对齐

01 选择舞台上的 3 个对象，如图 5-32 所示。

02 打开对齐浮动面板，单击对齐按钮中的“”按钮，使选择的对象水平中心对齐，结果如图 5-33 所示。

图 5-32 选择对象

图 5-33 “”按钮效果

03 单击空间按钮中的“”按钮，可以使选择的对象在水平方向上等距离分布，如图 5-34 所示。

04 单击分布按钮中的“”按钮，可以使选择对象以左边为基准等距离分布，如图 5-35 所示。

图 5-34 “”按钮效果

图 5-35 “”按钮效果

05 点击匹配大小按钮中的“”按钮，可以使选择对象的高度相同，如图 5-36 所示。

图 5-36 “”按钮效果

注意：单击“匹配大小”按钮以后，Flash CS5 是以对象中的宽度或高度的最大值为基准，将其他对象的宽度或高度进行拉伸，从而达到与最大值匹配的效果。

5.5.2 对象与舞台对齐

01 选择舞台上的对象，如图 5-37 所示。

02 打开“对齐”浮动面板，按下“相对于舞台”按钮，如图 5-38 所示。

03 单击对齐按钮中的“”按钮，使选择对象与舞台水平中心对齐，如图 5-39 所示。

图 5-37 选择对象

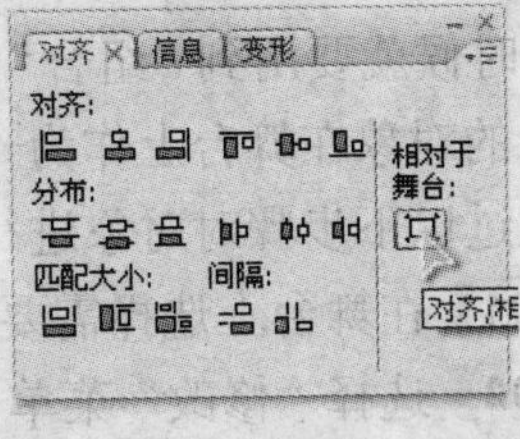

图 5-38 相对于舞台按钮

04 单击间隔按钮中的“”按钮，使选择对象相对于舞台在水平方向上等距离分布，如图 5-40 所示。

图 5-39 “”按钮效果

图 5-40 “”按钮效果

05 单击分布按钮中的“”按钮，使选择对象以左边为基准相对于舞台等距离分布，同时选择的对象在水平方向上占满整个舞台，如图 5-41 所示。

06 单击匹配大小按钮中的“”按钮，使选择对象高度与舞台相同，如图 5-42 所示。

图 5-41 “”按钮效果

图 5-42 “”按钮效果

面板中的其他按钮在这里就不一一介绍了，读者可以通过上机操作熟悉其他按钮的功能。

5.6 组合对象

在编辑对象的过程中，往往需要将多个分散独立的对象看作一个整体来进行编辑操作，这时候就要用到“组合”命令。可以组合的对象包括矢量图形、元件实例、文本块等，组合后的对象在舞台上作为一个整体对象单独存在。

通过以下步骤对对象进行组合和取消组合操作：

01 在舞台上选择需要组合的对象，如图 5-43 所示。

02 选择“修改”菜单里的“组合”命令，即可将所选择的对象组合成为一个整体，如图 5-44 所示。

图 5-43 选择对象

图 5-44 组合后的效果

03 选择“修改”菜单里的“取消组合”命令，即可以解散对象的组合关系，各对象恢复到未组合前的状态，如图 5-45 所示。

图 5-45 取消组合后的效果

5.7 思考题

1. 对对象进行移动和复制各有哪些方法？
2. 可以对对象进行哪几种变形操作？掌握自由变形与其他几种变形之间的关系。
3. 如何改变对象的排列次序？
4. 对象之间的对齐与舞台对齐有何不同？这两种对齐方式分别如何操作？

5. 为什么要对对象进行组合，如何组合与取消组合？

5.8 动手练一练

1. 将对齐面板中的其他按钮功能动手熟悉一遍。

2. 绘制一个如图 5-46 所示的填充椭圆，然后对其分别进行如图 5-47 所示的几种变形。

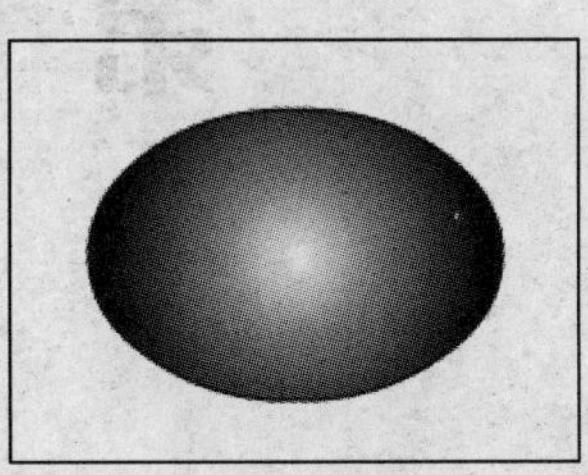

图 5-46 原图

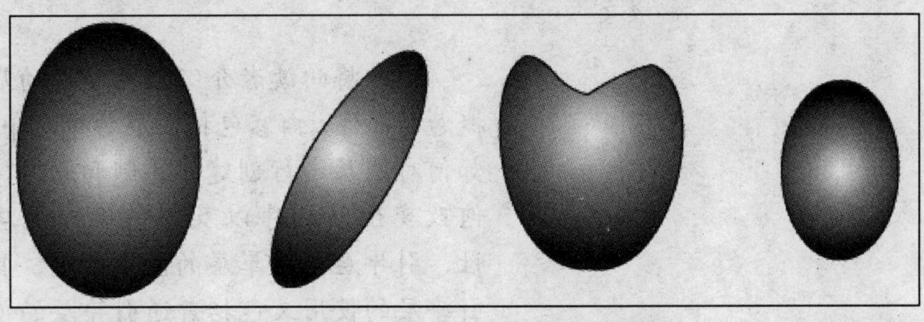

图 5-47 变形后的效果图

提示：分别采用旋转、扭曲、封套以及缩放 4 个命令即可完成。

第6章

图层与帧

本章将向读者介绍图层和帧的基本概念与操作，内容包括图层的模式介绍，如何对图层进行创建、复制和删除，如何改变图层顺序以及如何设置图层属性，引导层与遮罩层的使用方法，其中引导层的使用又包括普通引导层的使用和运动引导层的使用，最后是帧的编辑与属性设置。

学习要点

- 了解图层与帧的基本概念。
- 掌握添加和编辑图层与帧的方法。
- 掌握引导层和遮罩层的运用。
- 掌握帧的属性设置内容。

6.1 图层的基本概念

组织一个 Flash 动画需要用到很多图层。许多图形软件都使用层来处理复杂绘图和增加深度感。在诸如 Flash 这样的软件当中，对象一层层叠在一起形成了动画，而层是其最终的组织工具。使用层有许多好处。当处理复杂场景及动画时，组织就极为重要了，层也会起到辅助作用。通过将不同的元素（比如背景图像或元件）放置在不同的层上，就很容易做到用不同的方式对动画进行定位、分离、重排序等操作。那么，Flash 中的层究竟是什么样的呢？

6.1.1 图层的概述

时间轴窗口的左侧部分就是图层选单。在 Flash CS5 中图层可分为普通图层、引导图层和遮罩图层。引导图层又分为普通引导图层和可运动引导图层。使用引导图层和遮罩图层的特性，可以制作出一些复杂的效果。

当普通层和引导层关联后，就被称为被引导图层；而与遮罩图层关联后，层被称为被遮罩图层。当时间轴窗口左侧的图层选单过多时，常常需要使用层文件夹“ ”来管理图层。

6.1.2 图层的模式

图层有不同的模式或状态以不同的方式来工作。例如进行编辑的方式以及制作电影时舞台的显示方式由使用的层模式来决定。通过单击层名称栏上的适当位置，可以随时改变层的模式，但是当前层除外，可以通过单击某一层的名称或单击该层上的舞台对象来改变当前层模式。层有如下 4 种模式：

- 当前层模式：在任何时候，只能有一层处于这种模式。这一层就是用户当前操作的层。用户画的任何一个新的对象，或导入的任何场景都将放在这一层上。无论何时建立一个新的层，该模式都是它的初始模式。当层的名称栏上显示一个铅笔图标时，表示这一层处于当前层模式，如图 6-1 所示的图层 2 便是当前层。

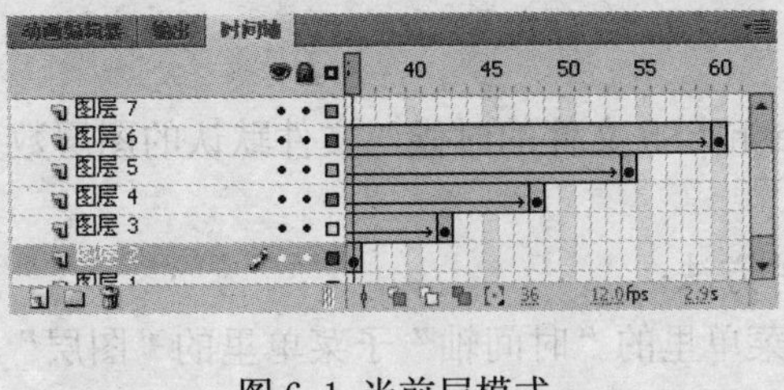

图 6-1 当前层模式

- 隐藏模式：当用户想集中处理舞台中的某一部分时，隐藏一层或多层中的某些内容是很有用的。当层的名称栏上有一个 图标，表示当前层为隐藏模式，如图 6-2 所示的图层 4 是隐藏模式。

- 锁定模式：当一个层被锁定，可以看见该层上的元素但是无法对其内容进行编辑。当感觉当前层的内容正好是所想象的样子，并且不想再对其进行修改或删除时可以锁定该层。当该层的名称栏上有一个锁图标时，表示当前层被锁定，如图 6-3 所示的“图层 6”便处于锁定模式。

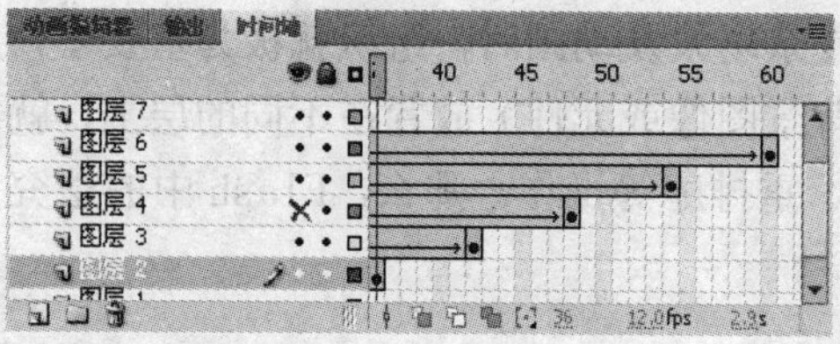

图 6-2 隐藏模式

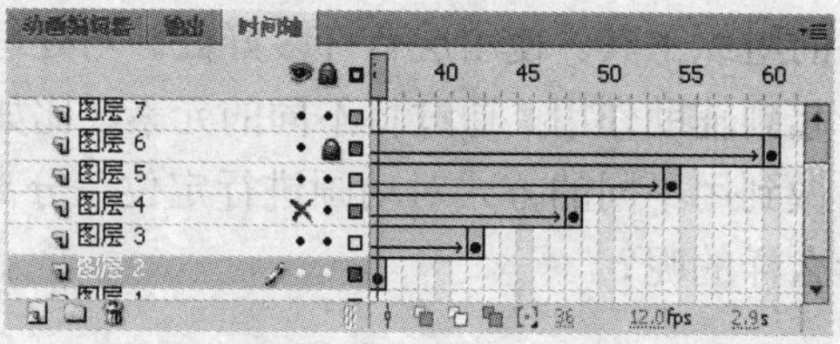

图 6-3 锁定模式

- 轮廓模式：如果某层处于该模式，将只显示其内容的轮廓。层的名称栏上的彩色方框轮廓表示将显示该层内容的轮廓。如图 6-4 所示的“图层 3”、“图层 5”和“图层 7”都处于轮廓模式。

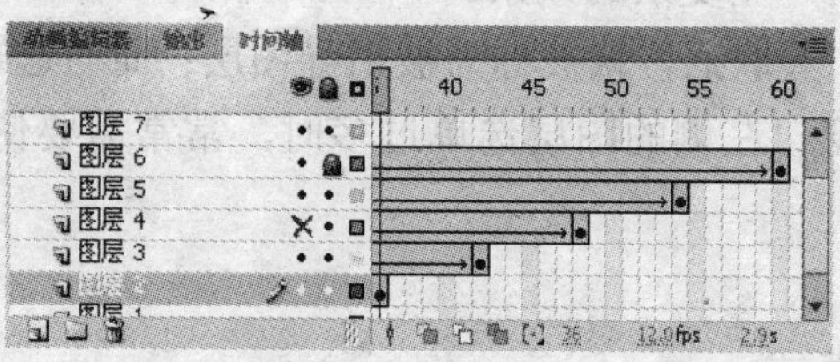

图 6-4 轮廓模式

当再次单击该图标时，可以使图标又变为方框，该层中的对象又变成可编辑状态。

6.2 图层的操作

层的主要好处是用户可以通过分层，把不同的效果添加到不同的层上，这样合并起来就是一幅生动而且复杂的作品。下面就向读者介绍如何对层进行基本的操作。

6.2.1 层的创建

当打开一个新的 Flash CS5 文件的时候，文件默认的图层数为 1，为了改变图层数，需要创建新的图层。

创建一个新层的 3 种方法：

（1）使用“插入”菜单里的“时间轴”子菜单里的“图层”命令可以创建新的图层。

（2）点击层窗口左下角的“新建图层”按钮，也可以创建新的图层。

（3）通过右键点击时间轴上的任意一层，在弹出的菜单中选择“插入层”命令，这样也可以创建一个新层。

注意：每当用户在时间轴上增加了一个新的层，Flash 能自动在层上增加足够多的帧来与时间轴的最长帧序列匹配。这意味着如果图层 1 上最长系列为 20 帧，Flash 将自动在所有新层上增加 20 个帧。

6.2.2　选取和删除图层

在图层选单中单击图层控制区域中相应的图层行或单击该图层的某一帧单元格。被选中的图层在图层选单中呈灰底色，而且图层名称左边出现一个铅笔状图标，所选中的层即变为当前层，如图 6-5 所示。

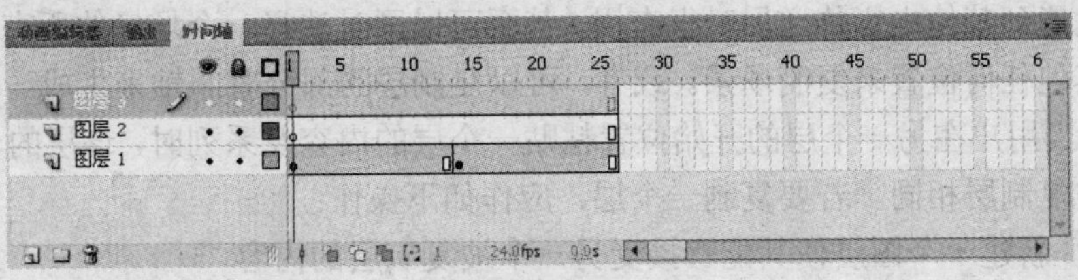

图 6-5　选取图层

要删除一个图层，则必须先选择该图层，然后可以通过以下两种方法来删除选中的层。

（1）单击图层选单右下角的图标按钮即可。

（2）在要删除的的层上右键单击鼠标，在弹出的菜单里选择“删除层”命令即可。

6.2.3　重命名层

Flash 为不同的层分配不同的名字，如：图层 1，图层 2 等。虽然可能不需要为层起不同的名字，但是如果不依照它们间的关系为它们命名，就不能利用组织关系所带来的好处。要重命名层，可选用以下两种方法之一：

（1）右击要改变的层，在出现的弹出菜单中选择“属性”命令，在弹出的“图层属性”对话框里将当前层的名字改变为需要的名字即可，如图 6-6 所示。

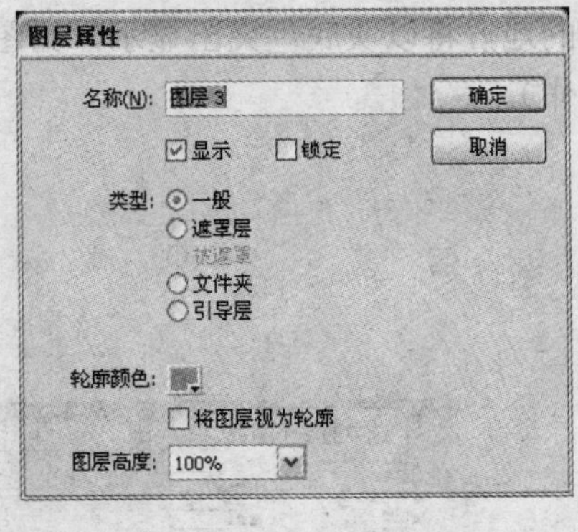

图 6-6　“图层属性”对话框

（2）双击层名本身，然后输入一个新的层名，如图 6-7 所示。

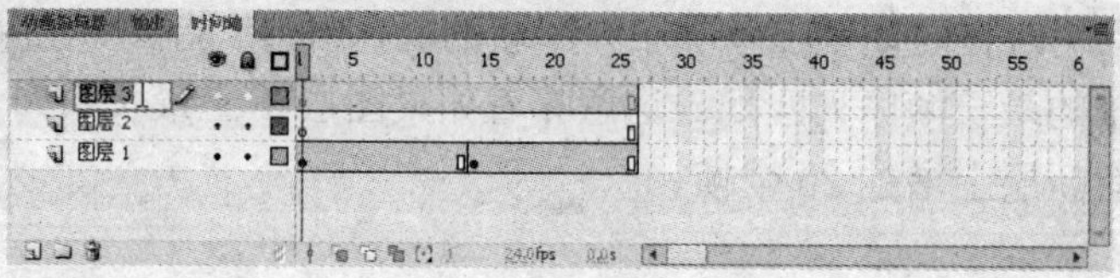

图 6-7 更改图层名

6.2.4 复制层

有时需要复制一层上的内容及帧来建立一个新的层，这在从一个场景到另一个场景或从一个电影到其他电影传递层时很有用。甚至可以同时选择一个场景的所有层，并将它们粘贴到其他任何位置来复制场景。或者，可以复制层的部分时间轴来生成一个新的层。无论何时，当用户在另一个层的开始位置粘贴一个层的内容及系列时，该层的名字将自动设置为与被复制层相同。若要复制一个层，应作如下操作：

01 新建一个图层使其能够接受另一个被复制层的内容。

02 选择要复制的层，鼠标左击该图层第一帧并拖动鼠标直到要复制的最后一帧，然后释放鼠标。选择的地方将变成灰色，表明被选中，如图 6-8 中的图层 1 的第 14 帧至第 26 帧。

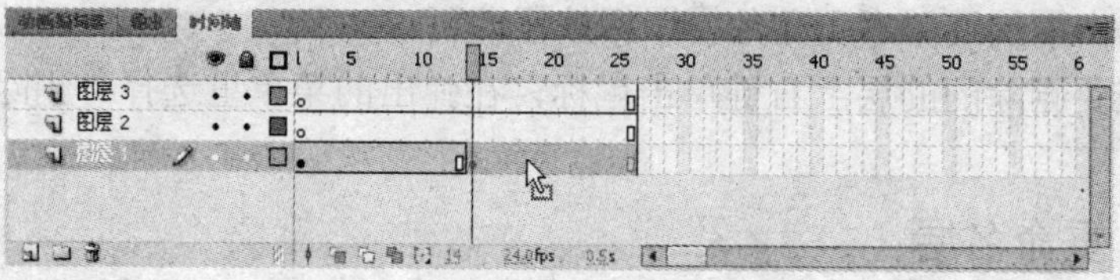

图 6-8 选中图层

03 右击所选的帧，然后在弹出菜单中选择“复制帧”选项，如图 6-9 所示。

04 在刚才新建的空层上，右击第 1 帧，在弹出的菜单上选择粘贴帧。

这样，就完成了对单层的复制与粘贴。如果要复制多层，应作如下操作：

01 新建一个层使其能够接受被复制层上的元素。

02 选择要复制的层，从第一层的第一帧开始单击并拖动鼠标直到最底层的最后一帧，然后释放鼠标。选择的地方将以灰底色突出显示，如图 6-10 所示（如果这些层不连续，将不能进行这样的操作）。

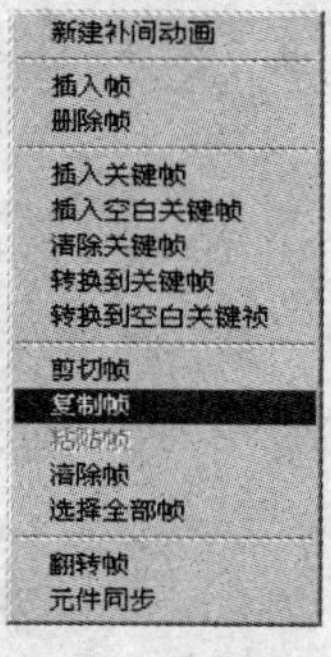

图 6-9 帧菜单

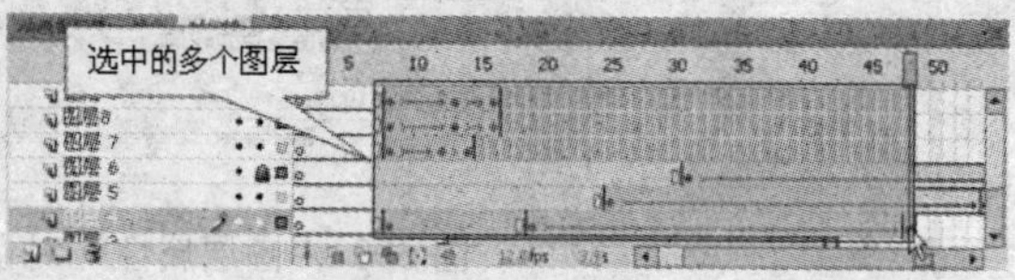

图 6-10 选中多层

03 右击所选的任意一帧，在弹出菜单中选择“复制帧”命令。

04 右击刚才新建的空层上的任意一帧，在弹出菜单上选择“粘贴帧”。现在就准确完成对多个连续层的复制与粘贴，如图 6-11 所示。

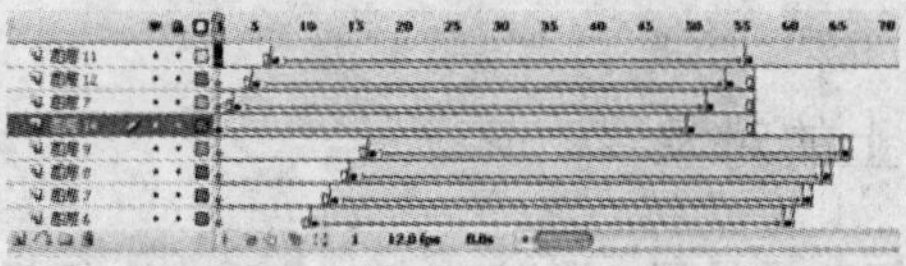

图 6-11 复制并粘贴多层

技巧：当需要选中一个层的时候，可以先用鼠标左键单击这一层的第一帧，然后按下 shift 键，同时再用鼠标左键点击这一层的最后一帧，这样这一层上的所有元素都被选中。要选择连续的多层时，同样可以使用这个方法。

6.2.5 改变图层顺序

如果需要改变层的顺序，先选择需要调整顺序的图层，然后在该图层上按住鼠标不放，拖曳到需要的位置处，释放鼠标即可，如图 6-12 所示。

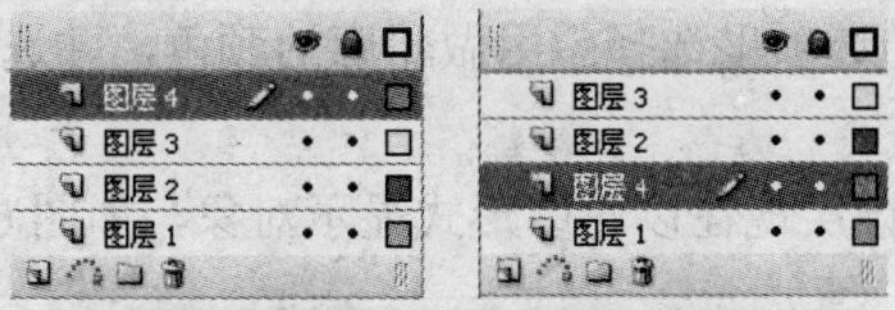

图 6-12 图层顺序更改前后对比

6.2.6 修改图层的属性

要修改图层的属性，必须选中该图层，在该图层的名称上双击鼠标，调出“图层属性”对话框，如图 6-13 所示。该对话框中各个选项的作用如下：

- “名称”：在该文本框中输入选定图层的名称。
- “显示”：如果选择了该项，图层处于显示状态，否则处于隐藏状态。
- “锁定”：如果选择了该项，图层处于锁定状态，否则处于解锁状态。
- “类型”：利用该选项，可以选定图层的类型。它又分为以下几个选项：
  - “一般”：如果选择了该项，将选定的图层设置为普通图层。
  - “遮罩层”：如果选择了该项，将选定的图层设置为遮罩图层。
  - “被遮层”：如果选择了该项，将选定的图层设置为被遮罩图层。
  - “文件夹”：如果选择了该项，将选定的图层设置为图层文件夹。
  - “引导层”：如果选择了该项，将选定的图层设置为引导图层。

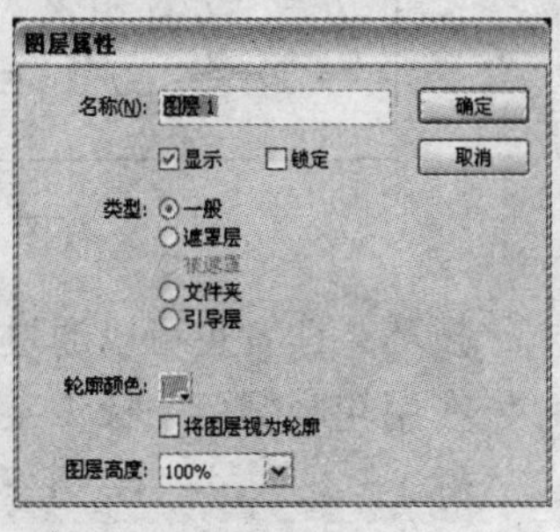

图 6-13 “图层属性”对话框

- “轮廓颜色”：设定当图层以轮廓显示时的轮廓线颜色。
- “将图层视为轮廓”：选中的图层以轮廓的方式显示图层内的对象。
- “图层高度”：改变图层单元格的高度。

6.2.7 标识不同层上的对象

在一个包含很多层的复杂场景里，跟踪某个对象看起来好像不是一件容易事。下面就介绍两种方法，使读者能够很快识别选择的对象所在的层。

（1）为对象赋予一个有色轮廓以便在层上标识它，该有色轮廓显示在这一层的名称栏上。可以对每一层使用不同的颜色，这使在每一层上标识对象变得简单得多，因为可以从舞台中看出对象在哪一层上。

（2）当在场景中选择某个对象，它所在的层的名字将在名称栏上突出显示，从而可以很容易地识别需要编辑的特定层。

要用有色轮廓标识层上的对象，应作如下操作：

01 选择想要改变其属性的层，使该层在时间轴上被突出显示。

02 右击该层，然后从弹出菜单中选择“属性”命令。弹出当前层的层属性对话框。

03 在“轮廓颜色”选项里选择想用做轮廓的颜色，并选择“将图层视为轮廓”选项，如图6-14所示。

04 单击“确定”。该层现在以轮廓形式显示对象，如图6-15所示。

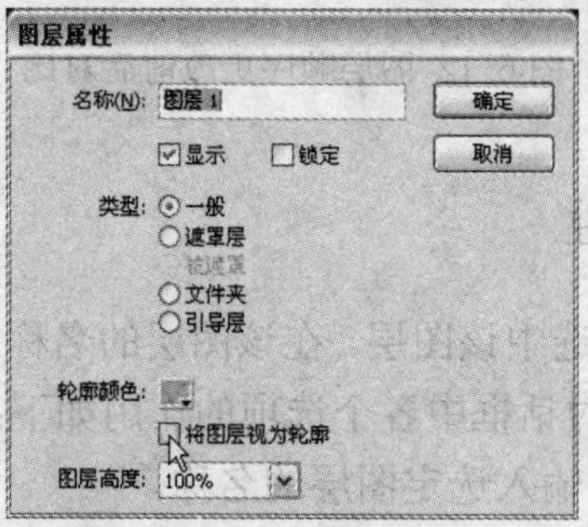

图6-14 “将图层视为轮廓”选项

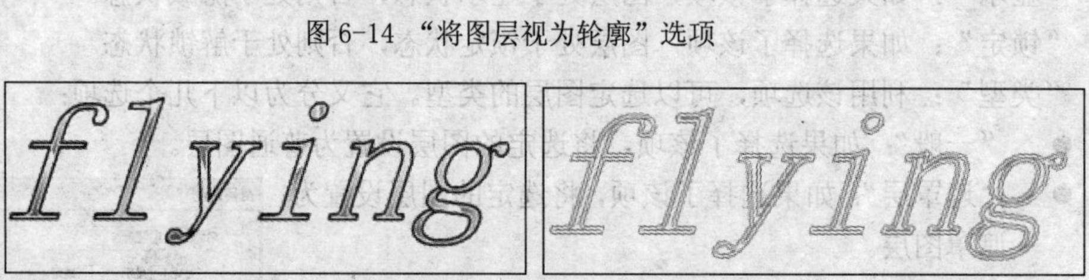

图6-15 轮廓标识前、后层上的对象效果对比

技巧：读者也可以通过单击层的名称栏右侧的方框轮廓按钮来完成这项工作。
在用轮廓颜色来标识某个层上的对象时，该对象会暂时失去它的填充色，变为只有轮廓。

6.2.8 对层进行快速编辑

当处理带有很多层的场景时，有时需要看到所有的层，有时只需要看到其中一层或只对一层进行编辑。然而，如果有 10 个、20 个或 40 个层，那么可能要花掉大量的时间用来开关所有这些层的相关属性。这时需要选择一个快速编辑命令。

在名称栏上右击，然后在出现的弹出菜单中选择适当的命令。这样操作会节省时间，如图 6-16 所示。

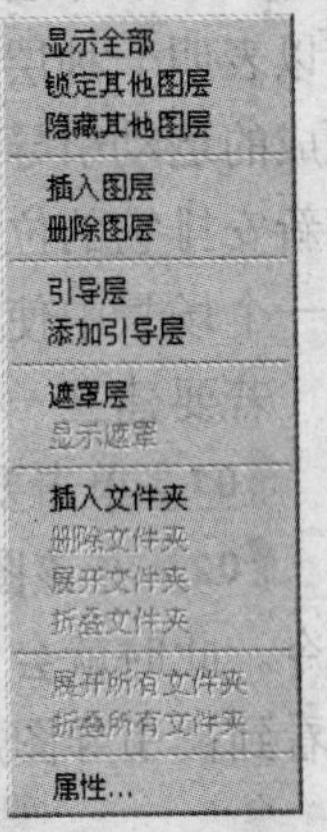

图 6-16 快捷菜单

- 显示全部：使用这个命令能够使以前锁定的所有层解锁，也能使以前隐藏起来的层变得可见。
- 锁定其他图层：使用这个命令可以锁定除激活此命令的那一层之外的所有层。这一层成为了当前层，这时将不能编辑其他任何层。
- 隐藏其他图层：使用这个命令能够隐藏除激活此命令的那一层之外的所有层。这一层成为了当前层，这时将不能看见或编辑其他任何层。

6.3 引导图层

引导图层的作用就是引导与它相关联图层中对象的运动轨迹或定位。可以在引导图层内打开显示网格的功能、创建图形或其他对象，这可以在绘制轨迹时起到辅助作用。用户可以把多个图层关联到一个图层上。引导图层只能在舞台工作区中看到，在输出电影时它是不会显示的。也就是说，在最终电影中不会显示引导层的内容。只要合适，用户可以在一个场景中或电影中使用多个引导层

6.3.1 普通引导图层

普通引导图层只能起到辅助绘图和绘图定位的作用。创建普通引导图层的步骤如下：

01 单击图层选单上增加图层的图标按钮，创建一个普通图层。

02 将鼠标移动到该图层的名称处，右击鼠标，弹出其快捷菜单。然后选择快捷菜单中的“引导层”命令即可。

6.3.2 运动引导图层

实际创作的动画中会包含许多直线运动和曲线运动，在 Flash 中建立直线运动是件很容易的事，而建立一个曲线运动或沿一条路径运动的动画就需要使用运动引导层。

事实上，在运动引导层中放置的唯一的东西就是路径。填充的对象对运动引导层没有任何影响，并且该层中的对象在最终产品中不可见。

运动引导层总是至少同一个层建立联系，它可以连接任意多个层。将层与运动引导层

连接可以使被连接层上的任意过渡元件沿着运动引导层上的运动路径运动。只有在创建运动引导层时选择的层才会自动与该运动引导层建立连接。可以在以后将其他任意多的标准层与运动引导层相连。任何被连接层的名称栏都将被嵌在运动引导层的名称栏的下面，这可以表明一种层次关系。被连向运动引导层的层称为被引导层。默认情况下，任何一个新生成的运动引导层自动放置在用来创建该运动引导层的层的上面。可以像操作标准层一样重新安排它的位置，然而任何同它连接的层都将随之移动以保持它们间的位置关系。可以在一个场景中使用多个运动引导层。

若要建立一个运动引导层，应作如下操作：

01 单击要为其建立运动引导层的层，使之突出显示。

02 在该图层的名称处右击鼠标，从弹出的快捷菜单中选择“添加传统运动引导层”命令。此时就会创建一个引导图层，并与刚才选中的图层关联起来，如图 6-17 所示，可以看到被引导图层的名字向右缩进，表示它是被引导图层。

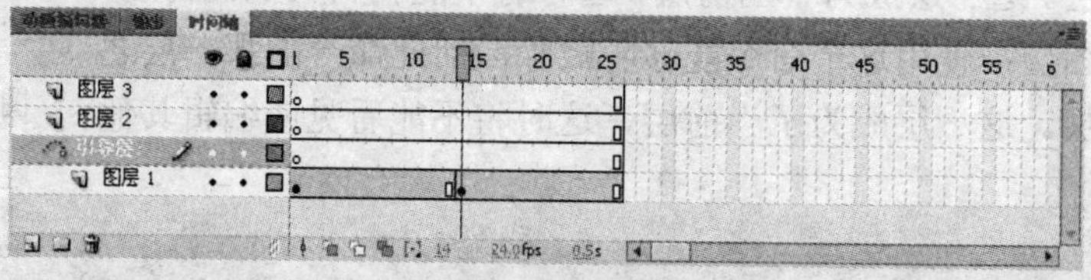

图 6-17 创建运动引导图层

这时，在被选层的上面创建了一个运动引导层，并且建立了两者之间的连接。如果在运动引导层上画一条路径，任何同该层建立连接关系的层上的过渡元件都将沿这条路径运动。在运动引导层的名称旁边有一个图标，它表示当前层的状态是运动引导层。

若要使另外的层同运动引导层建立连接，应作如下操作：

01 选择欲与运动引导层建立连接的标准层的名称栏。底部显示一条深黑色的线，表明该层相对于其他层的位置。

02 拖动该层直到标识位置的深黑色粗线出现在运动引导层的名称栏的正下方，然后释放鼠标。这一层现在被连接到了运动引导层上，如图 6-18 所示。

要取消同运动引导层的连接关系，应作如下操作：

01 选择要取消同运动引导层的连接关系的层的名称栏。在底部出现一条深灰色的线，表明该层相对于其他层的位置。

02 拖动层直到表示其位置的灰线出现在运动引导层的名称栏的上面或其他标准栏的下面，然后释放鼠标。此层现在取消与运动引导层的连接。

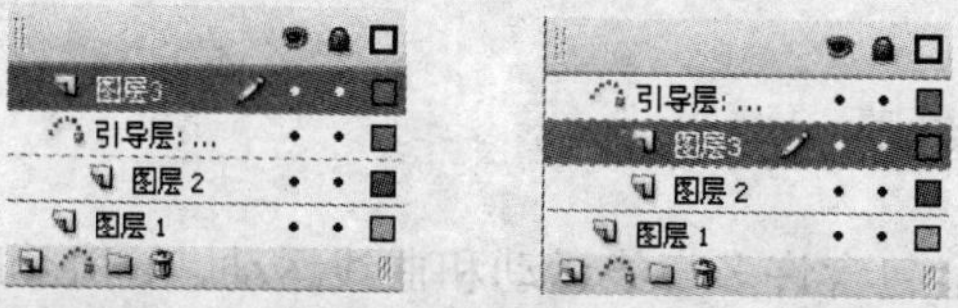

图 6-18 将图层 3 与运动引导层建立连接

技巧：运动引导层可以具有标准层的任何模式。因此，可以隐藏或锁定引导层。这对于去掉不希望出现在最终电影中的场景元素是很有用的。

6.4 遮罩图层

在遮罩图层中，绘制的一般是单色图形、渐变图形、线条和文字等，都会挖空区域。这些挖空区域将完全透明，其他区域则完全不透明。利用遮罩层的这个特性，可以制作出一些特殊效果。例如图像的动态切换、探照灯和图像文字等效果。

6.4.1 遮罩层介绍

遮罩图层的作用就是可以透过遮罩图层内的图形看到其下面图层的内容，但是不可以透过遮罩层内的无图形处看到其下面图层的内容。与遮罩层连接的标准层的内容只能通过遮罩层上具有实心对象的区域显示。如圆、正方形、群组、文本甚至元件。在这一点上遮罩层与运动引导层相同。然而，元件可以仅仅含有一个形状或文本对象。可以将遮罩层上的这些对象做成动画以创建移动的遮罩层。然而，不能将线条做为遮罩层。与遮罩层连接的标准层实际上已成了被遮罩层，但它保留了所有标准层的功能。这意味着，可以使用任何被连接层上的多个元件、对象、文本，甚至可以将它们处理成动画。

注意：TLF 文本无法用作遮罩。若要使用文本创建遮罩，只能使用传统文本。

遮罩层是包括用作遮罩的实际对象的层；而被遮罩层是一个受遮罩层影响的层。遮罩层可以有多个与之相联系的或相连接的被遮罩层。就像动作引导层一样，遮罩层起初与一个单独的被遮罩层相连，当它变成遮罩层时，此被遮罩层在当前层的下面。

同时也与动作引导层一样，遮罩层也可以与任意多个被遮罩层相连。仅有那些与遮罩层相连接的层会受其影响。其他所有层（包括组成遮罩层的层下面的那些层及与遮罩层相连的层）将显示出来。

6.4.2 创建遮罩图层

在创建遮罩图层后，Flash CS5 会自动锁定遮罩图层和被遮罩图层，如果需要编辑遮罩图层，必须先解锁，然后再编辑。但是解锁后就不会显示遮罩效果，如果需要显示遮罩效果必须再锁定图层。要创建一个遮罩层，应作如下操作：

01 右击要转化为遮罩层的层的名称栏。

02 在出现的弹出菜单上选择“遮罩层”，如图 6-19 所示。

03 在该层名字及其正下方的层的旁边出现一个图标“”，表明它们已与一个遮罩层连接，如图 6-20 所示。

技巧：通过在层属性对话框中改变一个标准层的类型可以将一个标准层转化为遮罩层。与遮罩层连接的层是那些可透过遮罩层显示其内容的层。通过在其中一层上放置一个位图或动画，就可以制造有趣的效果。最初，只有正在遮罩层下的层与之相连接。然而，用户可以向该遮罩层连接所需要的任意多的标准层。这样可以使它们成为被遮罩层，共享一个公用遮罩层。

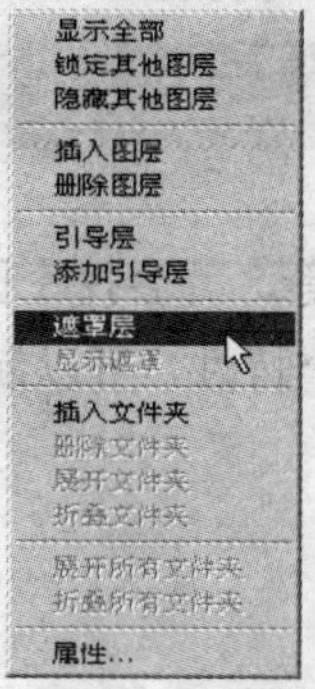

图 6-19 选择“遮罩”命令

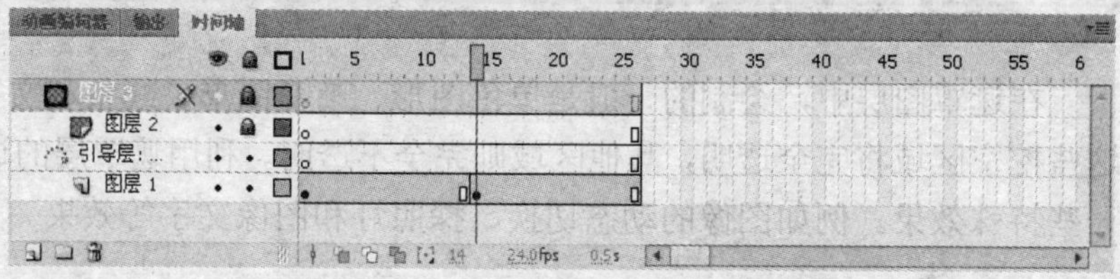

图 6-20 创建图层 3 为遮罩层

6.4.3 编辑遮罩层

若要将其他层连接到遮罩层，应作如下操作：

01 选择要与遮罩层建立连接的标准层的名称栏。如图 6-21 所示的图层 1。

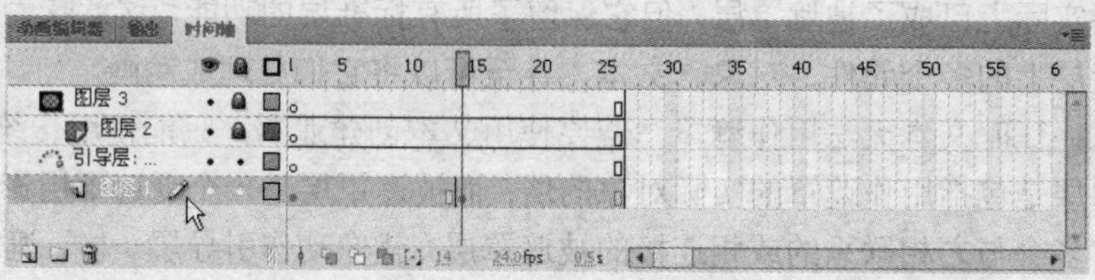

图 6-21 选中图层 1

02 拖动层直到在遮罩层的名称栏下面出现一条用来表示该层位置的灰线，然后释放鼠标。此层现在已经与遮罩层连接，如图 6-22 所示。

若要编辑与遮罩层相连接的层上的对象，应作如下操作：

01 单击需要编辑的被遮罩层，它将被突出显示。

02 单击该层上锁定切换按钮来解除锁定。现在可以编辑该层的内容。

03 完成编辑后，右击该层的名称栏，从出现的菜单条中选择“显示遮罩”来重建遮罩效果或再次锁定该层。

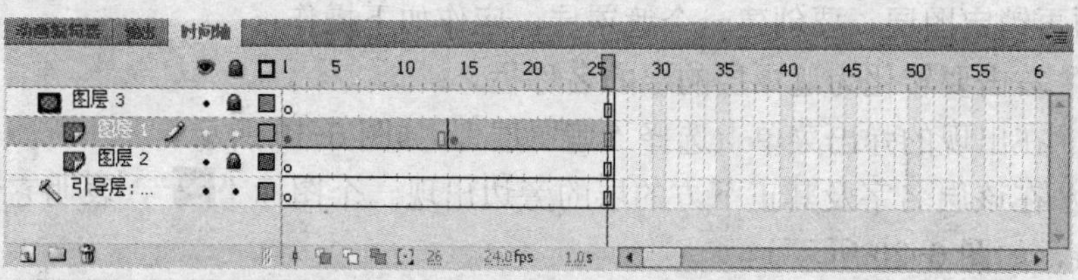

图 6-22 图层 1 与遮罩层建立连接

注意：编辑受该遮罩层影响的任意层的内容时，遮罩层有时会影响操作。为了使编辑该层容易些，使用该层的名称栏上的隐藏模式来隐藏该遮罩层。完成编辑后，右击与该遮罩层相关的某个层的名称栏，从出现的弹出菜单中选择“显示遮罩”来重建该遮罩层。

6.4.4 取消遮罩层

如果想取消遮罩效果，必须中断遮罩连接。中断遮罩连接的操作方法有如下3种：

01 在图层选单窗口中，用鼠标将被遮罩的图层拖曳到遮罩图层的上面。

02 双击遮罩图层的名称，“图层属性”对话框，单击选中“一般”单选按钮。

03 将鼠标移动到该图层的名称处，然后右击鼠标，弹出其快捷菜单，然后在快捷菜单中取消“遮罩层”命令的选择。

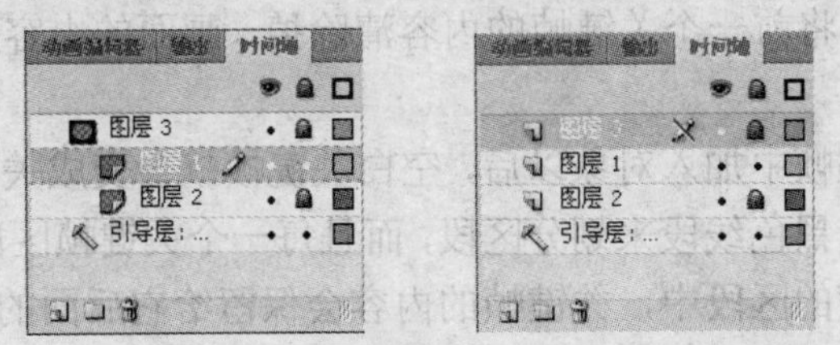

图 6-23 取消遮罩层

6.5 帧

动画制作实际上就是改变连续帧的内容的过程。帧代表时刻，不同的帧就是不同的时刻，画面随着时间的变化而变化，就成了动画。

6.5.1 帧的基础知识

1. 帧与关键帧

帧就是在动画最小时间里出现的画面。Flash CS5 制作的动画是以时间轴为基础的动画，由先后排列的一系列帧组成。帧的数量和帧率决定了动画播放的时间，同时帧还决定了动画的时间与动作之间的关系。

Flash 中的动画是由若干幅静止的图像连续显示而形成的，这些静止的图像就是“帧”。因此，也可以说动画就是由若干“帧”组成。

在时间轴中上方的标尺上的播放头用以显示当前所检视的帧位置，而在时间轴的上方，会显示出播放头当前所指向的帧的编号，如图 6-24 所示。播放动画时，播放头会沿着时间标尺由左向右移动，以指示当前所播放的帧。

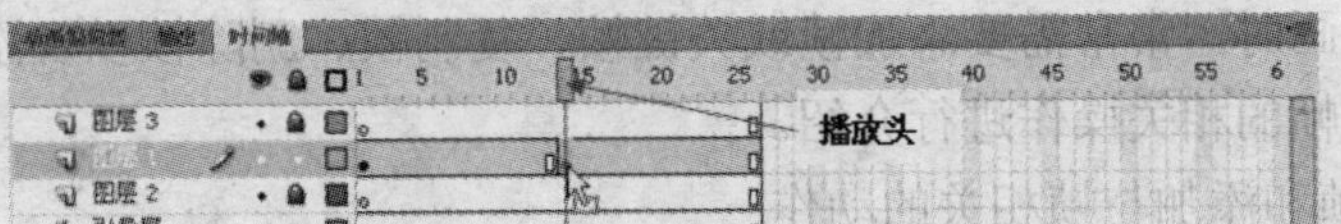

图 6-24 播放头

在时间轴上，实心圆点表示关键帧，空心圆点表示空白关键帧。创建一个新图层时，每一图层的首帧将自动被设置为关键帧。通过时间轴中帧的显示方式可以判断出动画的类型。例如：两个关键帧之间有淡蓝色的背景和黑色的箭头指示，表示渐变动画类型。如果出现了虚线就说明渐变过程发生了问题。

关键帧是动画中具有关键性内容的帧，或者说是能改变内容的帧。关键帧的作用就在于能够使对象在动画中产生变化。

2. 空白帧

若帧被设定成关键帧，而该帧又没有任何对象时，它就是一个空白关键帧。创建一个电影文件时，就会产生一个空白关键帧，它可以清除其前面的对象。所以当插入一个空白关键帧时，它就可以将前一个关键帧的内容清除掉，画面的内容变成空白，其目的是使动画中的对象消失。

在一个空白关键帧中加入对象以后，空白关键帧就会变成关键帧。前一个关键帧与后一个关键帧之间会用黑色线段来划分区段，而且每一个关键帧区段都可以赋予一个区段名称。在同一个关键帧的区段中，关键帧的内容会保留给它后面的帧。

利用关键帧的办法制作动画，可以大大简化制作过程。只要确定动画中的对象在开始和结束两个时间的状态，并为它们绘制出开始和结束帧。Flash CS5会自动通过插帧的办法计算并生成中间帧的状态。由于开始帧和结束帧决定了动画的两个关键状态，所以它们就被称为关键帧。如果需要制作比较复杂的动画，动画对象的运动过程变化很多，仅仅靠两个关键帧是不行的。此时，用户可以通过增加关键帧来达到目的，关键帧越多，动画效果就越细致。如果所有的帧都成为关键帧，这就形成了逐帧动画。无论采用何种方法制作动画，如何处理关键帧是非常重要的。

普通帧也被称为空白帧，它是同一层中最后一个关键帧。在时间轴窗口中，关键帧总是在普通帧的前面。前面的关键帧总是显示在其后面的普通帧内，直到出现另一个关键帧为止。

3. 帧频率

在默认条件下，Flash动画每秒播放的帧数为12（fp/s），帧频率过低，动画播放时会有明显的停顿现象。帧频率过高，则播放太快，会产生动画细节一晃而过。因此，只有设置合适的帧频率，才能使动画播放取得最佳效果。

一个Flash动画只能指定一个帧频率。在创建动画之前最好先设置帧频率。设置帧频率可以直接从工作区下方的属性面板里修改播放速率数值即可。

6.5.2 帧的相关操作

在创建动画时，常常需要添加帧或关键帧、复制帧、删除帧以及添加帧标签等操作。下面就对这些帧的相关操作进行介绍。

1. 选择帧和添加与帧相关的动作

01 在时间轴窗口单击帧，可以使帧处于选中状态。如果需要选择多个连续的帧，首先单击帧范围的第一帧，按住Shift键，再单击帧范围的最后一帧，所有被选中的帧都突出显示，如图6-25所示的第5～第20帧。

02 右击需要添加动作的关键帧，从弹出的菜单中选择“动作”命令，打开“动作-

帧”面板，如图 6-26 所示。

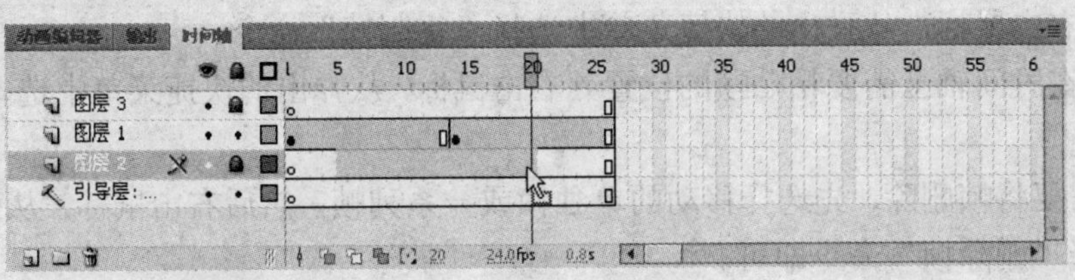

图 6-25 选中帧

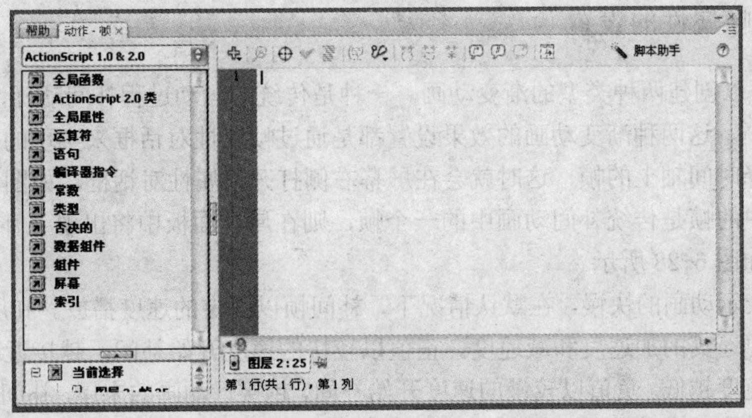

图 6-26 “动作-帧”面板

03 在该面板中为该帧添加需要的动作，此时，该关键帧上面会出现一个小写字母“a”，便于与其他没有添加动作的关键帧相区别。

2．添加帧

01 在时间轴上选择一个普通帧或空白帧，

02 选择“插入”菜单“时间轴”子菜单里的“关键帧”命令，或右击时间轴上需要添加关键帧的位置，从弹出的快捷菜单中选择“插入关键帧”命令。

03 如果选择的是空白帧，普通帧则被加到新创建的帧上，如果选择的是普通帧，该操作只是将它转化为关键帧。

04 要在时间轴上添加一系列的关键帧，可先选择帧的范围，然后使用“插入关键帧”命令。

05 如果需要在时间轴窗口中添加空白关键帧，与添加关键帧的方法一样，只是从打开的“时间轴”子菜单或快捷菜单中选择“插入空白关键帧”命令。

06 如果需要在时间轴窗口中添加普通帧，可先在时间轴上选择一个帧，然后选择“插入”菜单“时间轴”子菜单里的“帧”命令，或右击时间轴上需要添加关键帧的位置，从弹出的快捷菜单中选择“插入帧”命令。

3．移动、复制和删除帧

如果要移动帧，则必须先选择移动的单独帧或一系列帧，然后将所选择的帧移动到时间轴上的新位置处。

复制并粘贴帧的方法：

01 选择移动的单独帧或一系列帧。

02 右击鼠标，从弹出的快捷菜单中选择“复制帧”命令。

03 在时间轴上需要粘贴帧的位置处右击鼠标，从弹出的快捷菜单中选择“粘贴帧”命令即可。

如果需要将帧删除，先选择移动的单独帧或一系列帧，然后右击鼠标，从弹出的快捷菜单中选择“删除帧”命令即可。

6.5.3 帧属性的设置

Flash 可以创建两种类型的渐变动画。一种是传统的运动过程补间动画，另一种就是形状补间动画。这两种渐变动画的效果设置都是通过帧属性对话框来实现的。

点击选择时间轴上的帧，这时就会在屏幕右侧打开帧属性对话框，如图 6-27 所示。

如果选中的帧是传统补间动画中的一个帧，则在属性面板中将出现“补间” 相关的参数选项，如图 6-28 所示。

- 缓动：表示动画的快慢。在默认情况下，补间帧以固定的速度播放。利用缓动值，可以创建更逼真的加速度和减速度。正值以较快的速度开始补间，越接近动画的末尾，补间的速度越低。负值以较慢的速度开始补间，越接近动画的末尾，补间的速度越高。

使用 Flash 中的缓动控件可以控制动画的开始速度和停止速度。制作动画时，速度变快被视为其运动的“缓入”；动画在结束时变慢被称为“缓出”。Flash CS5 新增的自定义缓入缓出控件允许用户精确选择应用于时间轴的补间如何影响补间对象在舞台上的效果。使用户可以通过一个直观的图表轻松而精确地控制这些元素，该图表可独立控制动画补间中使用的位置、旋转、缩放、颜色和滤镜。

- ：单击该按钮打开“自定义缓入/缓出”对话框，显示表示随时间推移动画变化程度的坐标图。水平轴表示帧，垂直轴表示变化的百分比。如图 6-29 所示。在该对话框中可以精确控制动画的开始速度和停止速度。

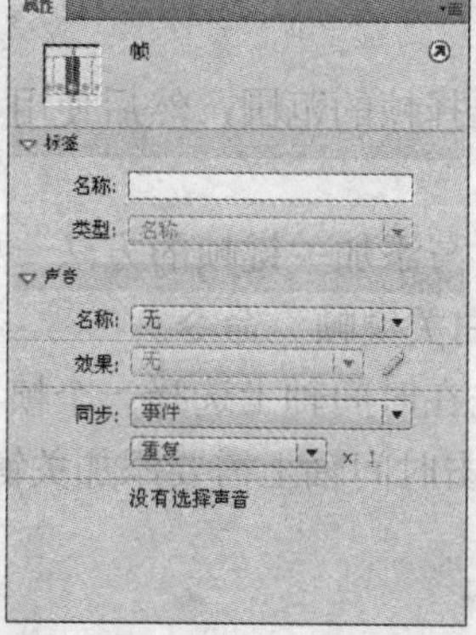

图 6-27 帧属性面板

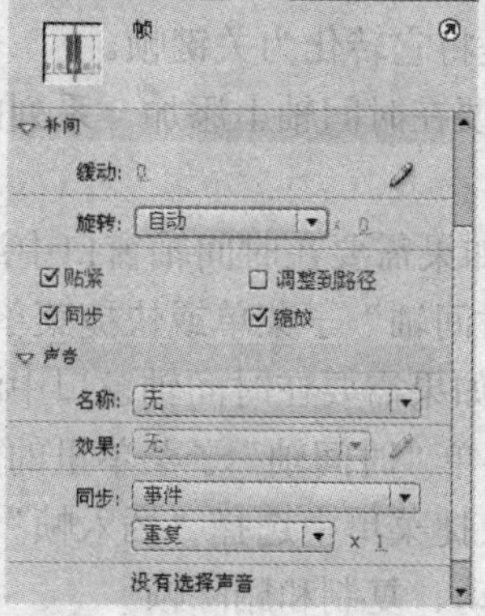

图 6-28 “传统补间”属性面板

- 旋转：要使组合体或元件旋转，可以从旋转下拉列表中选择一个选项。该下拉列表的 4 个选项为：

- ➢ 无：表示不旋转。

自动：表示由 Flash 自动决定旋转方式。

顺时针：表示按顺时针方向旋转。

逆时针：表示按逆时针方向旋转。

注意：当选择“自动”选项后，Flash 将按照最后一帧的需要旋转对象。当选择“顺时针”或“逆时针”旋转的类型后，还需要在后边的框中输入旋转的次数。如果不输入数字，则不会产生旋转。

- ● 调整到路径：如果使用运动路径，将补间元素的基线调整到运动路径。
- ➢ 缩放：如果组合体或元件的大小发生渐变，可以选中这个复选框。
- ● 贴紧：如果使用运动路径，根据其注册点将补间元素附加到运动路径。
- ➢ 同步：此属性只影响图形元件，使图形元件实例的动画和主时间轴同步。

如果选中的帧是形状补间动画中的一个帧，则在属性面板中将出现形状补间相关的参数选项，如图 6-30 所示。

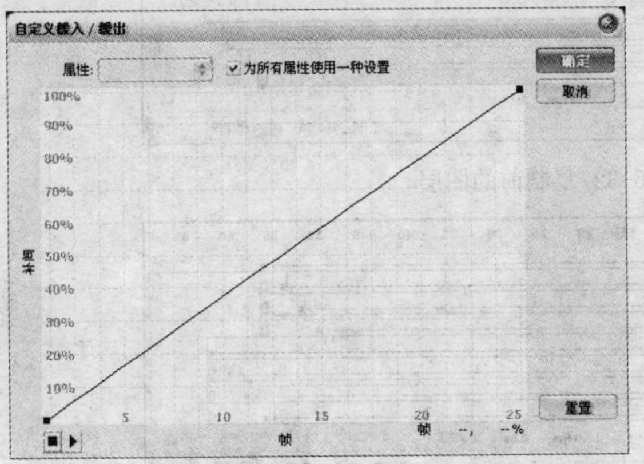

图 6-29 “自定义缓入/缓出”属性面板

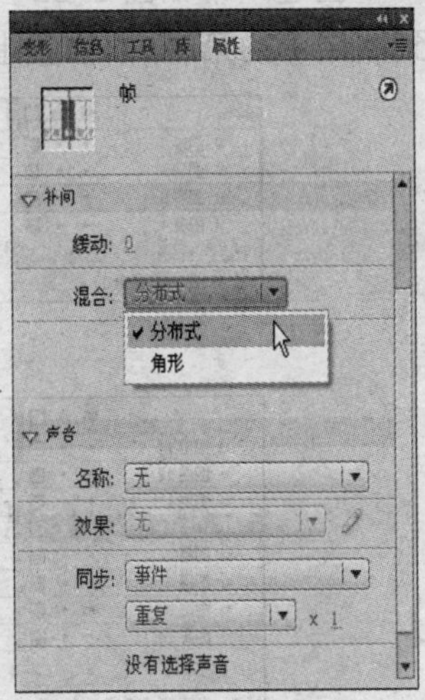

图 6-30 “形状补间”属性面板

该属性面板中的“混合”下拉列表中包括两个选项：

- ➢ 分布式：该选项在创建动画时所产生的中间形状将平滑而不规则。
- ➢ 角形：该选项在创建动画时将在中间形状中保留明显的角和直线。

在帧属性面板中，还有声音、效果和同步等选项，将在后面的章节中向读者介绍。

6.6 思考题

1. 简述图层和帧的概念，并回答图层与帧有哪几种类型？
2. 如何创建和编辑图层？
3. 遮罩层在动画中的作用是什么？如何运用遮罩层？
4. 如何快速的插入关键帧？关键帧在动画中起什么作用？

6.7 动手练一练

1. 在时间轴面板上添加几个图层，然后分别对其命名，在对这些图层进行添加运动引导层，遮罩层等操作，使最后结果如图 6-31 所示。

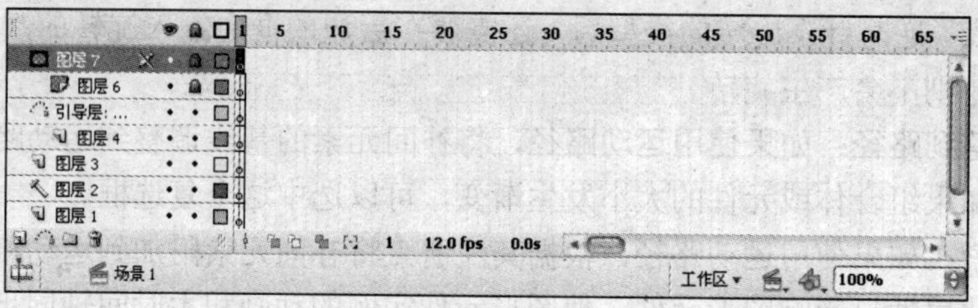

图 6-31 图层操作

2. 创建一个如图 6-32 间轴图层，并将从图层 3 到图层 6 上的所有层的内容复制并粘贴到图层 1 的第 40 帧位置上，结果如图 6-33 所示。

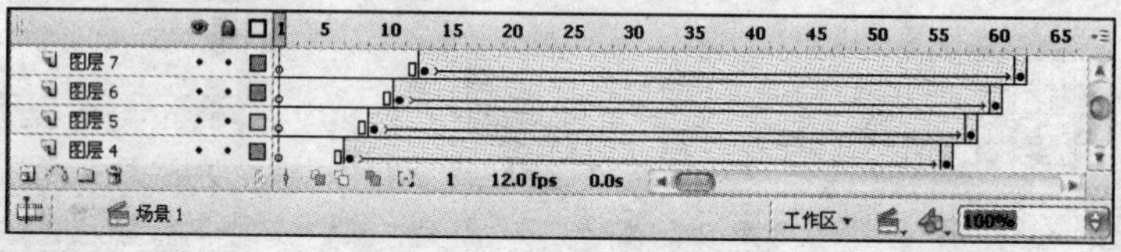

图 6-32 复制前的图层

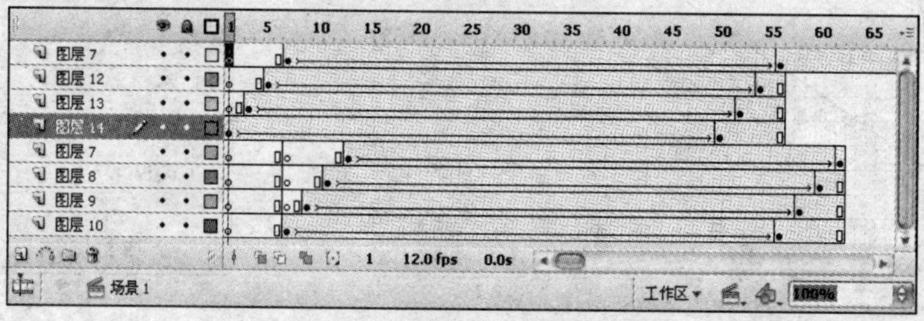

图 6-33 复制后的图层

第 7 章

元件、实例和库

本章将向读者介绍元件和实例的创建与编辑方法，以及元件库与公共库的使用，内容包括图形元件、按钮元件和影片剪辑元件的创建与操作，如何转换、复制与编辑元件，如何添加实例至舞台，如何对库中的项目进行创建、删除、重命名、查看，以及如何定义和使用公共库。

学习要点

- 清楚元件与实例的关系。
- 掌握元件与实例的创建方法。
- 熟悉库面板的使用。

7.1 元件和元件实例

在Flash中，元件是可以重复使用的图像、按钮或影片剪辑。元件实例则是元件在工作区里的具体体现。使用元件可以大大缩减文件的大小，加快影片的播放速度，还可以使编辑影片更加简单化。

7.1.1 元件与实例

简单地说，元件是一个特殊的对象，它在Flash中只创建一次，然后可以在整部影片中反复使用。元件可以是一个形状，也可以是动画，并且所创建的任何元件都自动成为库中的一部分。不管引用多少次，引用元件对文件大小都只有很小的影响。只需记住：应将元件当作主控对象，把它存于库中；当将元件放入影片中时，使用的是主控对象的实例，而不是主控对象本身。

元件实例的外观和动作无需和原元件一样。每个元件实例都可以有不同的颜色和大小，并提供不同的交互作用。例如，可以将按钮元件的多个实例放置在舞台上，其中每一个都有不同的相关动作和颜色。每个元件都有自己的时间轴和舞台以及层。也就是说可以将元件实例放置在场景中的动作看成是将一部小的影片放置在较大的影片中。而且，可以将元件实例作为一个整体来设置动画效果。

注意：一旦编辑元件的外观，元件的每个实例至少在图像上应能反映出相应的变化。

7.1.2 元件的类型

在Flash CS5中可以创建3种元件类型或行为：

- 图形元件：通常由在影片中使用多次的静态或不具有动画效果的图形组成。例如，可以通过在场景中加入一朵鲜花元件的多个实例来创建一束花，这样每朵不具有动画效果的花便是图形元件的很好例子。图形元件还允许其他的图像或元件插入。它也可以作为运动对象，根据要求在画面中自由运动。但是，在图像元件中不能插入声音和动作控制命令。
- 按钮元件：对鼠标动作作出反应，可以使用它们控制影片。可以设置一个按钮执行各种动作。按钮元件有自动响应鼠标事件的功能。在按钮元件的时间轴上有4个基本帧，分别表示了按钮的4个状态。第一帧，鼠标没有在按钮上。第二帧，鼠标在按钮上方但没有按键。第三帧，鼠标键按下。第四帧，鼠标键弹起并且鼠标事件已经发生。按钮元件中可以插入动画片段元件和声音，并允许在前三帧插入动作控制命令。
- 影片剪辑：作为Flash动画中最具有交互性、用途最多及功能最强的部分，基本上是小的独立影片，它们可以包含主要影片中的所有组成部分，包括声音、动画及按钮。然而，由于具有独立的时间轴，在Flash中它们是相互独立的。因此，如果主影片的时间轴停止，影片剪辑的时间轴仍可以继续。可以将影片剪辑设想为主影片中小影片。

7.2 创建元件

创建一个元件后，可以为元件的不同实例分配不同的行为。因此，用户可以使图形元件像一个按钮，或者相反。而且，元件的每个实例可以具有不同的颜色、大小、旋转，它可以与其他实例表现完全不同。

元件的功能强大还体现在可以将一种类型的元件放置于另一元件中。因此，可以将按钮及图形元件的实例放置于影片剪辑元件中，也可以将影片剪辑元件放置于按钮元件中。甚至可以将影片剪辑的元件放置于影片剪辑中。

7.2.1 创建新元件

在 Flash CS5 中可以先创建新元件，在其中填充内容。要创建新元件，应作如下操作：

01 从“插入”菜单中选择“新建元件”命令，出现“创建新元件”对话框，如图 7-1 所示。

02 在对话框中为新元件指定一个名称及类型，如图形、按钮或影片剪辑。

默认情况下，创建的新元件存放在“库”面板的根目录之下。在 Flash CS5 中，用户在创建元件之时，就可以指定元件存放的路径。

03 如果希望更改元件存放的路径，可以单击“库根目录”打开如图 7-2 所示的“移至文件夹…”对话框。

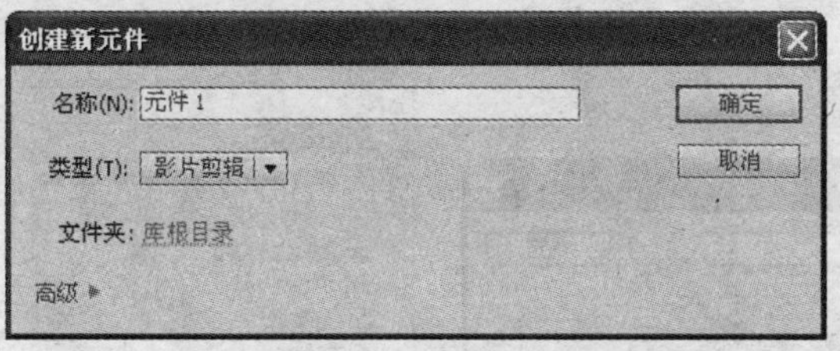

图 7-1 “创建新元件”对话框

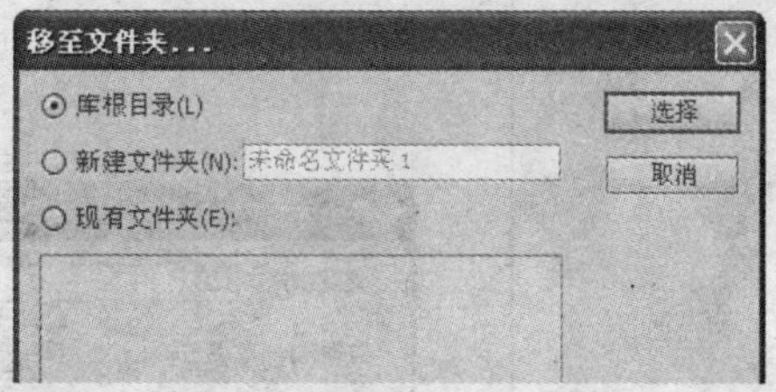

图 7-2 “移至文件夹…”对话框

如果希望将元件存放在一个不存在的文件夹中，可以选择“新建文件夹”单选按钮，并在其右侧的文本框中键入文件夹的名称。

如果希望将元件存放在“库”面板根目录下已创建的一个文件夹中，则选择“现有文件夹”单选按钮，并在对话框下方的列表中选择需要的路径。

设置好元件存放的路径之后，单击“选择”按钮，即可把元件存放在相应的文件夹之中。

04 单击“确定”按钮，Flash 会自动把该元件添加到库中。此时，将自动进入编辑元件模式，它包含新创建元件的空白时间轴和场景舞台。

7.2.2 将选定元素转换为元件

在 Flash CS5 中，用户可以将舞台上的一个或多个元素转换成为元件。要使用舞台中的元素创建元件，应作如下操作：

01 选择舞台上要转化为元件的对象。这些对象包括形状、文本，甚至其他元件。比如选择工作区中的一张图片，如图 7-3 所示。

02 在“修改”菜单中选择“转化为元件”命令，弹出“转化为元件”对话框如图 7-4 所示。

03 在对话框中为新元件指定一个名称及类型，如图形、按钮或影片剪辑。

04 如果需要修改元件注册点位置，单击对话框中对齐图标“▦”上的小方块，然后单击“确定”按钮关闭对话框。

05 在“窗口”菜单中选择“库”命令，这时，在打开的库面板里就可以看到新创建的元件已添加至库中，如图 7-5 所示。

现在可以从库中拖动此元件的实例至舞台。

图 7-3 选择对象

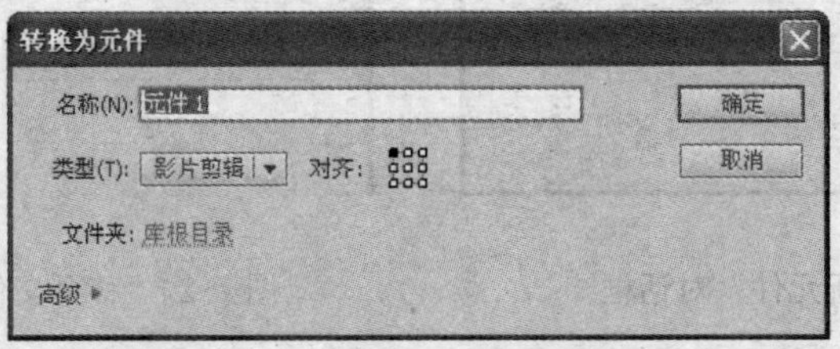

图 7-4 “转化为元件”对话框

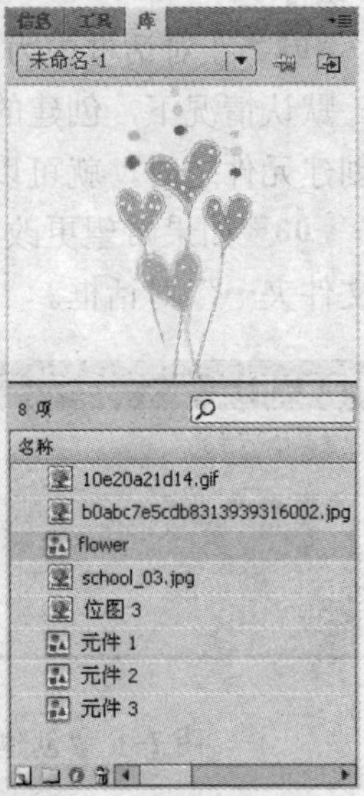

图 7-5 添加到库中的元件

7.2.3 特定元件的创建

正如前面所学习的，用户可以使用几乎相同的方法来创建任意类型的元件。但是，添加内容的方式及元件时间轴相对于主时间轴的工作方式根据元件类型不同而有所变化。

1. 图形元件

当创建图形元件时，将显示与主舞台和时间轴基本相同的一个舞台和时间轴。因为用户创建内容时使用的方法与主影片相同：绘画工具、工作层及通过图形元件时间轴创建动画都相同。唯一的不同点在于声音和交互性并不作用于图形元件的时间轴。

图形元件的时间轴与主时间轴密切相关。这表明当且仅当主时间轴工作时，图形元件时间轴才能工作。如果用户想使元件时间轴的移动不依赖于主时间轴，需要使用影片剪辑元件。

2．按钮元件

当创建按钮元件时，将只显示唯一的时间轴，它的4个帧“弹起”、“指针经过”、“按下”、“点击”表示不同的按钮元件状态，如图7-6所示。

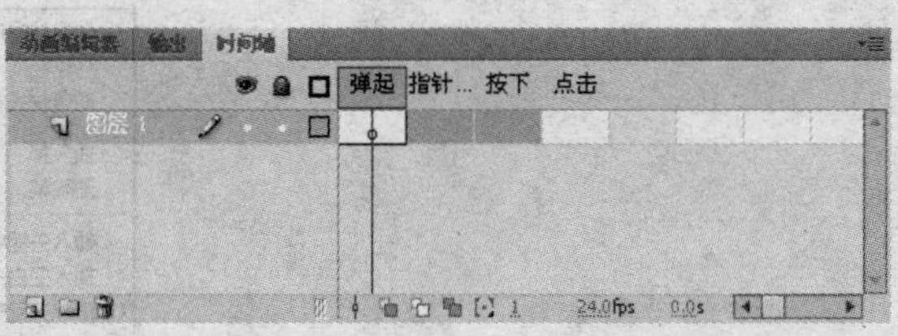

图7-6 按钮元件的时间轴

- 弹起：此帧表示当鼠标指针未放在按钮上时按钮的外观。
- 指针经过：此帧表示当鼠指针标放在按钮上时按钮的外观。
- 按下：此帧表示当用户单击按钮时按钮的外观。
- 点击：此帧是用户所定义的响应鼠标运动的区域。此处常存在一个实体对象，它与按钮的大小和形状均不同。此帧中的项在主影片中不显示。按钮图形的时间轴实际上并不运动，它仅仅通过跳转至基于鼠标指针的位置和动作的相应帧，来响应于鼠标的运动与操作。

虽然通常在指针经过状态下按钮突出显示，在按下状态下显示被按下，这些均简单模拟了人们使用按钮的方式，但每种状态均有其自己的外观。要创建动态按钮，需使用画图工具及层。

如果要使按钮在某一特定状态下发出声音，需在此状态的某层放置所需的声音，还可以将影片剪辑元件的实例放置至按钮元件的不同状态，以便创建动态按钮。

3．影片剪辑元件

一个影片剪辑元件实际上是一个小Flash影片，它具有主影片的所有交互性、声音及功能。可以将其添加至影片剪辑按钮、声音、图形甚至于其他影片剪辑中。影片剪辑的时间轴和主时间轴二者独立运行。因此，如果主时间轴停止，影片剪辑的时间轴不一定停止，仍可以继续运行。

创建影片剪辑的内容与创建主影片内容的方法相同。用户甚至可以将主时间轴中的所有内容转化至影片剪辑中。也就是说，可以在项目的不同地方重复使用创建于主时间轴的动画。为将主时间轴上的动画转化至影片剪辑元件中，必须要选定组成所需使用的动画的帧和层。若要从主时间轴的动画中创建影片剪辑元件，应执行如下操作：

01 在主时间轴上，从顶层的第一个帧单击并拖动鼠标直至底层的最后一个帧，以选定要转化的时间轴的帧，如图7-7所示。

02 右击选定帧中的任意一帧，并从弹出的菜单中选择“复制帧”命令，如图7-8所示。

03 从“插入”菜单中选择“新建元件”命令。弹出“新建元件”属性对话框。

04 为新元件命名及定义影片剪辑行为。

05 单击“确定”按钮，进入编辑元件模式。这时的舞台是空的，时间轴具有一个图层和一个帧。

06 在时间轴上右击鼠标，从弹出的菜单中选择“粘贴帧”命令。这将把从主时间轴复制的帧粘贴至此影片剪辑的时间轴，如图 7-9 所示。

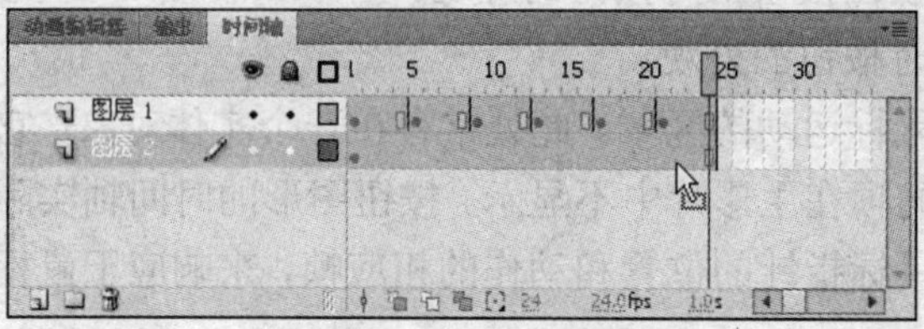

图 7-7 选择帧

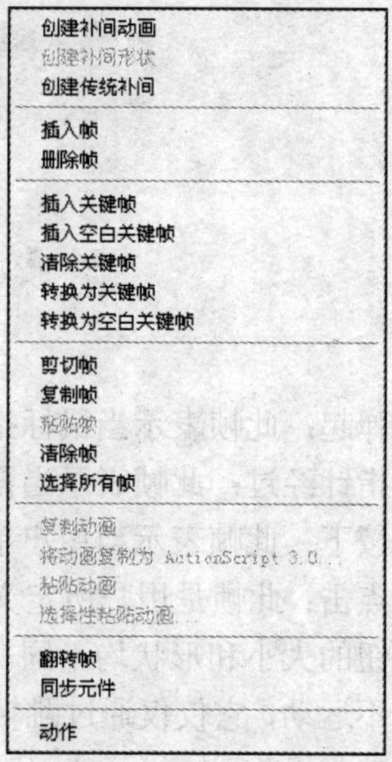

图 7-8 快捷菜单

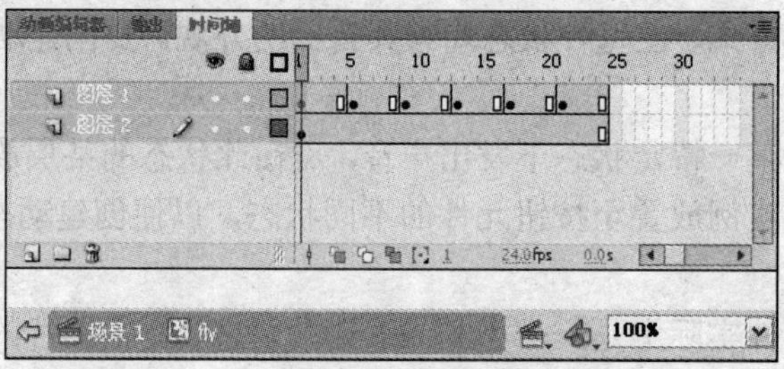

图 7-9 复制到影片剪辑时间轴上的帧

从帧中所复制的任何动画、按钮或交互性现在变为独立的影片剪辑元件，它可以在整个影片中重复使用。

7.2.4 调用其他影片的元件

当要在当前影片中使用以前的 Flash 动画中的某个元件时， Flash 可以很轻易地做到这一点。将元件导入当前项目后，可以像其他元件一样对其进行操作。不同文件中的元件之间没有联系，编辑一个元件并不影响另一个。所以可以使用多个 Flash 项目中的多个不同的元件。

若要使用另一个影片中的元件，应作如下操作：

01 在“文件”菜单中选择“导入”子菜单里的“导入到库”命令。显示“导入到库”对话框。如图 7-10 所示。

02 从“查找范围”里找到包含用户要使用的元件的 Flash 文件并打开，显示库窗口，其中包含打开的 Flash 文件中使用过的所有元件，如图 7-11 所示。

图 7-10 “导入到库”对话框

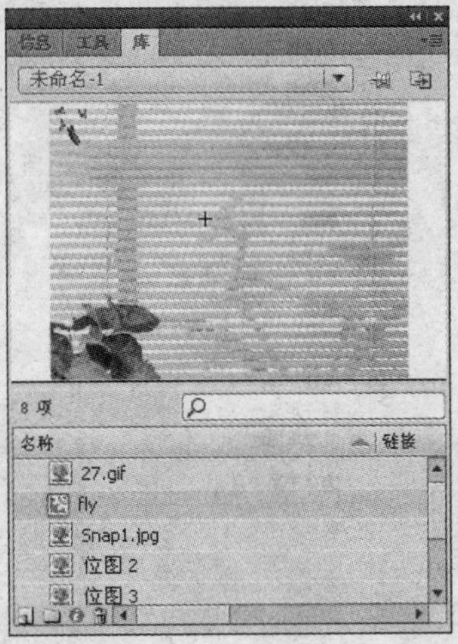

图 7-11 导入到库中的元件

03 使用的库中的元件拖动至当前影片的舞台。元件以初始名自动添加至当前项目的库中，当前项目的舞台上也显示元件的一个实例。

04 在打开的库中拖动任意多个元件至当前项目的舞台上，完成后关闭窗口。

如果从 Flash 库中拖动的元件与当前库中的某个元件具有相同的名称，Flash 将在拖动的元件后添加一个数字。

7.3 编辑元件

用户可以选择在不同的环境下编辑元件，在这之前先向读者介绍如何对元件进行复制。

7.3.1 复制元件

复制某个元件可以将现有的元件作为创建新元件的起点。复制以后，新元件将添加至库中，可以根据需要进行修改。要复制元件，可以使用下列的两种方法之一：

1．使用库面板复制元件

01 在库面板中选择要复制的元件。

02 在面板右上方点击“”按钮，弹出库选项菜单，如图 7-12 所示。

03 选择“直接复制…”命令，这时弹出“直接复制元件”对话框，如图 7-13 所示。在这个对话框里，输入复制后的元件副本的名称，并为其指定行为，单击“确定”按钮。

这时，复制的元件就存在于库面板中了。复制前后的库面板对比如图 7-14 所示。

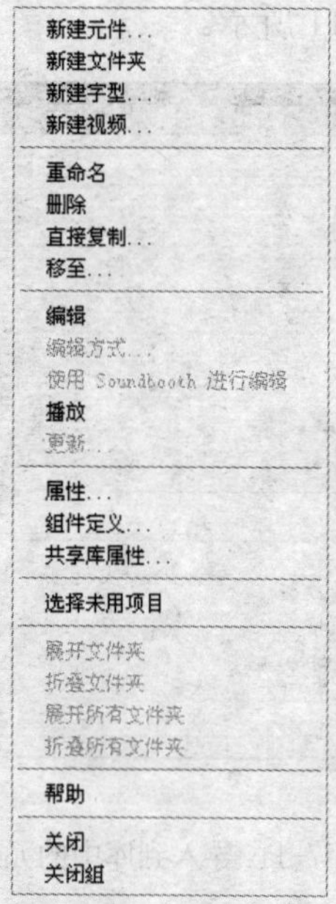

图 7-12 库选项菜单

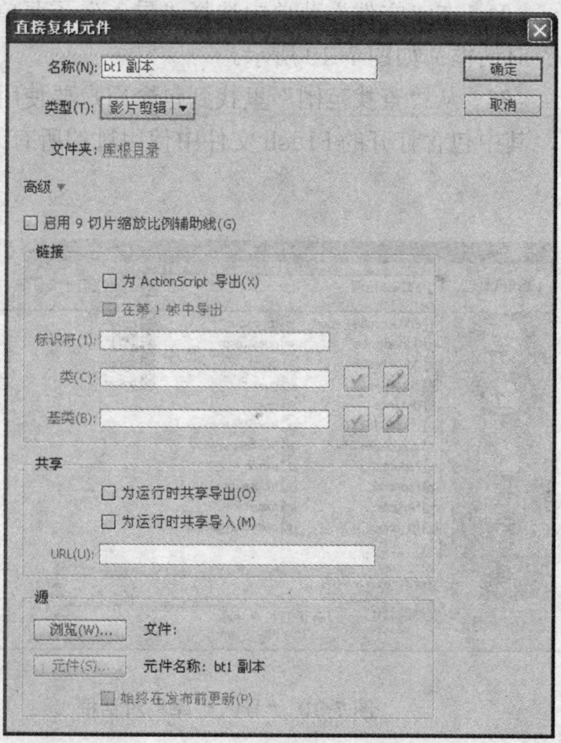

图 7-13 “直接复制元件”对话框

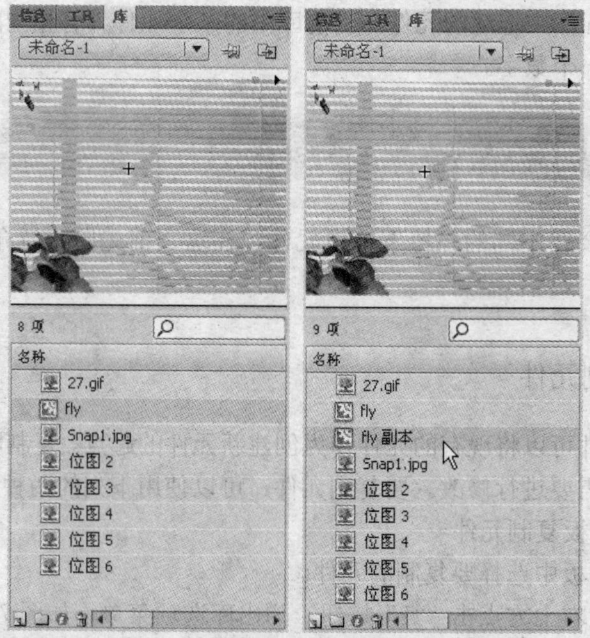

图 7-14 复制前后的库面板对比

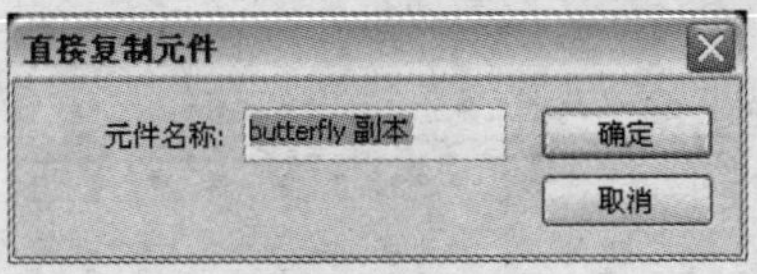

图 7-15 “直接复制元件”对话框

2. 通过选择实例来复制元件

01 从舞台上选择要复制的元件的一个实例。

02 从“修改”菜单里选择“元件”子菜单里的“直接复制元件”命令。

03 在弹出如图 7-15 所示的“直接复制元件”对话框里输入元件名，单击“确定”按钮，即可将复制的元件导入到库中。

7.3.2 编辑元件

编辑元件的方法有很多种，下面介绍几种常用编辑元件的方法。

➢ 使用元件编辑模式编辑：在舞台工作区中，选择需要编辑的元件实例，然后在其上面右击鼠标，在弹出的快捷菜单中选择“编辑”命令，即可进入元件编辑窗口。此时正在编辑的元件名称会显示在舞台上方的信息栏内，如图 7-16 所示。

图 7-16 元件编辑模式

➢ 在当前位置编辑：在需要编辑的元件实例上单击鼠标右键，从弹出的菜单里选择“在当前位置编辑”命令，即可进入该编辑模式。此时，只有鼠标右击的实例所对应的元件可以编辑，但是其他对象仍然在舞台工作区中，以供参考，它们都以半透明显示，表示不可编辑，如图 7-17 所示。

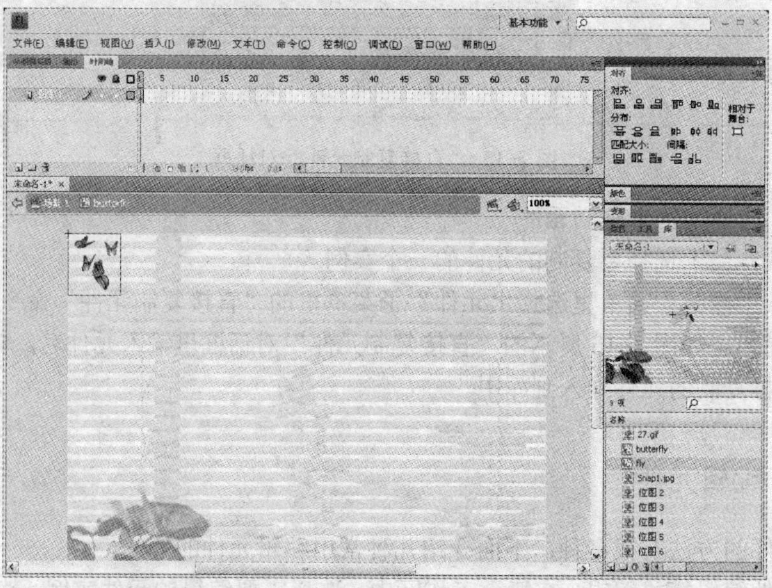

图 7-17 当前位置编辑模式

➢ 在新窗口中编辑：在需要编辑的元件实例上单击鼠标右键，从弹出的菜单中选择“在新窗口中编辑”命令，可进入该编辑模式。此时，元件将被放置在一个单独的窗口中进行编辑，可以同时看到该元件和主时间轴。正在编辑的元件名称会显示在舞台上方的信息栏内。当编辑完成后，单击工作区右上角的“×”按钮，关闭该窗口，即可回到原来的舞台工作区，如图 7-18 所示。

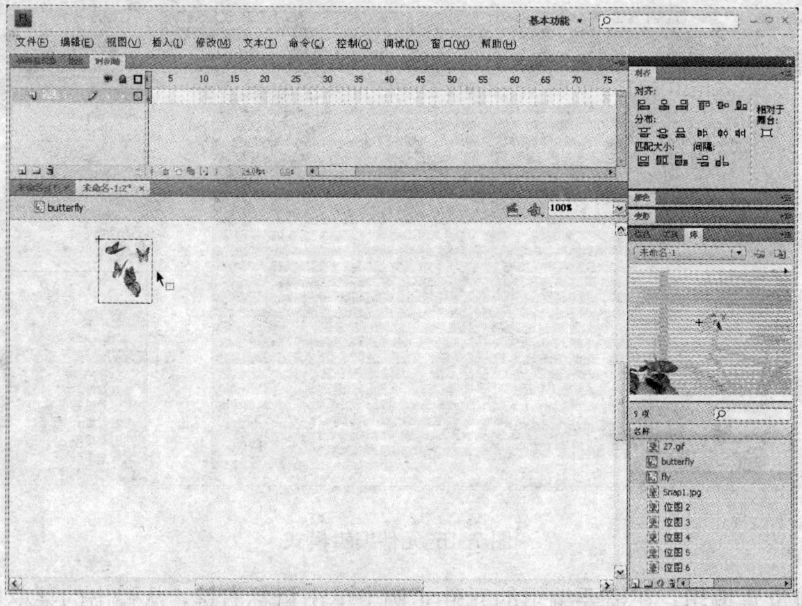

图 7-18 新窗口中编辑模式

7.4 创建与编辑实例

一旦创建完一个元件之后，就可以在影片中任何需要的地方，包括在其他元件内，创建该元件的实例了。还可以根据需要，对创建的实例进行修改，以得到元件的更多效果。

7.4.1 将元件的实例添加至舞台

正如前面所提到的，从没有在影片中直接使用元件，而仅仅使用其实例。大多数情况下，这是通过将库中的某个实例拖放至舞台来完成的。要添加某元件的实例至舞台中，应作如下操作：

01 在时间轴上选择一个图层。

02 从“窗口”菜单中选择“库”命令，打开库面板。

03 从显示的列表中，选定要使用的元件，单击元件名并将其拖动至舞台。

7.4.2 编辑实例

1. 改变实例类型

当创建好一个实例之后，在工作区右侧的实例属性面板中，用户还可以根据创作需要改变实例的类型，来重新定义该实例在动画中的行为。例如，如果一个图形实例包含独立于主影片的时间轴播放的动画，则可以将该图形实例重新定义为影片剪辑实例。

若要改变实例的类型，可以进行如下操作：

01 在舞台上单击选中要改变类型的实例。

02 在工作区右侧的实例属性面板的左上角的“元件行为”下拉列表中选择目的实例类型，如图形、按钮或影片剪辑，如图 7-19 所示。

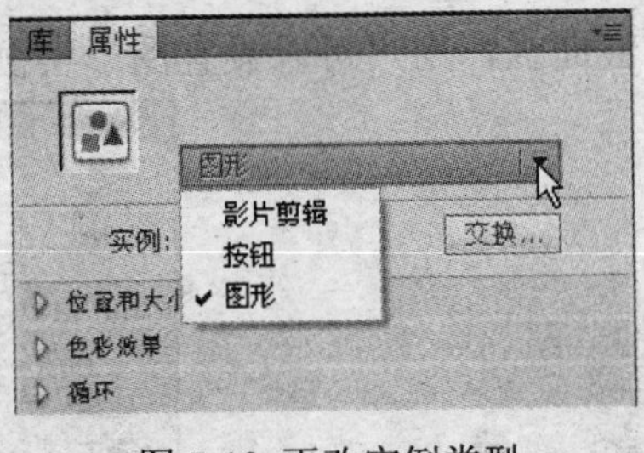

图 7-19 更改实例类型

2. 改变实例的颜色和透明度

除了可以改变大小、旋转及编辑元件实例外，用户可以更改其总体颜色及透明度。这可以用多种方式使用一个元件的实例。虽然原始元件可能由具有不同颜色和透明度的对象组成，这些设置将在整体上影响此实例。

若要更改某实例的总体颜色和透明度，应作如下操作：

01 单击舞台上某元件的一个实例，打开实例属性对话框。

02 单击色彩效果左侧的折叠按钮展开“色彩效果”面板，然后单击“样式”按钮显示弹出菜单，从图 7-20 所示的选项中选择如下选项：

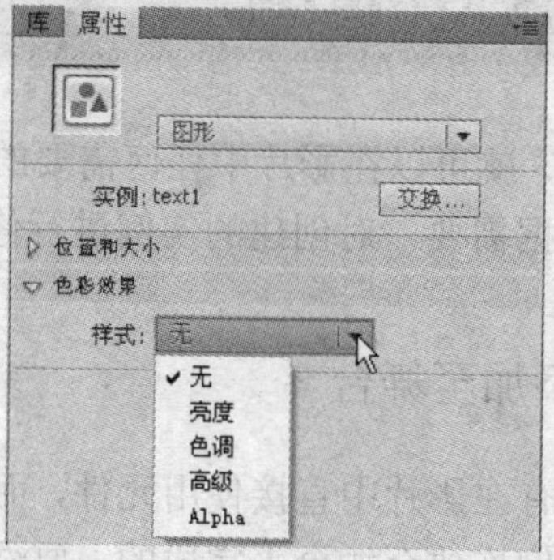

图 7-20 色彩效果下拉列表

- 无：这将使实例按其原来方式显示，即不产生任何颜色和透明度效果。
- 亮度：可以调整实例的总体灰度。设置为 100%使实例变为白色，设置为－100%使实例变为黑色。
- 色调：可以使用色调为实例着色。此时可以使用色调滑块设置色调的百分比。如果需要使用颜色，可以在各自的文本框中输入红、绿和蓝的值来选择一种颜色。
- Alpha：可以调整实例的透明度。设置为 0%使实例全透明，设置为 100%使实例最不透明。
- 高级：选中该选项，将在“样式”下拉列表下方显示高级效果设置选项，可以分别调节实例的红、绿、蓝和透明的值。如图 7-21 所示。

注意：颜色编辑效果只在元件实例中可用。不能对其他 Flash 对象（如文本、导入的位图）进行这些操作，除非将这些对象变为元件后将一个实例拖动至舞台上进行编辑。但是，可以通过将位图转化为元件并调整其不同实例的颜色和透明度，来创建不同颜色和透明度的位图。

3. 设置图形实例的动画

通过如图 7-22 所示的属性面板，用户可以设置图形实例的动画效果。

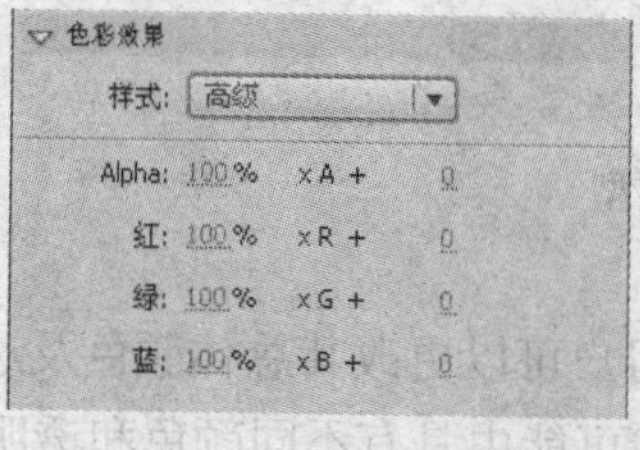

图 7-21 “高级效果”选项

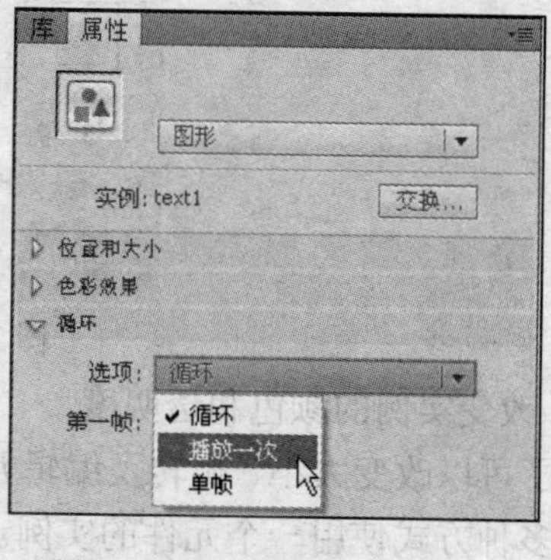

图 7-22 设置实例动画效果

- 循环：使实例循环重复。因为将此实例定义为一个图形，而图形元件的时间轴与主时间轴同时放映，当主时间轴放映时，实例将仅仅是循环放映；而当主时间轴停止时，实例也将停止。

- 播放一次：使实例从指定的帧开始播放，放映一次后停止。
- 单帧：选择它将只显示图形元件的单个帧，此时需要指定显示的帧。

7.5 库

Flash 项目可包含上百个数据项，其中包括元件、声音、位图及视频。若没有库，要对这些数据项进行操作并对其进行跟踪将是一项使人望而生畏的工作。对 Flash 库中的数据项进行操作的方法与在硬盘上操作文件的方法相同。

Flash CS5 中包含大量的增强库，它们可以使在 Flash 文件中查找、组织及使用可用资源工作变得容易了许多。

从“窗口”菜单中选择“库”命令，就可以显示库窗口。在关闭库之前，它一直是打开的。库窗口由以下区域组成，如图 7-23 所示。

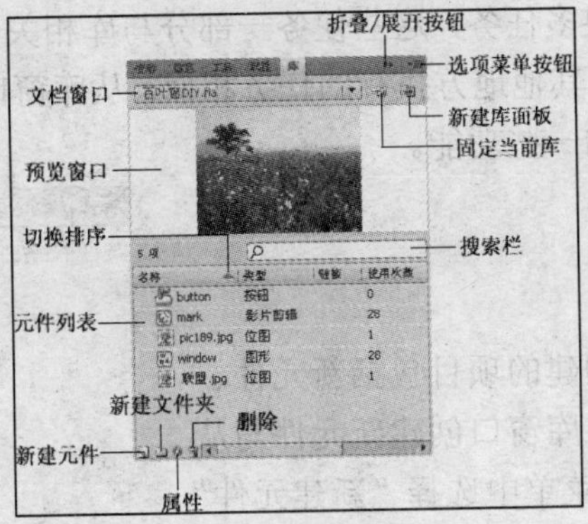

图 7-23 库界面

- 选项菜单：单击此处打开库选项菜单，其中包括使用库中的项目所需的所有命令。
- 文档窗口：当前编辑的 Flash 文件的名称。
- Flash CS5 的“库”面板允许读者同时查看多个 Flash 文件的库项目。单击文档名称下拉列表可以选择要查看库项目的 Flash 文件。
- 预览窗口：此窗口可以预览某项的外观及其如何工作。
- 栏标题：描述信息栏下的内容，它提供项目名称、种类、使用数等的信息。
- 切换排序顺序按钮：使用此按钮对项目进行升序或降序排列。
- 新建元件按钮：使用此按钮从库窗口中创建新元件，它与 Flash 主菜单栏的“插入”菜单中的“新建元件”命令的作用相同。
- 新建文件夹按钮：使用此按钮在库目录中创建一新文件夹。

图 7-24 设置预览窗口的背景显示

- 属性按钮：使用此按钮产生项目的属性对话框以便可以更改选定项的设置。
- 删除按钮：如果选定了库中的某项，然后按下此按钮，将从项目中删除此项。
- 搜索栏：利用该功能，用户可以快速地在“库”面板中查找需要的库项目。

在 Flash CS4 之前的版本中，“库”面板上还有一个窄库视图按钮和一个宽库视图按钮，分别用于最小化“库”面板，以便只显示最相关信息，此时可以使用水平滚动栏在各栏之间滚动；或最大化“库”面板，以便显示库中所有的信息。在 Flash CS5 中，用户可以直接修改“库”面板的尺寸，或拖动“库”面板底部的滚动条查看需要的库项目信息。

在使用库时，用户还可以使用一些很有用的附加菜单。例如，在库窗口中右击预览窗口，则弹出一个菜单，它可以设置所需的预览窗口背景显示，如图 7-24 所示。

7.6 库管理

可以从库窗口中执行很多任务，这些任务一部分与库相关，其他（如创建新元件或更新导入文件）与在 Flash 的其他地方执行的任务相似。从库窗口中执行任务是一件很简单的事情，下面看看库窗口的一些功能。

7.6.1 创建项目

可以从库窗口中直接创建的项目包括新元件、空白元件及新文件夹。使用库窗口创建新元件与从 Flash 主菜单栏的“插入”菜单中选择“新建元件”产生的效果相同。要创建一个文件夹，应作如下操作：

01 在库窗口的下方单击“新建文件夹”按钮，在库项目列表中就会出现一个未命名的新建文件夹，如图 7-25 所示。

02 给文件夹命名为容易标识其内容的名称，如“图形”。

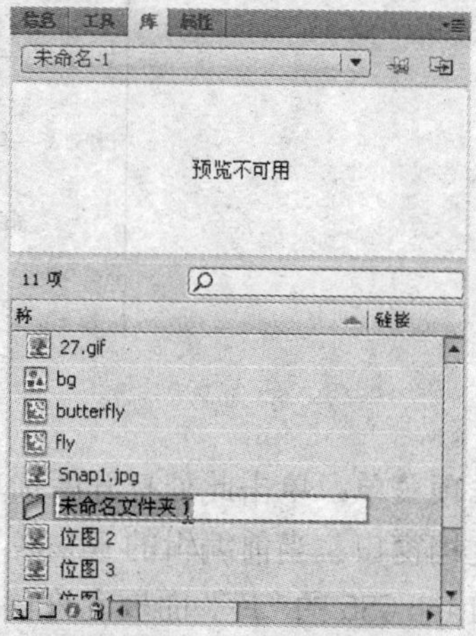

图 7-25 创建一个新的文件夹

新文件夹添加至库目录结构的根部，它不存在任何文件夹中。若要从库窗口中创建新元件，应作如下操作：

01 从库窗口的底部单击“新建元件”按钮，弹出“创建新元件”对话框。

02 命名新元件，并为指定一个行为。单击“确定”按钮。

新元件自动添加至库中，而且其时间轴和舞台出现，此时可以开始向其中添加内容。关于创建新元件的详细信息，在前面已经介绍过了，这里就不赘述。

在 Flash 8 以前的版本中，必须把组件放到舞台上然后再删除，那些不包含可视元素且只能用 ActionScript 访问的组件也不例外。在 Flash CS5 中，用户可以将此类组件直接拖放到库中，而无需将其放到舞台上稍后再删除。

将组件添加到库中，应作如下操作：

01 执行“窗口”|“库”命令打开库面板。

02 执行“窗口”|“组件”命令打开组件面板。

03 在组件面板中选择要加入到库面板中的组件图标。

04 按住鼠标左键将组件图标从组件面板拖到库面板中。

7.6.2 删除项目

01 在库窗口中选定要删除的项目。选定的项目（元件、声音、位图、视频或文件夹）将突出显示。

02 在库窗口的库项目选单里选择“删除”命令，或在库窗口的底部单击删除按钮。

03 在出现删除确认对话框中，单击“确定”按钮，即可删除。

技巧：可以通过按住“Ctrl”键单击或按住“Shift” 键单击，以选定库窗口中的多项。

7.6.3 删除无用项目

在制作Flash动画的过程中，往往会增加许多始终没有用到的元件，它们可能是试验性质的产物，也可能是不小心放入图库中的对象。因此，当作品完成时，应将这些没有用到的元件删除掉，以避免原始的Flash文件过大。

要找到始终没用到的元件，可采取以下方法：

01 单击库面板右上角的选项菜单按钮“”，在弹出的快捷菜单里选择“选择未用项目”选项，就可以自动选定所有没用到的元件。

02 在图库面板中，用“使用次数”栏目排序，所有使用数为0的元件都是在作品中没用到的。

一旦选定了它们，便可以同时进行删除。

7.6.4 重命名项

库中的每一项均有一个名称，但可以对其进行重命名。

要重命名库中的某项，选择下面方法之一即可：

（1）双击项名称。

（2）右击该项目，从弹出菜单中，选择“重命名”。

（3）在库中选定此项，然后按下库窗口底部的“项目属性”按钮，从打开的“属性对话框”里重新命名。

（4）从库窗口的右上方的库选项菜单中选取“重命名”命令。

7.6.5 在库窗口中使用元件

在库窗口中，可以快速浏览或改变元件的属性、更改其行为以及编辑其内容和时间轴。

这些任务与有关元件一章中讨论的任务相似。要从库窗口中得到元件属性，应作如下操作：

01 在库窗口中选定此元件。

02 从库窗口的库选项菜单中选择属性，或在库窗口的底部单击属性按钮。

若要从库窗口中更改某元件的行为，应作如下操作：

01 右击要更改其行为的元件。

02 在出现的弹出菜单中选择“属性”，然后在弹出的“元件属性”对话框的“类型”下拉列表中选定某个指定行为，如图 7-26 所示。

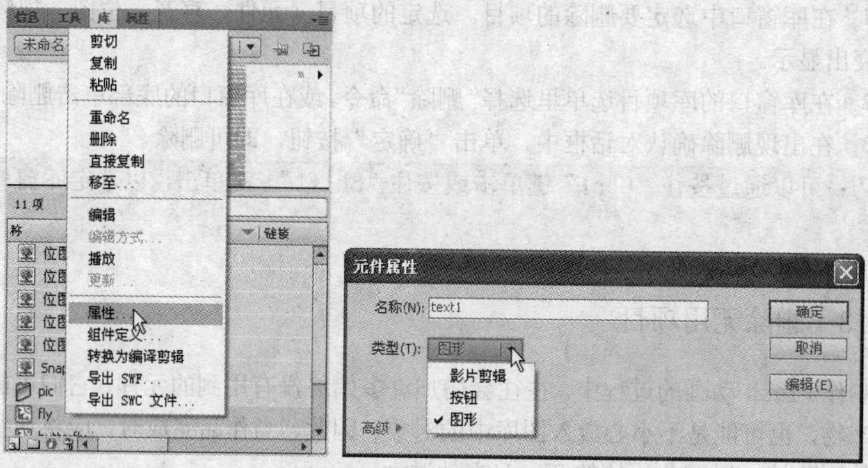

图 7-26 更改元件类型

若要从库窗口中进入元件的元件编辑模式，应作如下操作：

01 在库窗口中选定元件，其突出显示。

02 从库窗口的选项菜单中选择“编辑”命令以打开元件的舞台及时间轴进行编辑，或者双击库中的元件图标。

7.6.6 在库窗口中使用声音、位图及视频

在库窗口中使用声音、位图及视频与使用元件基本相同。可以对这些库的项执行两种任务：一是得到或更改项目属性（如命名及压缩设置）；另一种是当导入项目至 Flash 中时，对其进行更新以反映使用的文件的最新版本。

要从库窗口中得到或更改声音、位图及视频的属性，应作如下操作：

01 从库窗口中选定声音、位图或视频并突出显示。

02 从库窗口的选项菜单中选择“属性”命令，或在库窗口的底部单击属性按钮。

7.6.7 查看及重新组织项

在 Flash CS5 中，就像 Windows 资源管理器一样，可以通过文件夹的方式来对图库中的组件进行组织和管理。每新建一个组件，都会存放到所选的文件夹下。如果没有指定文件夹，该新建组件就会存储在图库面板的根目录下。库提供了几种特性，可以使用它们很

容易地在项目中查找或访问库的项。这些特性包括展开或折叠文件夹、将项目从一个文件夹移动至另一个文件夹，以及对项目进行排序，它们可以针对某特定的库项进行操作。

若要将项目从一个文件夹移动至另一个文件夹，应作如下操作：

01 在库中单击此项目并开始拖动。当拖动项目时，鼠标光标变成圆形，其中有一条线穿过，表明不能拖动到达的区域；或者变成箭头，其右下方有一小框，指明可以拖动到达的区域，如图 7-27 所示。

02 将项目拖动至要放置的文件夹，然后释放鼠标，结果如图 7-28 所示。

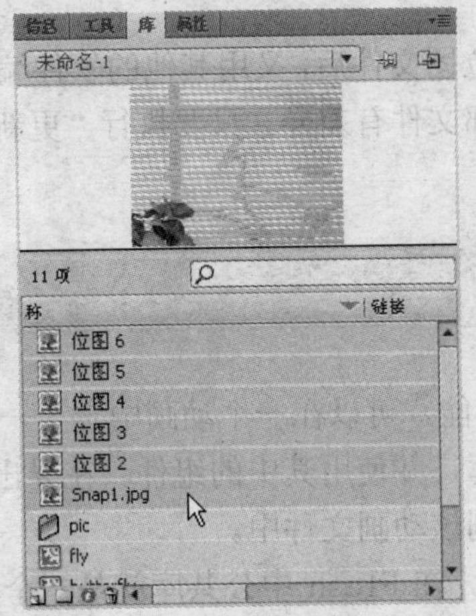

图 7-27 选中要移动的元件

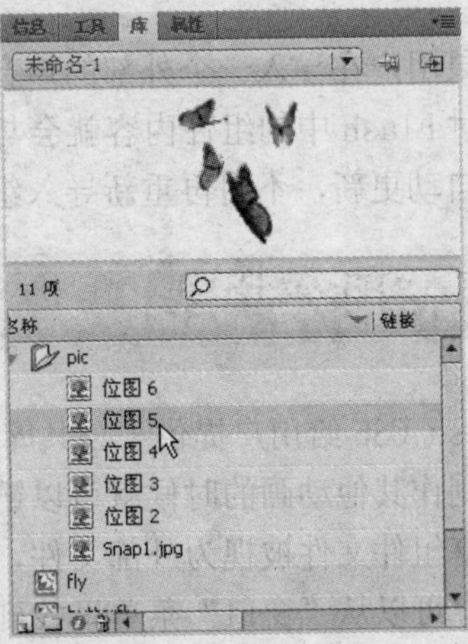

图 7-28 移动后的效果

若要将项目移动至一个新文件夹，应作如下操作：

01 从库窗口中选定某项目，其突出显示。

02 点击鼠标右键从弹出的菜单中选择“移至…”命令，如图 7-29 所示。

03 弹出一个如图 7-30 所示的“移至文件夹…”对话框，选中“新建文件夹”单选按钮，并在其右侧的文本框中键入新文件夹名称，然后单击“选择”按钮。

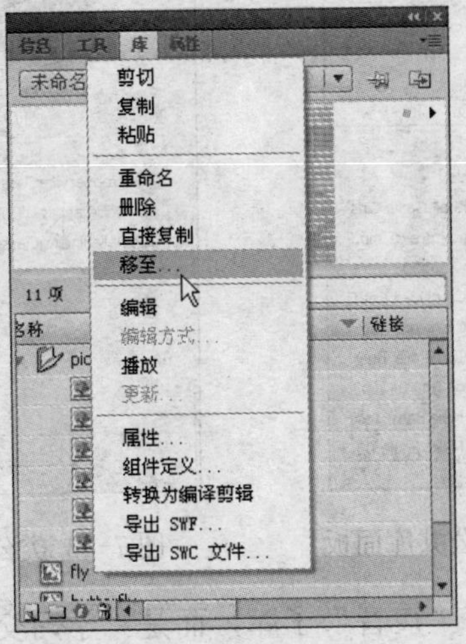

图 7-29 将元件移动至新的文件夹

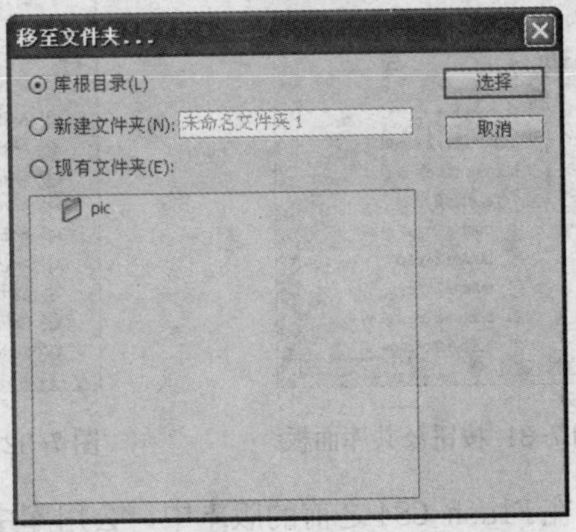

图 7-30 “移至文件夹…”对话框

若要对库中的项目进行排序，应作如下操作：

01 单击其中某一栏标题以对库的项目按此标题进行排序。例如，如果单击名称栏标题，库的项目将根据它们的名称按字母排序。

02 单击排序按钮以选择是否按升序或降序排列库的项目。

注意：在排序时每个文件夹独立排序，它不参与项目的排序。

7.6.8 更新已导入的组件

如果用户在导入一个外部的声音文件或是位图文件后，又用其他的软件编辑了这些文件，此时 Flash 中的组件内容就会与原始的外部文件有差异。只要执行“更新”命令，系统就会自动更新，不用再重新导入组件。

7.7 使用公共库

Flash CS5 给用户提供了公共库。利用该功能，可以在一个动画中定义一个公共库，在以后制作其他动画的时候就可以链接该公共库，并使用其中的组件。在导出该动画时，这些共享组件文件被视为外部文件，而不加载到该动画文件中。

用户可以从“窗口”菜单里找到“公用库”。在 Flash 中公共库就是一个独立的库，但是根据公共库中资源的类型各有不同，Flash CS5 将公共库分为了 3 类：

- 按钮公共库：很明显，这个库中的组件都是按钮元件。它包含了很多不同种类的按钮元件，为用户使用按钮元件提供了很多素材，如图 7-31 所示。
- 声音：这个公用库中的资源都是声音元件。如图 7-32 所示。
- 类公共库：主要用来提供编译剪辑，如图 7-33 所示。

图 7-31 按钮公共库面板

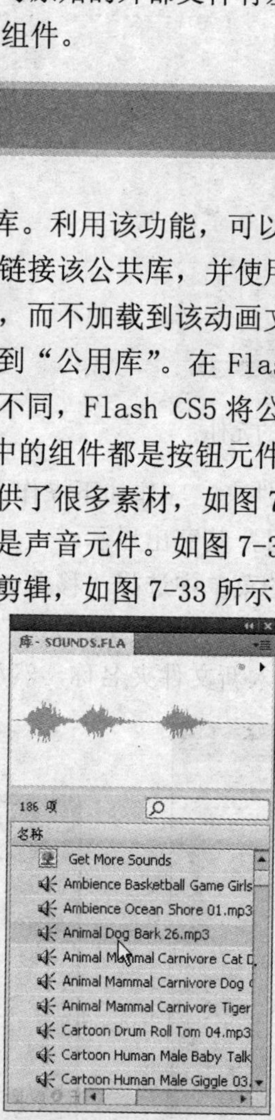

图 7-32 声音公共库面板

图 7-33 类公共库面板

在 Flash CS4 之前的版本中，公用库中没有“声音”子库，而是“学习交互”子库，这个公用库中的元件都是影片剪辑元件，这些元件可以为用户创建交互动画。

7.7.1 定义公共库

01 打开一个需要定义成公共库的动画，执行“窗口”菜单中的“库”命令，打开图库面板。

02 在图库面板中选择一个要共享的元件，单击库面板右上角的选项菜单按钮，在弹出的快捷菜单里选择“属性”选项，然后在弹出的对话框中单击“高级”折叠按钮，显示元件属性的高级选项设置。如图 7-34 所示。

03 在“共享” 区域选中“为运行时共享导出”复选框，此时，“URL”文本框，以及“链接”区域的“在帧 1 导出”复选框和“标识符”文本框变为可编辑状态。

04 在“标识符”文本框中输入该元件的标识符，然后在“URL”文本框中为公用库输入一个链接地址。

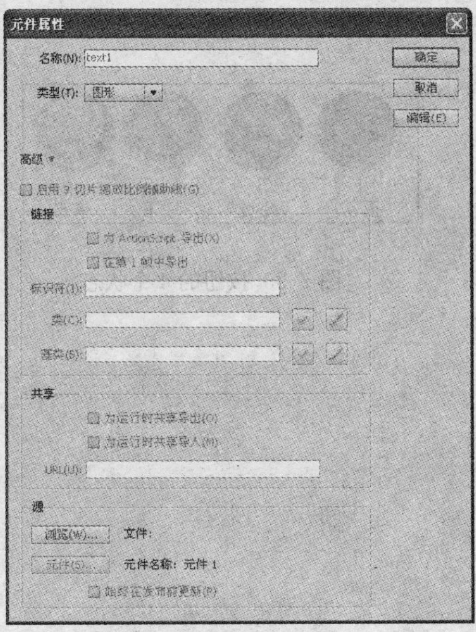

图 7-34 元件属性对话框

7.7.2 使用公用库

(1) 在公用库选中要使用的组件，然后将该组件拖到当前动画的库中。

(2) 在公用库选中要使用的组件，然后将该组件拖到当前动画的工作区中。

注意：在完成上述的操作之后，在当前动画的图库中就会出现公共库中的组件，但这个组件文件只是作为一个外部文件而不会被视为当前动画的文件。

7.8 思考题

1. 在创建 Flash 动画时，使用元件有什么优点？
2. 元件与实例有何联系？

3. 元件有那几种类型？如何创建？

4. 在 Flash CS5 中，如何将图形，声音、视频以及创建的元件导入库面板中？如何编辑这些库项目？

5. 什么是公共库，它有什么用处？如何使用公共库中的组件？

7.9 动手练一练

1. 导入一幅图像，然后将它转换为一个名字为“pic”的图形元件。

2. 导入一个 GIF 动画，然后将它转换为一个名字为“movie”的影片剪辑元件。

3. 创建一个按钮元件，使其按钮的四个形态分别是：正常状况下是蓝色按钮图形、鼠标经过时是绿色按钮图形、按下时是橙色按钮图形、单击时是黄色按钮图形。按钮的 4 个状态的效果如图 7-35 所示。

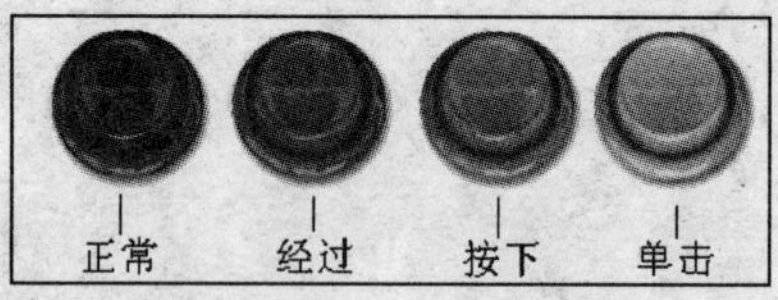

图 7-35 按钮的 4 个状态

第 2 篇 Flash CS5 技能提高

- 第 8 章 滤镜和混合模式
- 第 9 章 基础动画的制作
- 第 10 章 制作交互动画
- 第 11 章 ActionScript 基础
- 第 12 章 多媒体的使用
- 第 13 章 发布与输出

第 8 章

滤镜和混合模式

本章介绍了 Flash CS5 中的滤镜和混合模式这两项重要的功能。通过使用滤镜，可以为文本、按钮和影片剪辑增添许多自然界中常见的视觉效果；使用混合模式，可以改变两个或两个以上重叠对象的透明度或者颜色，从而创造具有独特效果的复合图像。

学习要点

- 学会使用滤镜。
- 学会使用混合模式。
- 复制和粘贴图形滤镜设置。

8.1 滤镜

滤镜是扩展图像处理能力的主要手段。滤镜功能大大增强了Flash的设计能力，可以为文本、按钮和影片剪辑增添有趣的视觉效果，并且经常用于将投影、模糊、发光和斜角应用于图形元素。Flash 所独有的一个功能是可以使用补间动画让应用的滤镜活动起来。不但如此，Flash还支持从 Fireworks PNG 文件中导入可修改的滤镜。Flash CS5 还新增了滤镜复制功能，可以从一个实例向另一个实例复制和粘贴图形滤镜设置。

这一节主要介绍如何在Flash中使用滤镜。

8.1.1 概述

使用过 Photoshop 等图形图像处理软件的用户一定了解“滤镜”。所谓滤镜，就是具有图像处理能力的过滤器。通过滤镜对图像进行处理，可以生成新的图像。滤镜实际上是一个应用程序包，其中的各种滤镜以不同的形态存在。

应用滤镜后，可以随时改变其选项，或者重新调整滤镜顺序以试验组合效果。在“滤镜”检查器中，可以启用、禁用或者删除滤镜。删除滤镜时，对象恢复原来外观。通过选择对象，可以查看应用于该对象的滤镜；该操作会自动更新“滤镜”检查器中所选对象的滤镜列表。

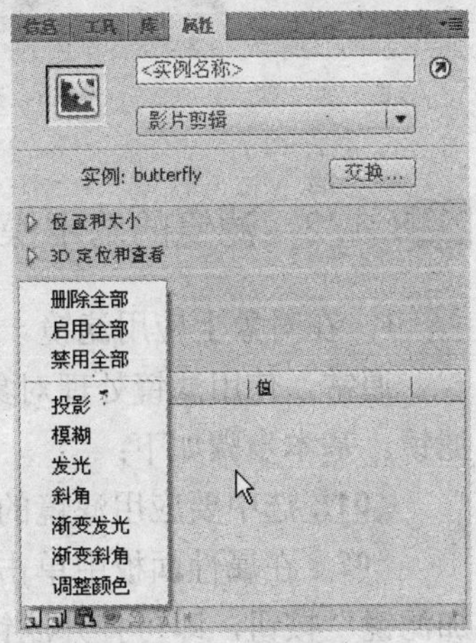

图 8-1 滤镜选项

Flash CS5 中提供了 7 种可选滤镜，早期版本中独立存在的滤镜面板已整合为属性面板的一部分，如图 8-1 所示。

使用这些滤镜，可以完成很多常见的设计处理工作，以丰富对象的显示效果。例如，对一个影片剪辑应用“斜角”滤镜，可以显示为立体的按钮形状；对其应用“投影”滤镜，则可以生成浮于纸张之上的投影效果，如图 8-2 所示。

Flash 允许用户按照需要对滤镜进行编辑，或删除不需要的滤镜。当用户修改已经应用了滤镜的对象时，应用到对象上的滤镜会自动适应新对象。例如，在图 8-3 中，左边的图是应用了“投影”的原始图，中间的图显示为应用了“发光”后的情形；右边的图显示应用了“调整颜色”后的情形。可以看到，在对对象进行修改后，滤镜会根据修改后的结果重新进行绘制，以确保图形图像的显示正确。

图 8-2 对对象使用滤镜

有了上面这些特性，意味着以后在 Flash 中制作丰富的页面效果会更加方便，无需为了一个简单的效果进行多个对象的叠加，或启动 Photoshop 之类的庞然大物了。更让人欣喜的是这些效果还保持着矢量的特性。

注意：在 Flash CS5 中，滤镜只适用于文本、影片剪辑和按钮。

图 8-3 滤镜效果

8.1.2 滤镜的基本操作

1. 在对象上应用滤镜

通常，使用滤镜处理对象时，可以直接从 Flash CS5 的“滤镜”检查器中选择需要的滤镜。基本步骤如下：

01 选中要应用滤镜的对象，可以是文本、影片剪辑或按钮。

02 在属性面板中单击“滤镜”折叠按钮，打开“滤镜”面板，单击左下角的“添加滤镜”按钮，即可打开滤镜菜单。

03 选中需要的滤镜选项，将在滤镜的属性列表中显示对应效果的参数选项。

注意：应用于对象的滤镜类型、数量和质量会影响 SWF 文件的播放性能。对于一个给定对象，建议只应用有限数量的滤镜。

04 设置完参数，即完成效果设置。此时，属性列表区域将显示所用滤镜的名称及各个参数的设置，如图 8-4 所示。

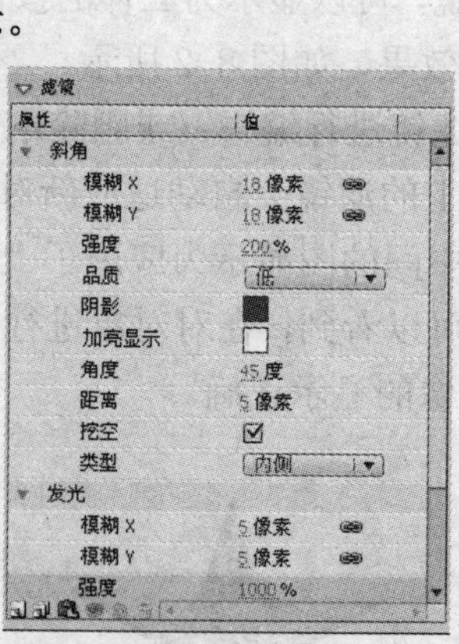

图 8-4 所用滤镜列表

05 单击“滤镜”面板左下角的“添加滤镜”按钮，打开滤镜菜单。通过添加新的滤镜，可以实现多种效果作用重叠。

2. 删除应用于对象的滤镜

01 选中要删除滤镜的影片剪辑、按钮或文本对象。

02 在滤镜列表中选中要删除的滤镜名称。

03 单击滤镜面板底部的“删除滤镜”按钮 。若要从所选对象中删除全部滤镜，在滤镜菜单中选择“删除全部”。删除全部滤镜后，可以通过“撤销”命令恢复对象。

3. 改变滤镜的应用顺序

对对象应用多个滤镜时，根据对象上各滤镜的应用顺序不同，可能产生不同的效果。

通常在对象上先应用那些可以改变对象内部外观的滤镜，如斜角滤镜，然后再应用那些改变对象外部外观的滤镜，如调整颜色、发光滤镜或投影滤镜等。

例如对同一个对象应用斜角和投影滤镜。图 8-5 左边的图为先应用投影，再应用内斜角滤镜的效果；右边的图为先应用内斜角，再应用投影滤镜的效果，可以看出两者有较大的区别。

改变滤镜应用到对象上的顺序的具体操作如下：

01 在滤镜列表中单击希望改变应用顺序的滤镜名。选中的滤镜将高亮显示。

02 在滤镜列表中拖动被选中的滤镜到需要的位置上。

注意：列表顶部的滤镜比底部的滤镜先应用。

图 8-5 不同的滤镜应用顺序产生不同的效果

4. 编辑单个滤镜

默认的大多数的滤镜设置已经可以满足设计的需要，但是有时候也可能希望对滤镜进行修改。例如，可以设置斜角的宽度或投影的深度等。Flash 允许对各种滤镜进行修改和编辑。编辑单个滤镜的具体操作如下：

01 单击编辑列表中的需要编辑的滤镜名。

02 在属性列表区域根据需要设置选项中的参数。

5. 禁止和恢复滤镜

如果在对象上应用了滤镜，修改对象时，系统会重新对滤镜进行重绘。因此，应用滤镜会影响系统的性能。如果应用到对象上的滤镜较多较复杂，修改对象后，重绘操作可能占用很多计算机时间。同样，在打开这类文件时也会变得很慢。

很多有经验的用户在设计图像时并不立刻将滤镜应用到对象上。通常是在一个很小的对象上应用各种滤镜，并查看滤镜应用后的效果，当设置满意后，将滤镜临时禁用，然后对对象进行各种修改，修改完毕后再重新激活滤镜，获得最后的结果。

临时禁止和恢复滤镜的具体操作如下：

01 在滤镜列表中单击要禁用的滤镜名称，然后单击面板底部的“启用或禁用滤镜”按钮，此时，滤镜名称前显示 ×。

02 如果要禁用应用于对象的全部滤镜，在滤镜菜单中选择“禁用全部”，如图 8-6 所示。

03 在“滤镜”面板中选中已禁用的滤镜，然后单击面板底部的“启用或禁用滤镜”按钮，即可恢复滤镜。在滤镜菜单中选择“启用全部”菜单项，则可恢复禁用的全部滤镜。

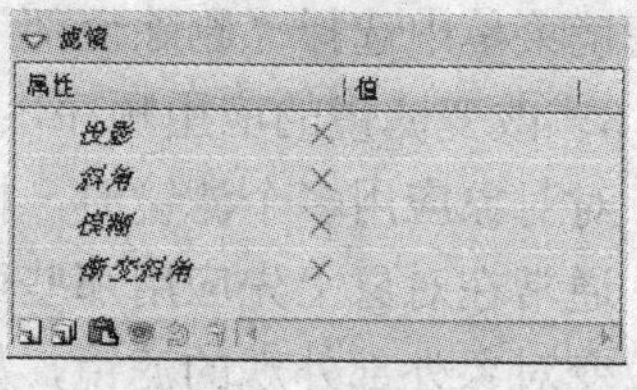

图 8-6 禁用全部

6. 复制和粘贴滤镜

如果要将某个对象的全部或部分滤镜设置应用到其他对象，一个一个地设置固然可行，但如果对象很多，工作量势必会很大。利用 Flash CS5 的复制和粘贴滤镜功能，这个问题就简化多了，用户只需要简单的复制、粘贴操作即可对其他多个对象应用需要的滤镜设置。具体操作如下：

01 选择要从中复制滤镜的对象，然后打开“滤镜”面板。

02 选择要复制的滤镜，然后单击滤镜面板底部的剪贴板按钮，从其弹出的菜单中选择“复制所选”命令。如果要复制所有应用的滤镜，从弹出菜单中选择“复制全部”命令。

03 选择要应用滤镜的对象，然后单击滤镜面板底部的剪贴板按钮，从其弹出的菜单中选择 “粘贴”命令。

8.1.3 创建滤镜设置库

如果希望将同一个滤镜或一组滤镜应用到其他多个对象，可以创建滤镜设置库，将编辑好的滤镜或滤镜组保存在设置库中，以备日后使用。创建滤镜设置库的具体操作如下：

01 选中应用了滤镜或滤镜组的对象。

02 单击“滤镜”面板底部的“预设”按钮，在弹出的下拉菜单中选择“另存为”命令，打开“将预设另存为”对话框，如图 8-7 所示。

03 在名称文本框中填写预设名称。

04 单击“确定”。“预设”子菜单上即会出现该预设滤镜。

以后在其他对象上使用该滤镜时，单击“滤镜”面板底部的“预设”按钮，在弹出的快捷菜单中选择相应的滤镜名即可。

注意：将预设滤镜应用于对象时， Flash 会将当前应用于所选对象的所有滤镜替换为预设中使用的滤镜。

此外，用户可以重命名或删除预设滤镜，不能重命名或删除标准 Flash 滤镜。

重命名预设滤镜的具体操作如下：

01 单击“滤镜”面板底部的“预设”按钮，在弹出的下拉菜单中选择“重命名”命令，打开“重命名预设”对话框。如图 8-8 所示。

02 双击要修改的预设名称。

03 输入新的预设名称，然后单击“重命名”。

图 8-7 “将预设另存为”对话框

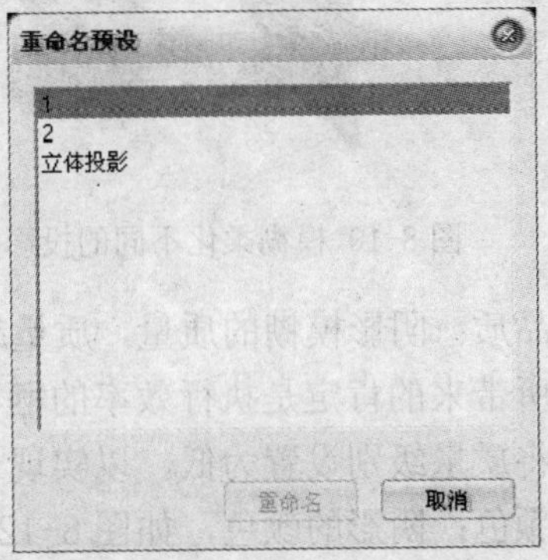

图 8-8 “重命名预设”对话框

删除预设滤镜的具体操作如下：

01 单击“滤镜”面板底部的“预设”按钮。在弹出的下拉菜单中选择“删除”命令，弹出“删除预设”对话框。

02 选择要删除的预设，然后单击“删除”。

8.1.4 使用 Flash 中的滤镜

Flash 含有 7 种滤镜，包括“投影”、“发光”、“模糊”、“斜角”、“渐变发光”、“渐变斜角”和“调整颜色”等多种效果。

1. 投影

投影滤镜可模拟对象向一个表面投影的效果，或者在背景中剪出一个形似对象的洞，来模拟对象的外观。投影的选项设置如图 8-9 所示。

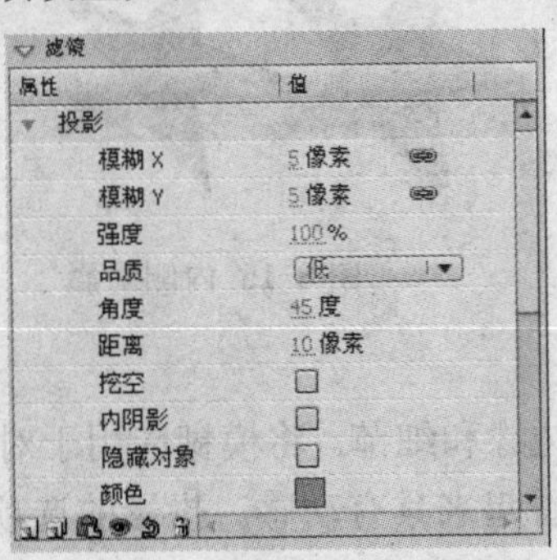

图 8-9 投影选项设置

投影的各项设置参数的说明如下：

- 模糊 X 和模糊 Y：阴影模糊柔化的宽度和高度。如图 8-10 所示。右边的是限制 X 轴和 Y 轴的阴影同时柔化，去掉可单独调整一个轴。
- 强度：阴影暗度，如图 8-11 所示，左边图片的投影强度为 100%，右边图片的投影强度为 40%。

图 8-10 模糊柔化不同的投影效果

图 8-11 投影强度不同的投影效果

➢ 品质：阴影模糊的质量，质量越高，过渡越流畅，反之越粗糙。当然，阴影质量过高所带来的肯定是执行效率的牺牲。如果在运行速度较慢的计算机上创建回放内容，请将质量级别设置为低，以实现最佳的回放性能。
➢ 颜色：阴影的颜色，如图 8-12 所示，左图为黑色，右图为黄色。
➢ 角度：阴影相对于元件本身的方向。
➢ 距离：阴影相对于元件本身的远近，如图 8-13 所示，左图投影距离为 5，右图为 30。

图 8-12 阴影颜色不同的投影效果

图 8-13 投影距离不同的投影效果

➢ 挖空：挖空（即从视觉上隐藏）源对象，并在挖空图像上只显示投影。与 Photoshop 中“填充不透明度”设为零时的情形一样，如图 8-14 所示，右图选择了“挖空”复选框。
➢ 内侧阴影：在对象边界内应用阴影，如图 8-15 所示。
➢ 隐藏对象：不显示对象本身，只显示阴影，如图 8-16 所示。

图 8-14 挖空的投影效果

图 8-15 内侧阴影

图 8-16 隐藏对象

2. 模糊

模糊滤镜可以柔化对象的边缘和细节。将模糊应用于对象，可以让它看起来好像位于其他对象的后面，或者使对象看起来具有动感。投影的选项设置如图 8-17 所示。

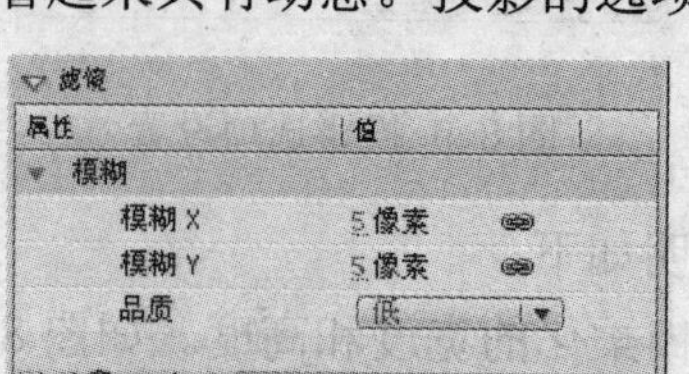

图 8-17 模糊选项设置

模糊的各项设置参数的说明如下：

- 模糊 X 和模糊 Y：模糊柔化的宽度和高度，右边的 是限制 X 轴和 Y 轴的阴影同时柔化，去掉 可单独调整一个轴。如图 8-18 所示，左图为同时柔化，右图为单独柔化，且 Y 轴模糊值加大。

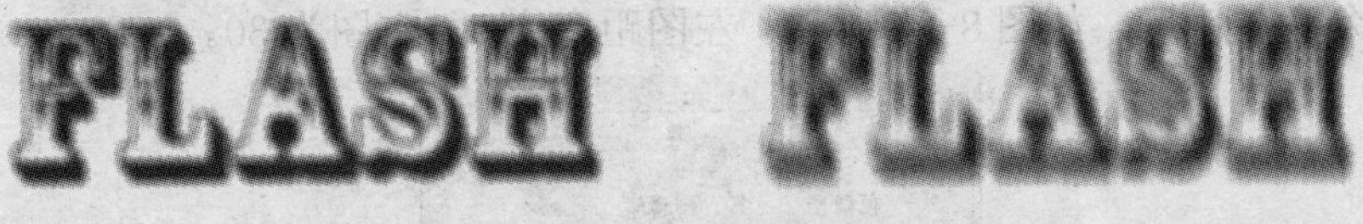

图 8-18 模糊 XY 效果

- 品质：模糊的质量。设置为“高”时近似于高斯模糊。

3. 发光

发光滤镜可以为对象的边缘应用颜色，使对象周边产生光芒的效果。发光的选项设置如图 8-19 所示。

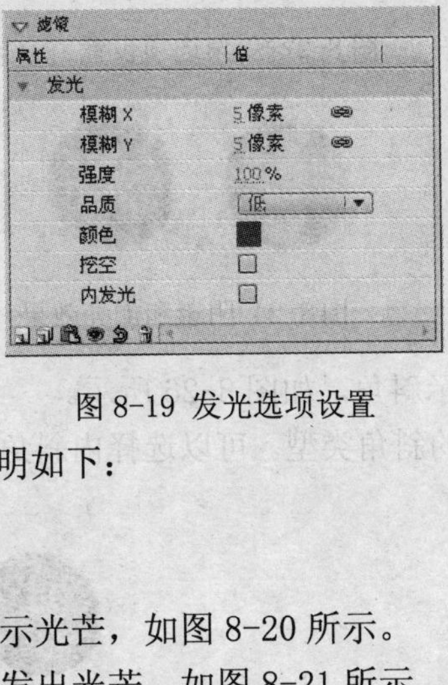

图 8-19 发光选项设置

发光的各项设置参数的说明如下：

- 颜色：发光颜色。
- 强度：光芒的清晰度。
- 挖空：隐藏源对象，只显示光芒，如图 8-20 所示。
- 内侧发光：在对象边界内发出光芒，如图 8-21 所示。

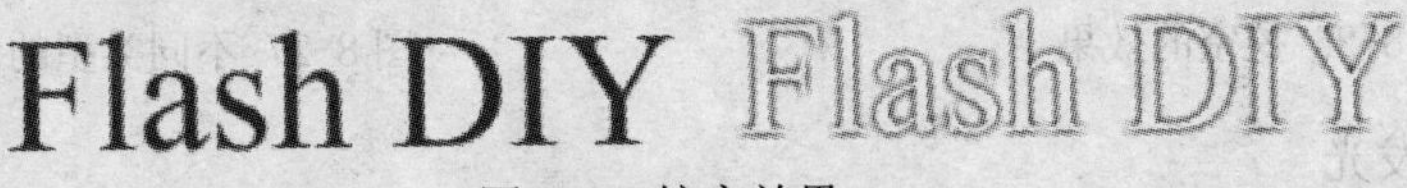

图 8-20 挖空效果

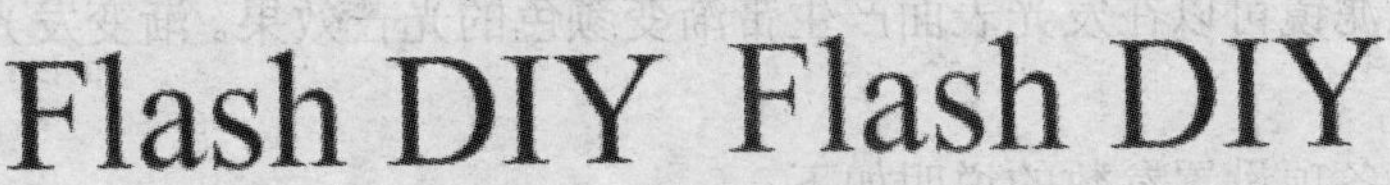

图 8-21 内侧发光效果

4. 斜角

斜角滤镜包括内斜角、外斜角和完全斜角 3 种效果，它们可以在 Flash 中制造三维效果，使对象看起来凸出于背景表面。根据参数设置不同，可以产生各种不同的立体效果。斜角的选项设置如图 8-22 所示。

斜角的各项设置参数的说明如下：

- 模糊 X 和模糊 Y：设置斜角的宽度和高度。

➢ 强度：斜角的不透明度，如图 8-23 所示，左图斜角的强度为 100%，右图为 500%。
➢ 阴影：设置斜角的阴影颜色。
➢ 加亮显示：设置斜角的加亮颜色，如图 8-24 所示，阴影色为橙色，加亮色为黄色。
➢ 角度：斜边投下的阴影角度。
➢ 距离：斜角的宽度，如图 8-25 所示，左图距离为 5，右图为 30。

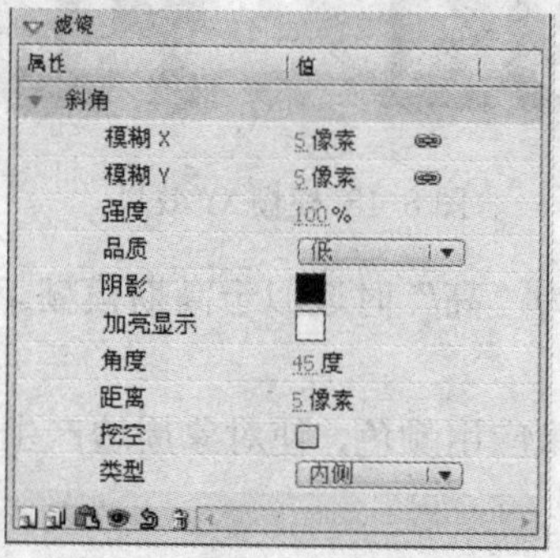

图 8-22 斜角选项设置

图 8-23 斜角强度不同的效果

图 8-24 阴影和加亮效果

图 8-25 距离不同的效果

➢ 挖空：隐藏源对象，只显示斜角，如图 8-26 所示。
➢ 类型：选择要应用到对象的斜角类型。可以选择内斜角、外斜角或者完全斜角。效果图分别如图 8-27 所示。

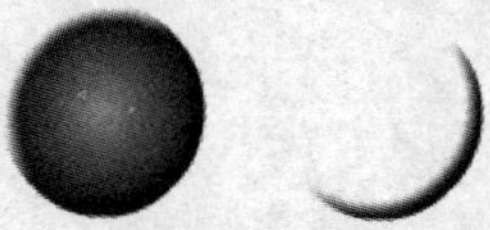

图 8-26 挖空的效果

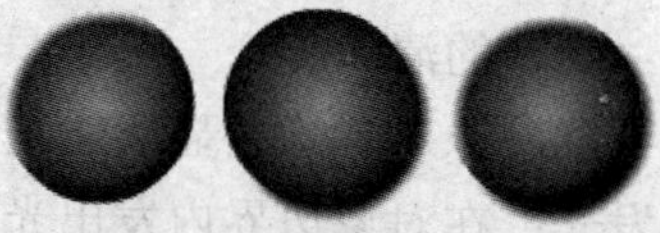

图 8-27 不同类型的斜角效果

5．渐变发光

渐变发光滤镜可以在发光表面产生带渐变颜色的光芒效果。渐变发光的选项设置如图 8-28 所示。

渐变发光各项设置参数的说明如下：

➢ 类型：选择要为对象应用的发光类型。可以选择内侧发光、外侧发光或者完全发光。效果分别如图 8-29 所示。
➢ ：指定光芒的渐变颜色。渐变包含两种或多种可相互淡入或混合的颜色。选择的渐变开始颜色称为 Alpha 颜色，该颜色的 Alpha 值为 0。无法移动此颜色的位置，但可以改变该颜色。还可以向渐变中添加颜色，最多可添加 15 个颜色指针。
➢ 渐变发光的其他设置参数与发光滤镜相同，在此不再赘述。

6．渐变斜角

渐变斜角滤镜可以产生一种凸起的三维效果，使得对象看起来好像从背景上凸起，且斜角表面有渐变颜色。渐变斜角要求渐变的中间有一个颜色，颜色的 Alpha 值为 0。无法移动此颜色的位置，但可以改变该颜色。渐变斜角的选项设置如图 8-30 所示。

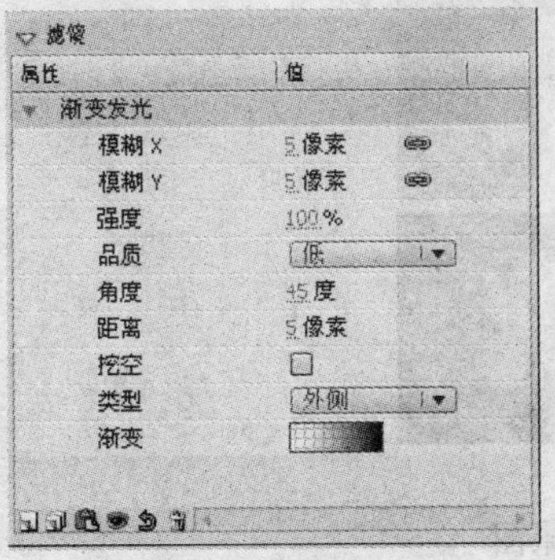

图 8-28 渐变发光的选项

图 8-29 不同类型的渐变发光效果

渐变斜角各项设置参数的说明如下：

- 类型：选择要为对象应用的斜角类型。可以选择内斜角、外斜角或者完全斜角。
- ：指定斜角的渐变颜色。渐变包含两种或多种可相互淡入或混合的颜色。中间的指针控制渐变的 Alpha 颜色。可以更改 Alpha 指针的颜色，但是无法更改该颜色在渐变中的位置。

渐变斜角的其他设置参数与斜角滤镜相同，在此不再赘述。

7. 调整颜色

使用“调整颜色”滤镜，可以调整所选影片剪辑、按钮或者文本对象的亮度、对比度、色相和饱和度。调整颜色滤镜的设置选项如图 8-31 所示。

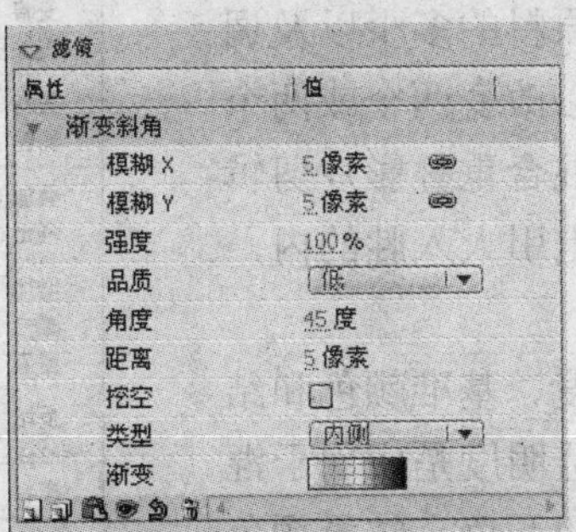

图 8-30 渐变斜角的选项

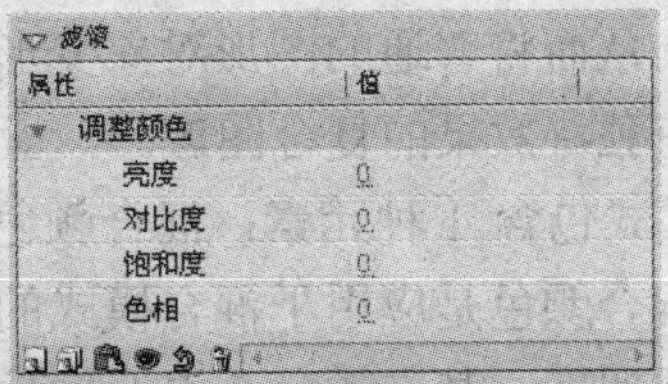

图 8-31 调整颜色的选项

调整颜色各项设置参数的说明如下：

- 亮度：调整图像的亮度。数值范围：－100～100。
- 对比度：调整图像的加亮、阴影及中调。数值范围：－100～100。
- 饱和度：调整颜色的强度。数值范围：－100～100。
- 色相：调整颜色的深浅。数值范围：－180～180。
- “重置”：将所有的颜色调整重置为 0，使对象恢复原来的状态。

拖动要调整的颜色属性的滑块，或者在相应的文本框中输入数值，即可调整相应的值。

图 8-32 中显示了调整对象颜色的效果。第一幅为原始图，第二幅是调整了亮度的效果图，第三幅调整了饱和度，第四幅调整了色相。

图 8-32 调整颜色的效果图

技巧：如果只想将“亮度”控制应用于对象，请使用位于“属性”面板中的颜色控件。与应用滤镜相比，使用“属性”面板中的“亮度”选项，性能更高。

8.2 混合模式

在 Flash 早期的版本中，利用 flash 自带的图像编辑工具所创造的图像总感觉不够丰富，如果要设计层次感较强的图像，一般需要借助专业的图形图像工具。令广大 flasher 欣喜的是，Flash 8 新增了混合模式，今后在 Flash 中可以自由发挥创意，制作出层次丰富、效果奇特的图像了。

混合模式就像是调酒，将多种原料混合在一起以产生更丰富的口味。至于口味的喜好、浓淡，取决于放入各种原料的多少以及调制的方法。在 Flash CS5 中，使用混合模式，可以改变两个或两个以上重叠对象的透明度或者颜色相互关系，可以混合重叠影片剪辑中的颜色，从而将普通的图形对象变形为在视觉上引人入胜的内，创造出具有独特效果的复合图像。

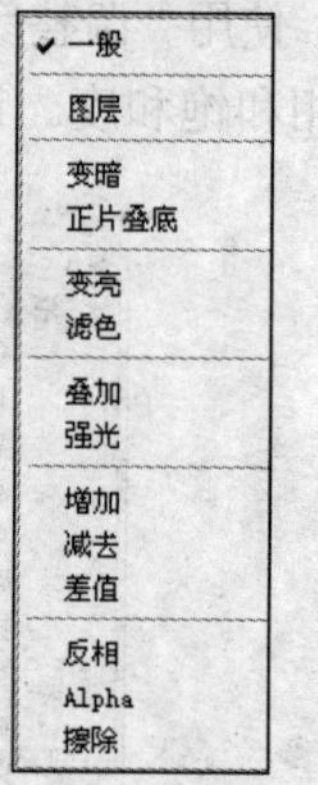

图 8-33 混合模式

混合模式包含 4 种元素：混合颜色、不透明度、基准颜色和结果颜色。混合颜色是应用于混合模式的颜色；不透明度是应用于混合模式的透明度；基准颜色是混合颜色下的像素的颜色；结果颜色是基准颜色的混合效果。混合模式取决于将混合应用于的对象的颜色和基础颜色。

在 Flash CS5 中，混合模式只能应用于影片剪辑和按钮。也就是说，普通形状、位图、文字等都要先转换为影片剪辑和按钮才能使用混合模式。Flash CS5 提供了 14 种混合模式，如图 8-33 所示。

若要将混合模式应用于影片剪辑或按钮，请执行以下操作：

01 选择要应用混合模式的影片剪辑实例或按钮实例。

02 在“属性”检查器中的“显示”区域，单击“混合”按钮，在弹出的下拉菜单中，选择要应用于影片剪辑或按钮的混合模式，如图 8-34 所示。

03 将带有该混合模式的影片剪辑定位到要修改外观的图形元件上。

可能需要多次试验影片剪辑的颜色设置和透明度设置以及不同的混合模式，才能获得理想的效果。

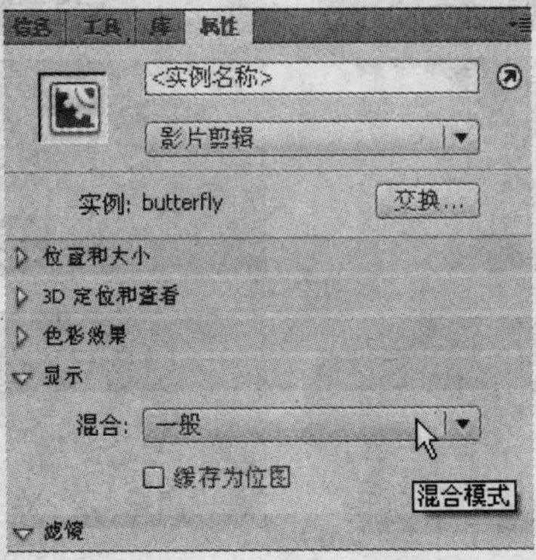

图 8-34 选择混合模式

掌握了混合模式的使用方式后，再来看看 Flash CS5 中的 14 种混合模式的功能及作用：

- 一般：正常应用颜色，不与基准颜色有相互关系。
- 图层：层叠各个影片剪辑，而不影响其颜色。
- 变暗：只替换比混合颜色亮的区域。比混合颜色暗的区域不变。
- 正片叠底：将基准颜色复合以混合颜色，从而产生较暗的颜色。
- 变亮：只替换比混合颜色暗的像素。比混合颜色亮的区域不变。
- 滤色：用基准颜色复合以混合颜色的反色，从而产生漂白效果。
- 叠加：进行色彩增值或滤色，具体情况取决于基准颜色。
- 强光：进行色彩增值或滤色，具体情况取决于混合模式颜色。该效果类似于用点光源照射对象。
- 差值：从基准颜色减去混合颜色，或者从混合颜色减去基准颜色，具体情况取决于哪个的亮度值较大。该效果类似于彩色底片。
- 反相：取基准颜色的反色。
- Alpha：应用 Alpha 遮罩层。该模式要求将图层混合模式应用于父级影片剪辑。不能将背景剪辑更改为“Alpha”并应用它，因为该对象将是不可见的。
- 擦除：删除所有基准颜色像素，包括背景图像中的基准颜色像素。该模式要求将图层混合模式应用于父级影片剪辑。不能将背景剪辑更改为“擦除”并应用它，因为该对象将是不可见的。

各种混合模式的效果如图 8-35 所示。

以上示例说明了不同的混合模式如何影响图像的外观。读者需注意的是，一种混合模式可产生的效果会很不相同，具体情况取决于基础图像的颜色和应用的混合模式的类型。因此，要调制出想要的图像效果，必须试验不同的颜色和混合模式。

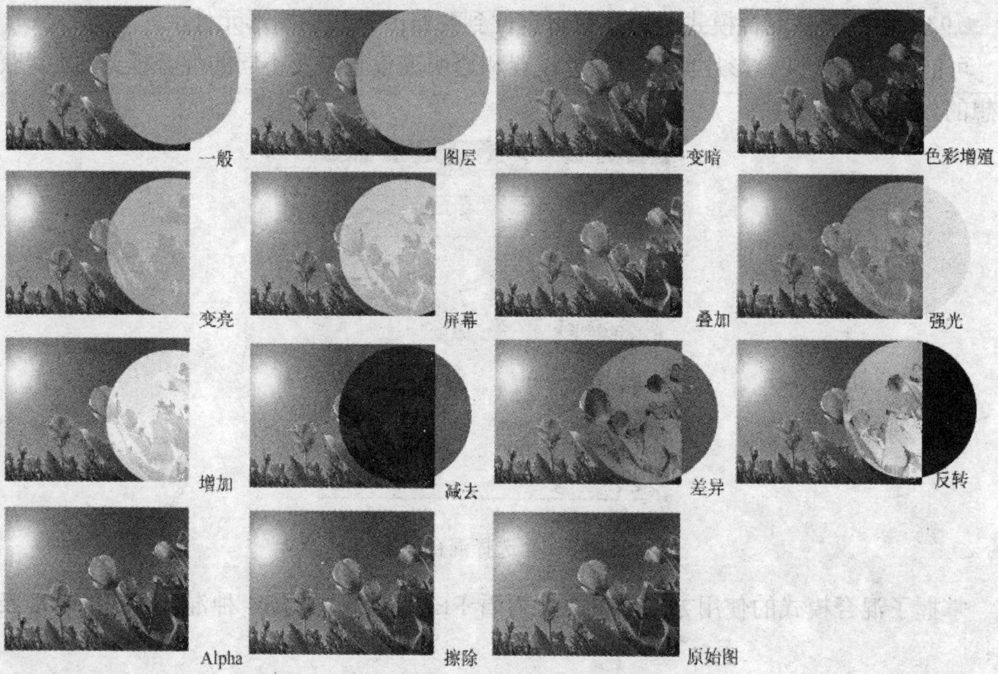

图 8-35 混合模式效果图

8.3 导入滤镜和混合模式

Flash CS5 支持 Fireworks 滤镜和混合模式。导入 Fireworks PNG 文件时，可以保留很多应用于 Fireworks 对象的滤镜和混合模式。导入后可以使用 Flash CS5 继续修改这些滤镜和混合模式。

对于作为文本和影片剪辑导入的对象，Flash 只支持可修改的滤镜和混合。如果导入某种 Flash 不支持的滤镜或混合模式，则对其进行栅格化处理或忽略它。可作为可修改的滤镜导入的 Fireworks 滤镜包括投影、实心阴影、内侧阴影、模糊、高斯模糊、调整颜色亮度和对比度。可作为可修改的混合模式导入的 Fireworks 混合模式有：正常、变暗、正片叠底、变亮、滤色、叠加、强光、 添加、差异、反色、Alpha 和擦除。Flash 会忽略从 Fireworks 中导入的所有其他混合模式。

8.4 思考题

1. 简单介绍什么是滤镜和混合模式。
2. 如何导入 Fireworks 中的滤镜和混合模式到 Flash 中。
3. 使用滤镜后可以撤销吗，为什么？

8.5 动手练一练

1. 对图 8-36 中左边的对象进行滤镜处理，使其尽量实现右边对象的效果。
2. 对图 8-37 中左边的对象进行混合模式处理，使其尽量实现右边对象的效果。

图 8-36

图 8-37

第9章

基础动画的制作

本章将重点介绍 Flash 动画的制作方法，具体包括Flash动画的基本原理，并结合由简单到复杂，由浅入深，有代表性的动画实例，根据动画制作的技巧，详细讲解如何制作逐帧动画、渐变动画（包括动画渐变和形状补间）、色彩动画、遮罩动画、Flash CS5新增的补间动画和反向动画，以及在动画制作完成后如何利用属性面板和动画编辑器有效地编辑修改动画、复制粘贴动画、利用动画预设面板以达到预期的效果。

学习要点

- 掌握Flash动画的前期准备工作。
- 掌握渐变动画的制作方法。
- 掌握色彩动画的制作方法和特殊技巧。
- 掌握遮罩动画的制作技巧。
- 掌握补间动画和反向运动的制作技巧。
- 掌握Flash动画后期的编辑，以及动画编辑器的使用方法。

9.1 制作 Flash 动画前的准备工作

在制作 Flash 动画之前，应当了解 Flash 动画的原理和基本知识，具体讲，就是 Flash 动画是如何实现的，以及制作 Flash 必备的基础，包括 Flash CS5 的时间轴，帧的介绍。尤为重要的是，在制作 Flash 之前应当设置好动画的播放速度（帧率）和背景色，以方便制作。

9.1.1 Flash 动画的原理

Flash 动画是将一组画面快速地呈现在人的眼前，给人的视觉造成连续变化效果。它是以时间轴为基础的动画，由先后排列的一系列帧组成。由于这组画面在相邻帧之间有较小的变化（包括方向、位置、大小、形状等变化），所以会形成动态效果。

帧是在动画最小时间里出现的画面。帧的多少与动画播放的时间有关系，这就是帧率，单位是帧每秒或者 fp/s。

制作 Flash 动画需要了解时间轴、帧、图形元件以及层的相关知识，这在前面的章节中有详细的介绍，希望读者在学习本章之前，好好复习前面介绍的内容。

9.1.2 设置帧率和背景色

和播放电影一样，Flash 动画仍然要求用户设定每秒的播放帧数，即播放速度，也称为帧率。可以执行“修改”菜单下的“文档”命令来打开文档属性对话框，从而可以设定帧率和背景色，如图 9-1 所示。

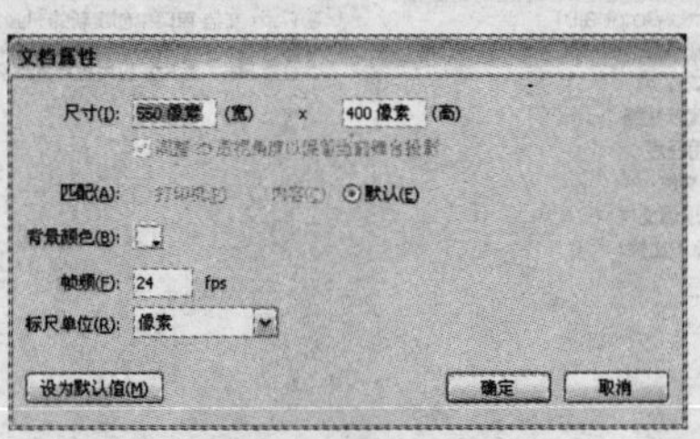

图 9-1 “文档属性”对话框

在“帧频”文本框中，可以输入每秒钟动画要播放的帧数。通常，对于大多数在计算机上显示的动画来说，尤其是对通过网络传输的动画来说，帧率设在 8～24fp/s 之间为宜。

在“背景颜色”下拉框中，选择动画的背景颜色。

在设定后帧率和背景色之后，就可放心地动手制作 Flash 动画了。

9.2 逐帧动画

动画的制作实际上就是改变连续帧的内容的过程。不同的帧代表不同的时刻，画面随着时间的变化而改变，就成了动画。动画可以做成物体的移动，旋转，缩放，也可以是变色，变形等效果。制作Flash动画主要有两种方式：一种是逐帧动画，一种是渐变动画，而渐变动画包括位移渐变动画和形状渐变动画。在逐帧动画中，需要在每一帧上创建一个不同的画面，连续的帧组合成连续变化的动画。利用这种方法制作动画，工作量非常大，如果要制作的动画比较长，那就需要更多的关键帧，需要投入相当大的精力和时间。不过这种方法制作出来的动画效果却非常好，因为是对每一帧都进行绘制，所以动画变化的过程非常准确、真实。

下面以一个实例来说明如何制作逐帧动画。这个实例是制作一个转动的钟，其时针和分针会一直不停地转动，且当分针转过一周后，时针才会转动一格。效果图如9-2所示。

图9-2 转动的钟

该实例制作的基本步骤如下：

01 执行“文件”菜单里的“新建”命令，弹出如图9-3所示的对话框，类型选择为Flash文件（ActionScript 2.0）或Flash文件（ActionScript 3.0），然后单击“确定”按钮。

02 执行“插入”菜单里的“新建元件”命令，或者按下Ctrl+F8键，新建一个“影片剪辑”类型的图形元件，命名为“钟”，如图9-4所示。

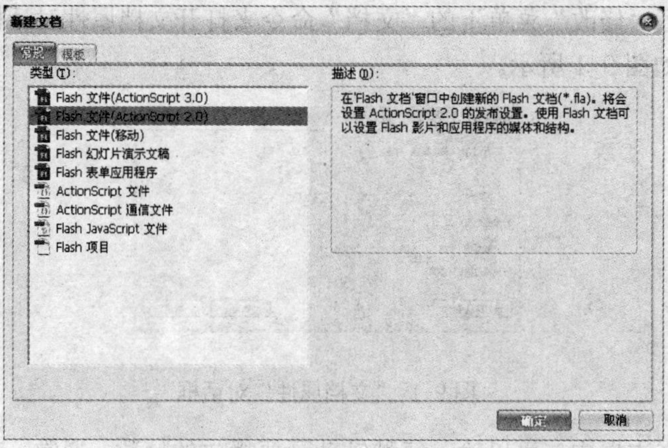

图9-3 “新建文档”对话框

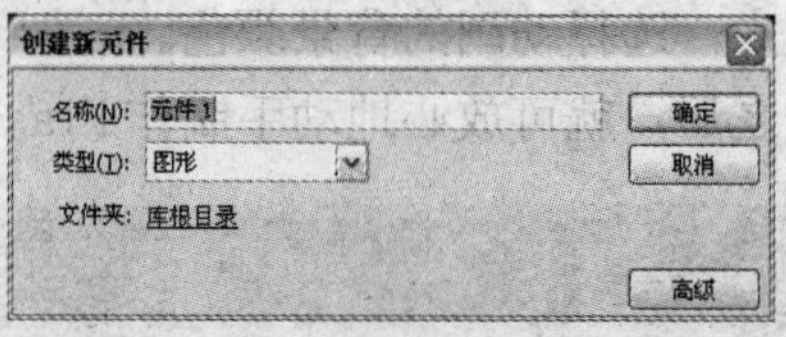

图9-4 “新建元件”对话框

03 单击“确定”按钮，进入“钟”图形元件的编辑状态，在图层 1 上绘制一个钟的外形，如图 9-5 所示。

04 在第 360 帧处单击鼠标右键，选择“插入帧”（或者按快捷键 F5 键），设置动画延续到第 360 帧。

05 单击“插入层”图标，新建图层 2，如图 9-6 所示。

06 在图层 2 上，绘制一个时针，如图 9-7 左图所示。按 F8 键将其转换为一个“图形”类型的图形元件，命名为“时针”

07 单击“插入层”图标，新建图层 3。在图层 3 上，绘制一个分针，如图 9-7 右图所示。按 F8 键将其转换为一个“图形”类型的图形元件，命名为“分针”。进行完以上步骤，就得到了第一帧的画面。

08 在图层 2 的第 30 帧上单击鼠标右键，选择“插入帧”（或者按快捷键 F5 键），设置动画延续到第 30 帧。

09 在图层 3 的第二帧上单击鼠标右键，选择“插入关键帧”（或者按快捷键 F6 键）。

10 执行“修改”菜单下“变形”子菜单里的“旋转与倾斜”命令，将分针旋转 12 度。（或者执行“窗口”菜单里的“变形”命令，打开“变形”对话框，如图 9-8 所示。在旋转一项后面的文本框可以输入旋转的精确角度）。

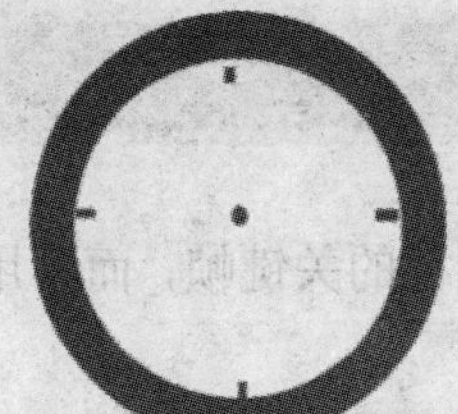

图 9-5 绘制钟的外形

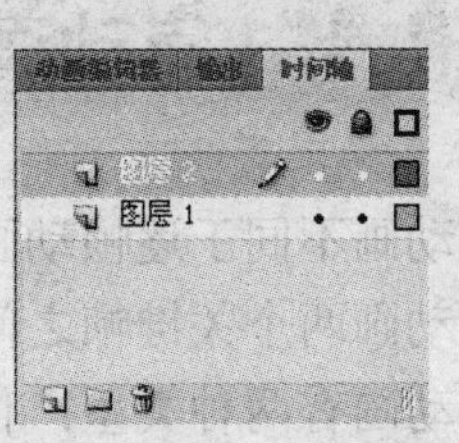

图 9-6 新建图层

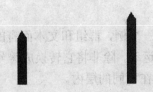

图 9-7 时针外形和分针外形

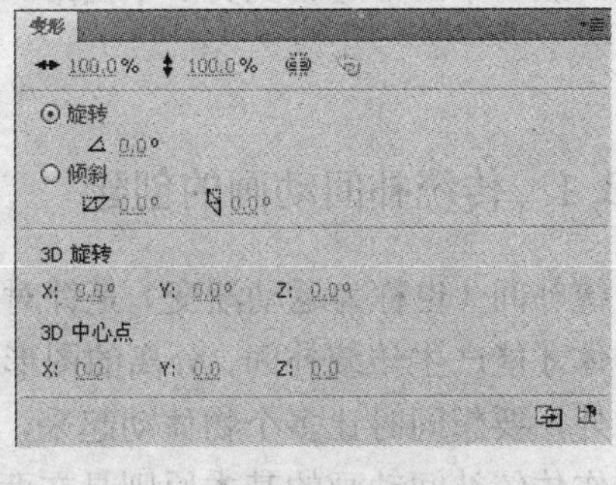

图 9-8 变形对话框

注意：最好在执行“修改”|“变形”|“旋转与倾斜”命令之后不着急旋转物体，可以先将旋转中心移到钟的正中，然后执行“窗口”|“变形”打开“变形”对话框，在倾斜一项后面的文本框中输入旋转 12º。这样，就可以做到旋转精确角度，又可以让指针绕钟的中心旋转，不用再调整指针。

11 在其后的各帧上，重复以上两步，直到进入第 30 帧。选择第 1～30 帧，单击鼠标右键，选择复制帧，然后依次复制到 31、61 帧，一直到第 360 帧结束。这样，分针的逐帧动画就做完了。

12 在图层 2 的第 31 帧上，单击鼠标右键，选择“插入关键帧”。

13 执行“修改”|“变形”|“旋转与倾斜”命令，将分针旋转 30°（或者执行“窗口”|“变形”命令，打开“变形”对话框，在倾斜一项后面的文本框中输入旋转的精确角度）。

14 在图层 2 的第 60 帧上单击鼠标右键，选择“插入帧”，设置动画延续到第 60 帧。

15 重复以上 3 步，直到第 360 帧结束。

这样就完成了如此规模庞大的逐帧动画，如图 9-9 所示。

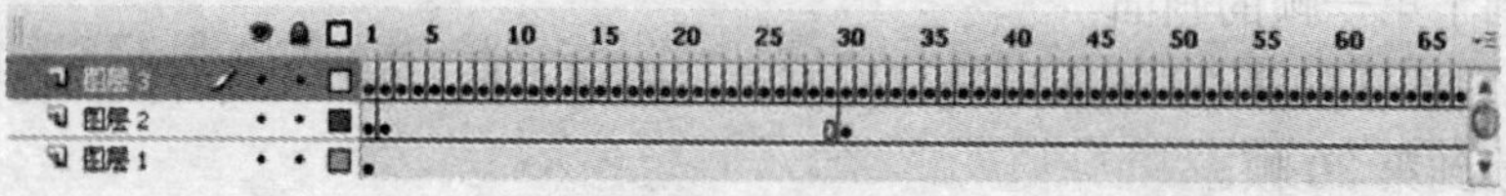

图 9-9 逐帧动画－转动的钟

完成逐帧动画的制作之后，执行“控制”菜单里的“播放”命令，就可以看到完成的逐帧动画了。

9.3 传统补间动画

渐变动画不同于逐帧动画，它需要创建两个不同性质特征的关键帧，而不用每帧的设计。渐变动画两个关键帧之间的帧由 Flash 自动创建。

渐变动画有两种类型：传统补间（或称为传统补间）和形状补间。传统补间使实例、群组或文字产生位置移动，大小比例缩放，图像旋转等运动；形状补间则是使图形形状发生变化，从一个图形过渡到另一个图形。Flash 在这两种渐变中都会自动生成中间的过渡帧。

9.3.1 传统补间动画的创建

传统补间（也称为运动渐变）是针对同一层上的单一事例，群组和文本而言的。只有这些物体才能产生传统补间，分离的图形不能产生渐变运动，除非将它转换成符号或者群组。另外，要想同时让多个物体动起来，可以将它们放在不同的层内。

制作传统补间动画的基本原则是在两个关键帧分别定义图像的不同的性质特征，如位置的移动，大小比例的变化、旋转等，并在两个关键帧之间建立渐变关系。创建传统补间动画的基本要点为：先创建好两个关键帧，然后在关键帧之间建立传统补间关系。下面用 3 个实例来具体介绍传统补间动画的制作。

实例 1：制作一个简单的位移动画，基本步骤如下：

01 新建一个 Flash 文件（ActionScript 2.0）或 Flash 文件（ActionScript 3.0）。

02 在当前层上选取一帧，单击鼠标右键，选择“插入关键帧”（或者按快捷键 F6 键），创建起点关键帧。在起点关键帧处，选择椭圆工具，在场景里绘制一个正圆。执行

“修改”菜单里的“转换成元件”命令，将其转换为一个图形元件，如图 9-10 所示。

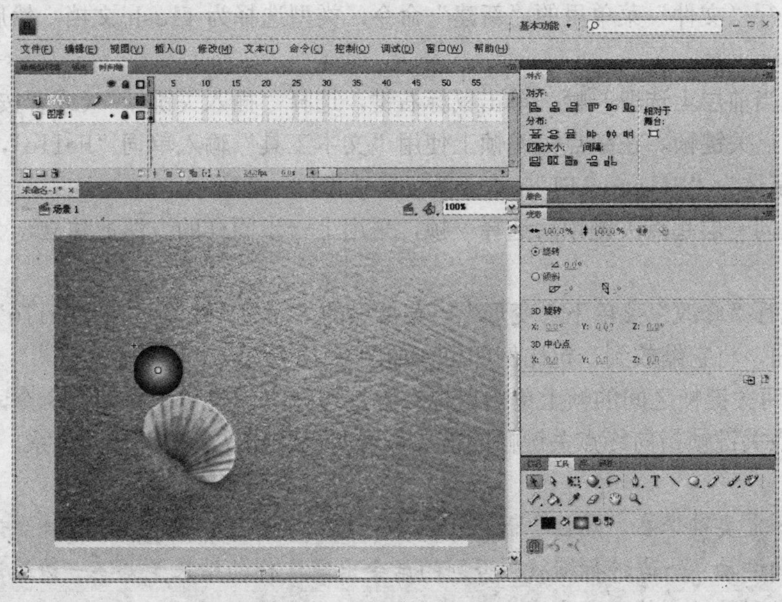

图 9-10 在第一帧绘制正圆形

03 在同一层起点关键帧后选择一帧，采用上一步同样的方法，建立一个终点关键帧。执行“窗口”菜单里的“库”命令，打开“库”面板，将刚建立的图形元件拖入到场景中（位置与前面不同），同时删除原来的图形。

04 在两关键帧之间的帧上单击鼠标右键，选择“创建传统补间”命令，两帧之间出现了由起点关键帧指向终点关键帧的箭头，表明已经建立了传统补间关系，效果如图 9-11 所示。

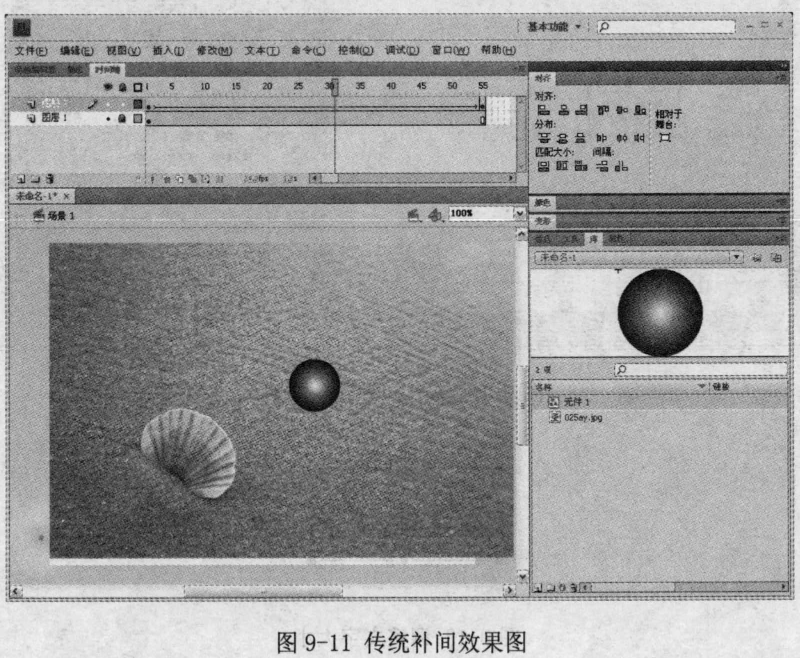

图 9-11 传统补间效果图

实例 2：制作一个简单的缩放动画，基本步骤如下：

01 执行“文件”菜单里的“新建”命令，类型选择为 flash 文档，然后单击“确定”按钮。

02 在当前层上选取一帧，单击鼠标右键，选择“插入关键帧”（或者按快捷键 F6 键），创建起点关键帧。在起点关键帧上使用“文本工具”输入单词“Hello”，设置其颜色为绿色，字体为“Milano LET”，大小为 40，如图 9-12 所示。

03 在同一层起点关键帧后选择一帧，采用上一步同样的方法，建立一个终点关键帧。

04 执行“修改”菜单下“变形”子菜单里的“缩放”命令，在“Hello”周围出现一些调整按钮，将它缩放到一定比例即可，如图 9-13 所示。

05 在两关键帧之间的帧上单击鼠标右键，选择“创建传统补间”命令，两帧之间出现了由起点关键帧指向终点关键帧的箭头，表明已经建立了传统补间关系，如图 9-14 所示。

注意：一定要确保在“属性”面板上选中“缩放”选项，这样 Flash 就会让文字一边进行别的运动，一边进行缩放。否则的话会出现这样的结果：文字一边运动，大小不变；运动到最后一帧时，文字大小突然变化。

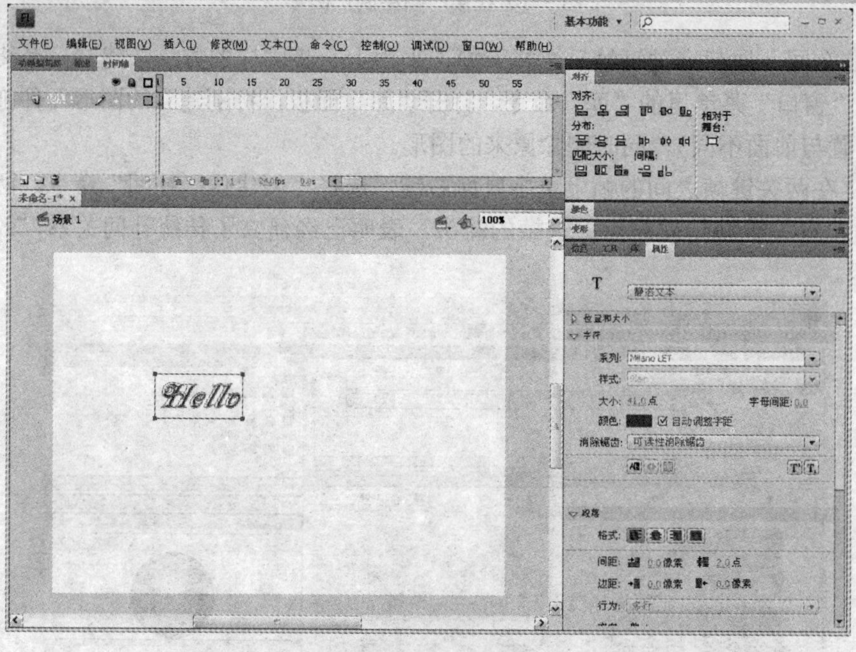

图 9-12 在第一帧输入文字

图 9-13 调整文字大小

实例 3：在逐帧动画中制作了一个转动的钟的动画，在此，用传统补间来完成相同的动画制作。具体步骤如下：

01 新建一个 Flash 文件（ActionScript 2.0）或 Flash 文件（ActionScript 3.0）。

02 执行“插入”菜单里的“新建元件”命令或者按下 Ctrl+F8 键，新建一个“影片剪辑”类型的图形元件，命名为“钟”。

03 单击“确定”按钮，进入“钟”图形元件的编辑状态。

04 在图层 1 上绘制一个钟的外形，如图 9-5 所示。

05 在第 360 帧处单击鼠标右键，选择“插入帧”（或者按快捷键 F5 键），设置动画延续到第 360 帧。

06 单击“插入层”图标，新建图层 2。在图层 2 上，绘制一个时针，如图 9-7 左图所示，按 F8 键将其转换为一个“图形”类型的图形元件，命名为“时针”

07 单击“插入层”图标，新建图层 3。在图层 3 上，绘制一个分针，如图 9-7 右图所示，按 F8 键将其转换为一个“图形”类型的图形元件，命名为“分针”。进行完以上步骤，就得到了第一帧的画面。

08 在图层 3 的第 10、20、30 帧上，按快捷键 F6 键插入关键帧，执行“窗口”菜单下的“变形”命令打开“变形”对话框。

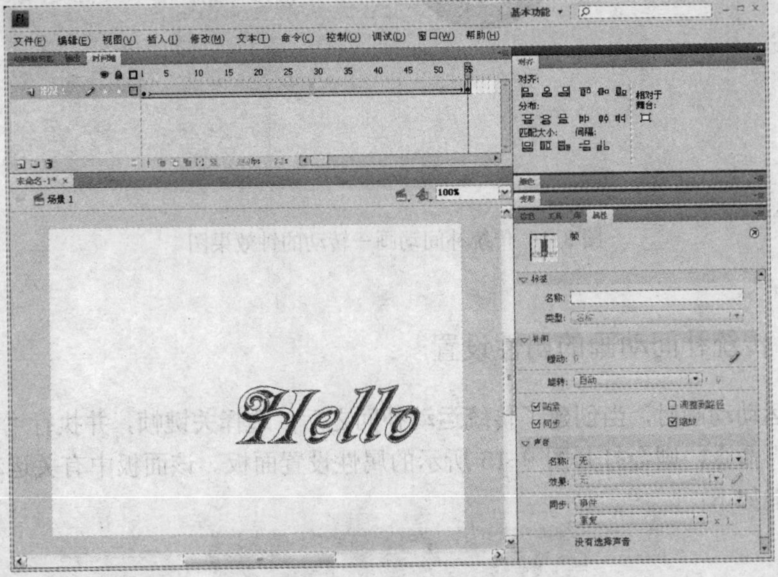

图 9-14 文字缩放效果图

09 分别选中第 10、20、30 帧，单击工具箱中的“任意变形工具”，将变形控制点拖到分针元件的底部，然后在“变形”对话框中选择旋转选项，分别设置为 120°，240°，360°。并在每两个关键帧之间单击鼠标右键，选择“创建传统补间”命令，建立传统补间关系。

10 选择第 1～30 帧，单击鼠标右键，选择“复制帧”，依次复制到 31、61 帧，一直到第 360 帧结束。这样，分针的传统补间动画就做完了。

(11) 在图层 2 的第 29 帧上，单击鼠标右键，选择插入关键帧。执行“窗口”菜单里的“库”命令，打开“库”面板，将图形元件“时针”拖入到场景中，并执行“修改”菜单下“变形”子菜单里的“旋转与倾斜”命令，将分针旋转 30°。

(12) 在图层 2 的第 59 帧上单击鼠标右键，选择“插入帧”，设置动画延续到第 59 帧。

(13) 重复以上两步，直到第 359 帧结束。

这样用传统补间动画同样完成了逐帧动画一样的内容，效果如图 9-15 所示。

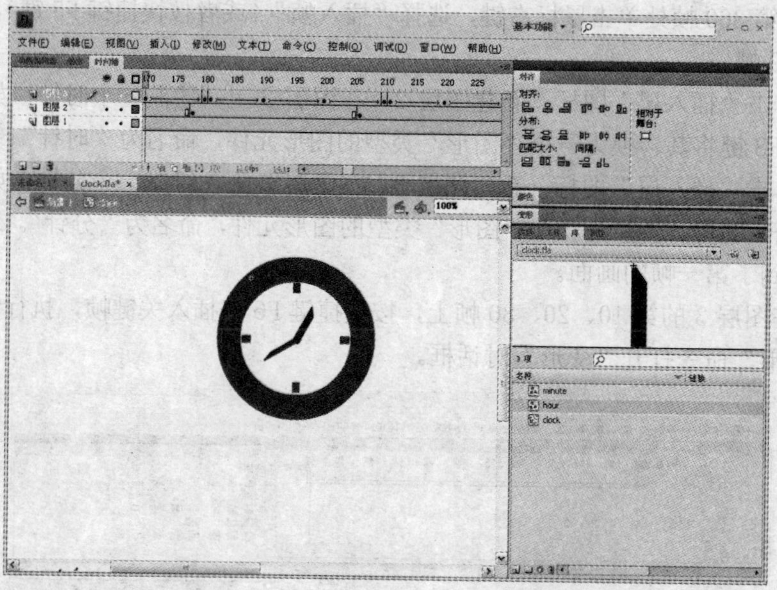

图 9-15 传统补间动画—转动的钟效果图

9.3.2 传统补间动画的属性设置

在制作运动动画时，当创建了传统运动补间之后，选择关键帧，并执行“窗口”菜单里的“属性”命令，则会打开图 9-16 所示的属性设置面板。该面板中有关运动属性设置的意义及功能如下：

图 9-16 传统补间属性设置

- “缩放”：当选择了该复选框，表示允许在动画过程中改变对象的比例，否则禁止比例变化。
- “缓动”：设置对象在动画过程中的加速度和减速度。正值以较快的速度开始补间，越接近动画的末尾，补间的速度越低。负值以较慢的速度开始补间，越接近动画的末尾，补间的速度越高。

- ：单击该按钮打开自定义缓入/缓出控件，更精确地设置对象的速度变化。
- “旋转”：设置旋转类型及方向。该下拉列表框包括如下 4 个选项：

  “无”：表示在动画过程中不进行旋转；

  “自动”：该选项为默认选项，表示物体以最小的角度旋转到终点位置；

  “顺时针”：表示设置对象的旋转方向为顺时针；其后的文本框表示旋转的次数，如果输入为 0，则不旋转。

  “逆时针”：表示设置对象的旋转方向为逆时针，其后的文本框表示旋转的次数。
- “调整到路径”：当选择了该项，对象在路径变化动画中可以沿着路径的曲度变化改变方向。
- “同步”：如果对象中有一个对象是包含动画效果的图形元件，选择该项时可以使图形元件的动画播放与舞台中的动画播放同步进行。
- “贴紧”：选择该项时，如果有连接的引导层，可以将动画对象吸附在引导路径上。

9.3.3 传统补间动画的制作技巧

传统补间动画是 Flash 动画最重要的基础之一，熟练掌握它的制作，不仅可以完成高难度的动画，而且对以后动画制作大有裨益。下面将介绍制作传统补间动画的几个特殊的技巧。

1. 缩放动画的制作

所谓缩放动画，是指对象在运动的过程中大小发生变化。通常要注意的是，利用“修改”菜单下“变形”子菜单里的“缩放”命令，另外，也可以执行“窗口”菜单下的“变形”命令，打开“变形”对话框，直接在对话框中输入宽度和高度的比例，起到精确控制缩放比例的效果，如图 9-17 中的红色方框所示。

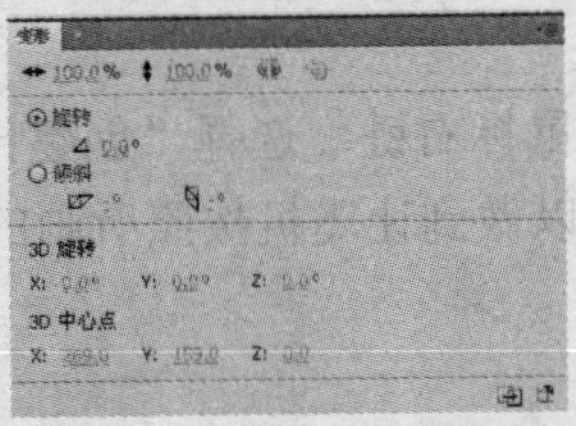

图 9-17 “变形”对话框

2. 旋转动画的制作

运动对象除了要进行直线运动以外，很多时候还将进行旋转运动。

制作旋转运动最简单的方法就是在动画的“属性”面板上，在“旋转”下拉列表中选择“顺时针”或者“逆时针”，进行顺时针或者逆时针旋转，并且可在其后的文本框中输入旋转的次数，如图 9-18 所示。通过简单变化，就可以得到传统补间动画中的旋转动画。

图 9-18 “旋转动画”的技巧

3．加速下落动画的制作

加速下落动画的制作依然十分简单。在动画的“属性”面板上，在“缓动”下拉列表中设置对象在动画过程中变化的速度。设置速度为负值，就可以看到对象在动画中先慢后快的运动，从而可以得到一种加速下落的效果。

4．使用运动向导层

在上面介绍的传统补间动画的制作中，可以发现，传统补间的轨迹都是Flash自动生成的，但这种轨迹往往很难达到要求的效果。很多时候，需要给定动画运动的路线，做出很多特殊的效果。

在Flash动画设计过程中，运动向导层的主要功能就是用来绘制动画的运动轨迹的。在制作以符号为对象并沿着路径运动的动画中，运动向导层是最普遍的，最方便的工具。在制作完动画之后，运动向导层内的内容，在最后生成动画时是不可见的。

下面以一个具体的实例来介绍运动向导层的使用。

01 新建一个Flash文件（ActionScript 2.0）或Flash文件（ActionScript 3.0）。

02 执行“文件”菜单下“导入”子菜单里的“导入到舞台”命令，将飞机的图片导入到场景中（或者其他图片均可），如图9-19所示。

03 按F8键将其转换为一个“图形”类型的图形元件，命名为“飞机”。

04 在图层1上单击鼠标右键，从弹出的快捷菜单中选择“添加传统运动引导层”命令，在图层1上将会自动添加一个运动引导层，名字为“引导层：图层1”。

05 在运动引导层上，用“铅笔工具”随意画一个平滑曲线，作为指定飞机的运动轨迹。

06 在第40帧上，按快捷键F5键插入帧，使轨迹延续到第40帧，如图9-20所示。

07 选择黑色箭头工具，拖动飞机，使其图片中心与轨迹的起点重合，如图9-21所示。

08 在图层1的第40帧上，按快捷键F6键插入帧，并移动飞机，使它的中心与轨迹的终点重合。

09 在两个关键帧之间单击鼠标右键，选择“创建传统补间”命令，建立传统补间关系，如图9-22所示。这样就可以做到让飞机按照所画的轨迹运动了。

图9-19 导入飞机图片

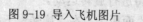

图9-20 在运动引导层上绘出运动轨迹

注意：在使用箭头工具时，一定要打开贴紧对象工具，并且要做到的是图片的起点、终点一定要与运动向导层中的轨迹曲线的起点，终点对齐，否则动画将不会按照指定的运动路线移动。

此外，Flash CS5提供了复制粘贴渐变动画功能。使用复制和粘贴动画可以复制渐变动画，并将帧、补间和元件信息粘贴（或应用）到其他对象上。操作步骤如下：

图 9-21 移动飞机使其中心与轨迹起点重合

图 9-22 飞机运动的效果图

01 在包含要复制的补间动画的时间轴中选择帧。所选的帧必须位于同一层上，但不必只限于一个补间动画中。可选择一个补间、若干空白帧或者两个或更多补间。

02 选择“编辑”|“时间轴”|“复制动画”命令。

03 选择将接收所复制补间动画的元件实例。

04 选择“编辑”|“时间轴”|“粘贴动画”命令。

执行上述操作后，接收复制动画的元件实例及其所在图层将插入必需的帧、补间和元件信息，以匹配所复制的原始补间。

若要将元件的补间动画复制到“动作“面板，或在其他项目中将它用作 ActionScript™，则复制动画时，应选择“将动画复制为 ActionScript”命令。

9.3.4 传统补间动画的制作限制

前面介绍的几个动画实例都是比较成功的动画，实际上，在 Flash 里的动画制作是有一些限制的，初学者往往容易出错。比如在 9.3.1 节中第 1 个实例里，如果不将圆形转换为图形元件，按照剩下的步骤继续做下去，会出现什么样的结果呢？

可以发现，在动画的“属性”面板里，面板上多了一个黄色的惊叹号按钮，它表明此前的动画设置有问题，提醒用户注意，如图 9-23 所示。

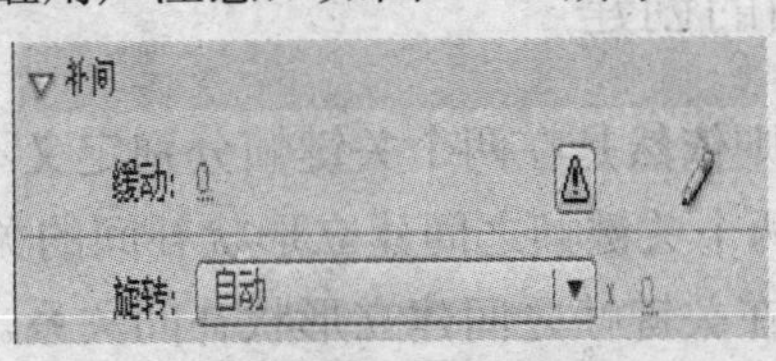

图 9-23 提示出错按钮

单击此提示按钮，会弹出如图 9-24 所示的对话框，告诉制作者出错的原因。原来，此时，矩形还只是形状，而形状是不能设置传统补间动画的。

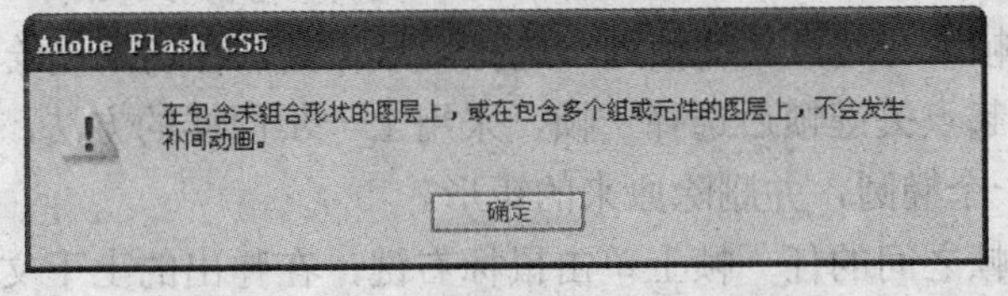

图 9-24 “提示出错按钮”的提示语句

综合来说，制作传统补间动画时应该注意下面的限制：

- 传统补间动画仅仅对某个符号的实例，实例群组或者文本框有效。即只有它们才可以作为传统补间动画的对象。
- 同一个传统补间动画的对象，不可以存在于不同的图层里。
- 动画应该有始有终，有起始的关键帧，也要有结束的关键帧。

因此，在制作传统补间动画时，最好养成用“图形元件”的习惯，需要时从库里拖入场景中即可，既可以方便地设置传统补间动画，又可以减小文件的大小。

此外，判断一段传统补间动画是否正确，还可以利用时间轴面板上的信息，如图 9-25 所示。当动画有问题时，时间轴上虽然也可以显示出有一个动画，但是在两关键帧之间并不是箭头，而是虚线。

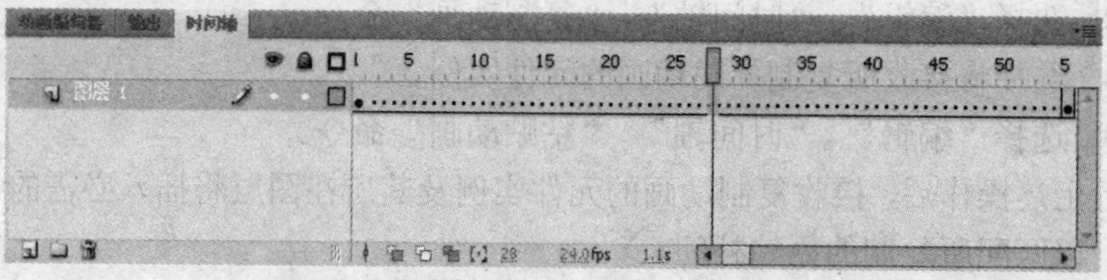

图 9-25 传统补间动画设置错误

9.4 形状补间动画

形状补间动画主要是形状的改变。与传统补间不同的是，形状补间的对象是分离的可编辑的图形，如果要对文字，位图等进行形状补间，需要先对其执行“修改”菜单里的“分离”，命令，使之变成分散的图形，然后才能进行相应的动画制作。

9.4.1 形状补间动画的创建

制作形状补间动画的原则依然是在两个关键帧分别定义不同的性质特征，主要为形状方面的差别，并进一步在两个关键帧之间建立形状补间的关系。创建的基本原则也是：先创建好两个关键帧，然后在关键帧之间建立形状补间关系。下面用具体实例来详细介绍形状补间动画的制作。

实例 1：制作一个简单的形状补间动画，基本步骤如下：

01 新建一个 Flash 文件（ActionScript 2.0）或 Flash 文件（ActionScript 3.0）。

02 在当前层上选取一帧，单击鼠标右键，选择“插入关键帧”（或者按快捷键 F6 键），创建起点关键帧。在起点关键帧处，选择矩形工具，在场景里绘制一个矩形。

03 在同一层起点关键帧后选择一帧，采用上一步同样的方法，建立一个终点关键帧，在场景里绘制一个椭圆，并删除原来的矩形。

04 在两关键帧之间的任一帧上单击鼠标右键，在弹出的上下文菜单中选择“创建补间形状”命令，如图 9-26 所示，两帧之间出现了由起点关键帧指向终点关键帧的箭头，表明已经建立了形状补间关系，效果如图 9-27 所示。

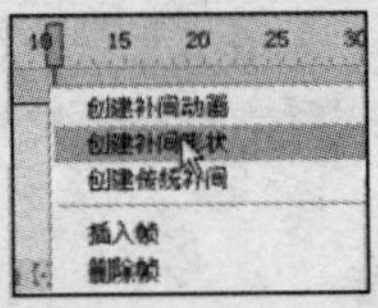

图 9-26 创建补间形状

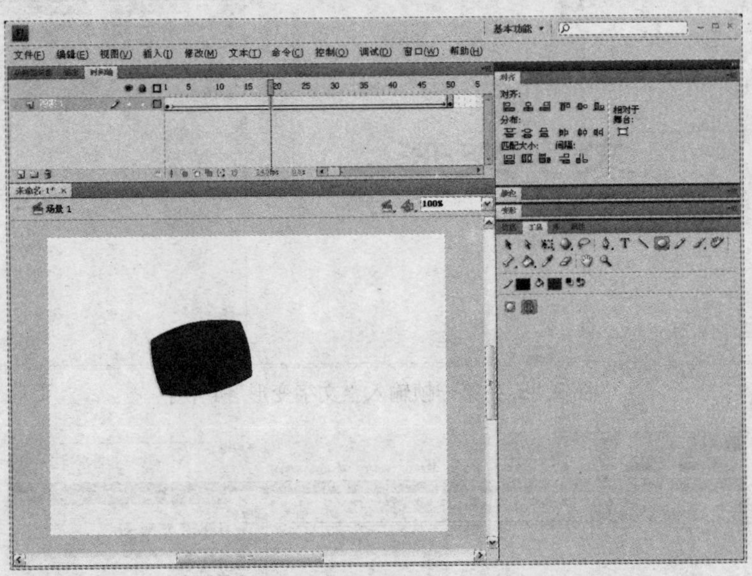

图 9-27 形状补间效果图

实例 2：制作一个文字变形动画，基本步骤如下：

01 新建一个 Flash 文件（ActionScript 2.0）或 Flash 文件（ActionScript 3.0）。

02 在当前层上选取一帧，单击鼠标右键，选择“插入关键帧”（或者按快捷键 F6 键），创建起点关键帧。

03 在起点关键帧上使用“文本工具”输入“文字变形”4 个字，设置其颜色为红色，字体为“隶书”，大小为 40。

04 两次执行“修改”菜单里的“分离”命令，将这 4 个字打散成为形状，如图 9-28 所示。

05 在同一层起点关键帧后选择一帧，采用上一步同样方法，建立一个终点关键帧。

06 在终点关键帧上删除“文字变形”4 个字，使用“文本工具”输入“形状渐变”4 个字，设置其颜色为红色，字体为“宋体”，大小为 70。

07 两次执行“修改”菜单里的“分离”命令，将这 4 个字打散成为形状。

08 在两个关键帧之间的任一帧上单击鼠标右键，在弹出的上下文菜单中选择“创建补间形状”命令，两帧之间出现了由起点关键帧指向终点关键帧的箭头，建立相应形状补间关系，如图 9-29 所示。

注意：菜单“修改”菜单里的“分离”命令时，一定要执行两次。第一次将四个字分散成单个的字，第二次将单个的字分散成为形状。只有两次执行该命令后，才能够使文字变成形状补间动画，否则将无法得到文字的形状补间动画。

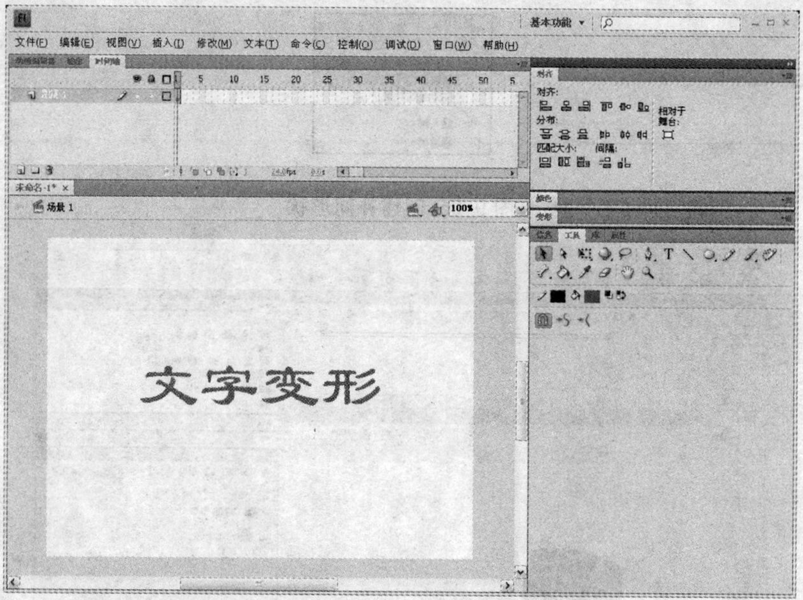

图 9-28 在第一帧输入“文字变形”4 个字

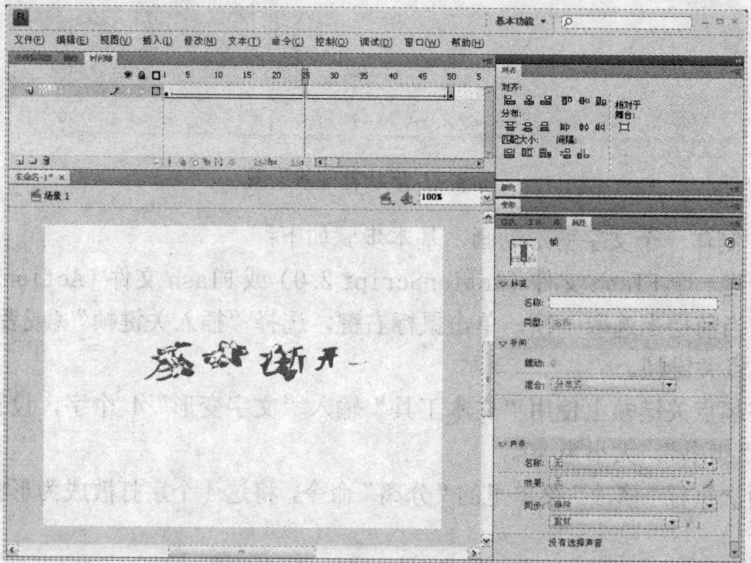

图 9-29 文字的形状补间效果图

9.4.2 形状补间动画的属性设置

创建补间形状动画之后，在对应的属性面板上可以设置形状补间的相关参数。

➢ “缓动”：设置对象在动画过程中的变化速度。正值表示变化先快后慢；负值表示变化先慢后快。

➢ “混合”：设定变形的过渡模式，即起点和终点关键帧之间的帧的变化模式。包括如下两个选项：

"分布式"：设置中间帧的形状过渡更光滑更随意。

"角形"：设置使中间帧的过渡形状保持关键帧上图形的棱角。此选项只适用于有尖锐棱角的形状补间动画。

9.4.3 形状补间动画的制作技巧

在制作形状补间动画过程中，常常发现Flash自动生成的形状变化，跟设想的变化并不一致。为了更好的获得变形效果，达到期望的效果，Flash中的"形状提示"可以帮助我们做到这一点。"形状提示"可以精确地控制图形间对应部位的变形，即让A图形上的某一点变换到B图形上的指定一点，在指定了多个"形状提示"之后，就可以达到所想要的效果。

下面以一个实例来说明"形状提示"的使用。先制作一个简单的字母的形状补间动画。

01 新建一个Flash文件（ActionScript 2.0）或Flash文件（ActionScript 3.0）。

02 在当前层上选取一帧，单击鼠标右键，选择"插入关键帧"（或者按快捷键 F6键），创建起点关键帧。在起点关键帧上使用"文本工具"输入字母"M"，设置其颜色为红色，字体为"宋体"，大小为70。

03 执行"修改"菜单里的"分离"命令，将字母打散。

04 在同一层起点关键帧后选择一帧，采用上一步同样方法，建立一个终点关键帧。

05 在终点关键帧上删除字母"M"，使用"文本工具"输入字母"W"，设置其颜色为红色，字体为"宋体"，大小为70。

06 执行"修改"菜单里的"分离"命令，将字母分散。

07 在两关键帧之间的任一帧上单击鼠标右键，在弹出的上下文菜单中选择"创建补间形状"命令，两帧之间出现了由起点关键帧指向终点关键帧的箭头，建立相应形状补间关系。

08 下面就使用"形状提示"来精确控制字母的变形。

09 执行"修改"菜单下"形状"子菜单里的"添加形状提示"命令，在起点关键帧和终点关键帧上均会出现标着字母"a"的红色圆圈，如图9-30所示。

10 分别在起点关键帧和终点关键帧上移动红色圆圈，到达起点关键帧和终点关键帧需要对应变形的位置。当移动之后，红色的圆圈在起点关键帧上会变成黄色，而在终点关键帧上会变成绿色，如图9-31所示。

11 执行"修改"菜单下"形状"子菜单里的"添加形状提示"命令5次，添加5个形状提示，并在起点和终点关键帧移动形状提示，确定其精确的变形位置，如图9-32所示。

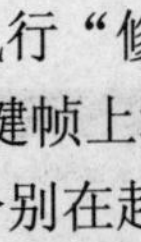

图9-30 "形状提示"

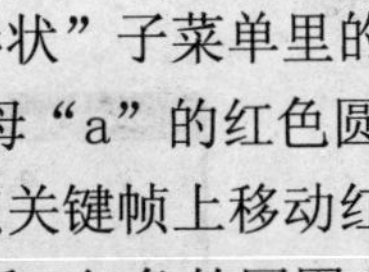

图9-31 移动后的"形状提示"

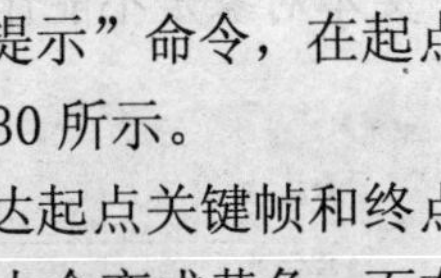

图9-32 变形的对应位置

(12) 可以看到其变形的效果，如图 9-33 所示。可以执行“修改”菜单下“形状”子菜单里的“删除所有形状提示”命令，来去掉形状提示。

与传统补间动画相同，形状补间动画也支持复制粘贴补间，但不能转换为 MXML 代码，以供 ActionScript 3.0 和 Flex 使用。

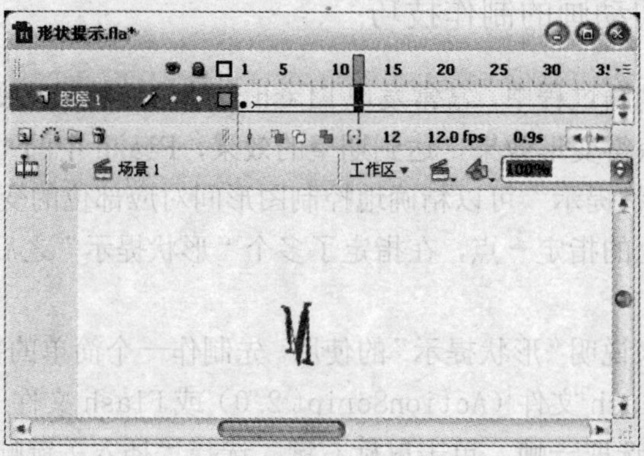

图 9-33 添加“形状提示”后的形状补间效果

9.4.4 形状补间动画的制作限制

事实上，不单是在制作传统补间动画会有限制，制作形状补间动画也同样如此。比如在 9.4.1 节中第 2 个实例中，不将“文字变形”4 个字分散，按照剩下的步骤继续做下去，会出现什么样的结果呢？

可以发现，同样在动画的“属性”面板里，面板上多了一个黄色的惊叹号按钮，它表明此前的动画设置有问题，提醒用户注意，如图 9-34 所示。

单击此提示按钮，则会弹出如图 9-35 所示的对话框，告诉制作者出错的原因。原来，此时，文本对象是不能作为形变对象的。

图 9-34 提示出错按钮

图 9-35 “提示出错按钮”的提示语句

综合来说，制作形状补间动画时应该注意下面的限制：

- 形状补间动画的对象只能是形状。
- 同一个形状补间动画的对象，不可以存在于不同的图层里。
- 动画应该有始有终，有起始的关键帧，也要有结束的关键帧。

此外，判断一段形状补间动画是否正确，还可以利用时间轴面板上的信息。与传统补间动画一样，当动画有问题时，时间轴上虽然也可以显示出有一个动画，但是在两关键帧之间并不是箭头，而是虚线，如图 9-36 所示。

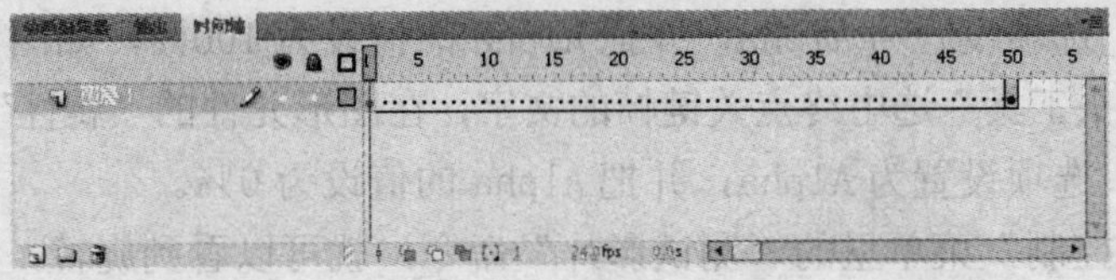

图 9-36 形状补间动画设置错误

9.5 色彩动画

在Flash和很多电视作品中，经常可以看到颜色五彩缤纷的变化，这些颜色效果往往给作品带来了很多视觉上的享受，从而大大提高了作品的观赏性。正是由于如此的原因，才单独将色彩动画独立成节，以便读者能够掌握这种实用的制作方法。

事实上，色彩动画不但融合在逐帧动画中，也融合在传统补间，形状补间之中，可以说是逐帧动画和渐变动画的一个综合。逐帧动画中色彩的变化，需要读者自己去揣摩，灵活运用各种色彩的处理技巧。而渐变动画中的色彩变化，将结合实例来介绍具体的制作过程。

9.5.1 传统补间的色彩动画

在传统补间中的图形，随着动画的渐变，也可以增添一些色彩的变化。通过对颜色的特殊处理，可以做到色彩的浅入浅出效果，忽明忽暗的全景灯效果，色彩变化比较大的灯光效果。但必须强调的是，制作传统补间的色彩动画时，渐变的对象一定要是符号，只有对符号才能够进行颜色处理。

下面制作一个旋转、缩放而且色彩浅出的动画实例：

01 新建一个Flash文件（ActionScript 2.0）或Flash文件（ActionScript 3.0）。

02 在当前层上选取一帧，单击鼠标右键，选择“插入关键帧”（或者按快捷键 F6键），创建起点关键帧。

03 在起点关键帧上使用“文本工具”输入“色彩动画”4 个字，设置其颜色为蓝色，字体为“宋体”，大小为40，并将其转变为图形元件。

04 在同一层起点关键帧后选择一帧，采用上一步同样的方法，建立一个终点关键帧。

05 执行“窗口”菜单里的“变形”命令，调出“变形”对话框，将“色彩动画”4个字放大3倍。

06 在两关键帧之间的帧上单击鼠标右键，选择“创建传统补间”命令，建立传统补间关系。

07 在动画“属性”面板上，“旋转”的下拉列表选择“顺时针”，在下拉列表右侧的文本框输入1，如图9-37所示。设置了动画在渐变的过程中顺时针旋转一次。

08 用“箭头工具”选中起点关键帧的文字，在图形元件的“属性”面板中，“色彩效果”的“样式”选项设置为 Alpha，并把 Alpha 的值设为 100%，如图 9-38 所示。

09 用“箭头工具”选中终点关键帧的文字，在图形元件的“属性”面板中，“色彩效果”的“样式”选项设置为 Alpha，并把 Alpha 的值设为 0%。

10 执行“控制”菜单里的“测试影片”命令，就可以看到旋转，缩放而且色彩浅出的动画效果，如图 9-39 所示。

注意：在用文本框制作传统补间动画时，要做色彩的浅入浅出效果，也需要将文本框转换为元件，因为 Alpah 值的修改只对图形元件有效。

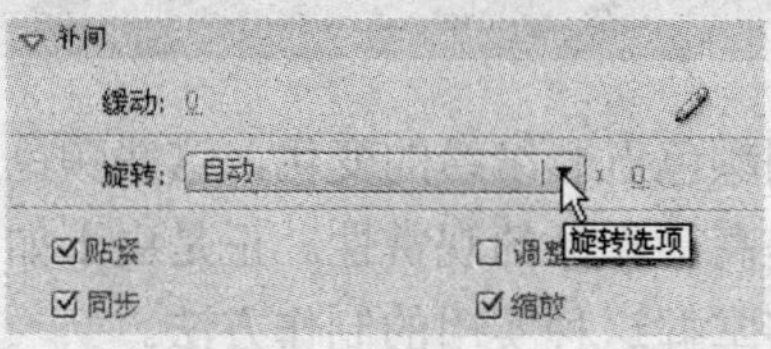

图 9-37 设置“旋转”的参数

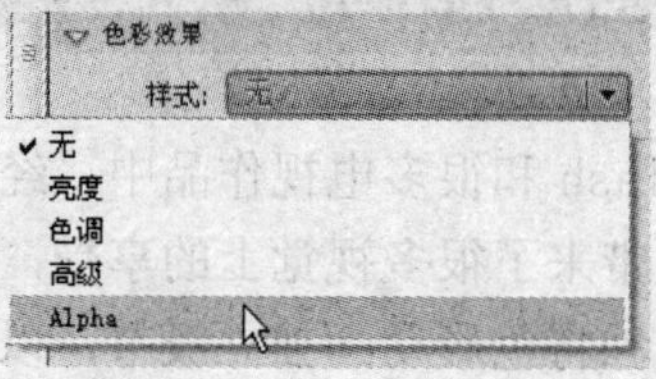

图 9-38 设置 Alpha 值

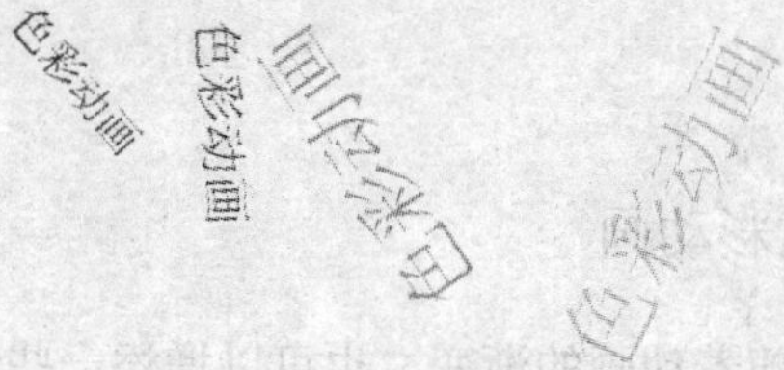

图 9-39 传统补间动画的浅出效果

浅入效果的制作跟浅出效果恰好相反，在起点关键帧的图形元件的属形面板上，“色彩效果”的“样式”下拉列表中选择“Alpha”（透明度），然后将透明度的值设为 0%，也就是“完全透明”；用同样的方法，在终点关键帧的图形元件的属性面板上，设置颜色 Alpha 值为 100%（不透明），然后在两帧间建立传统补间动画效果，就得到了浅入的效果。

对于忽明忽暗的全景灯效果的制作，在元件的属形面板上，“色彩效果”的“样式”下拉列表中选择“亮度”，如图 9-40 所示。在起点和终点关键帧分别设置比较大的亮度差别，就可以做到忽明忽暗的效果。

对于色彩变化比较大的灯光效果的制作，在元件的属形面板上，“色彩效果”的“样式”下拉列表中选择“色调”，如图 9-41 所示。在起点和终点关键帧分别设置实例的 RGB（红绿蓝）三原色的值，从而做出绚丽的色彩，就可以达到色彩变化大的效果。

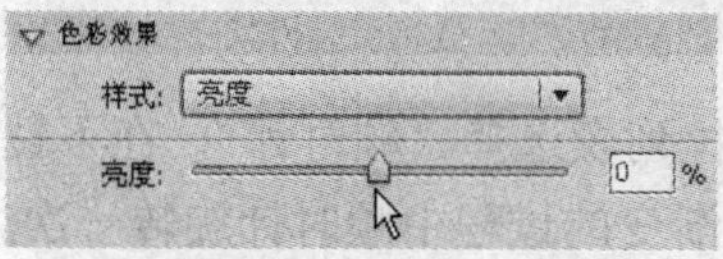

图 9-40 设置颜色的亮度

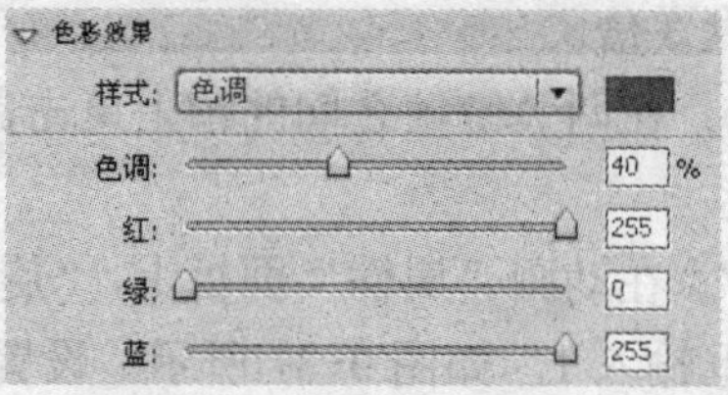

图 9-41 设置颜色的色调

9.5.2 形状补间的色彩动画

在形状补间中的图形，随着动画的渐变，其色彩也跟着发生相应的变化。通过对形状的颜色的改变，包括填充色，笔触颜色的变化，可以做到色彩的变换效果。在填充色的应用中，尤其要灵活运用渐变色，制作出来的动画往往给人意想不到的视觉效果。

下面制作一个由图形渐变到文字的色彩动画：

01 新建一个 Flash 文件（ActionScript 2.0）或 Flash 文件（ActionScript 3.0）。

02 在当前层上选取一帧，单击鼠标右键，选择“插入关键帧”（或者按快捷键 F6 键），创建起点关键帧。

03 在起点关键帧处，选择椭圆工具，在“颜色”面板里选择“放射状”的渐变色，如图 9-42 所示。按住 Shift 键，使用椭圆工具就可以画出一个圆，如图 9-43 所示。

04 在同一层起点关键帧后选择一帧，采用上一步同样的方法，建立一个终点关键帧。在舞台里，用“箭头工具”选择该帧的所有内容，全部删除。选择“文本工具”，设置字体属性为宋体、大小为 70 号字、采用粗体和斜体，输入文字“色彩动画”。

05 两次执行“修改”菜单里的“分离”命令将其打散，在“颜色”面板上，设置填充方式为“放射状”选项，选择红蓝渐变色，Alpha 值为 100%，效果如图 9-44 所示。

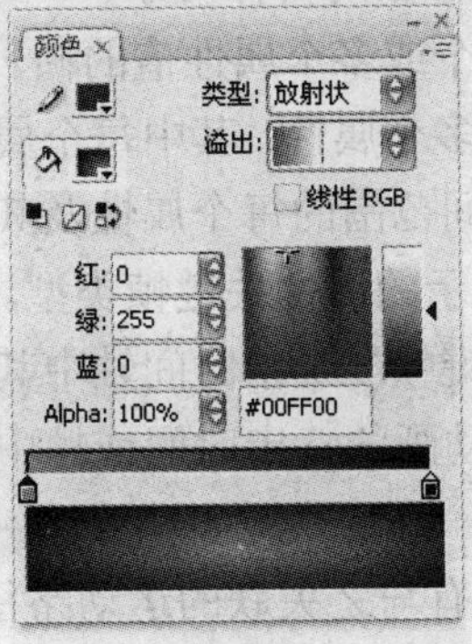

图 9-42 设置“颜色”面板

图 9-43 圆的效果图

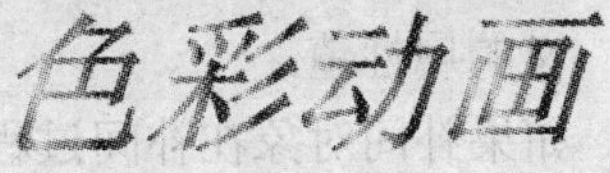

图 9-44 文字的渐变效果

06 在两关键帧之间的任一帧上单击鼠标右键，在弹出的上下文菜单中选择“创建补间形状”命令，建立了形状补间关系，效果如图 9-45 所示。

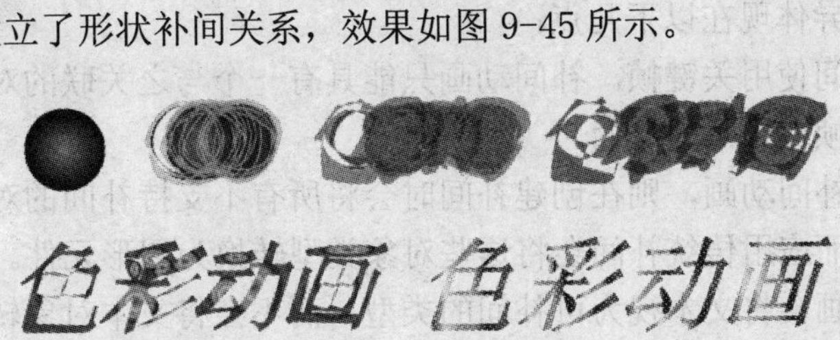

图 9-45 图形渐变到文字的色彩动画

注意：在对文字进行色彩处理时，如果要对文字使用渐变的填充色，需要对文字执行“分离”命令，将文字打散成为形状。

9.6 补间动画

读者在前面几节创建渐变动画时，会发现快捷菜单中有“补间动画”和“传统补间”两个菜单项。“传统补间”即是指 Flash CS4 之前的版本中，基于关键帧的传统补间动画。而“补间动画”则是在 Flash CS4 中引进的一种动画形式，是通过为一个帧中的对象属性指定一个值并为另一个帧中的该相同属性指定另一个值创建的动画。

补间动画是一种在最大程度上减小文件大小的同时，创建随时间移动和变化的动画的有效方法。在补间动画中，只有指定的属性关键帧的值存储在 FLA 文件和发布的 SWF 文件中。可补间的对象类型包括影片剪辑、图形和按钮元件以及文本字段。可补间的对象的属性包括：2D X 和 Y 位置、3D Z 位置（仅限影片剪辑）、2D 旋转（绕 z 轴）、3D X、Y 和 Z 旋转（仅限影片剪辑）、倾斜 X 和 Y、缩放 X 和 Y、颜色效果，以及滤镜属性。

在深入了解补间动画的创建方式之前，读者很有必要先掌握两个补间动画中的术语：补间范围、补间对象和属性关键帧。

“补间范围”是时间轴中的一组帧，其舞台上的对象的一个或多个属性可以随着时间而改变。补间范围在时间轴中显示为具有蓝色背景的单个图层中的一组帧。在每个补间范围中，只能对舞台上的一个对象进行动画处理。此对象称为补间范围的目标对象。

“属性关键帧”是在补间范围中为补间目标对象显式定义一个或多个属性值的帧。定义的每个属性都有它自己的属性关键帧。如果在单个帧中设置了多个属性，其中每个属性的属性关键帧会驻留在该帧中。用户可以在动画编辑器中查看补间范围的每个属性及其属性关键帧。还可以从补间范围上下文菜单中选择可在时间轴中显示的属性关键帧类型。

注意：“关键帧”和“属性关键帧”的概念有所不同。“关键帧”是指时间轴中其元件实例首次出现在舞台上的帧。“属性关键帧”是指在补间动画的特定时间或帧中定义的属性值。

如果补间对象在补间过程中更改其舞台位置，则补间范围具有与之关联的运动路径。此运动路径显示补间对象在舞台上移动时所经过的路径。用户可以使用部分选取、转换锚点、删除锚点和任意变形等工具以及“修改”菜单上的命令编辑舞台上的运动路径。

讲到这里，有些读者可能还是不太明白补间动画和传统补间之间的区别。总的来说，这两者之间的差异体现在以下几点：

- 传统补间使用关键帧。补间动画只能具有一个与之关联的对象实例，并使用属性关键帧而不是关键帧。
- 若应用补间动画，则在创建补间时会将所有不支持补间的对象类型转换为影片剪辑。而应用传统补间会将这些对象类型转换为图形元件。
- 补间动画会将文本视为可补间的类型，而不会将文本对象转换为影片剪辑。传统补间会将文本对象转换为图形元件。
- 在补间动画范围上不允许帧脚本。传统补间允许帧脚本。
- 若要在补间动画范围中选择单个帧，必须按住 Ctrl（Windows）或 Command（Macintosh）单击帧。而在传统补间动画中，只需要单击即可。

- 对于传统补间，缓动可应用于补间内关键帧之间的帧组。对于补间动画，缓动可应用于补间动画范围的整个长度。若要仅对补间动画的特定帧应用缓动，则需要创建自定义缓动曲线。
- 利用传统补间，可以在两种不同的色彩效果（如色调和 Alpha 透明度）之间创建动画。补间动画可以对每个补间应用一种色彩效果。
- 使用补间动画可以为 3D 对象创建动画效果，而传统补间不能。
- 只有补间动画才能保存为动画预设。
- 对于补间动画，无法交换元件或设置属性关键帧中显示的图形元件的帧数，而这些可以使用传统补间实现。

补间图层可包含补间范围以及静态帧和 ActionScript。但包含补间范围的补间图层的帧不能包含补间对象以外的对象。若要将其他对象添加到同一帧中，则应将其放置在单独的图层中。

下面以一个简单实例来演示补间动画的制作方法。

01 新建一个 Flash 文档，并执行“文件”/“导入”/“导入到舞台”菜单命令，在舞台中导入一幅位图，作为背景。然后在第 30 帧按 F5 键，将帧延长到 30 帧处。

02 单击图层管理面板左下角的“新建图层”按钮，新建一个图层。执行“文件”/“导入”/“导入到库”命令，导入一幅蝴蝶飞舞的 GIF 图片。此时，在“库”面板中可以看到导入的 GIF 图片，以及自动生成的一个影片剪辑元件。

03 在新建图层中选中第一帧，并从“库”面板中将影片剪辑元件拖放到舞台合适的位置。此时的舞台效果如图 9-46 所示。

图 9-46 舞台效果

04 在新建图层的第 30 帧按下 F5 键，将帧延长到第 30 帧。

05 选择第 1 帧至第 30 帧之间的任意一帧单击右键，在弹出的快捷菜单中选择“创建补间动画”命令。此时，时间轴上的区域变为了淡蓝色，该图层的标示也变成了，表示该图层为补间图层。如图 9-47 所示。

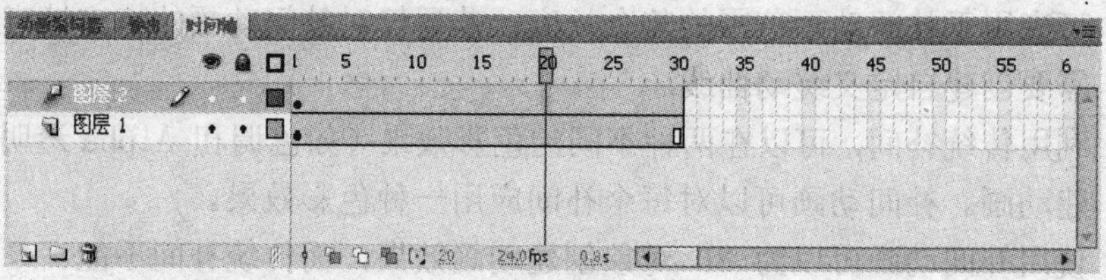

图 9-47 时间轴效果

如果选中的对象不是可补间的对象类型，或者如果在同一图层上选择了多个对象，将显示一个对话框。通过该对话框可以将所选内容转换为影片剪辑元件，然后继续补间动画。

如果补间对象是常规图层上的唯一一项，Flash 将包含该对象的图层转换为补间图层。如果图层是引导、遮罩或被遮罩图层，它将成为补间引导、补间遮罩或补间被遮罩图层。如果图层上没有其他任何对象，则 Flash 插入图层以保存原始对象堆叠顺序，并将补间对象放在自己的图层上。

注意：无法将运动引导层添加到补间/反向运动图层。

06 在图层 2 的第 10 帧处按下 F6 键，增加一个属性关键帧。

此时，时间轴上的补间范围中就会自动出现一个黑色菱形标识，表示属性关键帧。

07 将舞台上的实例拖放到合适的位置，并选择自由变形工具，旋转元件实例到合适的角度，如图 9-48 所示。

此时，读者会发现舞台中出现了一条带有很多小点的线段，这条线段就是 Flash CS5 补间动画的运动路径。

运动路径显示从补间范围的第一帧中的位置到新位置的路径，线段上的端点个数代表帧数，例如本例中的线段上一共有 10 个端点，就是代表了时间轴上的 10 帧。如果不是对位置进行补间，则舞台上不显示运动路径。

技巧：使用“始终显示运动路径”选项可以在舞台上同时显示所有图层上的所有运动路径。在相互交叉的不同运动路径上设计多个动画时，此显示非常有用。选定运动路径或补间范围之后，单击属性面板右上角的选项菜单按钮，从中选择“始终显示运动路径”菜单项，即可。

默认情况下，时间轴显示所有属性类型的属性关键帧。通过右键单击 (Windows) 或按住 Command 单击 (Macintosh) 补间范围，然后选择“查看关键帧”/“属性类型”快捷菜单项，可以选择要显示的属性关键帧的类型。

若要对 3D 旋转或位置进行补间，则要使用 3D 旋转或 3D 平移工具，并确保将播放头放置在要先添加 3D 属性关键帧的帧中。

08 选择工具面板上的黑色箭头工具，将选取工具移到路径上的端点上时，鼠标指针右下角将出现一条弧线，表示可以调整路径的弯曲度。按下鼠标左键拖动到合适的角度，然后释放鼠标左键即可。如图 9-49 所示。

图 9-48 路径

图 9-49 调整路径的弯曲度

读者还可以使用部分选取工具、“变形”面板、属性检查器、动画编辑器更改路径的形状或大小。

或者将自定义笔触作为运动路径进行应用。

09 将选取工具移到路径两端的端点上时，鼠标指针右下角将出现两条折线。按下鼠标左键拖动，即可调整路径的起点位置，如图 9-50 所示。

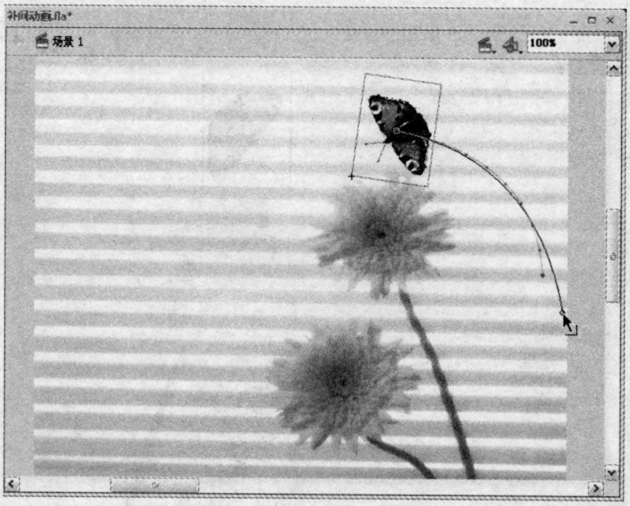

图 9-50 调整路径

10 使用“部分选取工具”也可以对线段进行弧线角度的调整，如调整弯曲角度。单击线段两端的顶点，线段两端就会出现控制手柄，按下鼠标左键拖动控制柄，就可以改变运动路径弯曲的设置。如图 9-51 所示。

11 在图层 2 的第 20 帧处单击鼠标右键，在弹出的快捷菜单中选择“插入关键帧”，并在其子菜单中选择一个属性。

12 在舞台上拖动实例到合适的位置，并使用自由变形工具调整实例的角度。

13 在图层 2 的第 20 帧处单击鼠标右键，在弹出的快捷菜单中选择“插入关键帧”，并在其子菜单中选择一个属性，例如，缩放。然后使用自由变形工具调整实例的大小。

图 9-51 调整路径的弯曲度

14 单击图层 2 的第 25 帧，然后在舞台上拖动实例到另一个位置。此时，时间轴上的第 25 帧处会自动增加一个关键帧。在图层 2 的第 25 帧处单击鼠标右键，在弹出的快捷菜单中选择“插入关键帧”，并在其子菜单中选择一个“缩放”。然后使用自由变形工具调整实例的大小。执行“插入关键帧”/“旋转”命令，在第 25 帧新增一个属性关键帧，然后使用自由变形工具调整实例的旋转角度。

15 保存文档，按 Enter 键测试动画效果。可以看到，蝴蝶实例将沿路径运动。此时，如果在时间轴中拖动补间范围的任一端，可以缩短或延长补间范围。

补间图层中的补间范围只能包含一个元件实例。元件实例称为补间范围的目标实例。将第二个元件添加到补间范围将会替换补间中的原始元件。可从补间图层删除元件，而不必删除或断开补间。这样，以后可以将其他元件实例添加到补间中。也可以更改补间范围的目标元件的类型。

如果要将其他补间添加到现有的补间图层，可执行以下操作之一：

- 将一个空白关键帧添加到图层，将各项添加到该关键帧，然后补间一个或多个项。
- 在其他图层上创建补间，然后将范围拖到所需的图层。
- 将静态帧从其他图层拖到补间图层，然后将补间添加到静态帧中的对象。
- 在补间图层上插入一个空白关键帧，然后通过从“库”窗格中拖动对象或从剪贴板粘贴对象，从而向空白关键帧中添加对象。随后即可将补间添加到此对象。

用户可以将补间动画的目标对象复制到补间范围的任何帧上的剪贴板。

如果要一次创建多个补间，可将多个可补间对象放在多个图层上，并选择所有图层，然后执行“插入”/“补间动画”命令。也可以用同一方法将动画预设应用于多个对象。

9.6.1 使用属性面板编辑属性值

创建补间动画后可以使用属性检查器编辑当前帧中补间的任何属性的值。步骤如下：

01 将播放头放在补间范围中要指定属性值的帧中，然后单击舞台上要修改属性的补间实例。

在补间范围中单击需要的帧，将选中整个补间范围。若要在补间动画范围中选择单个帧，必须按住 Ctrl（Windows）或 Command（Macintosh）单击帧。

02 打开补间实例如图 9-52 所示的属性面板。

在舞台上选定了对象后，补间范围的当前帧成为属性关键帧，用户可设置非位置属性（例如，缩放、Alpha 透明度和倾斜等）的值。

03 修改完成之后，拖拽时间轴中的播放头，以在舞台上查看补间。

此外，读者还可以在属性面板上设置动画的缓动。通过对补间动画应用缓动，可以轻松地创建复杂动画，而无需创建复杂的运动路径。例如，自然界中的自由落体、行驶的汽车。

04 在时间轴上或舞台上的运动路径中选择需要设置缓动的补间，然后切换到如图 9-53 所示的属性面板。

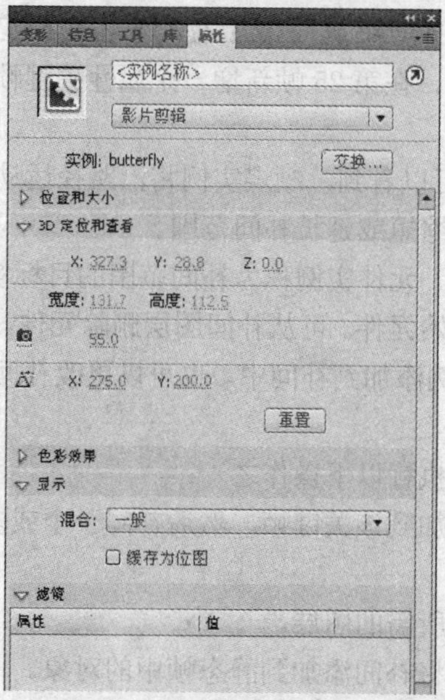

图 9-52 补间实例的属性面板

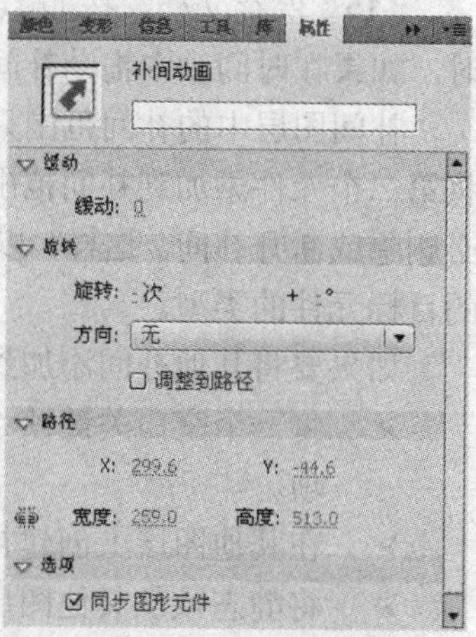

图 9-53 补间动画的属性面板

05 在“缓动”文本框中键入需要的强度值。如果为负值，则运动越来越快；如果为正值，则运动越来越慢。

在属性检查器中应用简单（慢）缓动曲线，应用的缓动将影响补间中包括的所有属性。在动画编辑器中应用的缓动可以影响补间的单个属性、一组属性或所有属性。

06 在“路径”区域可以修改运动路径在舞台上的位置。

编辑运动路径最简单的方法是在补间范围的任何帧中移动补间的目标实例。在属性面板中设置 X 和 Y 值，也可以移动路径的位置。

X 和 Y 值针对运动路径边框的左上角。

注意：若要通过指定运动路径的位置来移动补间目标实例和运动路径，则应同时选择这两者，然后在属性面板中输入 X 和 Y 位置。若要移动没有运动路径的补间对象，则选择该对象，然后在属性面板中输入 X 和 Y 值。

07 在“旋转”区域设置补间的目标实例的旋转方式。若要使相对于该路径的方向保持不变，则选中“调整到路径”选项。在创建非线性运动路径（如圆）时，可以让补间对象在沿着该路径移动时进行旋转。

9.6.2 使用动画编辑器补间属性

用户也可以使用动画编辑器补间整个补间的属性。创建补间动画之后，选择时间轴中的补间范围或者舞台上的补间对象或运动路径后，动画编辑器即会显示该补间的属性曲线，如图 9-54 所示。

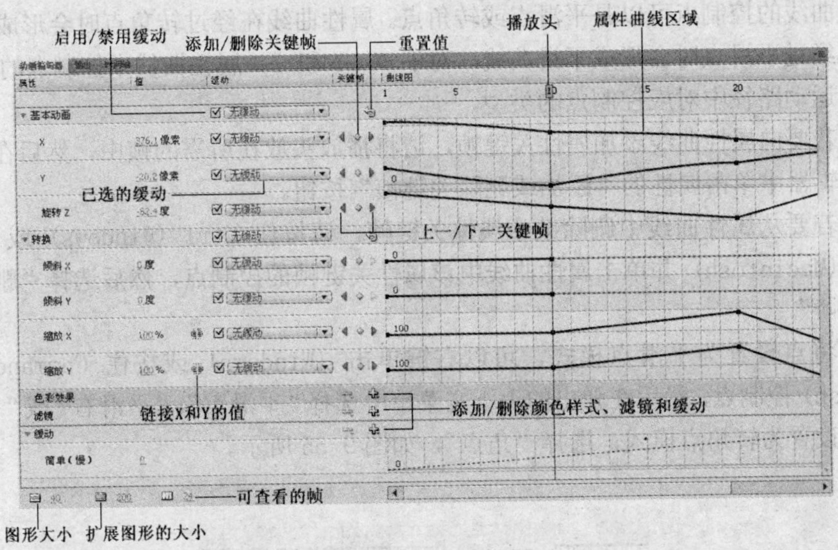

图 9-54 动画编辑器面板

使用“动画编辑器”面板可以查看所有补间属性及其属性关键帧，它还提供了向补间添加精度和详细信息的工具，可以对关键帧属性进行全面、细致的控制，添加、删除、移动属性关键帧，使用标准贝赛尔控件调整补间曲线、自定义缓动曲线、对 X、Y 和 Z 属性的各个属性关键帧启用浮动，等等。即使是细微的调整也能轻而易举地做到。

在动画编辑器中，“基本运动”属性 X、Y 和 Z 与其他属性不同。这 3 个属性联系在一起。如果补间范围中的某个帧是这 3 个属性之一的属性关键帧，则其必须是所有这 3 个属性的属性关键帧。此外，不能使用贝塞尔控件编辑 X、Y 和 Z 属性曲线上的控制点。

动画编辑器使用每个属性的二维图形（X 和 Y）表示已补间的属性值。对应的属性曲线显示在动画编辑器右侧的网格上。该网格表示发生选定补间的时间轴的各个帧。在时间轴和动画编辑器中，播放头将始终出现在同一帧编号中。每个图形的水平方向表示时间（从左到右），垂直方向表示对属性值的更改。特定属性的每个属性关键帧将显示为该属性的属性曲线上的控制点。如果向一条属性曲线应用了缓动曲线，另一条曲线会在属性曲线区域中显示为虚线。该虚线显示缓动对属性值的影响。

注意：有些属性不能进行补间，例如“渐变斜角”滤镜的“品质”属性，因为在时间轴中对象的生存期内它们只能具有一个值。这些属性也可以在动画编辑器中进行设置，但没有对应的图形。

在动画编辑器中，通过添加属性关键帧并使用标准贝赛尔控件处理曲线，可以精确控制补间的每条属性曲线的形状（X、Y 和 Z 除外）。对于 X、Y 和 Z 属性，可以在属性曲线上添加和删除控制点，但不能使用贝塞尔控件。通常，最好通过编辑舞台上的运动路径来编辑补间的 X、Y 和 Z 属性。

使用标准贝塞尔控件编辑每个图形的曲线与使用选取工具或钢笔工具编辑笔触的方式类似。向上移动曲线段或控制点可增加属性值，向下移动可减小值。在更改某一属性曲线的控制点后，更改将立即显示在舞台上。

属性曲线的控制点可以是平滑点或转角点。属性曲线在经过转角点时会形成夹角。属性曲线在经过平滑点时会形成平滑曲线。对于 X、Y 和 Z，属性曲线中控制点的类型取决于舞台上运动路径中对应控制点的类型。

➢ 若要向属性曲线添加属性关键帧，请将播放头放在所需的帧中，然后在动画编辑器中单击属性的“添加或删除关键帧”按钮。
➢ 若要从属性曲线中删除某个属性关键帧，请按住 Ctrl（Windows）或 Option（Macintosh）并单击属性曲线中该属性关键帧的控制点，然后选择“删除关键帧”。

若要将点设置为平滑点模式，可以右键单击（Windows）或按住 Command 并单击（Macintosh）控制点，然后在弹出的上下文菜单中选择“平滑点”、“平滑右”或“平滑左”。若要将点设置为转角点模式，选择“角点”，如图 9-55 所示。

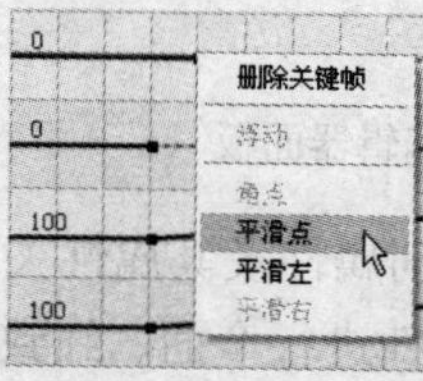

图 9-55 设置控制点模式

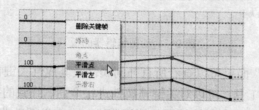

若要在转角点模式与平滑点模式之间切换控制点，请按住 Alt（Windows）或 Command（Macintosh）并单击控制点。

当某一控制点处于平滑点模式时，其贝塞尔手柄将会显现，并且属性曲线将作为平滑曲线经过该点，如图 9-56 左图所示。当控制点是转角点时，属性曲线在经过控制点时会形成拐角。不显现转角点的贝赛尔手柄。如图 9-56 右图所示。

单击“关键帧”类别列中的“添加”按钮，并从弹出的快捷菜单中选择要添加的项，可以向补间添加新的色彩效果或滤镜或缓动。新添加的项将会立即出现在动画编辑器中。

若要在图形区域中启用或禁用工具提示，可以从“动画编辑器”右上角的选项菜单中选择“显示工具提示”菜单项。

若要将属性关键帧移动到不同的帧，可以在控制点上按下鼠标左键，然后拖动到另外的帧上。如图 9-57 所示。

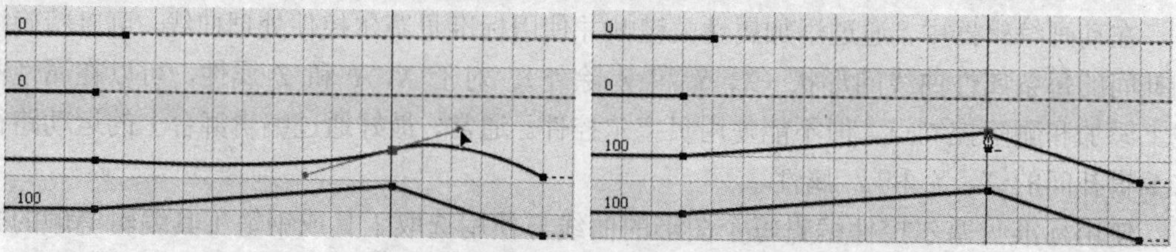

图 9-56 平滑点模式和转角点模式

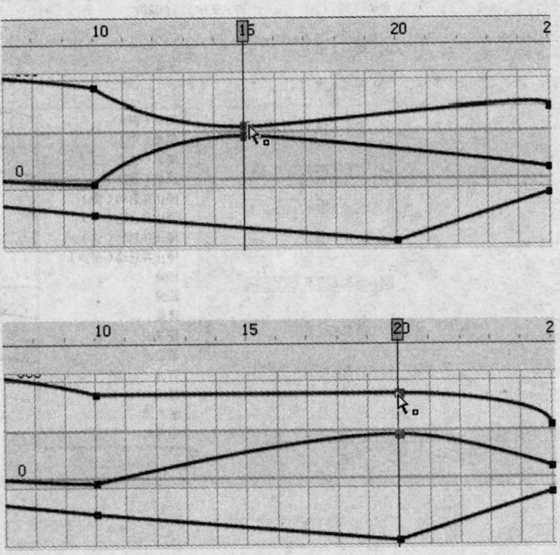

图 9-57 移动属性关键帧

在移动属性关键帧时，不能移到其前或其后的关键帧上。例如在上图中，不能将第 15 帧的关键帧移到第 10 帧之前，或 25 帧之后。

若要链接关联的 X 和 Y 属性对，在要链接的属性右侧单击“链接 X 和 Y 属性值”按钮。属性经过链接后，其值将受到约束，为任一链接属性输入值时能同时调整另一属性值，并保持它们之间的比率不变。

在动画编辑器中，还可以根据需要控制显示哪些属性曲线，以及每条属性曲线的显示大小。以大尺寸显示的属性曲线更易于编辑。

➢ 单击属性类别旁边的三角形按钮，可以展开或折叠该类别，从而在动画编辑器中显示或隐藏指定的属性曲线。

➢ 使用动画编辑器底部的“图形大小”和“扩展图形的大小”字段可以调整展开视图和折叠视图的大小。

➢ 在动画编辑器底部的“可查看的帧” 24 字段中输入要显示的帧数，可控制动画编辑器中显示的补间的帧数。最大帧数是选定补间范围内的总帧数。

缓动是用于修改 Flash 计算补间中属性关键帧之间的属性值的方法的一种技术。如果不使用缓动，Flash 在计算这些值时，会使对值的更改在每一帧中都一样。如果使用缓动，则可以调整对每个值的更改程度，从而实现更自然、更复杂的动画，而无需创建复杂的运动路径。缓动可以简单，也可以复杂。Flash 包含一系列的预设缓动，适用于简单或复杂的效果，如图 9-58 所示。

在动画编辑器中，还可以创建自己的自定义缓动曲线。缓动曲线是显示在一段时间内如何内插补间属性值的曲线。通过对属性曲线应用缓动曲线，可以轻松地创建复杂动画，例如，自然界中的自由落体、行驶的汽车。

在动画编辑器中可以对单个属性或一类属性应用预设缓动。其一般操作步骤如下：

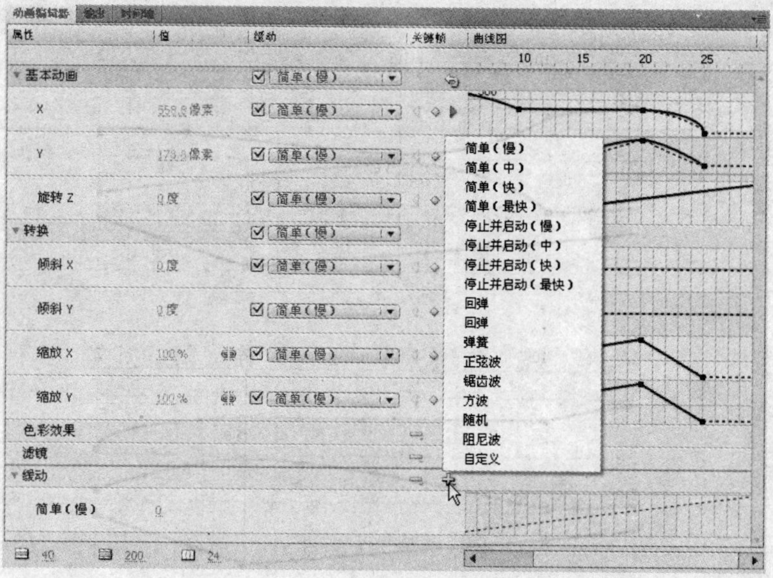

图 9-58 Flash 的预设缓动

01 单击动画编辑器的“缓动”部分中的“添加”按扭，在弹出菜单中选择需要的缓动。

02 在要添加缓动的单个属性右侧单击“已选的缓动”，在弹出的下拉菜单中选择需要的缓动方式。

在向属性曲线应用缓动曲线时，属性曲线图形区域中将显示一个叠加到该属性的图形区域的虚线曲线。该虚线曲线显示补间曲线对该补间属性的实际值的影响。通过将属性曲线和缓动曲线显示在同一图形区域中，叠加使得在测试动画时了解舞台上所显示的最终补间效果更为方便。如图 9-59 所示的绿色虚线，即为添加的缓动曲线。

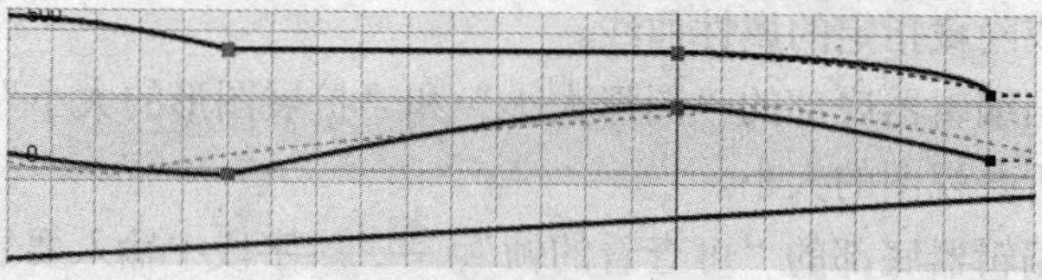

图 9-59 添加的缓动曲线

03 如果要向整个类别的属性（如转换、色彩效果或滤镜）添加缓动，从该属性类别的“已选的缓动”弹出菜单中选择缓动类型。

04 在“缓动”部分中的缓动名称右侧的字段中设置缓动的值，以编辑预设缓动曲线。

对于简单缓动曲线，该值是一个百分比，表示对属性曲线应用缓动曲线的强度。正值会在曲线的末尾增加缓动。负值会在曲线的开头增加缓动。对于波形缓动曲线（如正弦波或锯齿波），该值表示波中的半周期数。

05 若要编辑自定义缓动曲线，则在“缓动”部分单击“添加”按钮，在弹出的快捷菜单中选择“自定义”，曲线图区域将出现一条红色的曲线。然后使用与编辑 Flash 中任何其他贝塞尔曲线相同的方法编辑该曲线。缓动曲线的初始值必须始终为 0%。

06 若要启用或禁用属性或属性类别的缓动效果，则单击该属性或属性类别的“启用/禁用缓动”复选框。这样，就可以快速查看属性曲线上的缓动效果。

07 若要从可用补间列表中删除缓动，则单击动画编辑器的“缓动”部分中的“删除缓动”按钮，然后从弹出菜单中选择要删除的缓动效果。

9.6.3　应用动画预设

动画预设是预配置的补间动画。使用“动画预设”面板还可导入他人制作的预设，或将自己制作的预设导出，与协作人员共享。使用预设可极大节约项目设计和开发的生产时间，特别是在需要经常使用相似类型的补间动画的情况下。

注意：　动画预设只能包含补间动画。传统补间不能保存为动画预设。

执行“窗口”/“动画预设”命令，即可打开动画预设面板，如图 9-60 所示。

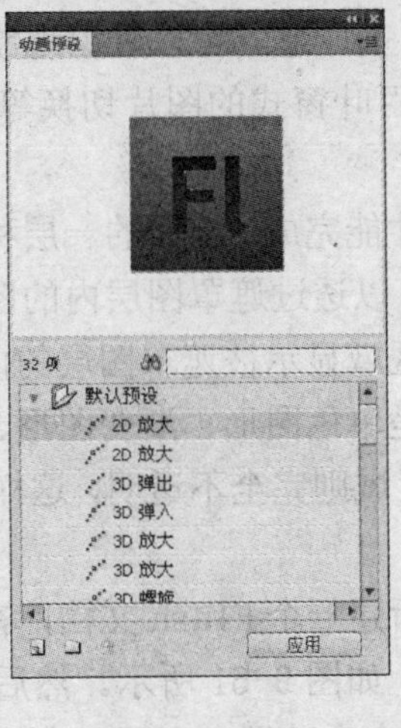

图 9-60 “动画预设”面板

在舞台上选中了可补间的对象（元件实例或文本字段）后，单击“动画预设”面板中的“应用”按钮，即可应用预设。每个对象只能应用一个预设。如果将第二个预设应用于相同的对象，则第二个预设将替换第一个预设。

读者需要注意的是，包含 3D 动画的动画预设只能应用于影片剪辑实例。已补间的 3D 属性不适用于图形或按钮元件，也不适用于文本字段。可以将 2D 或 3D 动画预设应用于任何 2D 或 3D 影片剪辑。

如果创建了自己的补间，或对从“动画预设”面板应用的补间进行了更改，可将它另存为新的动画预设。新预设将显示在“动画预设”面板中的“自定义预设”文件夹中。

若要将自定义补间另存为预设，请执行下列操作：

01 在时间轴上选中补间范围，或在舞台上选择路径或应用了自定义补间的对象。

02 单击“动画预设”面板左下角的“将选区另存为预设”按钮，或从选定内容的上下文菜单中选择“另存为动画预设”命令。

Flash 会将预设另存为 XML 文件。这些文件存储在以下目录中：

- 对于 Windows：<硬盘>\Documents and Settings\<用户>\Local Settings\Application Data\Adobe\Flash CS5\<语言>\Configuration\Motion Presets\
- 对于 Macintosh：<硬盘>/Users/<用户>/Library/Application Support/Adobe/Flash CS5/<语言>/Configuration/Motion Presets/

如果要导入动画预设，可以单击“动画预设”面板右上角的选项菜单按钮，从中选择“导入”命令。如果选择“导出”命令，则可将动画预设导出为 XML 文件，以便与其他 Flash 用户共享。

9.7 遮罩动画

在很多优秀的Flash作品中，除了色彩上给人以视觉震撼外，在很多时候，还得益于其特殊的制作技巧。使用基本的动画，很难实现某些特殊的效果，而在很多难以解决的问题前，遮罩动画就成了一把利刃，有了它，可以轻松地制作出很多特殊的效果，比如探照灯扫过时的灯光，闪烁的文字，百叶窗式的图片切换等，在某种意义上，遮罩动画就是Flash动画作品中的精华。

遮罩动画必须要由两个图层才能完成。上面的一层称之为遮罩图层，下面的层称为被遮罩图层。遮罩图层的作用就是可以透过遮罩图层内的图形看到被遮罩图层的内容，但是不可以透过遮罩层内的图形外的区域显示被遮罩图层的内容。

在遮罩图层中，绘制的一般是单色图形、渐变图形、线条和文字等，都会挖空区域。这些挖空区域将完全透明，其他区域则完全不透明，这样被遮罩图层的内容就显示在遮罩图层的挖空区域里。

为了具体说明遮罩的效果，新建一个Flash文档，在图层1上导入一个飞机的图片，在图层2上绘制一个黑色的椭圆，如图9-61所示。然后在图层2上单击鼠标右键，选择“遮罩层”选项，图层1，图层2会自动锁定，同时在场景中会出现椭圆区域中的飞机图片，如图9-62所示。此时，图层2就是遮罩图层，图层1是被遮罩图层。

图9-61 遮罩前的场景

图9-62 遮罩后的场景

下面将介绍3种遮罩动画的制作，希望读者在学习中仔细揣摩。

实例1：探照灯效果。

01 新建一个Flash文件（ActionScript 2.0）或Flash文件（ActionScript 3.0）。

02 在图层1的第一帧，单击“文本工具”，设置字体属性为Milano LET、大小为50号字，输入“Flash DIY”，如图9-63所示。

03 在图层1的第30帧，单击鼠标右键，选择“插入帧”，将文字延续到第30帧。

04 单击“插入层”图标，新建图层 2。

05 在图层 2 的第一帧，选择“椭圆工具”，按住“Shift”键，在场景里绘制一个圆，并执行“修改”菜单里的“转换成元件”，将其转换为一个图形元件。然后将元件实例拖放到文本最左侧。

06 在图层 2 的第 30 帧，单击鼠标右键，选择“插入关键帧”，建立一个终点关键帧。

07 将元件实例拖放到场景中文本最右侧。

08 在两关键帧之间的帧上单击鼠标右键，选择“创建传统补间”命令，建立传统补间关系，如图 9-64 所示。

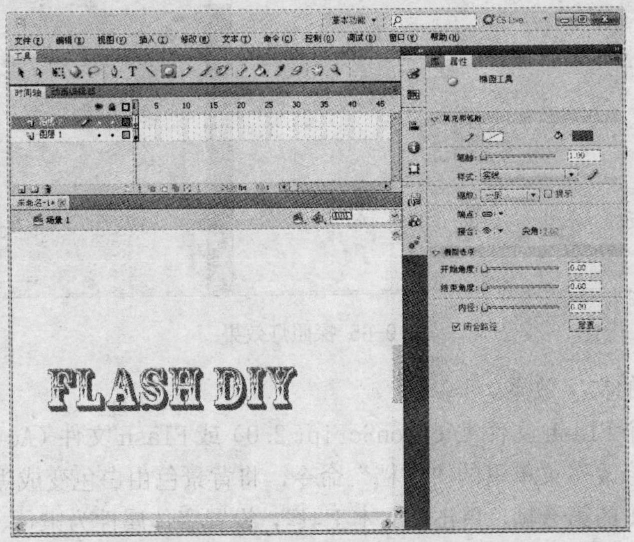

图 9-63 创建被遮罩层的内容

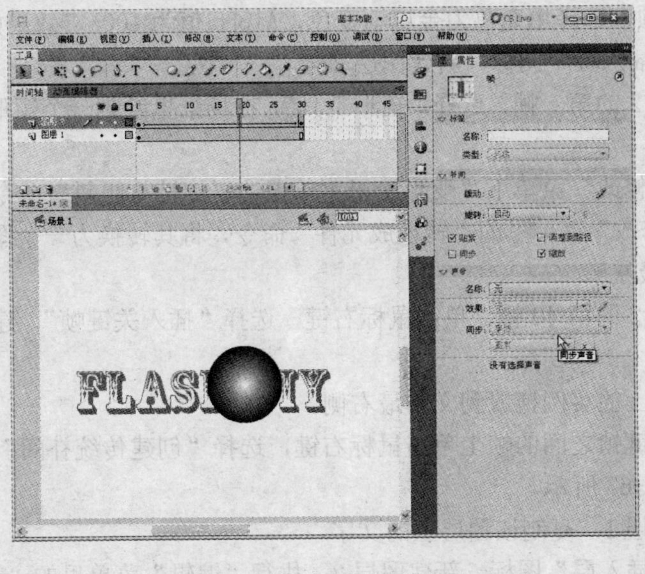

图 9-64 创建遮罩层的动画

09 在图层 2 上，单击鼠标右键，选择“遮罩层”，使图层 2 成为遮罩层，图层 1 成为被遮照层，建立起遮罩动画。

10 这样，就完成了探照灯效果的遮罩动画，效果如图 9-65 所示。

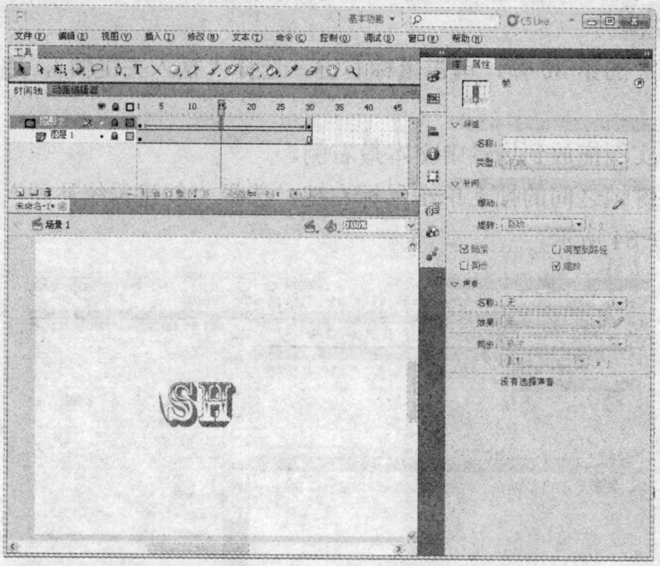

图 9-65 探照灯效果

实例 2：闪烁的文字效果。

01 新建一个 Flash 文件（ActionScript 2.0）或 Flash 文件（ActionScript 3.0）。

02 执行“修改”菜单里的“文档”命令，将背景色由白色变成黑色。

03 在图层 1 的第一帧，单击“文本工具”，设置字体属性为宋体、大小为 70 号字、采用粗体和斜体，输入“遮罩动画”4 个字。

04 两次执行“修改”菜单里的“分离”命令将其打散，在“颜色”面板上，设置为“放射状”选项，选择填充色为金属渐变色，Alpha 值为 100%，效果如图 9-66 所示。

05 单击“插入层”图标，新建图层 2。

06 在图层 2 的第一帧，选择“矩形工具”，在场景里绘制一个矩形，设置其填充色为红紫渐变色。

07 执行“修改”菜单下“变形”子菜单里的“旋转与倾斜”命令，将矩形旋转一个角度。执行“修改”菜单里的“转换成元件”命令，将其转换为一个图形元件。然后将实例拖放到文本最左侧。

08 在图层 2 的第 40 帧，单击鼠标右键，选择“插入关键帧”，建立一个终点关键帧。

09 将舞台上的实例拖放到文本最右侧。

10 在两关键帧之间的帧上单击鼠标右键，选择“创建传统补间”命令，建立传统补间关系，如图 9-67 所示。

11 单击图层 1，复制该图层上的文字。

12 单击“插入层”图标，新建图层 3，执行“编辑”菜单里的“粘贴到当前位置”

命令，将图层 1 的文字复制到图层 3 上。

13 在图层 3 上单击鼠标右键，选择“遮罩层”，使图层 3 成为遮罩层，图层 2 成为被遮照层，建立起遮罩动画，效果如图 9-68 所示。

图 9-66 设置字体效果

图 9-67 设置被遮罩层的动画

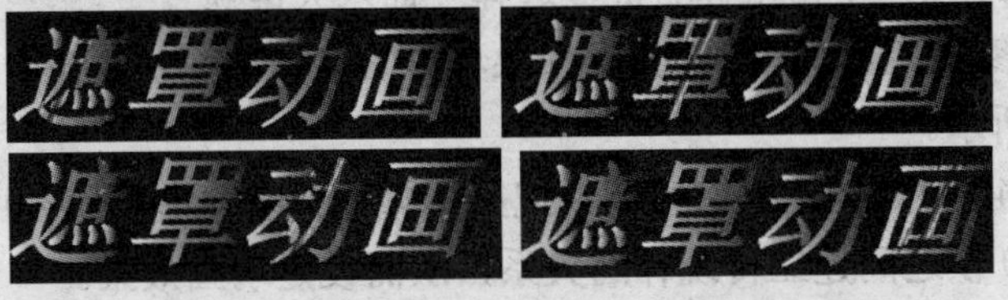

图 9-68 闪烁的文字效果

实例 3：百叶窗式图片切换效果。

01 新建一个 Flash 文件（ActionScript 2.0）或 Flash 文件（ActionScript 3.0）。。

02 执行“文件”菜单里的“导入”命令导入一个图片。

03 执行“修改”菜单里的“分离”命令将图片打散。

04 选择椭圆工具，设置椭圆工具绘制的内部为空，绘制一个圆形在打散的图形上，如图 9-69 所示。

05 选中圆，执行“编辑”菜单里的“复制”命令。

06 单击“箭头工具”，选中圆圈外的多余部分，按 Delete 键删除。剩下的就是所要的切换图片，如图 9-70 所示。

07 单击“插入层”图标，增加一个新的图层 2，在该图层内执行“文件”菜单里的“导入”命令导入一个图片。

08 执行“修改”菜单里的“分散”命令将图片打散。

09 执行“编辑”菜单里的“粘贴当前位置”命令，将前面画的圆复制到该图片上，如图 9-71 所示。

10 单击“箭头工具”，选中圆圈外的多余部分，按 Delete 键删除。剩下的就是所要的另一张切换图片，如图 9-72 所示。

图 9-69 绘制椭圆

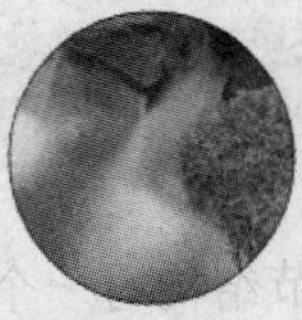

图 9-70 切换的图片

图 9-71 复制圆形

图 9-72 另一张切换图

11 单击“插入层”图标，增加一个新的图层 3。

12 用矩形工具在该图层绘制一个矩形，刚好遮住圆形的下部分，如图 9-73 所示。

13 单击“箭头工具”，选中该矩形，执行“修改”菜单里的“转换成元件”命令，将该矩形转换成一个元件，命名为“元件 1”。

14 执行“插入”菜单里的“新建元件”命令创建一个新的元件，命名为“元件 2”。

15 执行“窗口”菜单里的“库”命令，把库中的元件“元件 1”拖到“元件 2”的编辑窗口中。

16 选择第 20 帧，单击鼠标右键，选择“插入关键帧”。

17 执行“修改”菜单里的“变形”菜单里的“自由变换”命令，将矩形拉成一条横线，如图 9-74 所示。

18 在 25、40 帧处创建关键帧，并把第 1 帧的内容复制到第 40 帧。分别在第 1～20 帧之间、25～40 帧之间建立传统补间关系，从而设定动画效果。

19 在图层 3 上，点击鼠标右键，选择“遮罩层”，将该层设为“遮罩层”。

20 单击“插入层”图标，新建图层 4。将图层 2 和图层 3 中两层的内容完全复制。在图层 4 上的第一帧单击鼠标右键，选择“粘贴帧”命令，这时 Flash 会自动在图层 4 的下方创建图层 5。

21 选中图层 4 的第 1 帧，使用键盘上“向上”的方向键，将该帧上的矩形上移，使其正好与图层 3 的矩形相接。

22 使用相同的操作将图层 2 和图层 3 的第 1 帧的内容复制到若干层上，并使每层上的矩形都与下面的矩形相接，直到矩形上移到离开圆形，如图 9-75 所示。

图 9-73 添加一个矩形

图 9-74 矩形的变形

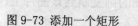

图 9-75 设置矩形相连接的位置

这样，就制作完成了百叶窗式的图片切换动画。

在实际使用时，遮罩动画还有很多其他的动画效果，这不但需要读者自己多加学习和练习，同时也要开动脑子，发挥自己的创意，相信经过不断的练习之后，读者自己也会做出很多有创意的动画效果。

9.8 反向运动

反向运动（IK）是一种使用骨骼的有关节结构对一个对象或彼此相关的一组对象进行动画处理的方法。使用骨骼，元件实例和形状对象可以按复杂而自然的方式移动，只需做很少的设计工作。例如，通过反向运动可以更加轻松地创建人物动画，如胳膊、腿和面部表情。

在 Flash CS5 中，读者可以向单独的元件实例或单个形状的内部添加骨骼。在一个骨骼移动时，与启动运动的骨骼相关的其他连接骨骼也会移动。使用反向运动进行动画处理时，只需指定对象的开始位置和结束位置即可。通过反向运动，可以更加轻松地创建自然的运动。

注意：若要使用反向运动，FLA 文件必须在“发布设置”对话框的“Flash”选项卡中将 ActionScript 3.0 指定为“脚本”设置。

IK 骨架存在于时间轴中的骨架图层上。对 IK 骨架进行动画处理的方式与 Flash 中的其他对象不同。对于骨架，只需向骨架图层添加帧并在舞台上重新定位骨架即可创建关键帧。骨架图层中的关键帧称为姿势。由于 IK 骨架通常用于动画目的，因此每个骨架图层都自动充当补间图层。

若要在时间轴中对骨架进行动画处理，可通过右键单击骨架图层中的帧，在弹出的上下文菜单中选择“插入姿势”命令来插入姿势。使用选取工具更改骨架的配置。Flash 将在姿势之间的帧中自动内插骨骼的位置。

下面通过一个简单实例演示在时间轴中对骨架进行动画处理的一般步骤。该实例演示一个卡通娃娃跳舞的姿势。

01 新建一个 flash 文件，并创建一个卡通娃娃身体各部件的元件。然后利用骨骼工具添加骨骼。如图 9-76 所示。

02 在时间轴中，通过右键单击（Windows）或按住 Option 单击（Macintosh）骨架图层中的第 15 帧，然后在弹出的上下文菜单中选择“插入帧”命令，向骨架的骨架图层添加帧，以便为要创建的动画留出空间。

此时，时间轴上的骨架图层将显示为绿色，如图 9-77 所示。

图 9-76 添加骨骼

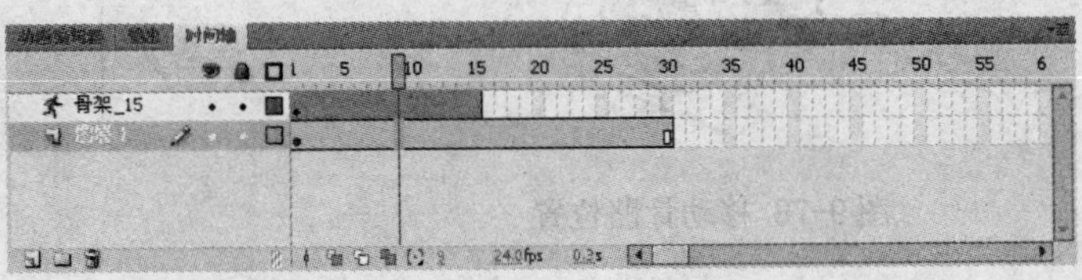

图 9-77 在骨架图层插入帧

03 执行下列操作之一，以向骨架图层中的帧添加姿势：

- 将播放头放在要添加姿势的帧上，然后在舞台上重新定位骨架。
- 右键单击（Windows）或按住 Option 单击（Macintosh）骨架图层中的帧，然后选择“插入姿势”。
- 将播放头放在要添加姿势的帧上，然后按 F6 键。

Flash 将向当前帧中的骨架图层插入姿势。此时，第 15 帧将出现一个黑色的菱形，该图形标记指示新姿势。

04 在舞台上移动卡通娃娃的右腿，并在属性面板中调整骨骼长度。如图 9-78 所示。

05 在骨架图层中插入其他帧，并添加其他姿势，以完成满意的动画。

06 使用在姿势帧之间内插的骨架位置预览动画。

读者可以随时在姿势帧中重新定位骨架或添加新的姿势帧。

如果要在时间轴中更改动画的长度，可以将骨架图层的最后一个帧向右或向左拖动，以添加或删除帧。Flash 将依照图层持续时间更改的比例重新定位姿势帧。

使用姿势向 IK 骨架添加动画时，读者还可以调整帧中围绕每个姿势的动画的速度。通过调整速度，可以创建更为逼真的运动。控制姿势帧附近运动的加速度称为缓动。例如，在移动腿时，在运动开始和结束时腿会加速和减速。通过在时间轴中向 IK 骨架图层添加缓动，可以在每个姿势帧前后使骨架加速或减速。

向骨架图层中的帧添加缓动的步骤如下：

01 单击骨架图层中两个姿势帧之间的帧。应用缓动时，它会影响选定帧左侧和右侧的姿势帧之间的帧。如果选择某个姿势帧，则缓动将影响图层中选定的姿势和下一个姿势之间的帧。

02 在属性检查器中，从"缓动"菜单中选择缓动类型，如图 9-79 所示。

图 9-78 移动骨骼位置

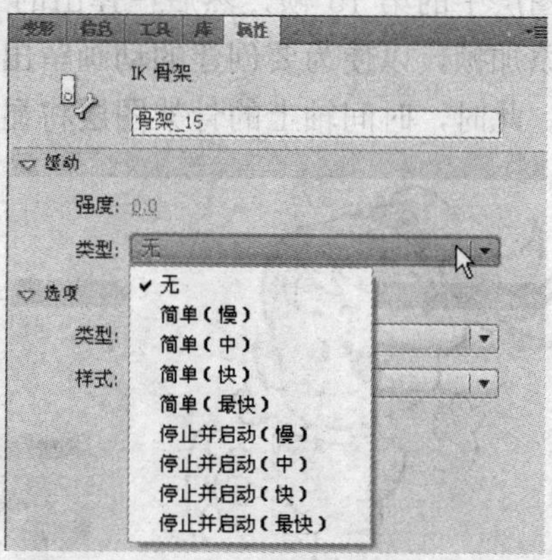

图 9-79 选择缓动类型

可用的缓动包括 4 个简单缓动和 4 个停止并启动缓动。"简单"缓动将降低紧邻上一个姿势帧之后的帧中运动的加速度，或紧邻下一个姿势帧之前的帧中运动的加速度。缓动的"强度"属性可控制缓动的影响程度。

"停止并启动"缓动减缓紧邻之前姿势帧后面的帧以及紧邻图层中下一个姿势帧之前的帧中的运动。这两种类型的缓动都具有"慢"、"中"、"快"和"最快"4 种形式。在使用补间动画时，这些相同的缓动类型在动画编辑器中是可用的。在时间轴中选定补间动画时，可以在动画编辑器中查看每种类型的缓动的曲线。

03 在属性检查器中，为缓动强度输入一个值。默认强度是 0，即表示无缓动。最大值是 100，它表示对下一个姿势帧之前的帧应用最明显的缓动效果。最小值是 -100，它表示对上一个姿势帧之后的帧应用最明显的缓动效果。

04 在完成后，在已应用缓动的 2 个姿势帧之间清理时间轴中的播放头，以便在舞台上预览已缓动的动画。尽管对 IK 骨架应用动画处理方式之后，因此每个骨架图层都自动充当补间图层。但 IK 骨架图层又不同于补间图层，因为无法在骨架图层中对除骨骼位置以外的属性进行补间。若要将补间效果应用于除骨骼位置之外的 IK 对象属性（如位置、变形、色彩效果或滤镜），则需要将骨架及其关联的对象包含在影片剪辑或图形元件中。然后使用“插入”/“补间动画”命令和“动画编辑器”面板，对元件的属性进行动画处理。

将骨架转换为影片剪辑或图形元件以实现其他补间效果的一般步骤如下：

01 选择 IK 骨架及其所有的关联对象。对于 IK 形状，只需单击该形状即可。对于链接的元件实例集，可以在时间轴中单击骨架图层，或者围绕舞台上所有的链接元件拖动一个选取框。

02 右键单击（Windows）或按住 Ctrl 单击（Macintosh）所选内容，然后从上下文菜单中选择“转换为元件”命令。

03 在弹出的“转换为元件”对话框中输入元件的名称，并从“类型”下拉菜单中选择“影片剪辑”或“图形”。然后单击“确定”按钮关闭对话框。

此时，Flash 将创建一个元件，该元件自己的时间轴包含骨架的骨架图层。现在，即可以向舞台上的新元件实例添加补间动画效果。

此外，读者也可以在运行时使用 ActionScript 3.0 对 IK 骨架进行动画处理。如果计划使用 ActionScript 对骨架进行动画处理，则无法在时间轴中对其进行动画处理。只能在第一个帧（骨架在时间轴中的显示位置）中仅包含初始姿势的骨架图层中编辑 IK 骨架。

在骨架图层的后续帧中重新定位骨架后，无法对骨骼结构进行更改。若要编辑骨架，则需要从时间轴中删除位于骨架的第一个帧之后的任何附加姿势。

如果只是重新定位骨架以达到动画处理目的，则可以在骨架图层的任何帧中进行位置更改。Flash 将该帧转换为姿势帧。

使用 ActionScript 3.0 可以控制连接到形状或影片剪辑实例的 IK 骨架。使用 ActionScript 无法控制连接到图形或按钮元件实例的骨架。使用 ActionScript 只能控制具有单个姿势的骨架。具有多个姿势的骨架只能在时间轴中控制。

使用 ActionScript 3.0 对 IK 骨架进行动画处理的一般步骤如下：

01 使用选取工具，选择骨架图层中包含骨架的帧。

02 打开对应的属性面板，从“类型”菜单中选择“运行时”。

现在，即可以在运行时使用 ActionScript 3.0 处理层次结构。

默认情况下，属性检查器中的骨架名称与骨架图层名称相同。在 ActionScript 中使用此名称以指代骨架。读者也可以在属性检查器中更改该名称。

9.9 洋葱皮工具

一般情况下，只能在场景中看到动画序列中某一帧的画面。为了更好地定位和编辑动画，可以使用洋葱皮工具，就能一次看到多帧画面，各帧内容就像用半透明的洋葱皮纸绘制的一样，多个图样叠放在一起。

洋葱皮工具的按钮在时间轴面板的底部，“帧居中”按钮右侧的 4 个按钮即为洋葱皮工具。

> “绘图纸外观”按钮：单击此按钮，可看到多帧画面，同时时间轴上的播放栏出现方括号标记，方括号范围内的帧可以被看到。拖动方括号两边的圆圈可以增大或缩小方括号内洋葱皮的帧数。各帧的图像由深到浅显示出来，当前帧颜色最深，其他帧的颜色依次变浅，但是此时只能对当前帧或当前关键帧进行编辑。如图 9-80 所示。

> “绘图纸轮廓”按钮：单击此按钮，洋葱皮工具范围内的帧将以轮廓方式显示，在画面比较凌乱的时候使用轮廓形式显示比较方便，如图 9-81 所示。

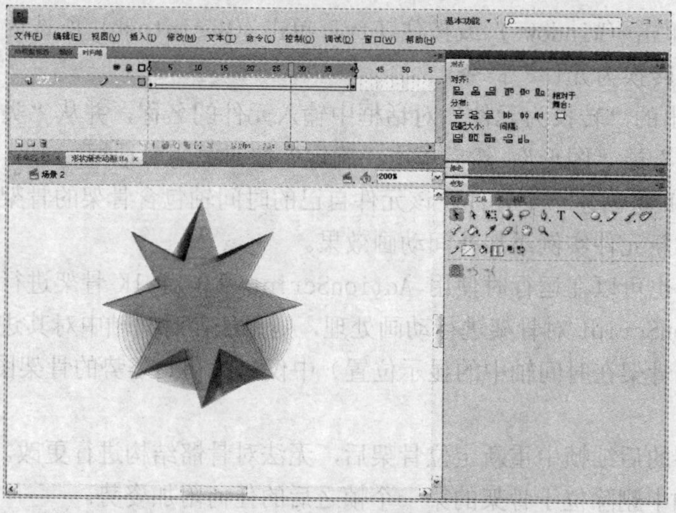

图 9-80 单击“绘图纸外观”按钮的效果图

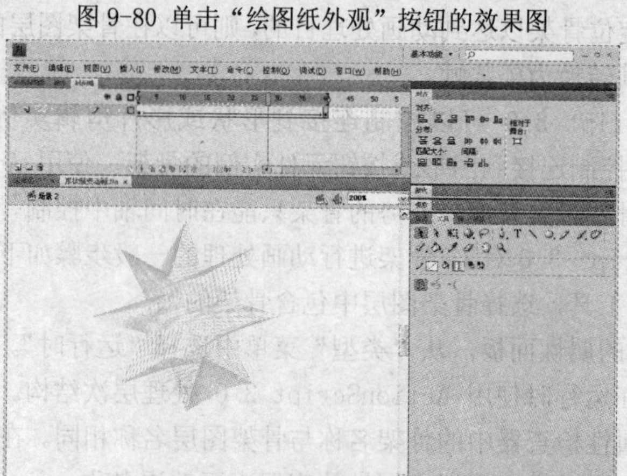

图 9-81 单击“绘图纸轮廓”按钮的效果图

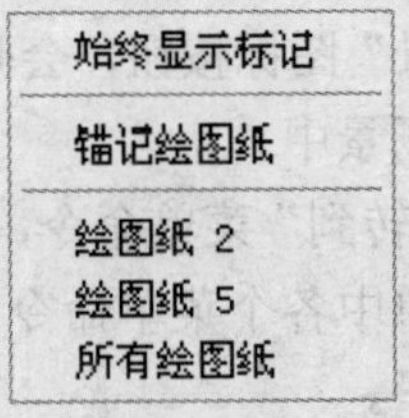

图 9-82 “修改绘图纸标记”菜单

➢ “编辑多个帧”按钮：这个按钮可以使多帧动画同时被编辑。在前两种洋葱皮工具下，虽然可以看到很多帧，但是只有当前帧可以编辑。单击此按钮后，则可以同时编辑方括号内的所有帧。

➢ “修改绘图纸标记”按钮：单击该按钮时，会打开一个下拉菜单，如图 9-82 所示。该菜单中各命令功能如下：

(1)“始终显示标记”：切换洋葱皮标记的显示、隐藏状态。

(2)“锚记绘图纸”：锁定洋葱皮标记，使这些标记保持静止而不会随着播放头的移动而移动。

(3)“绘图纸 2”：这个命令与确定洋葱皮控制范围有关，它表示在当前帧的前后 2 帧处于洋葱皮技术的控制范围。

(4)“绘图纸 5”：它表示在当前帧的前后 5 帧处于洋葱皮技术的控制范围。

(5)“所有绘图纸”：它表示在当前场景中所有帧都处于洋葱皮技术的控制范围。

9.10 场景的管理

使用场景可以有效地组织动画，一般而言，在较小的动画作品中，使用一个默认场景就可以了。但如果动画作品很长也很复杂，全部放在一个场景里的话会使这个场景里的帧系列特别长，不方便编辑和管理，也容易发生误操作。这个时候，将整个动画分成连续的几个部分，分别编辑制作，将会使用户的工作变得更加清晰和有条理，提高工作效率。

9.10.1 场景的添加与切换

如果需要在舞台中添加场景，执行“插入”菜单里的“场景”命令。增加场景后，舞台和时间轴都会更换成新的，可以创建另一场电影，在舞台的左上角会显示出当前场景的名称。

执行“窗口”菜单下“其他面板”里的“场景”命令，则会调出“场景”面板，如图 9-83 所示。在场景列表框中显示了当前电影中所有的场景名称。在“场景”面板右下角有 3 个按钮，从左到右它们分别是“复制场景”、“增加场景”和“删除场景”按钮。单击添加场景按钮时，会在面板的场景列表框突出显示，默认的名称是“场景*”（*号表示场景的序号），同时在舞台中也会跳转到该场景，舞台和时间轴都会更换成新的。

单击舞台上右上角的“编辑场景”图标按钮，会弹出一个场景下拉菜单，单击该菜单中的场景名称，可以切换到相应的场景中。

另外，执行“视图”菜单里的“转到”菜单命令，也会弹出一个子菜单。利用该菜单，同样可以完成场景的切换。该子菜单中各个菜单命令的功能如下：

- “第一个”：切换到第一个场景。
- “前一个”：切换到上一个场景。
- “下一个”：切换到下一个场景。
- “最后一个”：切换到最后一个场景。
- “场景*”：切换到第*个场景（*是场景的序号）。

图 9-83 “场景”面板

9.10.2 场景的命名

如果需要给场景命名，可以在场景面板中双击需要命令的场景名称，则会出现矩形框。此时，用户可以对场景默认的名称进行修改。尽管可以使用任何字符来给场景命名，但是最好使用有意义的名称来命名场景，而不仅仅使用数字区别不同的场景。

当用户在该面板的场景列表框中拖动场景的名称时，可以改变场景的顺序，该顺序将影响到电影的播放。默认情况下的播放顺序是场景 1，场景 2，场景 3。

9.10.3 场景的删除及复制

如果需要删除一个场景，先在“场景”面板中选择一个需要删除的场景，然后单击左下方的删除按钮。

如果用户需要复制场景，则先在“场景”面板中选择一个需要复制的场景，然后单击左下方的复制场景按钮。复制场景后，新场景的默认名称是“所选择场景的名称+复制”，用户可以对该场景进行命令、移动和删除等操作。复制的场景可以说是所选择场景的一个副本，所选择场景中的帧、层和动画等都得到复制，并形成一个先场景。复制场景主要用于编辑某些类似的场景。

9.11 思考题

1. 如何设定Flash动画的播放速度？
2. 逐帧动画和渐变动画各有什么优缺点？
3. 运动引导层有何特点？
4. 如何实现色彩动画的淡出与淡入效果？
5. 遮罩动画是如何实现的？
6. 传统补间和补间动画有何异同？
7. 如何创建反向运动？

9.12 动手练一练

1. 创建一个立体球从舞台的左上角移动到右下角的直线运动，同时要求有颜色的浅入效果。

提示：首先将创建的立体球转换为符号，然后在时间轴窗口插入两个关键帧，将第1个关键帧所对应的符号实例拖曳到舞台的左上角，并设置立体球的Alpha值；将第2个关键帧所对应的符号实例拖曳到舞台的右下角，设置立体球的Alpha值，然后建立两个关键帧的运动过度动画。

2. 创建一个形状补间动画，要求从“Flash”5个字母到“动画”的渐变，同时要求有颜色的渐变效果。

提示：首先在第1个关键帧输入“Flash”5个字母，并设定好文字的颜色，然后执行“修改”菜单里的“分散”命令；在第2个关键帧，输入“动画”两个汉字，并设定好文字的颜色，然后执行“修改”菜单里的“分散”命令。建立两个关键帧的运动过度动画。

3. 制作一个月亮绕着地球转，地球绕着太阳转的动画。

提示：本动画制作的关键是建立月亮，地球的传统补间动画，使用“运动引导层”来指定它们的圆形运动轨迹。

4. 制作一个文字逐渐显示出来的动画。

提示：本动画制作的要点是先在图层上输入文字，然后制作一个很长的矩形框，能够覆盖住文字，用矩形框完成一个传统补间动画，使矩形框从文字外移动到完全覆盖这个文字。最后以文字为遮罩层，矩形框动画为被遮罩层，从而实现文字逐渐显现出来的效果。

5. 发挥自己的想象力，制作一个动画，融合了传统补间，形状补间，运动引导层和遮罩动画的制作。

第 10 章

制作交互动画

本章向读者介绍交互动画的制作基础，内容包括交互动画的概念，Flash CS5中“动作”面板的组成与使用方法，如何设置“动作”面板参数，在撰写脚本时如何使用代码提示，如何通过“动作”面板给帧、按钮以及影片剪辑添加动作，以及如何创建简单的交互操作，比如跳到某一帧或场景，播放和停止影片，跳到不同的URL。

学习要点

- 掌握动作面板的使用方法。
- 了解创建交互动画的条件。
- 掌握为帧，按钮和影片剪辑添加动作的方法。
- 掌握简单的交互创作操作方法。

10.1 什么是交互动画

什么是“交互”？Flash 中的交互就是指人与计算机之间的对话过程，人发出命令，计算机执行操作，即人的动作引发计算机响应这样一个过程。交互性是电影和观众之间的纽带。它的应用非常广泛，比如现在浏览的网页通常都包含了交互性的网页。网页设计者通过 JavaScript，VBScript 等脚本程序使网页可以按浏览者的不同要求进行显示或者处理用户提供的各种数据并返回给用户。

Flash 的交互动画是指在作品播放时支持事件响应和交互功能的一种动画，也就是说，动画播放时能够受到某种控制，而不是像普通动画一样从头到尾进行播放。这种控制可以是动画播放者的操作，比如说触发某个事件，也可以在动画制作时预先设的某种变化。

10.2 “动作”面板

在 Flash CS5 中，可以通过动作面板来创建与编辑脚本。一旦在关键帧，按钮或者是影片剪辑上附加了一个脚本，就可以创建所需要的交互动作了。

而要向 Flash 文档添加动作，又必须将其附加到按钮，影片剪辑或者时间轴中的帧上，这时就需要使用“动作”面板。“动作”面板可以帮助用户选择、拖放、重新安排以及删除动作。

选择“窗口”菜单里的“动作”子菜单，就可以打开动作面板，如图 10-1 所示。

默认条件下，激活的动作面板为帧的动作面板，如果在舞台上选择按钮或是影片剪辑，激活“动作”面板，这时“动作”面板的标题就会随着所选择的内容而发生改变，以反映当前选择。

针对 Flash 设计人员，Flash CS5 增强了代码易用性方面的功能，比如以前只有在专业编程的 IDE 才会出现的代码片断库，现在也出现在 Flash CS5 中。单击“动作”面板右上角的“代码片断”按钮，即可弹出“代码片断”面板，如图 10-2 所示。

Flash CS5 代码片断库通过将预建代码注入项目，可以让用户更快更高效地生成和学习 Actionscript 代码。

若要在“动作”工具箱内导航，可以执行下面的操作：

- 要选择“动作”工具箱中的第一项，只需按下 Home 键。
- 要选择“动作”工具箱中的最后一项，只需按下 End 键。
- 要选择“动作”工具箱中的前一项，只需按下向上箭头键或向左箭头键。
- 要选择“动作”工具箱中的下一项，只需按下向下箭头键或者向右箭头键。
- 要展开或折叠文件夹，只需按下 Enter 或空格键。
- 要向脚本插入一项，只需按下 Enter 或空格键。
- 要翻到项目的上一页，只需按下 Page Up 键。
- 要翻到项目的下一页，只需按下 Page Down 键。
- 要用项目的首字符搜索“动作”工具箱的某个项目，只需键入那个字符。该搜索不区分大小写。可多次键入某个字符循环搜索所有以该字符开头的项目。

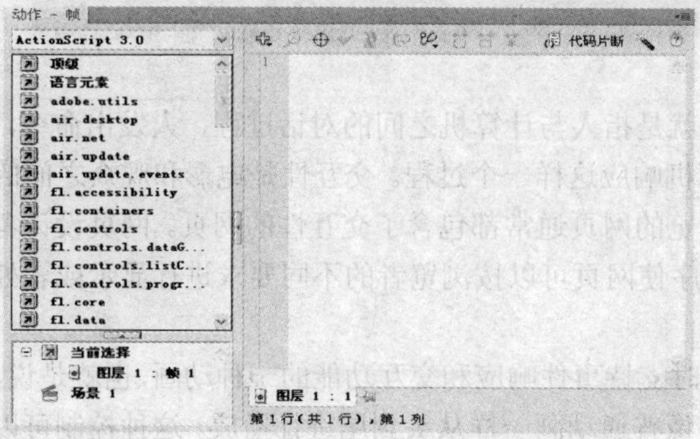

图 10-1 “动作”面板

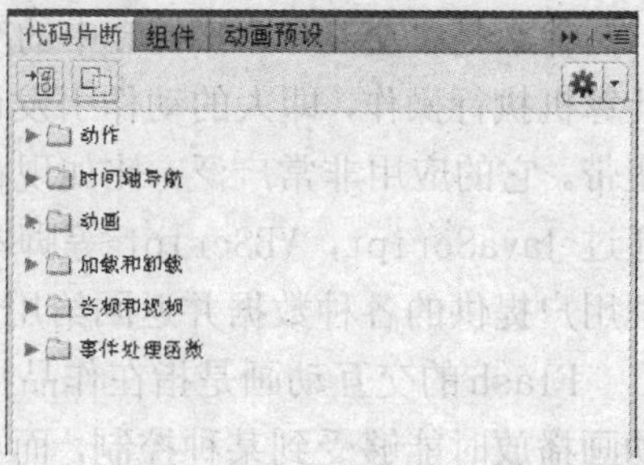

图 10-2 “代码片断”面板

10.2.1 使用“动作”面板

在 Flash CS5 中，可以通过“动作”工具箱中选择项目创建脚本，也可单击“将新项目添加到脚本中”按钮“![]”，从弹出的菜单中选择动作。“动作”工具箱把项目分为几个类别，例如动作，属性和对象等，还提供了一个按字母顺序排列所有项目的索引。当双击项目时，它将被添加到面板右侧的脚本窗格中，也可以直接单击并拖动项目到脚本窗格中。

用户也可以直接在“动作”面板右侧的脚本窗格中输入动作脚本，编辑动作，输入动作的参数或者删除动作，还可以添加，删除脚本窗格中的语句或更改语句的顺序，这和用户在文本编辑器中创建脚本十分相似。还可以通过“动作”面板来查找和替换文本，查看脚本的行号等。用户还可以检查语法错误，自动设定代码格式并用代码提示来完成语法。

此外，可以使用脚本助手从“动作”面板中的“动作”工具箱中选择项以及提供一个界面来生成脚本。这个界面包含文本字段、单选按钮和复选框，可以提示正确变量及其他脚本语言构造。即使不深入了解 ActionScript，也能轻松地创建脚本。Flash CS5 中的脚本助手模式包含对 ActionScript 3.0 的支持。使用“动作”面板添加动作的步骤如下：

01 单击“动作”工具箱中的某个类别，显示该类别中的动作。

02 双击选中的动作，或者将其拖放到脚本窗格中，即可在脚本窗格中添加该动作。如图 10-3 所示。

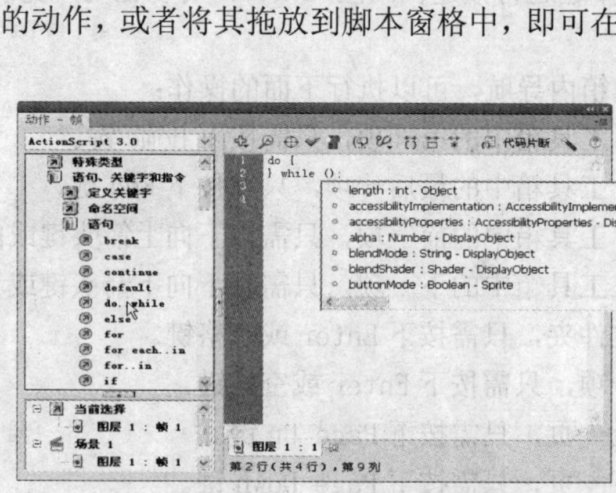

图 10-3 在窗格中添加动作

10.2.2 使用“动作”面板选项菜单

在动作面板中，单击右上角的“☰”按钮，将打开“动作”面板选项菜单，如图 10-4 所示。

下面具体介绍这些命令：

➢ 重新加载代码提示：如果通过编写自定义方法来自定义“脚本助手”模式，则可以重新加载代码提示，而无需重启 Flash CS5。

➢ 固定脚本：选择这个命令将会锁定当前编辑的脚本，当舞台中有多个动作需要编辑时，固定的脚本将一直存在脚本窗格里。脚本窗格左下角将显示相应的固定图标，如图 10-5 所示。

➢ 关闭脚本：解除对脚本的锁定，选择这个命令将关闭当前编辑的脚本。

➢ 关闭所有脚本：将当前所有输入的脚本窗口关闭。

➢ 转到行：选择这个命令后，在打开的“转到行”对话框（图 10-6）里输入跳转到的语句行，确定后就可以在“脚本”窗格中找到并加亮显示指定的行。

图 10-4 “动作”面板选项菜单

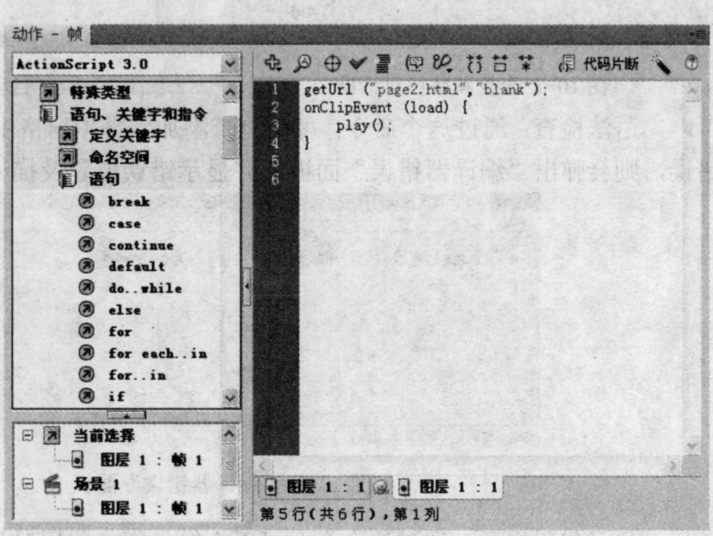

图 10-5 锁定脚本

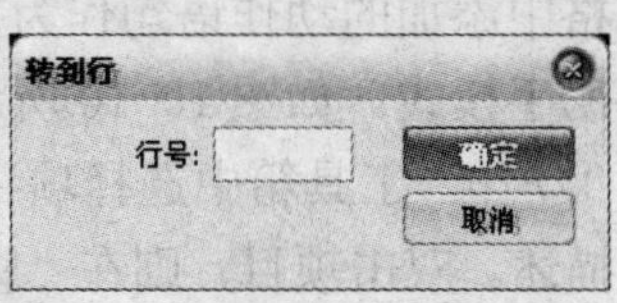

图 10-6 “转到行”对话框

➢ 查找和替换：选择这个命令后在弹出的“查找和替换”对话框中（图 10-7），输入查找的内容，单击“查找下一个”按钮，即可快速定位到要查找的字符串。如果选中“区分大小写”复选框，则会对查找的字符串进行大小写的区分。单击“替换”，将找到的第一个匹配内容替换为指定的内容。单击“全部替换”，则替换当前窗口中找到的所有匹配字符串。

➢ 再次查找：重复查找在“查找和替换”工具中输入的最后一个搜索字符串。

➢ 自动套用格式：选择这个命令后可以使用设置的格式来规范输入的脚本。要设置套用格式选项，可选择“自动套用格式选项”命令，打开“自动套用格式”对话框，如图 10-8 所示，选择套用格式，然后确定即可。

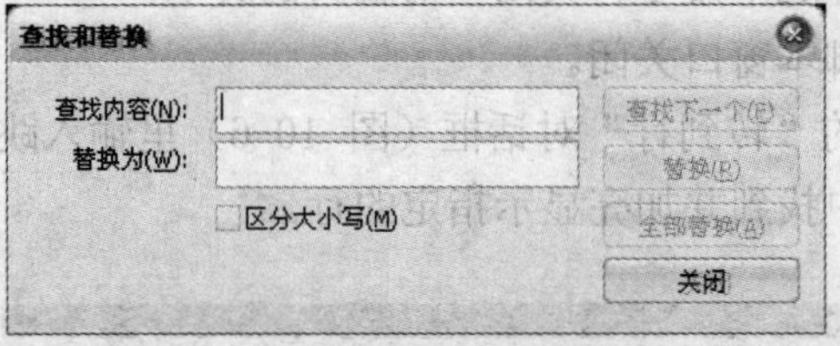

图 10-7 查找和替换对话框

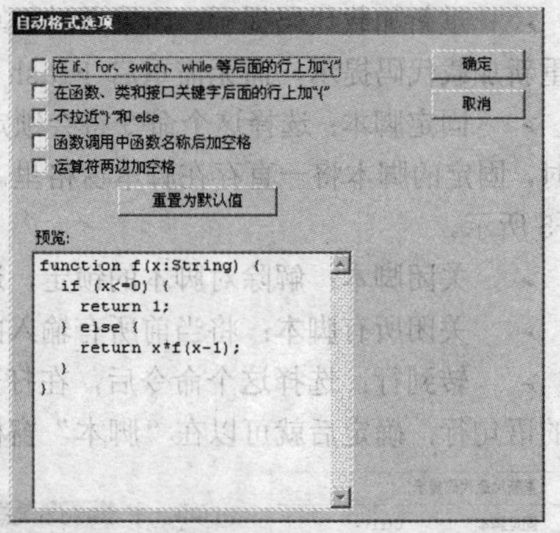

图 10-8 “自动套用格式选项”对话框

➢ 语法检查：通过这个命令，可以检查添加到脚本窗格中的语句是否正确。如果语法错误，则会弹出“编译器错误”面板，并显示错误位置及描述，如图 10-9 所示。

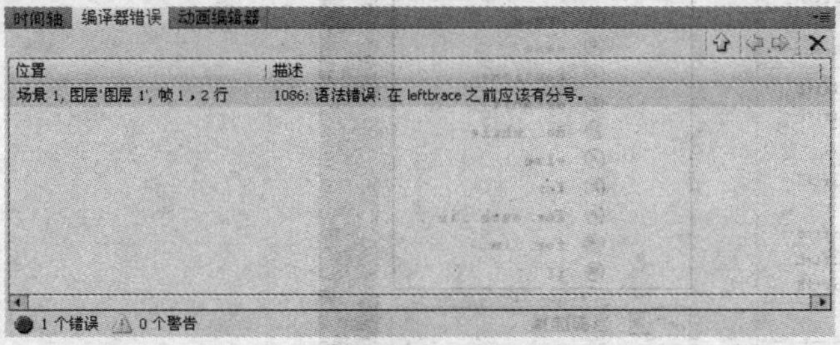

图 10-9 “编译器错误”面板

➢ 显示代码提示：通过这个命令可以在输入脚本代码时显示代码提示。

➢ 导入脚本：可以将外部文件编辑器创建好的脚本文件导入到脚本窗格中。

➢ 导出脚本：可将脚本窗格中添加的动作语句作为文件输出。

➢ 脚本助手：切换到脚本助手模式。如图 10-10 所示。

使用“脚本助手”，可以从“动作”工具箱中选择项目来编写脚本。单击某个项目一次，面板右上方会显示该项目的描述。双击项目，则在“脚本”窗格中将该项目添加到面板右侧的滚动列表中。在脚本助手模式下，可以添加、删除或者更改“脚本”窗格中语句的顺序；还可以在“脚本”窗格上方的文本框中输入动作的参数。

➢ Esc 快捷键：快速将常见的语言元素和语法结构输入到脚本中。例如，在脚本窗格中按 Esc+g+p 时，gotoAndPlay() 函数将插入到脚本中。选择该选项后，所有可用的 Esc 快捷键都会出现在“动作”工具箱中。

➢ 隐藏字符：查看脚本中的隐藏字符。隐藏的字符有空格、制表符和换行符，如图 10-11 所示。

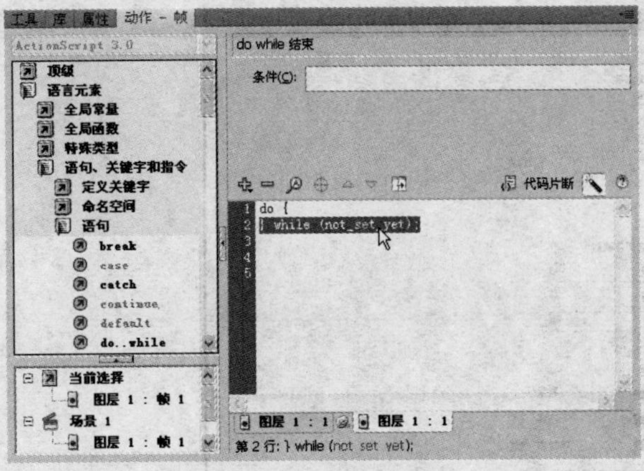

图 10-10 脚本助手模式

图 10-11 显示隐藏字符

➢ 行号：在脚本窗格中显示或隐藏语句的行编号。Flash CS5 默认显示行号。隐藏行号的脚本窗格如图 10-12 所示。

➢ 自动换行：可以使输入的动作语句自动进行换行操作。

➢ 首选参数：在"首选参数"对话框里，可以对脚本文本，语法颜色等选项的设置。

➢ 帮助：通过这个命令，激活帮助面板，它可以帮助解决用户在编辑过程中遇到的困难。

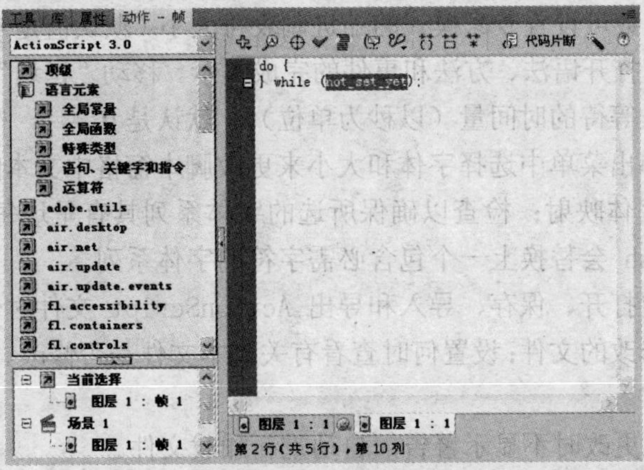

图 10-12 显示行号

10.2.3 设置"动作"面板的参数

可以通过设置动作面板的工作参数，来改变脚本窗格中的脚本编辑风格。要设置"动作"面板的首选参数，可以使用 Flash 首选参数的"ActionScript"部分。可从中更改这些设置，例如缩进、代码提示、字体和语法颜色，或者恢复默认设置。

要设置动作面板的参数，可以通过如下操作：

01 从“动作”面板的选项菜单中选择“首选参数”命令。或选择“编辑”菜单里的“首选参数”命令，然后单击“ActionScript”选项卡，如图 10-13 所示。

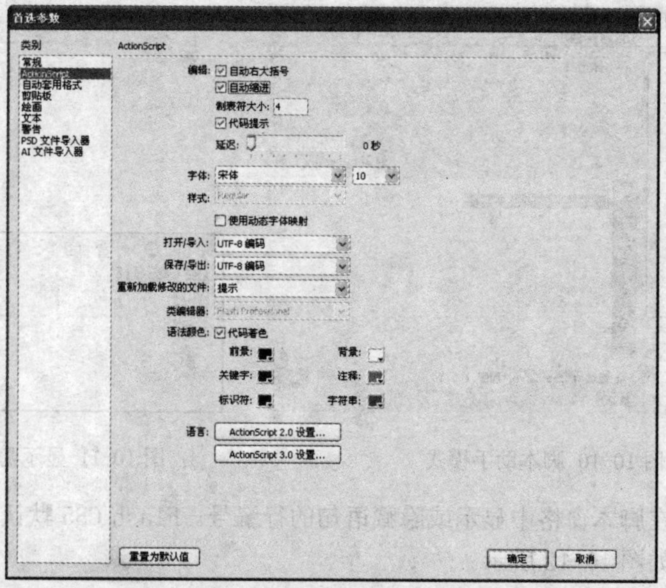

图 10-13 首选参数对话框

02 从弹出的“首选参数”对话框里设置以下任意首选参数：

➢ 编辑：选择“自动缩进”会在“脚本”窗格中自动缩进动作脚本，在“制表符大小”框中输入一个整数可设置专家模式的缩进制表符大小（默认值是 4）。在编辑模式下，选择“代码提示”可打开语法、方法和事件的完成提示。移动“延迟”滑块来设置在显示代码提示之前 Flash 等待的时间量（以秒为单位）。默认是 0。

➢ 字体：从弹出菜单中选择字体和大小来更改脚本窗格中文本的外观。

➢ 使用动态字体映射：检查以确保所选的字体系列具有呈现每个字符所必需的字型。如果没有，Flash 会替换上一个包含必需字符的字体系列。

➢ 编码：指定打开、保存、导入和导出 ActionScript 文件时使用的字符编码。

➢ 重新加载修改的文件：设置何时查看有关脚本文件是否修改、移动或删除的警告。有以下 3 个选项：

“总是”：发现更改时不显示警告，自动重新加载文件。

“从不”：发现更改时不显示警告，文件保留当前状态。

“提示”：发现更改时显示警告，可以选择是否重新加载文件。该选项为默认选项。

➢ 语法颜色：请选择脚本窗格的前景色和背景色，并选择关键字（例如 new、if、while 和 on）、内置标识符（例如 play、stop 和 gotoAndPlay）、注释以及字符串的颜色。

➢ 语言：打开“ActionScript 设置”对话框，分别对 ActionScript 2.0 和 ActionScript 3.0 的类路径进行设置。

10.2.4　使用代码提示

当使用“动作”面板时，Flash 可检测到正在输入的动作并显示代码提示，即包含该动作完整语法的工具提示，或者列出可能的方法或属性名称的弹出菜单。

默认情况下，启用代码提示。通过设置首选参数，可以禁用代码提示或确定它们出现的速度。如果在首选参数中禁用了代码提示，可手动打开它们。

可通过以下操作之一启用自动代码提示：

01 从“动作”面板的右上角的选项菜单中选择“首选参数”，然后在“ActionScript”选项卡上，选择“代码提示”。

02 单击脚本窗格上方的“显示代码提示”按钮“”。

03 从“动作”面板的选项菜单中选择“显示代码提示”，结果如图 10-14 所示。

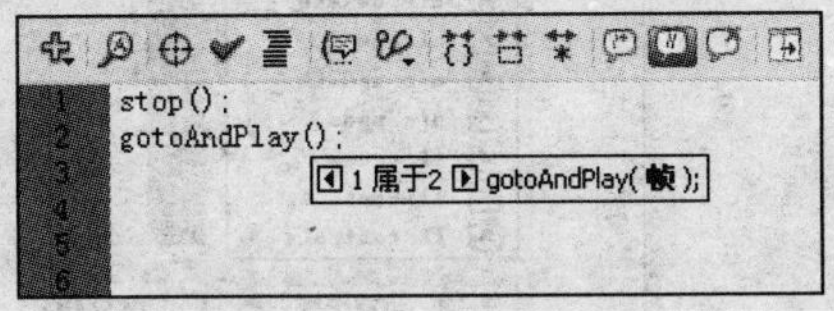

图 10-14 显示代码提示

若要使代码提示消失，可以通过执行以下操作之一：

1. 选择其中的一个菜单项。
2. 单击该语句之外的地方。
3. 按下 Esc 键。

10.2.5　使用“代码片断”面板

Flash CS5 新增的“代码片断”面板旨在使非编程人员能快速地轻松开始使用简单的 ActionScript 3.0。借助该面板，开发人员可以将 ActionScript 3.0 代码添加到 FLA 文件以启用常用功能。“代码片断”面板也是 ActionScript 3.0 入门的一种好途径。每个代码片断都有描述片断功能的工具提示，通过学习代码片断中的代码并遵循片断说明，学习者可以轻松了解代码结构和词汇。

在这里，需要提请读者注意的是，Flash CS5 附带的所有代码片断都是 ActionScript 3.0。ActionScript 3.0 与 ActionScript 2.0 不兼容。

当应用代码片断时，此代码将添加到时间轴中的“动作”图层的当前帧。如果用户尚未创建“动作”图层，Flash 将在时间轴中的所有其他图层之上添加一个“动作”图层。

若要将代码片断添加到对象或时间轴帧，请执行以下操作：

01 选择舞台上的对象或时间轴中的帧。

如果选择的对象不是元件实例或 TLF 文本对象，则当应用代码片断时，Flash 会将该对象转换为影片剪辑元件。

如果选择的对象还没有实例名称，Flash 在应用代码片断时会自动为对象添加一个实例名称。

02 执行“窗口”|“代码片断”菜单命令，或单击“动作”面板右上角的“代码片断”图标按钮，打开“代码片断”面板，如图 10-15 所示。

03 双击要应用的代码片断，即可将相应的代码添加到脚本窗格之中，如图 10-16 所示。

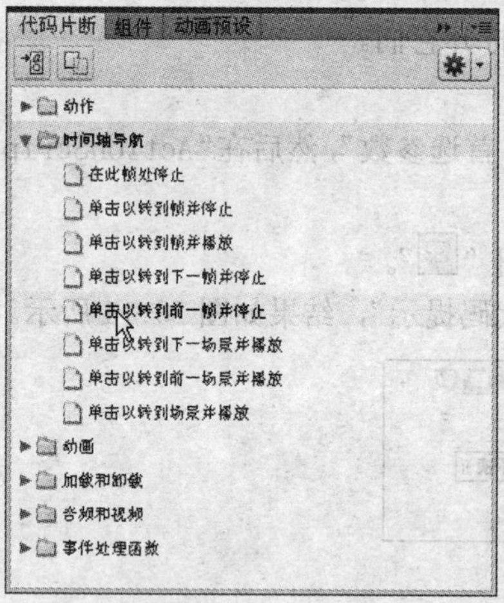

图 10-15 “代码片断”面板

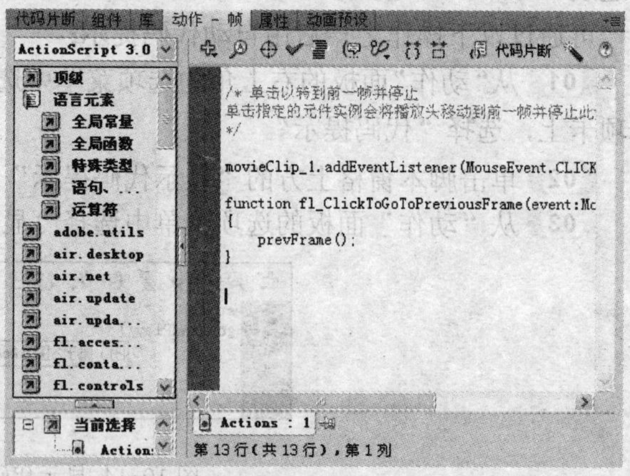

图 10-16 利用“代码片断”面板添加的代码

如果选择的是舞台上的对象，Flash 将代码片断添加到包含所选对象的帧中的“动作”面板。如果选择的是时间轴帧，Flash 只将代码片断添加到那个帧。

04 在“动作”面板中，查看新添加的代码并根据片断开头的说明替换任何必要的项。

Flash CS5 代码片断库可以让用户方便地通过导入和导出功能，管理代码。例如，可以将常用的代码片断导入“代码片断”面板，方便以后使用。

若要将新代码片断添加到“代码片断”面板，可以执行以下操作：

01 在“代码片断”面板中，单击面板右上角的选项菜单按钮，从弹出的面板菜单中选择“新建代码片断”命令。

02 在弹出的“创建新代码片断”对话框中，为新的代码片断输入标题、工具提示文本和 ActionScript 3.0 代码，如图 10-17 所示。

03 如果要添加当前在“动作”面板中选择的代码，单击“自动填充”按钮。

04 如果代码片断中包含字符串“instance_name_here”，并且希望在应用代码片断时 Flash 将其替换为正确的实例名称，则需要选中“自动替换 instance_name_here”复选框。

05 单击“确定”按钮，Flash 将新的代码片断添加到名为 Custom 的文件夹中的“代码片断”面板。

此外，还可以通过导入代码片断 XML 文件，将自定义代码片断添加到“代码片断”面板中。操作步骤如下：

01 在“代码片断”面板中，从面板菜单中选择“导入代码片断 XML”命令。

02 选择要导入的 XML 文件，然后单击“打开”按钮。

03 如果要查看代码片断的正确 XML 格式，可以在面板菜单中选择“编辑代码片断 XML”命令。

如果要删除代码片断，可以在“代码片断”面板中右键单击该片断，然后从弹出的上下文菜单中选择“删除代码片段”命令。

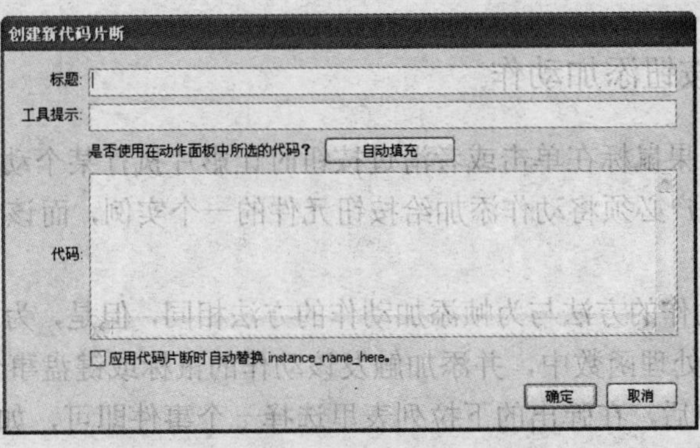

图 10-17 “创建新代码片断”对话框

10.3 为对象添加动作

在 Flash CS5 中，可以使用“动作”面板为帧、按钮以及影片剪辑添加动作。

需要说明的是，在 ActionScript 1 和 ActionScript 2 中，用户可以在时间轴上写代码，也可以在选中的对象如按钮或是影片剪辑上书写代码。为按钮或影片剪辑编写的代码加入在 on()或是 onClipEvent()代码块中。而在 ActionScript 3.0 中，用户不能在选中的对象如按钮或是影片剪辑上书写代码了，代码只能被写在时间轴上，或外部类文件中。当在时间轴上书写 ActionScript 3.0 代码时，Flash 将自动新建一个名为“Action”的图层。

10.3.1 为帧添加动作

在 Flash CS5 影片中，要使影片在播放到时间轴中的某一帧时执行某项动作，可以为该关键帧添加一项动作。

使用动作面板添加帧动作的步骤如下：

01 在时间轴中选择需要添加动作的关键帧。

02 在动作面板的工具箱里选择需要添加的动作，然后将其添加到脚本窗格中去。

03 在脚本窗格中，根据需要编辑输入的动作语句。

04 重复步骤 2 和 3，直到添加完全部的动作。此时，在时间轴中所添加了动作的关键帧上就会显示一个小“a”，如图 10-18 所示。

注意：如果选择要添加动作的帧不是关键帧，则添加的动作将会被添加给其前的一个关键帧。

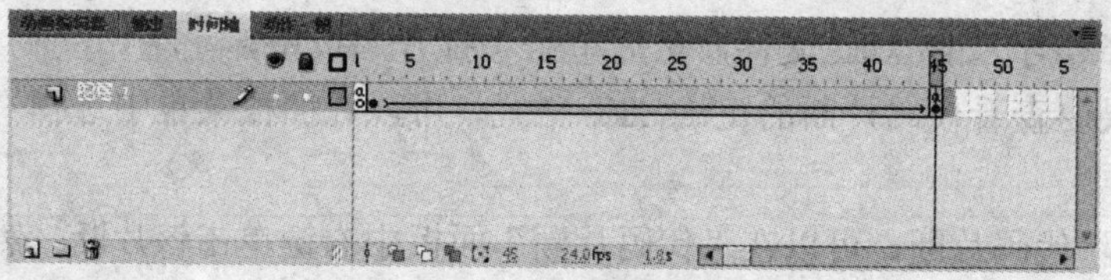

图 10-18 为帧添加动作

10.3.2 为按钮添加动作

在影片中，如果鼠标在单击或者滑过按钮时让影片执行某个动作，可以为按钮添加动作。在 AS2 中，用户必须将动作添加给按钮元件的一个实例，而该元件的其他实例将不会受到影响。

为按钮添加动作的方法与为帧添加动作的方法相同，但是，为按钮添加动作时，必须将动作嵌套在 on 处理函数中，并添加触发该动作的鼠标或键盘事件。将“on”处理函数拖放到脚本窗格中后，在弹出的下拉列表里选择一个事件即可，如图 10-19 所示。

为按钮指定动作：

01 选择一个按钮，如果“动作”面板没有打开，选择“窗口”菜单里“动作”打开它。

02 要指定动作，请执行以下操作之一：

- 单击“动作”工具箱中的文件夹，双击某个动作将其添加到脚本窗格中。
- 把动作从“动作”工具箱拖到脚本窗格中。
- 单击添加（+）按钮，然后从弹出菜单中选择一项动作。
- 打开“代码片断”面板，双击需要添加的代码片断。

03 在面板顶部的参数文本框中，根据需要输入动作的参数。

04 重复步骤 2 和步骤 3，根据需要指定其他动作。

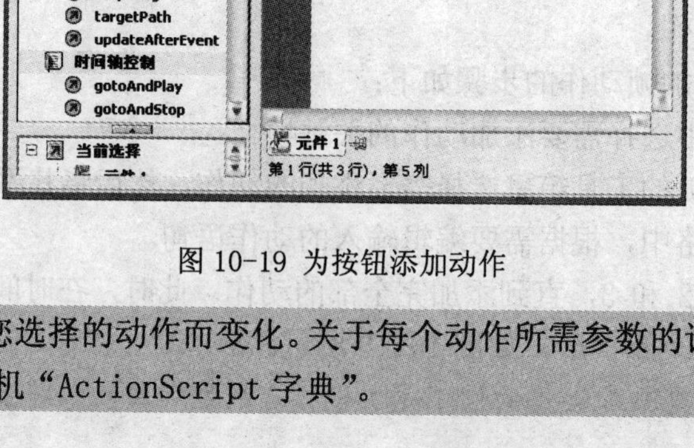

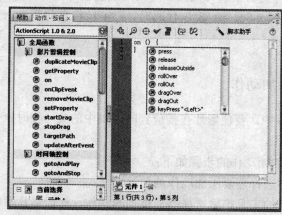

图 10-19 为按钮添加动作

注意：参数根据您选择的动作而变化。关于每个动作所需参数的详细信息，请参阅“帮助”菜单中的联机“ActionScript 字典”。

10.3.3 为影片剪辑添加动作

通过为影片剪辑添加动作，可在影片剪辑加载或者接收到数据时让影片执行动作。用户必须将动作添加给影片剪辑的一个实例，而元件的其他实例不受影响。

在 Flash CS5 中，用户可以使用为帧，按钮添加动作的方法来为影片剪辑添加动作。此时必须将动作嵌套在 onClipEvent 处理函数中，并添加触发该动作的剪辑事件。将 onClipEvent 处理函数拖入脚本窗格之后，可以从弹出的下拉列表里选择相应的事件，如图 10-20 所示。

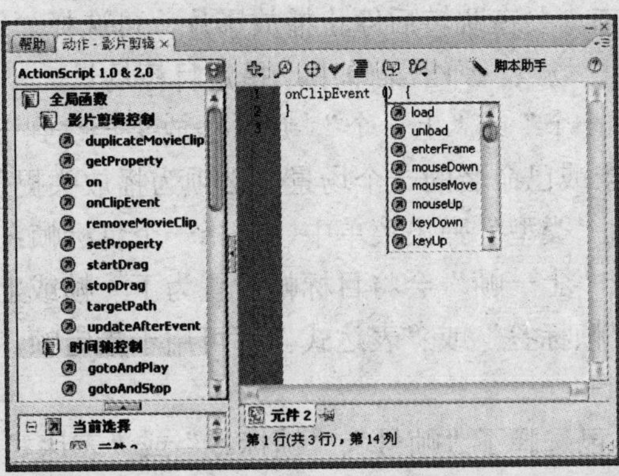

图 10-20 为影片剪辑添加动作

一旦指定了一项动作，用户可以通过“控制”菜单里的“测试电影”命令测试影片是否工作。

10.4 创建交互操作

在简单的动画中，Flash CS5 按顺序播放影片中的场景和帧。在交互式影片中，可以用键盘和鼠标跳到影片中的不同部分、移动对象、在表单中输入信息，以及执行许多其他交互操作。

使用动作脚本可以创建脚本来通知 Flash 在发生某个事件时应该执行什么动作。当播放头到达某一帧，或当影片剪辑加载或卸载，或用户单击按钮或按下键盘键时，就会发生一些能够触发脚本的事件。

脚本可以由单一动作组成，如指示影片停止播放的操作；也可以由一系列动作组成，如先计算条件，再执行动作。许多动作都很简单，不过是创建一些影片的基本控件。其他一些动作要求创作人员熟悉编程语言，主要用于高级开发。

10.4.1 跳到某一帧或场景

要跳到影片中的某一特定帧或场景，可以使用 goto 动作。当影片跳到某一帧时，可以选择参数来控制是从这新的一帧播放影片（默认设置）还是在这一帧停止。goto 动作在“动作”工具箱作为两个动作列出：gotoAndPlay 和 gotoAndStop。影片也可以跳到一个场景并播放指定的帧，或跳到下一场景或上一场景的第一帧。

跳到某一帧或场景：

01 选择要为其指定该动作的帧、按钮实例或影片剪辑实例。

02 选择“窗口”菜单里的“动作”命令来显示动作面板。

03 在“动作”工具箱中，单击“动作”类别，然后单击“影片控制”类别，之后双击 goto 动作。Flash 会在脚本窗格中插入 gotoAndPlay 动作。

04 要在跳转后使影片继续播放，可保持参数窗格中的“转到并播放”选项（默认选项）一直处于选中状态。要在跳转后停止播放影片，可选择“转到并停止”选项。

05 在参数窗格的“场景”弹出菜单中，指定目标场景。

06 如果选择“下一个”或“上一个”，那么播放头会跳到下一场景或上一场景的第一帧。如果选择当前场景或已命名的一个场景，必须为播放头提供要跳转到的帧。

07 在参数窗格的“类型”弹出菜单中，选择一个目标帧：

- “下一帧”或“上一帧”会将目标帧设置为下一帧或上一帧。
- “帧号”、“帧标签”或“表达式”都可用于指定帧。表达式是语句中可以生成值的任何部分，例如 1+1。

08 如果在步骤 6 已选择了“帧号”、“帧标签”或“表达式”，则在“帧”参数框中输入帧号、帧标签，或者输入可以计算出帧号或帧标签的表达式。

例如：下面的动作将播放头跳到第 50 帧，然后从那里继续播放：

```
gotoAndPlay(50);
```

下面的动作将播放头跳到该动作所在的帧之前的第五帧：

```
gotoAndStop(_currentframe +5);
```

10.4.2 播放和停止影片

除非另有命令指示，否则影片一旦开始播放，它就要把时间轴上的每一帧从头播放到尾。用户可以通过使用 play 和 stop 动作来开始或停止播放影片。例如，可以使用 stop 动作在某一场景结束并在继续播放下一场景之前来停止播放影片。一旦停止播放，必须通过使用 play 动作来明确指示要重新开始播放影片。

可以使用 play 和 stop 动作来控制主时间轴或任意影片剪辑或已加载影片的时间轴。要控制的影片剪辑必须有一个实例名称，而且必须显示在时间轴上。

01 停止影片。

02 选择要为其指定动作的帧、按钮实例或影片剪辑实例。

03 选择“窗口”菜单里的 “动作”命令来显示动作面板。

04 在“动作”工具箱中，单击“动作”类别，然后单击“影片控制”类别，之后选择 stop 动作。

05 如果该动作附加到某一帧上，那么脚本窗格中将出现如下代码：

```
stop();
```

06 如果该动作附加到某一按钮上，那么该动作会被自动包含在处理函数 on (mouse event) 内，如下所示：

```
on (release) {
stop();
}
```

07 如果动作附加到某个影片剪辑中，那么该动作会被自动包含在处理函数 onClipEvent 内，如下所示：

```
onClipEvent (load) {
stop();
}
```

注意：动作后面的空括号表明该动作不带参数。

播放影片

01 选择要为其指定动作的帧、按钮或影片剪辑。

02 选择"窗口"菜单里的"动作"命令来显示动作面板。

03 在"动作"工具箱中，单击"动作"类别，然后选择"影片控制"类别，双击 play 动作。

04 如果该动作附加到某一帧上，那么脚本窗格中将出现如下代码：

```
play();
```

05 如果该动作附加到某一按钮上，那么该动作会被自动包含在处理函数 on (mouse event) 内，如下所示：

```
on (release) {
play();
}
```

06 如果动作附加到某个影片剪辑中，那么该动作会被自动包含在处理函数 onClipEvent 内，如下所示：

```
onClipEvent (load) {
play();
}
```

10.4.3 跳到不同的 URL

要在浏览器窗口中打开网页，或将数据传递到所定义 URL 处的另一个应用程序，可以使用 getURL 动作。例如，可以有一个链接到新 Web 站点的按钮，或者可以将数据发送到 CGI 脚本，以便如同在 HTML 表单中一样处理数据。

在下面的步骤中，请求的文件必须位于指定的位置，并且绝对 URL 必须有一个网络连接（例如 http://www.myserver.com/）。

跳到 URL：

01 选择要为其指定动作的帧、按钮实例或影片剪辑实例。

02 选择“窗口”菜单里的“动作”命令来显示动作面板。

03 在“动作”工具箱中，单击“动作”类别，然后单击“浏览器/网络”类别，之后双击 getURL 动作。

04 在参数窗格中，遵循以下指导原则，输入要从中获得文档或将数据发送到其中的 URL：

➢ 使用相对路径，如 ourpages.html，或绝对路径，例如：http://www.flashmx.com/ourpages page.html。

相对路径可以描述一个文件相对于另一个文件的位置，它通知 Flash 从发出 getURL 指令的位置向上和向下移动嵌套文件和文件夹的层次。绝对路径就是指定文件所在服务器的名称、路径（目录、卷、文件夹等的嵌套层次）和文件本身名称的完整地址。

➢ 要根据表达式值获取 URL，可选择“表达式”，然后输入计算 URL 位置的表达式。

例如，下面的语句表明 URL 是变量 dynamicURL 的值：

```
getURL(dynamicURL);
```

05 对于“窗口”，指定要在其中加载文档的窗口或 HTML 帧，如下所示：

❶从下列保留目标名中选择：

➢ _self：指定当前窗口中的当前帧。

➢ _blank：指定一个新窗口。

➢ _parent：指定当前帧的父级。

➢ _top：指定当前窗口中的顶级帧。

❷输入特定窗口或帧的名称，就如同在 HTML 文件中命名它一样。

❸选择“表达式”，然后输入计算该窗口位置的表达式。

06 对于“变量”，选择一种方法将已加载影片的变量发送到“URL”文本框中列出的位置上：

➢ 选择“用 Get 方式发送”将数量较少的变量附加到 URL 的末尾。例如，用此选项将 Flash 影片中的变量值发送到一个服务端脚本中。

➢ 当单独标题中的字符串很长时，可选择“用 Post 方式发送”将变量和 URL 分开发送；这可以发送更多的变量，并且可以将从表单收集到的信息张贴到服务器的 CGI 脚本上。

➢ 选择“不发送”可阻止变量的传递。

代码将与下面这行代码相似：

```
getUrl ("page2.html","blank");
```

getURL 动作将 HTML 文件 page2.html 加载入一个新的浏览器窗口中。

10.5 思考题

1. 交互的基本概念是什么？

2. “动作”面板由哪几部分组成？简述如何使用“动作”面板撰写脚本。

3. 简述如何使用“代码片断”为对象添加动作？如何将自定义代码片断添加到“代

码片断”面板中？

4. 在Flash CS5中如何为帧、按钮以及影片剪辑添加动作？

5. 如何通过基本动作，控制时间轴上的播放，并将新的网页加载到浏览器窗口中？

10.6 动手练一练

自己创建一个简单的动画，使其满足以下条件：

1. 该动画在第一个关键帧处处于停止状态；

2. 在动画中添加一个按钮，并能够通过该按钮控制动画的播放。

第 11 章

ActionScript 基础

本章将向读者介绍交互的要素和ActionScript 语言基础，内容包括 Flash 交互动画的三要素，即事件、目标、动作，ActionScript 的术语，语法结构，语句功能，数据类型，变量的值，常见的几种类型的函数，表达式和运算符的使用规则以及类的创建。

学习要点

- 了解交互的要素。
- 掌握基本的 ActionScript 术语。
- 掌握 ActionScript 的语法。
- 掌握 ActionScript 的动作语句。

11.1 交互的要素

为了成功地实现交互，应了解一些高级交互背后的逻辑知识。只需在 Flash 动画中添加一些简单的交互作用，对交互作用的原理稍做了解可以受益非浅。

Flash 中的交互作用由 3 个因素组成：触发动作的事件、事件所触发的动作以及目标或对象，也就是执行动作或事件所影响的主体。要用 Flash 创建交互，需使用 ActionScript 语言。该语言包含一组简单的指令，用以定义事件、目标和动作。

11.1.1 事件

在 Flash 动画中添加交互时，需要定义的第一件事情就是事件。可以用两种方式来触发事件：一种是鼠标/键盘事件，它是基于动作的，即通过单击鼠标、拨号或者敲打键盘开始一个事件；一种是帧事件，它是基于时间的，即当到达一定的时间时自动激发事件。

1. 鼠标事件

当用户操作电影中的一个按钮时便发生鼠标事件。这种事件也被称为按钮动作，因为它们总涉及到一个按钮，且总能触发一个动作。用户可以通过鼠标以下面任意一种方式来触发鼠标事件：

- Press：当用户将鼠标移到电影按钮并按鼠标按键时，动作触发。
- Release：当用户将鼠标放在电影按钮并单击且释放鼠标按键时，动作触发（这是大多数动作的默认鼠标事件）。
- Release Outside：当用户按下电影按钮，且在按钮外面释放鼠标时动作发生。
- Roll Over：当用户将鼠标放置在鼠标按键上时动作发生。
- Roll Out：当用户将鼠标从按键上移出时动作发生。
- Drag Over：当用户将鼠标放置在电影按键上的同时按住鼠标按钮，然后将鼠标从电影按钮上拖出（依然按住鼠标按钮），最后再将鼠标放回电影按键时动作发生。
- Drag Out：当用户将鼠标放置在电影按钮后，按住鼠标按键，然后将鼠标从电影按钮上拖出（依然按住鼠标按钮）时动作发生。

按钮是电影中唯一受这些事件影响的对象。

2. 键盘事件

当用户按字母、数字、标点、符号、箭头、回格键、插入键、Home 键、End 键、Page Up 键、Page Down 键时，键盘事件发生。键盘事件区分大小写，也就是说，A 不等同于 a。因此，如果按 A 来触发一个动作，那么按 a 则不能。键盘事件与按钮实例相连。虽然不需要操作按钮实例，但是它必须存在于一个场景中才能使键盘事件起作用（虽然键盘事件不要求按钮可见或存在于舞台上）。它甚至可以位于帧的工作区以使它在电影导出时不可见。

3. 帧事件

与鼠标和键盘事件类似，时间线触发帧事件。因为帧事件与帧相连，并总是触发某个动作，所以也称帧动作。帧事件总是设置在关键帧，可用于在某个时间点触发一个特定动作。例如，Stop 动作停止电影放映，而 Go To 动作则使电影跳转到时间线上的另一帧或场景。

11.1.2 目标

当读者已经知道如何用事件来触发动作，接下来需要了解如何指定将受所发生事件影响的对象或目标。事件控制 3 个主要目标：当前电影及其时间线、其他电影及其时间线(例如电影剪辑实例)和外部应用程序（例如浏览器）。以下 ActionScript 范例显示如何用这些目标创建交互。

详细讲解如下：

在以下脚本中，当前电影目标中的 Roll Over 事件将使电影的时间线停止放映动作。

```
On (Roll Over){
……;
}
```

在以下范例中，当前电影的 Roll Over 事件使得另一电影，即电影剪辑实例 My Movie Clip 目标的时间线停止放映动作。

```
On (rollOver){
  tellTarget ("/MyMovieClip"){
    Stop();
  };
}
```

以下 ActionScript 打开用户的默认浏览器目标，并在 Roll Over 事件触发时加载指定的 URL 动作。

```
On (RollOver){
  getURL ("http://www.crazyraven.com");
}
```

有关 ActionScript 句法的详细信息，请参见本章后面的讲解。

1. 当前电影

当前电影是一个相对目标，也就是说它包含触发某个动作的按钮或帧。因此，如果将某个鼠标事件分配给某个按钮，而该事件影响包含此按钮的电影或时间线，那么目标便是当前电影。但是，如果将某个鼠标事件分配给某个按钮，而该按钮所影响的电影并不包含该按钮本身，那么目标便是一个传达目标（Tell Target）。

对于帧动作也是如此。除非指定传达目标为目标，否则大多数情况下，ActionScript 默认将当前电影作为目标。如下例所示：

```
On (RollOver){
  gotoAndPlay (Scene 5,20);
}
```

以上 ActionScript 表示鼠标事件触发此动作。当鼠标滚过（事件）电影中的按钮时，当前电影的时间线目标将跳转到场景 5，帧 20，然后从此处开始放映。

如果将以上 ActionScript 与主电影中的一个按钮相连，并且不用传达目标来引用另一电影，那么主电影便被视为当前电影。但是，如果将此 ActionScript 与影片剪辑元件中的一个按钮相连，并且不用传达目标来引用另一电影，那么此电影剪辑便是当前电影。只需记住：当前电影（也就是触发事件开始的地方）在任何 ActionScript 中都是相对目标。

2. 其他电影

传达目标是由另一个电影中的事件控制的电影。因此，如果用户将一个鼠标事件分配给一个电影剪辑按钮，以便影响不包含此按钮的电影剪辑或时间线，那么用户的目标便是一个传达目标。以下 AcitonScript 用于控制一个传达目标，可将它与前例中用于控制当前电影的 AcitonScript 进行比较。

```
On (Roll Over){
  tellTarget ("/MyMovieClip"){
   gotoAndPlay (Scene 5, 20);
  };
}
```

这里的 AcitonScript 表示一个鼠标事件触发此动作。当鼠标 Roll Over 事件电影中的按钮时，另一部电影的时间线，即电影剪辑 MyMovieClip 目标，将跳到场景 5，帧 20，然后从此处开始放映动作。如果觉得通过一部电影控制另一部电影这一概念容易混乱，那么可暂时将它搁在一边。我们将在整章中继续讨论这些概念。

注意：只能用传达目标控制电影剪辑实例或者在 Flash Player 窗口中用 Load/Unload。

对于同一个 HTML 页中两个具有单独的〈object〉或〈embed〉标记的电影，不能用传达目标在它们之间进行通信。

3. 外部应用程序

外部目标位于电影区域之外，例如，对于 getURL 动作，需要一个 Web 浏览器才能实际打开指定的 URL。有 3 个动作可以引用外部源：getURL、FS Command 和 Load/UnloadMovie。这 3 个动作都需要外部应用程序的帮助。这些动作的目标可以是 Web 浏览器、Flash 投影程序、Web 服务器或其他应用程序。以下 ActionScript 以 Flash 投影程序窗口为目标：

```
On (RollOver){
  FS Command ("fullscreen", "true");
}
```

这里的 ActionScript 表示鼠标事件触发此动作。当鼠标 Roll Over 事件电影中的按钮时，投影程序窗口将变为全屏。投影程序窗口被视为应用程序窗口，因此，是一个外部目标。

11.1.3 动作

动作是组成交互作用的最后一个部分。它们引导电影或外部应用程序执行任务。一个事件可以触发多个动作，且这多个动作可以在不同的目标上同时执行。

我们将先简单了解 Flash 中的动作，然后通过一些具体应用程序对它们进行深入分析。单击动作选项卡中的添加动作按钮，将出现如图 11-1 所示的下拉菜单，里面包含了Flash CS5中所有的动作命令。在这里读者掌握以下几种最常用的就够了。

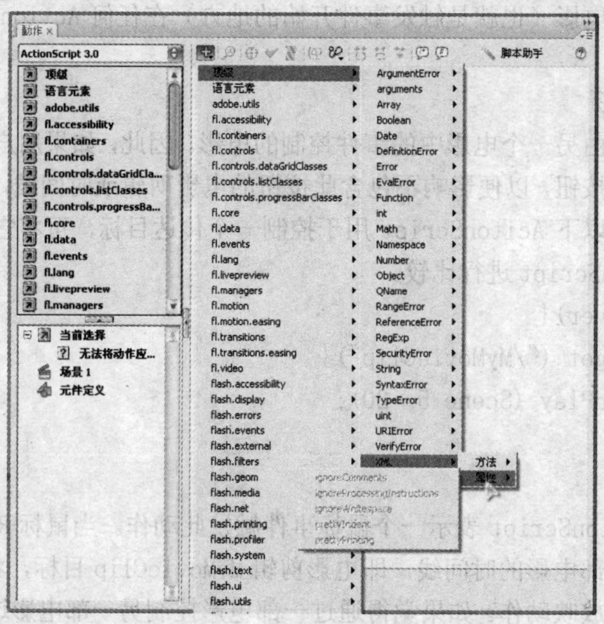

图 11-1　Flash CS5 中的动作命令

11.2 ActionScript 概述

ActionScript 简称为 AS，是一种面向对象的编程语言，其语法类似 javascript 或者 Java，是 Flash 的脚本撰写语言。该语言可以帮助用户灵活地实现 Flash 中内容与内容，内容与用户之间的交互。

ActionScript 与其他编程语言一样，具有变量，操作符，语句，函数和语法等等基本的编程要素。并且在结构和语法上和 JavaScript 非常相似，下面介绍 ActionScript 中的常用术语。

- Actions：当电影在播放时，发出的命令声明。如 gotoAndStop 声明表示到添加帧然后停止。
- Arguments：通过它可以传递数据给某个函数。
- Class：添加的对象类型。
- Constants：数值不变的数据类型。
- Constructor：用来定义类的属性和动作。
- Data Types：指一系列的数据。可以是整型，也可以是字符型的。
- Handlers：控制事件的专门动作。

➢ Identifiers：用户给对象、函数、动作等设定的名称。首字符必须是字母、下划线或者是“$”，后面的字符必须是字母、数字、下划线或者是“$”。

➢ Instances：指对应于一个确定类的实例或是对象。

➢ Instance Name：给实例的名称，通过名称，可以判定该实例的属性。

➢ Keywords：关键字。

➢ Methods：对一个对象添加动作的函数。

➢ Objects：所有属性的体现者，每一个对象都有它自己的名称和数值。

➢ Operators：用来计算的符号。

➢ Target Pathes：目标路径，确定符号实例位置的方法。

➢ Properties：用来定义一个对象的参数。

➢ Variables：可变的数据类型，其值是可以改变的。

11.2.1 ActionScript 3.0 主要特点

ActionScript 是 Flash 产品的脚本解释语言。使用 ActionScript 可以让应用程序以非线性方式播放，并添加无法以时间轴表示的有趣或复杂的交互性、数据处理以及其它许多功能。

Flash CS3 引入了 ActionScript 3.0，该语言具有改进的性能、增强的灵活性及更加直观和结构化的开发。其中一个卓越的特性就是能够让用户在时间线动画与代码中进行转换，将它们放到 ActionScript 中，再转换出来。这样就帮助设计者和开发者的工作结合到一起。ActionScript 3.0 中的改进部分包括新增的核心语言功能，以及能够更好地控制低级对象的改进 Flash Player API。与 ActionScript 早期的版本相比，ActionScript 3.0 中的一些主要新增功能如下：

➢ 一个新增的 ActionScript 虚拟机（AVM2），使用全新的字节码指令集，可使性能显著提高。ActionScript 3.0 代码的执行速度比旧式 ActionScript 代码快 10 倍。

➢ 一个更为先进的编译器代码库，它更为严格地遵循 ECMAScript（ECMA 262）标准，并且相对于早期的编译器版本，可执行更深入的优化。

➢ 一个扩展并改进的应用程序编程接口（API），拥有对对象的低级控制和真正意义上的面向对象的模型。

➢ 一种基于 ECMAScript（ECMA-262）第 4 版草案语言规范的核心语言。

➢ 一个基于 ECMAScript for XML（E4X）规范（ECMA-357 第 2 版）的 XML API。E4X 是 ECMAScript 的一种语言扩展，它将 XML 添加为语言的本机数据类型。

➢ 一个基于文档对象模型（DOM）第 3 级事件规范的事件模型。

ActionScript 3.0 在架构和概念上是区别于早期的 ActionScript 版本的，它旨在方便创建拥有大型数据集和面向对象的可重用代码库的高度复杂应用程序。为了向后兼容现有内容和旧内容，Flash Player 提供针对以前发布的内容的完全向后兼容性，Flash Player 9 仍支持旧版本的 ActionScript 虚拟机 AVM1，用于执行 ActionScript 1.0 和 ActionScript 2.0 代码。但用户需要注意以下几个问题：

- 使用 ActionScript 3.0 的 FLA 文件不能包含 ActionScript 的早期版本。
- 单个 SWF 文件无法将 ActionScript 1.0 或 2.0 代码和 ActionScript 3.0 代码组合在一起。
- ActionScript 3.0 代码可以加载以 ActionScript 1.0 或 2.0 编写的 SWF 文件，但它无法访问该 SWF 文件的变量和函数。
- 以 ActionScript 1.0 或 2.0 编写的 SWF 文件无法加载以 ActionScript 3.0 编写的 SWF 文件。

Flash 中还包括一个单独的 ActionScript 3.0 调试器，仅用于 ActionScript 3.0 FLA 和 AS 文件，它与 ActionScript 2.0 调试器的操作稍有不同。FLA 文件必须将发布设置设为 Flash Player 9。启动一个 ActionScript 3.0 调试会话时，Flash 将启动独立的 Flash Player 调试版来播放 SWF 文件。调试版 Flash 播放器从 Flash 创作应用程序窗口的单独窗口中播放 SWF。

11.2.2 如何选择 ActionScript 版本

尽管 Adobe 建议使用 ActionScript 3.0，但用户仍然可以继续使用 ActionScript 2.0 的语法，特别是当为传统的 Flash 工作时。如果针对旧版 Flash Player 创建 SWF 文件（如移动设备应用程序），则必须使用与 Flash Player 具有多种设备兼容性的 ActionScript 2.0 或 ActionScript 1.0。

如果要为 Flash Player 6、Flash Player 7 或 Flash Player 8 创建内容，应使用 ActionScript 2.0；如果计划在 Flash 的未来版本中更新应用程序，或者扩充该应用程序并使其更加复杂，应该使用 ActionScript 3.0，从而可以更容易地更新和修改应用程序。

在使用 ActionScript 3.0 时，请确保 FLA 文件的发布设置指定为“ActionScript 3.0”。对于在 Flash CS5 中创建的“Flash 文件（ActionScript 3.0）”，这是默认设置。对于在 Flash MX 2004 和 Flash 8 中创建的文件，以及在 Flash CS5 中创建的“Flash 文件（ActionScript 2.0）”，默认发布设置为“ActionScript 2.0”。

11.2.3 设置 ActionScript 版本和 Player 版本

Flash CS5 允许用户输出与某个 Flash Player 版本兼容的.swf 文件。要设置一个.swf 文件的版本，请执行“文件”|“发布设置”命令，在发布设置对话框中单击“Flash”选项卡，从“版本”下拉框中选择版本。为了最大兼容性，一般设置.swf 文件 Flash Player 版本为必需的最低版本。如果.swf 文件的版本比用户 Flash Player 的版本高，它很可能无法正确显示，并且大部分代码将执行失败。发布使用 ActionScript 2.0 的应用程序时，可以将 Flash Player 6、7 或 8 设置为目标播放器。发布使用 ActionScript 3.0 的应用程序时，应将 Flash Player 9 或 10 设置为目标播放器。

创建.swf 文件时，要先确定 ActionScript 编译器版本。在“Flash”选项卡的“ActionScript 版本”下拉列表框中可以指定 ActionScript 的版本。

11.3 语法

ActionScript 语言具有语法和标点规则，这些规则确定哪些字符和单词可以用于创建含义以及撰写它们的顺序。例如，在英语中，句点会结束一个句子。而在 ActionScript 语言中，分号会结束一个语句。

下面的一般规则适用于所有动作脚本。大多数的动作脚本术语都有各自的独特要求，对于特定术语的规则，请参阅“帮助”菜单中的相关条目。

11.3.1 点语法

在 ActionScript 语言中，点（.）用于指出对象和电影剪辑的属性和动作，可以用来添加电影剪辑和变量的目标路径。点语法表达式以对象或电影剪辑的名称开头，然后跟上“.”，并以需要添加的属性、动作和变量结尾。如下是点语法的使用例子：

```
Go.play()
```

点语法还有两个专有名词：_root 和_parent。_root 是指主时间轴，可以使用_root 名词来创建一个绝对的目标路径。_parent 则是用来添加相对路径，或者称为关系路径。

```
_root.function.gorun()
_root.runout.stop()
```

在这里，需要提请读者注意的是，ActionScript 3.0 中没有 _global 路径。如果需要在 ActionScript 3.0 中使用全局引用，应创建包含静态属性的类。当将 _parent 属性添加到显示列表时，可以作为任何显示对象的 parent 属性访问它。_root 属性与载入影片的每个 SWF 相关，将显示对象添加到显示列表时，可通过 root 属性访问它。this 别名可用于 ActionScript 3.0 中，其行为与 ActionScript 的先前版本一样。stage 属性通常可以按 _root 属性的相同用法进行使用。将 stage 属性添加到显示列表时，它可用于任何显示对象。

下面简要介绍一下 ActionScript 3.0 中“显示列表”和“显示对象”的概念。在 ActionScript 3.0之前的版本中，Flash 以处理影片剪辑的相同方式处理代码中嵌套的影片剪辑。而 ActionScript 3.0 中则不然。

ActionScript 3.0 中的嵌套时间轴可以通过显示列表的概念进行理解。对于载入影片的每个 SWF， 显示列表有一个 stage 属性和一个 root 属性。使用 ActionScript 将影片剪辑和其他可视对象实例化时，不会将它们明确指派到时间轴。当决定在显示列表中显示它之后才显示它。并且，可以在期望的任意时间轴中显示新实例，而不是仅限于实例化所在的那个时间轴。

对影片剪辑实例进行实例化时，影片剪辑实例就是显示对象。当影片剪辑实例与显示列表关联时，影片剪辑就像显示对象容器本身那样转为活跃状态。这意味着两点。首先，将影片剪辑实例化并添加到显示列表后， 它可以显示和管理本身包含的子实例。其次，在将影片剪辑实例添加到显示列表之前，它无法显示子代或访问显示列表的 stage 或 root 属性。

11.3.2 分号

在 ActionScript 中，每个声明都是以“;”号来结尾的，但是如果忽略到分号。FLASH CS5 也能够成功地对其进行编译。

```
Beauty=passedDate.getday();
Row=0;
```

也可以不用分号来执行

```
Beauty=passedDate.getday()
Row=0
```

11.3.3 圆括弧

当定义一个函数的时候，要把所有的参数都放置在圆括弧里面，否则不起作用。

```
Function Bike(Owner, Size, color) {
…..
}
```

而在使用函数的时候，该函数的参数也只有在圆括弧里才能起作用。

```
Bike (“Good”, 100, Yellow)
```

另外，圆括弧还可以作为运算中的优先算级。

```
A= (1+2) *10
```

而且在 DOT 语法中，可使用圆括弧将表达式括起来放在 DOT 的左边并对该表达式求值。

```
onClipEvent(enterFrame){
(new Color(this)).setRGB(oxffffff);
}
```

如果不使用圆括号，则需要

```
onClipEvent(enterFrame){
mycolor=new color(this)
mycolor.setrgb(oxffffff)
}
```

11.3.4 大括号

在 ActionScript 中，大括号能够把声明组合起来成为一个整体。

```
On(release){
Mycolor=new color();
Currentsize=mycolor.getsize();
}
```

11.3.5 大写和小写

在 ActionScript 中，只有关键字才区分大小写，如果关键字没有使用正确的首字母大写，那么脚本就会出错；对于动作脚本的其余部分，大写字母和小写字母可以互换。

📖11.3.6 注释

在 ActionScript 语言中，使用注释可以向脚本添加说明。使用 comment 来给帧或者动画按钮的动作添加注释，这样对以后的修改以及别人的阅览都提供了很大的帮助。在 ActionScript 中，用符号“//”引导作为注释的内容。

📖11.3.7 常量

Flash 为用户提供了 3 种不同的常量类型：

➢ 数值型：通过具体数值来表示的定量参数。它可以直接被输入到参数设置区的对话框中。

➢ 字符串型：由若干的字符组成，常用来表示某一个特定的含义，如屏幕提示等。与数值不同的是，由数字组成的字符串不表示具体的值。在字符串的两端必须用引号加以区分。

➢ 布尔型：用来判断条件是否成立，成立为“真”，用“True”或用 1 来表示，而不成立为“假”，用“False”或 0 表示。

11.4 语句

动作就是 ActionScript 语言的语句或者命令。分配给同一个帧或对象的多个动作可以创建一个脚本。动作可以相互独立地运行，也可以在一个动作内使用另一个动作，从而将动作嵌套起来，这就使动作之间可以相互影响。下面就根据动作的不同类型来介绍 ActionScript 语言的语句。

📖11.4.1 流程控制类

➢ gotoAndPlay：跳转并播放，用来控制电影时间线的位置，使它跳转到一个特定的帧编号、帧标记或场景，并从该处开始放映。

➢ gotoAndStop：跳转并停止，用来控制电影时间线的位置，使它跳转到一个特定的帧编号、帧标记或场景，并从该处停止放映。

➢ Paly：播放，连续播放电影剪辑，主要用来控制电影剪辑，可以让被停止命令控制的电影继续运动。

➢ Stop：停止，用来停止当前播放的电影剪辑。

📖11.4.2 对象控制类

➢ On Mouse Event：响应鼠标事件，它实际上是触发器而不是动作。当按下，放开，移动，按住并拖动鼠标或按下键盘时才执行操作。

➢ Tell Target：传达目标，命令将动作引向除当前时间线之外的任意时间线。可以用 Tell Target 命令(它总是与动作结合起来使用)控制除当前电影之外的电影、设置或改变另一时间线上的变量或者设置特定电影剪辑实例的某一个属性。

➢ Duplicate/Remove Movie Clip：复制/删除电影剪辑，它可以动态地生成或删除电影剪辑实例。

➢ startdragMovieClip：开始拖动电影剪辑，让对象跟着鼠标移动，可以用来实现鼠标拖着对象移动的效果。

➢ stopdragMovieClip：停止拖动电影剪辑，停止当前拖动电影剪辑的命令，可以用来终止鼠标的拖动。

➢ Set Property：设置属性，用来设置对象位置，颜色，大小，名称，旋转等的属性。

➢ Stop All Sounds：停止当前播放的所有声音，用于控制声音对象，一次终止所有的声音。

11.4.3 程序控制类

➢ If Frame Is Loaded：帧是否被调用，用来确定电影的某一帧是否已经加载，如果是，则执行某一动作。

➢ If：如果，用来检查某个条件语句是否为真，如果是，则执行某个动作。

➢ Loop：循环，只要条件满足便连续执行某个动作或某组动作，当条件不再满足时，循环结束。

➢ Call：调用，用来执行一组与特定帧相关的动作。

➢ Set Variable：设置变量，用来创建一个新的变量或者更新一个已有变量。

11.4.4 外部效果类

➢ Get URL：获取 URL，用来打开一个加载了指定 URL 的浏览器窗口或者将变量发送给指定的 URL，还可以用来调用外部程序。

➢ FS Command：FS 命令，用来将数据发送给服务于 Flash 电影的应用程序（例如浏览器、投影程序、Director 电影）。

➢ Load/Unload Movie：调用/卸载影片，在 Flash 放映程序中，将 Flash 电影加载于指定的 URL，或者卸载以前加载的电影。还可以用它将远程文件中的变量加载于一部电影。

11.4.5 其他效果类

➢ Toggle High Quality：切换为高品质，用来切换播放品质，品质高则速度慢，品质低则速度快。

➢ Trace：跟踪调试，显示动作执行时的自定义信息。主要用于测试交互性。

➢ Comment：注解，在电影中加注释，以帮助理解复杂的逻辑关系。

11.5 数据类型

数据类型是描述变量或动作脚本元素可以存储的信息种类。在 Flash CS5 中主要的数据类型有：字符串、数值、布尔值、对象、影片剪辑、空值与未定义类型。

11.5.1 字符串

字符串是由字母数字和标点符号等字符组成的序列。字符串应该放在单引号或双引号之间，可以在动作脚本语句中输入它们。如果字符串没有放在引号之间，它们将被当作变量处理。

11.5.2 数值

对于数值类型，ActionScript 3.0 包含以下 3 种特定的数据类型：

➢ Number：任何数值，包括有小数部分或没有小数部分的值。

➢ Int：一个整数（不带小数部分的整数）。

➢ Uint：一个"无符号"整数，即不能为负数的整数。

11.5.3 布尔值

布尔值可以是 true 或者 false。在 Flash CS5 脚本中，需要将值 true 和 false 转换为 1 和 0。布尔值还经常和运算符一起使用。例如，在下面的脚本中，如果变量 password 为 true，则会播放影片：

```
onClipEvent(enterFrame) {
        if (userName == true && password == true){
            play();
        };
}
```

11.5.4 对象

对象是属性的集合，每个属性都有名称和值。属性的值可以是 Flash 中的任何数据类型，甚至可以是对象数据类型。因此可以是对象相互包含或嵌套。要指定对象和它们的属性，可以使用（.）运算符。

用户也可以创建自己的对象来组织影片中的信息。要使用动作脚本向影片添加交互操作，需要许多不同的信息：例如，可能需要用户的姓名、球的速度、加载的帧的数量等。创建自定对象使用户可以将信息分组，简化脚本撰写过程，并且能重新使用脚本。

11.5.5 影片剪辑

影片剪辑是 Flash 影片中可以播放动画的元件。它们是唯一引用图形元素的数据类型。影片剪辑数据类型允许用户使用 MovieClip 对象的方法控制影片剪辑元件。

可以使用点(.)运算符调用该方法，如下所示：

```
myClip.startDrag(true);
parentClip.getURL("http://www.macromedia.com/support/" + product);
```

11.5.6 空值与未定义类型

空值数据类型只有一个值，即 NULL，即“没有值”。可以用来表明变量或函数还没有接受到值或者变量不再包含值。当它作为函数的一个参数时，表明省略了一个参数。

未定义数据类型只有一个值，即 undefined。用于尚未分配值的变量。

11.6 变量

变量是为函数和语句提供可变的参数值，用户可以利用变量来保存或改变动作语句中的参数值。变量可以是数值、字符串、逻辑字符以及函数表达式。每一个动画作品都有它自己的变量。在引用的时候必须使用动画作品名或者影片剪辑名称作为变量的前缀，如影片剪辑“Botton”中的变量名“Click”可以写为“/Botton：Click”。

变量也是任何程序设计脚本的基本和重要组成部分，实际上，变量是组成动态软件的关键内容。在 ActionScript 中创建变量时，应指定该变量将保存的数据的特定类型；此后，程序的指令只能在该变量中存储此类型的数据，您可以使用与该变量的数据类型关联的特定特性来处理值。在 ActionScript 3.0 中，要创建一个变量（称为“声明”变量），需要使用 var 关键词：

```
var X: Number;
var Name: String;
```

变量是值的容器。例如，请看以下的例子：

```
X = 25
Name = "Tom"
Age = 25
Income =15000
Best Band = "The Beatles"
```

X、Name、Age、Income 和 BestBand 均为变量名，而等号后面的信息则是该变量的值。

对于根本没有类型的变量来说，在 ActionScript 3.0 中可以为其指定任意类型。它提供了一个特殊的类型——untyped 类型，它描述的是“没有类型”，其呈现方式是(*)，例如：

```
var anyValue:*; // 变量可以是任意的类型
```

为变量指定类型是个好的习惯，因为它可以引导更好地进行错误检查。在使用 untyped 类型时，可以在指定为 untyped 类型加一些说明，以便在其它人看代码时不至于去猜测。

如果没有为一个变量提供一个默认的值，它将被系统默认的根据所设置的类型指定一个数值。如果没有设置变量类型，它将被指定一个 undefined 做为数值。

当使用 Set Variable 动作时，可以以如下方式创建变量并赋值：

```
Set Variable: "Name" = "Tom"
Set Variable: "Age" = 25
Set Variable: "Income" = 15000
```

在 Flash 中创建变量并为变量命名时，需注意以下几条规则：

➢ 所有变量名必须以字符开头。该字符后面可以是字母、数字或下划线。而且，变量名不区分大小写；因此，My Variable 等同于 my variable。变量名不能含空格。只有在用 SetVariable 动作分配变量时，Flash 才自动为变量加上引号；而表达式中的变量则不加引号。

➢ 每部电影或电影剪辑都有一组唯一的变量。只要时间线显示，则它里面的变量继续存在，且可设置或检索这些变量的值。

➢ 为可编辑的文本框分配变量名的方式与其他所有变量均不相同。尽管用户可以用 SetVariable 动作分配大多数变量名，但是文本字段将名称作为它的一种属性来分配。文本字段的值(也就是它所显示的文本)由电影放映时用户所输入的文本决定；或者也可以用 Set Variable 动作动态产生。

➢ 虽然变量的值可以改变，但是名称保持不变。例如，某一时刻电影中的 x 值等于 25，稍后，它的值可能变成 750。变量名应具有一定意义。如果变量所表示的值是用户单击鼠标按钮的次数，那么应将该变量命名为 Mouse Click 或类似的名称。

11.6.1 值

在 Flash 中，变量值可以有以下形式：

➢ 数字：数字值指的是从 0～999999 之间的任意值。变量 Age 的值可能为 20，那么在 ActionScript 中应为：

```
Set Variable: "Age"=20
```

➢ 字符串：程序设计语言中字符串通常表示文本值。典型的字符串值可以是一个字母“a”，也可以是几个句子，如“Hello, Nice to meet you?”字符串值可以包含任意多字母，并且可包括文本、空格、标点符号甚至数字。甚至可以把“345”当作一个字符串值。含数字的字符串值用引号与实际数字区分开来，也就是说，ActionScript 用引号表示字符串。这样，2004 是数字，而“2004”则是一个字符串值。例如，以下几个变量便包含字符串值：

```
Set Variable: "PhraseThatPays" ="Flash CS5 Rocks!"
Set Variable: "FavoriteWife"="Lily"
Set Variable: "FavoriteWifesAge"="Always 25"
```

➢ 逻辑值：逻辑值用来判断某个条件是否存在。逻辑值有两种，“True”或“False”。在 Flash 中，用 0 表示 False，任意非 0 值表示 True。为变量分配逻辑值如下所示：

```
Set Variable: "MacromediaFlash"=True
Set Variable: "MacromediaFlash"=1
```

➢ 无：虽然它不是一个真正的值，但可表示某个字符串值的不存在。例如，如果记不起某人的姓名，那么应以如下方式表示记忆变量：

```
Set Variable: "Memory"=" "
```

11.6.2 分配值

为变量分配值有两种形式，文字形式或表达式形式。以下是文字分配形式：

```
Set Variable: "Cost"=25.00
```

或者

```
Set Variable: "Name" ="John Smith"
```

请注意，分配给此变量的值并不是动态的。例如，如果希望将 Cost 的值用在 ActionScript 中其他的地方，那么该值将总是 25。同样，Name 的值也总是 John Smith。要创建一个可动态分配的值，应使用表达式。如：

```
Set Variable: "Product"=20.00
Set Variable: "Tax"=5.00
Set Variable: "Cost"=Product+Tax
```

上面的脚本中，Cost 变量的值是反身变量 Product+Tax。要将 Cost 分成最基本的部分，则应为“Cost” = 20.00 + 5.00，总量为 2 5.00。但是，如果变量 Product 的值改为 22.00，而 Tax 的值变为 6.00，那么 Cost 变量的值将自动变为 28.00，这是因为它是基于 Product+Tax 的值。文字是明确分配给某个变量的值，而表达式则是基于某个运算短语的值。以下脚本中，变量“Name”的值也是基于表达式的：

```
Set Variable: "FirstName"="John"
Set Variable: "LastName"="Smith"
Set Variable: "Name"= (FirstName) add (LastName)
```

11.6.3 设置或更新不同时间线的值

可以使用 Set Variable 动作创建或更新 Flash Player 窗口中任何电影(包括电影剪辑和加载的电影)的变量。只需在输入的变量名的前面加上时间线的路径，例如：

```
/ My Movie Clip : My Variable
```

如果希望在子电影中处理父电影中的变量，则应为：

```
. . / : My Variable
```

当在表达式中使用不同时间线的变量时，也是同样的。如果希望用某一时间线中的变量值创建另一时间线中的表达式，只需使用与上例相同的句法。请看以下例子：

```
If (/MyMovieClip:MyVariable + 50 = 300)
```

```
Go To and Play (20)
End If
```

电影或时间线之间变量值的传递是 Call 动作的使用过程中一个必不可少的部分。此动作有时允许某个时间线中的一组动作运算并处理另一时间线中的变量值，然后将处理和运算得来的变量值发送回原来的电影。当使用此动作时，时间线之间变量值的传输并不是自动的；必须使用 Set Variable 动作和适当的句法来发送变量数据。

11.6.4 更新变量值

一旦已创建出某个变量，那么，只要它所在的时间线继续显示，就可使用它的值。假设某个变量存在于某个永远也看不到的位置，那么无论时间线移动与否，该变量都在那里。有些时候，用户希望更新某个变量的值。例如，希望将它的文字值从 John 改为 Frank，或者希望更新一个表达式的值，以跟踪按钮单击的次数。假设某个事件触发创建某个变量。当创建此变量时，将它命名为 My Variable，并赋予值 Hello。如果希望在电影播放期间的某个时间点，将它的值改为 Goodbye，那么只需在某个鼠标或帧事件上再附上一个 Set Variable 动作。该动作将 My Variable 标识为变量，而将 Good bye 标识为该变量将更新的值。使用 Set Variable 动作时需记住的一点是，Flash 查看所分配的变量名是否已经存在。如果不是，将创建一个；如果是，则对它进行更新。

可以通过鼠标或帧事件来更新基于表达式的变量值，而无需使用另一个 Set Variable 动作。请看以下脚本：

```
On (Release){
Set Variable:"Count"= Count + 1;
}
```

在上面的脚本中，鼠标事件每发生一次，Count 的值就加 1。这是因为 Count 的值是一个表达式，而表达式后面的逻辑则为：

- 当鼠标事件发生时，Count 的值等于 Count 的当前值加 1。
- 要计算 Count 的值，首先应获得它的当前值。
- 假设它的当前值是 5。
- 那么，5 加 1 就是 6。

下次鼠标事件发生时，Flash 将检查 Count 的当前值，现在它的当前值应为 6，然后 6 加 1 就是 7。

文本字段的字符串值总是显示在字段中，并经常更新。因此，如果一个文本字段显示单词 Moon，那么它是该字段的值；但是，如果在该字段中键入 sheep，它将自动成为新的值。

11.6.5 处理文本字段

通过前面的学习，我们知道文本字段是由变量名标识的动态文本块。用户可以在 ActionScript 中使用此变量名来评估在文本字段中键入的文本。还可以用变量名动态地产生显示在字段本身中的文本。

例如，假设舞台上某个文本字段的变量名为 Food。有人已在该字段中输入单词 water。按某个按钮，执行以下脚本：

```
On (Release){
  If ((Food) = = ("water")){
    gotoAndPlay ("Diet");}
  Else If ((Food) = = ("Salad")){
    gotoAndPlay ("EatUp")}
  };
}
```

如果此脚本求出 Food 等于 water，便使时间线跳转到标记为 Diet 的帧。如果想动态地产生显示在文本字段 Message 中的信息，应使用以下 ActionScript（它用鼠标事件触发）。此 ActionScript 将产生以 Name 文本字段中所输入的文本为基础的信息。本例中，在此字段中输入 Mary：

```
On (Release){
  Set Variable: "Message"=("Hello,") add (Name) add (",how are you?");
}
```

当鼠标事件发生时，此脚本将在文本字段 Message 中产生以下信息：

Hello，Mary，how are you ?

11.7 函数

函数的使用使 Flash 的交互性大大地加强，它用来对常量和变量进行某种运算，从而产生新的值来控制动画的进行。一般情况下，比较常用的函数有以下几种类型：通用类函数，数值类型函数，字符串类型函数，属性类函数以及全局属性函数。

11.7.1 通用类函数（General Functions）

➢ Eval（variable）：获取重要变量的值。

Eval 函数可用来确定本身是表达式的某个变量的值。它允许在电影放映期间确定所求出的变量名。此函数的概念可能有些难懂，现在看看下面的脚本。

```
On (Release){
  If (Eval (("GamePiece") add (Number))= =50{
    Actions . . . . . };
}
```

此脚本与下面的脚本具有同样的功能：

```
On (Release){
  If (Gamepiece7)= =50{
```

```
  Actions . . . . . };
}
```

或者也可以是这样的脚本：

```
On (Release){
  If (Gamepiece2)= =50{
  Actions . . . . .};
}
```

它们之间的主要不同在于，第一个脚本中的变量 Gamepiece 是动态的，也就是说所检查的游戏段(game piece)是基于变量 Number 的当前值；如果该值改变，那么所计算出来的游戏段也相应改变。

➢ True：获得逻辑真值。

此函数将逻辑值 True 分配给某个变量。

将以下脚本放置在某个按钮上，以便将它设置成已单击的情况：

```
On (Release){
  Set Variable:"Answer1Value"= True;
E}
```

然后在另一个按钮上检查这个值是 True 还是 False，从而采取相应的动作，如以下脚本所示：

```
On (Release){
  If (Answer1Value){
    gotoAndPlay ("Correct")
  Else
    gotoAndPlay ("Wrong");
  };
}
```

注意：以上脚本中的 If 语句虽然为“If (Answer 1 Value)”，但实际是“If (Answer1Value = =True)”的简写形式。

➢ Flase：获得逻辑假值。

此函数将逻辑值 False 分配给某个变量。具体例子，请看上面 True 函数的脚本。

➢ Newline：建立新行。

此函数表达一个新的行。

想象舞台上有一个变量名为 Name 的文本字段，用户在该字段中输入单词 Jim。当用户单击某个按钮时，将执行以下脚本：

```
On (Release){
  Set Variable:"Greeting"="Hello there,";
  Set Variable:"Phrase"= (Greeting) add (Newline) add (Name ) add (".") add
(Newline)
    add ("How are you today?");
```

```
}
```

此脚本以 Name 文本字段中所输入的信息为基础，执行后，另一个文本字段 Phrase 将显示以下信息：

```
"Hello there,
Jim .
How are you today?"
```

➢ GetTimer：获取系统时间。

GetTimer 函数用于确定电影已放映的时间（以毫秒计）。该值以计算机上的系统时钟为基础，如果电影的放映速率（每秒帧）减慢，该值也不受影响。同时在 Flash 电影窗口放映的各部电影不具有单独的计时器；它是一个全局计时器。使用 GetTimer 函数跟踪电影事件之间的时间间隔。

以下脚本创建了一个按钮的双击动作：

```
On (Release){
  If (GetTimer - LastClick < 500){
    gotoAndStop (10);
  };
  Set Variable:"LastClick"= GetTimer;
}
```

11.7.2 数值类型函数（Number Functions）

➢ Int（number）：求对象数值的整数。

此函数提取数值的整数部分。例如，Int (43.364)的值为 43。如果某个变量的值是数字，就可以用变量名，而不用数字，例如 Int(Variable Name)。使用 Int 函数消除 ActionScript 中的小数部分。

以下脚本中，Total 等于 45：

```
On (Release){
  Set Variable:"FirstNumber"= 22.50;
  Set Variable:"SecondNumber" = 2;
  Set Variable:"Total"= Int (FirstNumber) * SecondNumber;
}
```

➢ Radom（number）：求对象范围内的一个随即数。

此函数产生某个添加的范围之内的随机数值。例如，Random(300)将产生一个 0～299 之间的随机数。使用 Random 函数创建不可预测的动态动作。如果某个变量的值是数字，就可以用此变量名，而不用数字，如 Random (VariableName)。

在以下脚本中，电影剪辑实例 Dice 将根据随机产生的数值，跳转至 0 和 5 之间的某一帧。

```
On (Release){
```

```
Set Variable:"DiceRoll"=Random(6);
  tellTarget ("/Dice"){
  gotoAndStop (DiceRoll);
 };
}
```

11.7.3 字符串类型函数（String Functions）

➢ Substring（string，index，count）：取目标字符串的子串。

此函数的功能是提取字符串的一部分。字符串参数表示要从中提取的字符串，索引表示提取的第一个字符的位置（从字符串左边算起）。要包括的字符表示提取的字符数。

例如，Substring("Adobe",2,3)的值等于 dob。Adobe 是字符串；第 2 个字符是 d，从索引开始的 3 个字符是 dob。如果忽略第三个参数，则包括索引之后的所有字符。因此，Substring ("Adobe",2)应等于 dobe。

如果某个变量的值是字符串，那么可以使用变量名，而无需使用字符串，例如：

Substring (变量名，索引，要包括的字符串)。

可以用 Substring 函数独立出字符串的某部分，以便单独考虑这一部分。想象舞台上有一个变量名为 Title 的文本字段。用户在该字段中输入文本 Dr.Frankenstein，然后按某个按钮，将执行以下脚本：

```
On (Release){
 If (Substring(Title, 1, 3) = = ("Ms.")){
  gotoAndStop ("DivorceCourt");
 Else If (Substring(Title, 1, 3) = = ("Dr.")){
  gotoAndStop ("TheLab");}
Else
  gotoAndStop ("HelloJunior");};
}
```

根据文本字段 Title 中所输入的信息为基础，执行此脚本时，电影将跳转至标记为 Lab 的帧。

➢ Length（string）：计算目标字符串的长度。

Length 函数创建一个基于字符串中字符数的数值。字符串参数标识要求算的字符串。例如，Length ("Flash")等于数值 5，因为单词 Flash 有 5 个字符。如果某个变量的值是字符串，则可以使用变量名，而不用字符串，例如 Length(变量名)。

使用 Length 函数可以轻易地求得字符串的长度。例如，检验某个数据是否具有添加的位数，如 ZIP 编码和电话号码。

想象舞台上有某个变量名为 ZIPCode 的文本字段，用户已在该字段中输入文本 46293。当用户按某个按钮时，将执行以下脚本：

```
On (Release){
```

```
  If (Length(ZIPCode) = =5{
   Set Variable:"Message"= "That is a valid ZIP Code";
  Else
   Set Variable:"Message"= "Please enter a valid ZIP Code.";
  };
}
```

执行完此脚本后，根据 ZIP Code 文本字段中所输入的信息，另一个文本字段 Message 将显示字符串“That is a valid ZIP Code.”。

➢ Chr（AscIICode）：将目标数值作为 ASCII 码转化为对应的字符。

此函数将数值转换为 ASCII 字符。例如，Chr(90)等于 Z。如果某个变量的值为数字，则可以使用变量名，而不用数字，例如 Chr(变量名)。

使用 Chr 函数可将数字分配给字符串值。

➢ Ord（character）：将目标字符转化为 ASCII 码数值。

此函数将 ASCII 字符转换为数字。例如，Ord("D")等于 68。如果某个变量的值为字符串，则可以使用变量名，而不用字符串，例如 Ord(变量名)。

使用 Ord 函数可将数值分配给字符串。

11.7.4 属性类函数（Properties Functions）

➢ GetProperty（target，property）：获取目标对象的添加属性。

GetProperty 函数提供电影属性的当前值。仅使用此函数检索非当前电影的属性值。例如，GetProperty（"/MyMovieClip", _alpha)将返回电影剪辑 MyMovieClip 的透明度。如果变量的值为字符串，则使用变量名而不是字符串文字来设置要计算的目标或属性，例如 GetProperty（变量名，变量名 2）。

GetProperty 函数可计算任何电影剪辑的当前属性，以使电影采取相应的动作。

以下脚本计算 My Movie Clip 的高度，并采取相应的动作。

```
On (Release){
 If (GetProperty ("/MyMovieClip", _height)<300)
  Set Variable:"Message"="That' s a pretty small movie clip";
 Else
  Set Variable:"Message"= "That movie clip is way too big!";
 };
}
```

执行完此脚本后，且假若计算出来的 MyMovieClip 的高度大于 300，文本字段 Message 将显示字符串“That movie clip is way too big!”

➢ -x：对象 X 轴的位置。

x 属性提供电影剪辑实例的当前水平位置。值以信息面板中的像素为基础，是电影剪辑实例的左上角相对舞台左上角的位置。

选择某个电影剪辑，然后在信息面板中选择注册点中的中心位置，此时电影剪辑的 x 和 y 位置均是以电影剪辑中心到舞台中心的距离为基础的相对值。

以下脚本计算当前电影的当前水平位置，并采取相应的动作：

```
On (Release){
  If (_x < 200)
    Set Variable: "Message"= "I' m on the left.";
  Else If (_x > 200)
    Set Variable:"Message" ="I' m on the right. ";
  Else
    Set Variable:"Message"="I' m stuck in the middle somewhere.";
  }
End On
```

当执行此脚本时，当前电影的水平位置被计算出恰好等于 200；因此，变量名为 Message 的文本字段将显示字符串“I' m stuck in the middle somewhere.”。

在这里，读者需要注意的是，在 ActionScript 3.0 中，下划线（_）已从属性名称中去掉。

➢ -y：对象 Y 轴的位置。

y 属性提供某部电影的当前垂直位置。值用像素表示，并以舞台的中心为参照点。

选择某个电影剪辑，然后选择信息面板中的注册点中的中心位置，此时电影剪辑的 x 和 y 位置均是以电影剪辑中心到舞台中心的距离为基础的相对值。具体例子，请参见_x 函数中的脚本。

➢ -width：对象的宽度。

宽度属性提供电影的当前宽度，单位是像素。以下脚本计算当前电影的当前宽度，并采取相应的动作。

```
On (Release){
  Set Variable:"NextMeal"=50;
  If (_width + NextMeal >= 400){
    Set Variable:"Message"="I' m too fat";
  Else If (_width + NextMeal <= 100){
    Set Variable:"Message"= "I' m too shinny.";}
  Else
    Set Variable:"Message"="I' m just right.";
  };
}
```

执行过程中，此脚本创建一个变量 NextMeal，并为它赋值 50。确定当前电影的宽度，并加上 NextMeal 的值。然后计算两个值的和，以确定是大于或等于 400，小于或等于 100，还是两者之间的值。本例中，电影的宽度被确定为 230，加上 50 即为 280。因此，变量名为 Message 的文本字段将显示字符串“I'm just right”。

➢ -height：对象的高度。

高度属性提供电影的当前高度，单位是像素。具体例子，请参见宽度属性的脚本范例。

➢ -rotation：对象的旋转。

旋转属性提供电影的旋转程度。单位是度数，是相对于舞台的旋转程度。

以下脚本由 On(Release)鼠标事件触发。触发时，为变量 Spin 产生一个 0 到 359 之间的随机数值。该值用来设置电影剪辑 My Movie Clip 旋转的度数。同时，判断 Spin 的值：如果在 0～45 之间，则在变量名为 Message 的文本字段中显示"You spun a 1, you win!"。否则，显示"Try Again"。

```
On (Release){
  Set Variable"Spin"= Random (360);
  Set Property ("/MyMovieClip", Rotation) = Spin;
  If ((Spin >= 0) and (Spin< 45)){
    Set Variable:"Message"="You spun a 1, you win!";
  Else
    Set Variable:"Message"="Try again.";
  };
}
```

➢ -target：对象目标的路径。

目标属性以字符串值的形式提供电影剪辑的目标名称和完整路径，如：/ Main Clip / MyMovieClip。

以下脚本的功能是，当 On (Press)事件发生时，可拖动当前电影，而当 On (Release)事件发生时，则禁止拖动当前电影。

```
On (Press){
  Set Variable: "MovieToDrag"= _target;
  startDrag (MovieToDrag);
}
On (Release){
  stopDrag;
}
```

提示可将此脚本放置在某个电影剪辑实例的按钮中，以使得当按下此按钮时，该电影剪辑实例可拖动。

➢ -name：引用对象的名字。

名称属性以字符串值的形式提供电影剪辑的名称，如 MyMovieClip。它与目标属性类似，但不包括完整的路径。

以下脚本求得当 On (Release)鼠标事件发生时当前电影剪辑的名称，然后将该名称输出到变量名为 Movie Name 的文本字段：

```
On (Release){
  Set Variable"MovieName"= _name;
```

```
}
```

脚本运行的结果是一个显示电影名称的文本字段（例如，MyMovieClip)。

➢ -url：对象的 URL 地址。

此属性为.swf 或它的任何子电影剪辑提供完整的 URL。它通常与已用 Load/Unload Movie 动作加载到 Flash Player 窗口的.swf 结合使用。例如，如果一个.swf 从 URL：http://www.myflash.com/movie.swf 加载到 Flash Player 窗口，选择此电影的 url 属性将返回一个字符串值 http://www.myflash.com/movie.swf。

使用此属性可确保没有其他人“借用”你的工作。可以将一个脚本放置在某部电影的第 1 帧，以检查它的 url 属性，并且如果它是从“正确的”URL 加载，将执行某个动作，而如果它是从“错误的”URL 加载，则执行另一个动作。通过这种办法，可以防止其他人从他们的高速缓存器偷窃.swf 文件并将它用作自己的.swf。以下脚本放置在电影的第 1 帧，它判断当前电影的 url 属性。如果 URL 正确，则继续放映；否则，将停止放映并跳转并停在标记为 Denied 的帧：

```
If (Substring(_url,1,23) = = ("http://www.myflash.com")){
  Play () ;
Else
  gotoAndStop ("Denied");
}
```

在以上脚本中，只需了解 URLhttp://www.myflash.com 的第一部分是否正确。这就是为什么使用 Substring 函数。它提取返回的头 23 个字符，并查看它是否等于应等于的字符串。如果是，将放映电影。如果不是，将跳转至某一具有诸如 Access Denied 信息的帧，并停止放映该帧。

➢ -xscale：对象在 X 轴方向上的缩放比例。

此属性提供电影或电影剪辑在水平方向上相对于原大小的缩放比，原大小是在前面的 SetProperty 动作中通过 x 属性设定的。

当 On (Release)鼠标事件发生时，以下脚本判断电影剪辑/ My Movie Clip 相对于原大小的缩放比例。如果大于 100 %，便重新设置为 100 %；否则便保持它当前的大小。

```
On (Release){
  If (GetProperty ("/MyMovieClip",_xscale) > 100){
    Set Property ("/MyMovieClip", X Scale) = 100;
  };
}
```

在这里，读者需要注意的是，在 ActionScript 3.0 中，显示对象的 scaleX 和 scaleY 属性的设置比例为 0 到 1。 例如，将实例以 150%等比缩放应如下书写：

```
myMC.scaleX = 1.5;
myMC.scaleY = 1.5;
```

其中，myMC 为影片剪辑实例的名称。

➢ -yscale：对象在 Y 轴方向上的缩放比例。

此属性提供电影或电影剪辑在垂直方向上相对于原大小的缩放比，原大小是在前面的SetProperty 动作中通过 y 属性设定的。

具体例子，请参见 xscale 的脚本范例。

➢ -currentframe：获取当前帧的位置。

currentframe 属性为电影或电影剪辑提供时间线上的当前帧编号位置。

当 On (Release)鼠标事件发生时，以下脚本将当前电影的时间线从它的当前位置向前发送 2 0 帧。

```
On (Release)
  gotoAndStop (_currentframe + 20)
End On
```

➢ -totalframe：获取时间线上的全部帧数。

totalframes 属性提供电影或电影剪辑中帧的数量。当 On (Release)鼠标事件发生时，以下脚本将创建变量 TimeToPlay。该变量的值是用电影的帧数除以放映速率(帧/每秒)所得来的。Int 函数用来删除计算中的所有小数位。下一个变量 Message 是一个文本字段，它显示以 Time To Play 的值为基础的信息：

```
On (Release){
  Set Variable:"TimeToPlay"= Int(_totalframes / 12);
  Set Variable:"Message"= "This movie will take" add (TimeToPlay) add
"Seconds to play.";
}
```

如果电影有 240 帧，文本字段 Message 将显示以下信息：

"This movie will take 20 seconds to play."

➢ -framesloaded：返回一个 0~100 的数值，指示添加的动画作品被调入的进度。

framesloaded 属性提供电影已加载的帧数。此属性与 If Frame is Loaded 命令类似；但是，它允许返回的数字用在表达式中。

以下脚本放置在时间线上的第 2 帧。如果加载的帧数超过 200，时间线将跳转至场景 2 的第 1 帧，并从该处开始放映。否则，时间线将跳转至当前场景的第 1 帧，并从该处开始放映。直到加载的帧数超过 200，循环才被打破。

```
If (_framesloaded > 200){
  gotoAndPlay (Scene 2, 1);
Else
  gotoAndPlay (1);
}
```

➢ -alpha：获得对象是否带有 alpha 通道。

alpha 属性提供电影或电影剪辑的透明度（用百分比表示）。以下脚本判断电影剪辑“dress”的透明度。如果超过 50%，便在跳转至 DanceParty 之前将 WearSlip?设置为 True。否则，直接跳转至 Dance Party。

```
If (GetProperty ("/Dress",_alpha) > 50){
```

```
    set Variable:"/Dress:WearSlip?"= True);
    gotoAndPlay ("DanceParty");
  Else
    gotoAndPlay ("DanceParty");
  }
```

在 ActionScript 3.0 中，影片剪辑的 alpha 属性值的范围不再是 0~100，而是 0 ~ 1。例如，设置实例的不透明度为 50% 应如下书写：

```
myMC.alpha = 0.5;
```

其中，myMC 为影片剪辑实例的名称。

➢ -visible：获得对象是否可见。

visible 属性返回逻辑值 True 或 False：如果可见，便为 True，如果不可见，则为 False。

以下脚本由帧事件触发，它检查电影剪辑 Teacher 的可见性。如果不可见，电影剪辑 Kids 便被发送至标记为“Recess”的帧；否则，Kids 便被发送至“Desk”：

```
If (GetProperty ("/Teacher",_visible) = False){
  tellTarget ("/kids"){
  gotoAndPlay ("Recess");
  };
Else
  tellTarget ("/kids"){
    gotoAndStop ("Desk");
  };
}
```

➢ -droptarget：获取对象是否具有拖放性质。

droptarget 属性返回某个电影的目标路径，该电影在当前拖动的电影的下面。此属性允许模拟拖放动作。

以下脚本模拟拖放动作。当鼠标事件 On (Press)发生时，电影剪辑 MyMovieClip 拖动，并以鼠标的位置为中心。当 On (Release Outside)鼠标事件发生时，拖动停止，并用表达式计算电影剪辑的位置。拖动的电影剪辑下面的电影剪辑就是 droptarget。在该脚本中，当拖动操作停止时，标识出 droptarget。如果它等于 My Target，MyMovie Clip 将不可见；否则，便什么也不会发生。

```
On (Press){
   startDrag ("/MyMovieClip", lockcenter);
}
On (Release Outside){
   stopDrag;
   If (GetProperty ("/MyMovieClip", _droptarget) = = ("/MyTarget")){
     Set Property ("/MyMovieClip", Visibility) = False;
```

```
    };
}
```

11.7.5 全局属性函数（Global Properties）

➢ -highquality：设置在作品中进行抗锯齿性处理。

highquality 属性根据当前重放的质量设置，返回数值 0、1 或 2。它是一个全局属性，因此，适用于当前在 Flash Player 窗口中放映的所有电影。

```
If (_highquality = =2){
  Actions . . .;
Else
  Actions . . .;
}
```

➢ -focusrect：显示焦点区域。

focusrect 属性根据矩形焦点是打开还是关闭（参见本章前面的 Set Property 动作），返回逻辑值 True 或 False。它是一个全局属性，适用于当前在 Flash Player 窗口中放映的所有电影。

```
If (_focusrect = =True){
  Actions . . .;
Else
  Actions . . .;
}
```

➢ -soundbuftime：设置音频播放时的缓冲时间。

soundbuftime 属性返回当前的声音缓冲时间设置值。默认设置是 5（5 秒）。它是一个全局属性，适用于当前在 Flash Player 窗口中放映的所有电影。

```
If (_soundbuftime > 15){
  Actions . . .;
Else
  Actions . . .;
}
```

11.8 表达式

表达式是由常量、变量、函数和运算符号按照运算法则组成的计算关系式。在动作语句当中，表达式的结果将作为参数。FLASH 中常见的表达式有 3 种。

➢ 算术运算符以及算术表达式：算术表达式是由数值函数，算术运算符组成，结果是数值或是逻辑值。

➢ 字符串表达式：字符串表达式是由字符串、以字符串为结果的函数、字符串运算符号组成，运算结果是字符串或是逻辑值。

- 逻辑表达式：逻辑表达式是由逻辑值、以逻辑为结果的函数、以逻辑为结果的算术或字符串表达式和逻辑运算符组成，其计算结果是逻辑值。

表达式是使 Flash 电影变成真正动态和可交互的核心，它使得每个用户对于电影的体验都独一无二。

在 Flash 中，表达式是一个短语或变量、数字、文本和操作符的集合，它所等于的值可以是字符串、数字或逻辑值。可通过计算表达式来执行多项任务，包括设置变量的值、定义将影响的目标、确定将跳转到的帧编号以及拖动。请看以下脚本，它使用表达式计算将跳转到的帧编号：

```
On (Release){
  gotoAnd Play (24+26);
}
```

上面脚本中的表达式，也就是 24+26 的值将使得时间线跳转到第 50 帧。显然，这十分简单。甚至可以创建这样一个脚本，它使用表达式以不同的方式完成相同的任务：

```
On (Release){
  Set Variable: "FavoriteNumber"= 24;
  Set Variable: "SecondFavNumber"= 26;
  gotoAnd Play (FavoriteNumber + SecondFavNumber);
}
```

首要事项：

书写表达式时，需确定的第一件事情就是返回值的类型。它可能是一个字符串，例如“Hello, there”，也可能是一个数字，例如 560，或是一个逻辑值，如 True。根据要完成的任务来选择值类型。

读者可能已意识到，许多动作参数可以使用表达式来设置值。如果打算这样做，那么需注意此参数通常所使用的值类型，这样，就可以相应地创建自己的表达式。例如，当使用 getURL 动作时，URL 参数需要一个字符串值，如 http://www.myflash.com/movie.swf。如果你用表达式来产生此参数的值，那么它必须等于一个字符串。相反，如果想使用表达式来设置电影的透明属性 alpha，那么，它应等于一个数值。如果书写一个等于 telephone 的表达式则没有意义，也无法正确设置 alpha。

11.9 运算符

运算符号能够提供对数值、字符串和逻辑值进行运算的关系符号。

11.9.1 逻辑运算符

在表达式中使用逻辑运算符来判断某个条件是否存在。逻辑运算符主要用在 If and Loop While 动作中。

脚本范例

```
On (Release){
  Set Variable:"Paycheck"= 1000;
  Set Variable:"Decision"= "Buy";
  If ((Paycheck >= 1000) and (Decision = = "Buy")){
    gotoAnd Stop ("NewComputer");
  Else
    gotoAnd Stop ("Cry");
  };
}
```

此脚本中的表达式检查 Paycheck 的数值是否等于或大于 1000，以及 Decision 的字符串值是否等于 Buy。如果是，便购买一台新的计算机；否则，便只好哭泣了！在此脚本中，If 判断为 True，所以该是买一台新计算机的时候了！

读者会发现，如果在表达式中使用逻辑运算符，那么可以同时判断数值和字符串值，并采取相应的动作。

11.9.2 字符串运算符

当计算字符串或任何值为文本的变量时，字符串运算符所执行的任务都是连接和比较字符串的值。

脚本范例

想象舞台上有 4 个文本字段，变量名分别为 First、Last、Age 和 Message。用户分别在前 3 个字段中键入 John、Doe 和 30。当用户按某个按钮时，将执行以下脚本：

```
On (Release){
  Set Variable:"Message"= ("Hello,") add (First ) add (Last) add (".") add
("You appear to be ") add (Age) add ("year old.");
}
```

当执行此脚本时，变量 Message 显示以下信息：

"Hello,John Doe.You appear to be 30 years old."

在表达式中，变量 First、Last 和 Age 的值与带引号的文本值相连。

现在看另一个脚本。

想象舞台上有一个变量名为 Password 的文本字段。某人已在该字段中输入文本 Boom Bam。当该用户按某个按钮时，将执行以下脚本：

```
On (Release){
  If (Password = = "Boom Bam"){
    gotoAndStop ("Accepted");
  Else
    gotoAndStop ("AccessDenied");
```

```
  };
}
```

当执行此脚本时(以 Password 文本框中所输入的信息为基础)，时间线将跳转至标记为 Accepted 的帧，并停在该帧。

请注意字符串运算符 eq，它不同于等号（等号是一个数值运算符），而是判断某个字符串是否等于另一个字符串。如果使用等号，脚本将无法正确判断。

用于文本的比较运算符，如 lt、gt、le 和 ge，可根据第一个字符确定单词的字母顺序。小写字符（a 到 z）的值大于大写字符（A 到 Z）的值。例如，derek 大于 Brooks，而 Dere k 则小于 Brooks。

使用字符串运算符时，需注意以下事项：

- 字符串的值区分大小写： kathy 不等于 Kathy。
- 在字符串表达式中使用数值会使数值自动转换为字符串。例如，表达式("I love to eat") add (10 + 5) add ("donuts a day! ")会转换为"I love to eat 15 donuts a day! "。

11.9.3 数字运算符

当进行数值（或值为数字的变量）运算时，数字运算符用来进行加和减这样的运算。数字运算符有两种：算术运算符和比较运算符。

1. 脚本范例

```
On (Release){
  Set Variable:"Season"= 4;
  Set Variable:"Hrs"= 24;
  Set Variable:"Mins"= 60;
  Set Variable:"MinsASeason" = (365 / Season)*(Hrs * Mins);
}
```

此脚本创建了 4 个变量，并为它们分配数值。其中的 3 个变量分配的是文字值，而第 4 个变量分配的是表达式。请看以下使用了实际数值的表达式：

(365 / 4)*(24*60)

第一步运算得到：

91.25 * 1440

进一步得到：

131400

因此，MinsASeason 的值为 131400。

要了解表达式的动态程度，请看以下脚本。它与前一个脚本的功能相同，但是使用了两个基于表达式的变量：

```
On (Release){
  Set Variable:"Season"= 4;
```

```
  Set Variable:"Hrs"= Season + 20;
  Set Variable:"Mins"= 60;
  Set Variable:"MinsASeason" = (365 / Season)*(Hrs * Mins);
}
```

Hrs 的值以表达式的值 24 为基础。该值在脚本的第二个表达式中用于和 Mins 的值相乘。只能对数字值进行加减处理。还可以使用比较运算符来比较变量的数字值，尤其是在使用 If and Loop While 命令的时候。

2. 脚本范例

```
On (Release){
  Set Variable: "Paycheck"= 200;
  Set Variable:"Savings"= 5;
  Set Variable:"Bills"= 500;
  If ((Paycheck + Savings )>= Bills){
    gotoAndStop ("Happiness");
  Else
    gotoAndStop ("NotSoHappy");
  };
}
```

此脚本创建了 3 个变量，并为它们分配数值。If 命令检查 Paycheck 和 Savings 的和是否大于或等于 Bills 的值。如果是，时间线将跳转到标记为 Happiness 的帧；如果不是，则跳转到标记为 NotSoHappy 的帧。

使用数字运算符时需注意的几个事项是：

表达式的运算按顺序执行，即按先后顺序执行。括号中的所有内容最先计算，然后进行乘除运算，最后才进行加减运算。请记住：运算的顺序不同，最后的结果也不一样。

如果试图用数字运算符来计算字符串，那么 Flash 会将字符串转换为数值。数值以字符串中的字符数为基础。例如，10+Hello=15，因为 Hello 包含 5 个字符。

11.10 类

要对面向对象进行设计，就要将信息组织成组，这个组被成为 CLASS（类）。在编写程序的过程当中，可以为每个类创建多个实例，成为 OBJECT（对象）。用户可以使用 ActionScript 自带的类，也可以使用自己创建的类。

在创建一个类的时候，必须定义该类中所有对象包含的属性和动作。

ActionScript 中的对象可以是数据，也可以用图像来表示，如舞台上的电影剪辑。所有的电影剪辑都是电影剪辑这个类的对象或者是实例。所有的电影剪辑都包含了电影剪辑这个类的属性。

要定义一个类，必须创建特定的函数，读者可以用如下语句定义一个类：

```
Function Moto (t,d) {
  test.time=t;
```

```
    test.distance=d;
  }
  Function Run () {
    Returen test.distance/test.time;
  }
  moto.prototype.tate=run;
```

接下来要创建 Moto 这个类的对象了，用下面的语句来定义对象，分别为 go1 和 go2：

```
go1=new test (40, 3) ;
go2=new test (50, 2) ;
```

值得注意的是，类的对象还可以相互进行作用。

11.11 思考题

1. 什么是 ActionScript？
2. 动作脚本中包含哪些常用的术语，它们各有什么作用？
3. ActionScript 语句中大小写的区分是什么？
4. ActionScript 中的函数都有哪些类型？各有什么特点？

11.12 动手练一练

使用 ActionScript 语句，利用 getURL 命令使得点击一个图形元件可以得到一个超链接。

ActionScript 语言如下：

```
on (release) {
    getURL("welcome.htm", "contents");
}
```

第 12 章

多媒体的使用

本章将向读者介绍声音、视频与组件的使用，内容包括在 Flash CS5 中如何导入声音、编辑声音文件、对声音的优化与输出、导入视频文件、引入视频链接、对视频对象进行编辑操作以及如何添加组件、查看和修改组件的参数、设置组件外观尺寸、自定义组件外观。

学习要点

- 掌握向 Flash 动画中导入和添加声音的方法。
- 掌握为帧或按钮添加声音的方法。
- 掌握为 Flash 动画添加视频以及对导入的视频处理的方法。
- 掌握 Flash CS5 中组件的使用方法。
- 掌握设置与修改组件外观的方法。

12.1 使用声音

Flash CS5 提供了许多使用声音的方法。可以使声音独立于时间轴连续播放，或使动画和一个音轨同步播放。向按钮添加声音可以使按钮具有更强的互动性，通过声音淡入淡出还可以使音轨更加优美。

12.1.1 导入声音

Flash 中不能录音，要使用声音只能导入。所以必须用其他软件记录一个声音文件，可以从因特网上下载，也可以购买一个声音集。Flash 可以导入.wav，.aiff 和.mp3 声音文件。如果系统安装了 QuickTime 软件，还可以导入其他格式的声音文件，如 Sound Designer II、只有声音的 QuickTime 影片、Sun AU 以及 System 7 声音等。

当声音导入到文档中后，它们将与位图、元件一起保存到库面板中，因此和元件一样，用户只需要一个声音文件的副本就可以在影片中以各种方式使用该声音了。也同其他符号一样，一个声音文件可在影片中的不同地方使用。

声音一般会占用很大的电脑磁盘空间和内存空间。因此最好用 22kHz16 位的单声声音。因为 Flash 只能导入采样比率为 11kHz，22kHz 或 44kHz 的 8 位和 16 位的声音。当将声音导入 Flash 时，如果声音的记录不是 11kHz 的倍数，将会重新采样。所以，如果要向 Flash 中添加声音效果，最好导入 16 位声音。如果电脑内存有限，就使用短的声音剪辑或用 8 位的声音。

可以按照下列步骤导入声音文件：

01 从“文件”菜单里选择“导入”，打开“导入”子菜单，如图 12-1 所示。

02 选中“导入到库”命令，这时弹出导入声音文件的窗口。如图 12-2 所示。

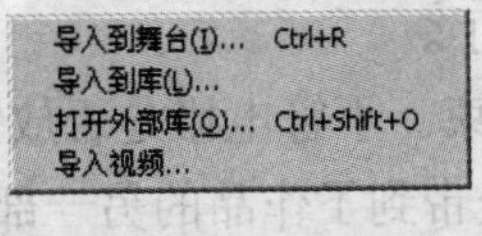

图 12-1 导入菜单里的命令

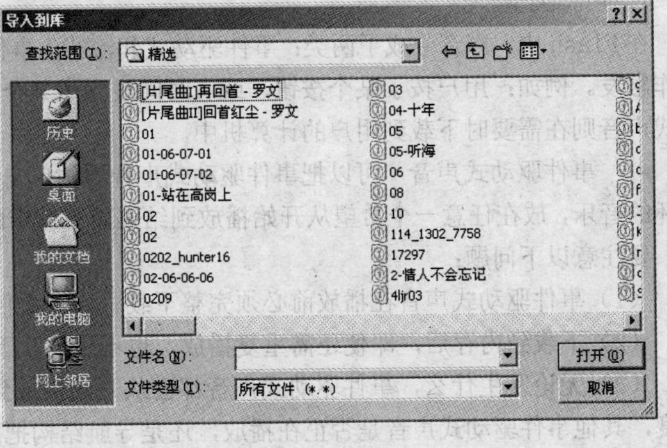

图 12-2 导入窗口

03 在“查找范围”下拉列表框中选择导入声音文件的位置，选定要导入的声音文件位置。

04 单击“打开”按钮。将声音文件导入到 Flash 中，这时会在屏幕上显示导入进度，如图 12-3 所示。

05 当进度结束以后，导入的声音文件就以符号的形式保存在库中，如图 12-4 所示。

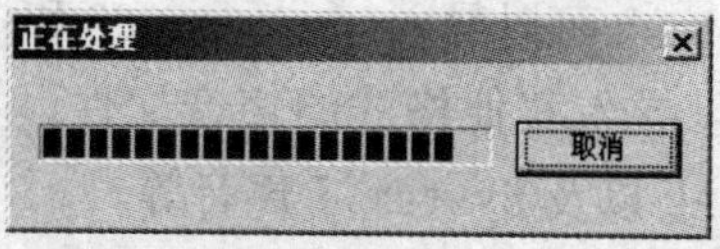

图 12-3 导入进度

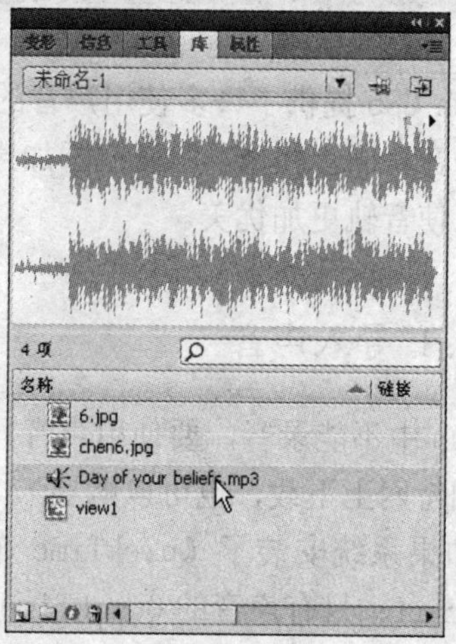

图 12-4 保存在库中的声音文件

当需要使用这个声音文件时，就可以直接从库中将其拖放到舞台上了。

注意：Flash 中不能使用 MIDI 文件。要在 Flash 中使用 MIDI 文件必须使用 JavaScipt。

12.1.2 添加声音

声音导入到 Flash 后，用户就要确切地指出如何将它用在作品中。像单击按钮这样的动作是不是比较适合使用一个简短的声音？是否在背景中加入一段音乐？或者是否需要将音轨与银幕动画同步？根据它们的使用，Flash 分别做不同的处理。这将有助于缩小文件，减短时间，这些都是将要介绍的内容。

1. 声音类型

在 Flash 中，声音分成了两类：事件驱动式和流式。事件驱动式声音由电影中发生的动作触发。例如：用户按了某个按钮，或者时间线到达某个设置了声音的关键帧。相反，流式声音则在需要时下载到用户的计算机中。

➢ 事件驱动式声音　可以把事件驱动式声音用做单击按钮的声音，也可以把它作为循环的音乐，放在任意一个希望从开始播放到结束而不被中断的地方。对于事件驱动式声音，要注意以下问题：

（1）事件驱动式声音在播放前必须完整下载。声音文件过大会使得下载时间长。

（2）下载到内存后，即使还需重复播放，也不用再次下载了。

（3）无论发生什么，事件驱动式声音都会从开始播放到结束。不管电影是否放慢了速度，其他事件驱动式声音是否正在播放，还是导航结构把观众带到了作品的另一部分，它都会继续播放。

（4）事件驱动式声音无论长短都只能插入到一个帧。

➢ 流式声音　可以把流式声音用于音轨或声轨中，以便声音与电影中的可视元素同步，也可以把它作为只使用一次的声音。运用流式声音，要注意以下问题：

（1）可以把流式声音与电影中的可视元素同步。

（2）即使它是一个很长的声音，播放前，也只需下载很小一部分声音文件。

（3）声音流只在时间线上它所在的帧中播放。

既然可以在用户创建的作品中以不同的方式重复使用导入到Flash的声音，那么也可以将某个文件在某个地方用作事件驱动声音，在另一地方用作流式声音。也就是使用声音的实例。因为实例仅仅是存在于库中的原始声音的一个复制，所以对它进行任何设置都不会影响原始声音。

当把声音的一个实例放到时间线上时，就要决定它将是事件驱动式还是流式。对它编辑以产生不同的效果，如音量的淡入淡出时，也要先决定它的类型。下面来看一下如何添加声音以及对声音的实例进行修改的方法。

2. 添加声音

在Flash动画文件中添加声音时，必须先创建一个声音图层，才能在该图层中添加声音，声音图层可以存放一段或多段声音。可以把声音放在任意多的层上，每一层相当于一独立的声道，在播放影片时，所有层上的声音都将回放。但是在同一段时间时，一个图层只能存放一段声音，这样可以防止声音在同一图层内相互叠加。每个声音类似一个声道，当动画播放时所有的声音图层都将自动合并。

按照下列步骤添加声音文件：

01 按照上一节介绍的方法，将声音导入到库面板中。

02 使用“插入”菜单里的“时间轴”子菜单里的“层”命令，为声音创建一个图层。

03 在声音所在的层上创建一个关键帧，作为声音播放的开始帧。

04 选中关键帧，调出声音属性设置面板，如图12-5所示。

05 在“声音”下拉列表框中选择要置于当前层的声音文件。

06 在“效果”下拉列表框中选择一种声音效果，用来进行声音的控制。

07 在“同步”下拉列表框中确定声音播放的时间。

注意：如果放置声音的帧不是主时间轴中的第 1 帧，选择“停止”选项。

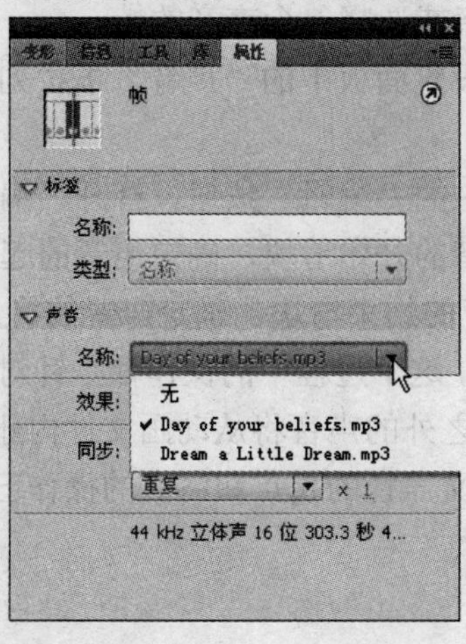

图 12-5 声音对应的属性设置面板

08 在“重复”文本框中输入数字用于指定声音重复播放的次数，如果想让声音不停地播放，可选择“循环”。

这样，一个声音的实例就被添加到选定的帧中了。

注意：可以添加任意多带声音的层。使用多个不同的声音层，可以更好地组织项目。所有的层都可以组合到最终的文件中去。

12.1.3 编辑声音

1．设置声音的同步方式

在声音属性面板里，打开“同步”下拉列表框后，会看到如图 12-6 所示的播放时间选项，一共有 4 个选项，通过这 4 个选项可以设置声音的同步方式。

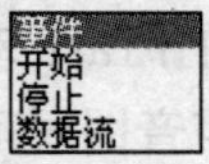

图 12-6 声音的效果选项

- “事件”：把声音与事件同步起来，即事件音频。当动画播放到声音的开始关键帧时，事件音频开始独立于时间轴完整地播放，即使动画停止了也要播放完。
- “开始”：该选项与“事件”唯一不同的地方在于到达一个声音的起始帧时，若有其他声音播放，则该声音将不播放。
- “停止”：使指定声音不播放。
- “数据流”：用于互联网上播放流式音频。与事件音频不同，流式音频将随着动画的结束而停止播放。

2．定义声音的起点和终点

在声音对应的属性设置面板单击“效果”后的“编辑”按钮，打开“编辑封套”对话框，如图 12-7 所示。通过这个图，可以看到在该对话框中出现两个波形图，它们分别是左声道和右声道的波形，它们也是对声音进行编辑和控制的基础。在左声道和右声道之间有一条分隔线，分隔线上左右两侧各有一个控制手柄，它们分别是声音的开始滑块和声音的结束滑块，拖动它们可以改变声音的起点和终点。

定义声音的起点和终点的操作步骤如下：

01 向某一帧中加入声音或选择包含声音的帧。

02 在声音对应的属性设置面板中的“声音”下拉列表框中，选择要定义声音的起点和终点的声音文件。

03 单击属性设置面板中的“编辑”按钮，打开“编辑封套”对话框。

04 拖动分隔线左侧声音的开始滑块，确定声音的起点。

05 拖动分隔线右侧声音的结束滑块，确定声音的终点，如图 12-8 所示。

定义声音的起点和终点后，这个过程中的操作都是针对声音的开始滑块和声音的结束滑块之间的声音，这两个滑块之外的声音将从动画文件内删除。分隔线的长度随着滑块的拖动而发生变化，这就表明定义声音的起点和终点的操作已经生效，这是因为分隔线的长度与采用声音文件的长度一次。

3．设置声音效果

在 Flash CS5 中可以对声音的幅度进行比较细腻的调整，这个调整过程也是通过“编辑封套”对话框完成的。在“编辑封套”对话框中的声道波形的下面还有一条直线，它就是用来调节声音的幅度，称之为幅度线。在幅度线上还有两个声音幅度调节点，拖动调节点可以调整幅度线的形状，从而达到调节某一段声音的幅度。

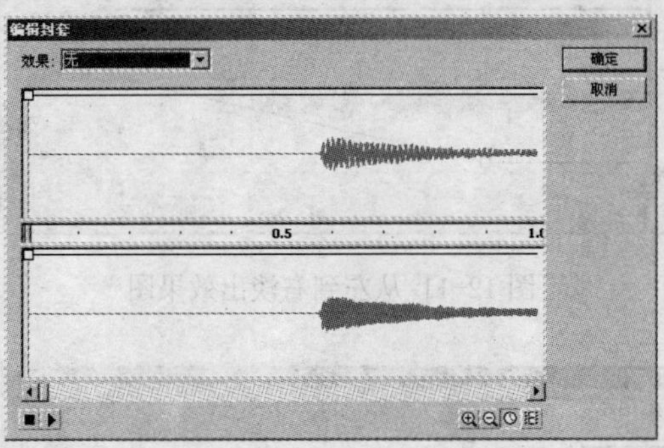

图 12-7 “编辑封套”对话框

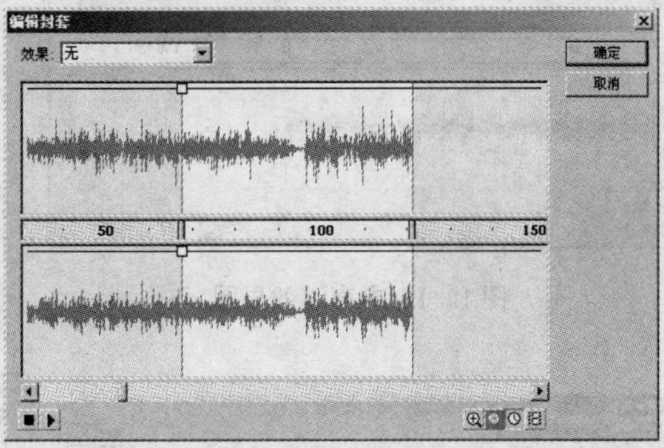

图 12-8 定义声音的起点和终点

当声音文件被导入 Flash 后，用户可以直接使用鼠标在幅度线上拖动声音幅度调节点到不同的位置来实现。用户可以通过打开“编辑封套”对话框中的“效果”下拉菜单，如图 12-9 所示。

下拉菜单中各个选项的作用：

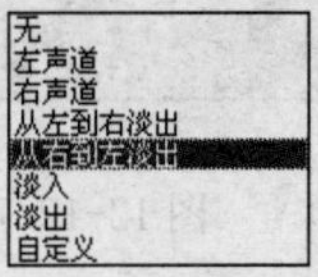

图 12-9 播放效果选项

- “无”：对声音文件不加入任何效果，选择该项可取消以前设定的效果。
- “左声道”：表示声音只在左声道播放声音，右声道不发声音。
- “右声道”：表示声音只在右声道播放声音，左声道不发声音。
- “从左到右淡出”：使声音的播放从左声道移到右声道。
- “从右到左淡出”：使声音的播放从右声道移到左声道。
- “淡入”：在声音播放期间逐渐增大音量。
- “淡出”：在声音播放期间逐渐减小音量。
- “自定义”：允许创建自己的声音效果。选择该选项将打开“编辑封套”对话框。

从中选择各个选项，然后就可以看到幅度线上调节点的相应改变，如图 12-10 所示的就是右声道效果图、图 12-11 所示的就是声音从左到右淡出的效果图、图 12-12 所示的就是声音淡入的效果图。使用 2 个或 4 个声音幅度调节点只能实现简单地调节声音的幅度，对于比较复杂的音量效果来说，声音调节点的数量还需要进一步增加。添加声音调节点的方法就只需要单击幅度线即可。例如在幅度线上单击 8 次，将左、右声道上个添加 8 个声音调节点，如图 12-13 所示。

注意：声音调节点的数量不能够无限制地增加，最多只能有 8 个声音调节点，如果用户试图添加多于 8 个声音调节点时，Flash 将忽略用户单击幅度线的操作。

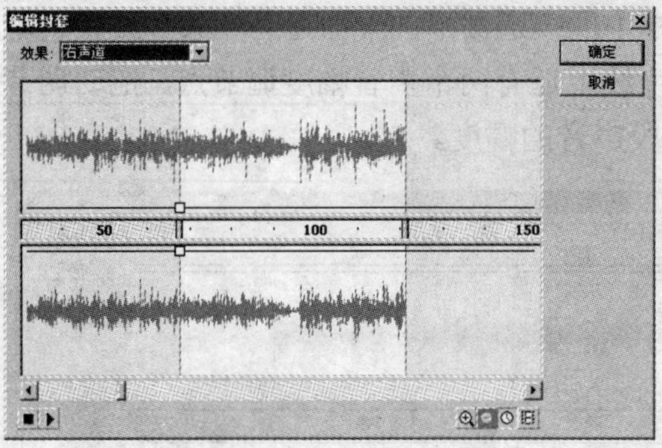

图 12-10 右声道效果图

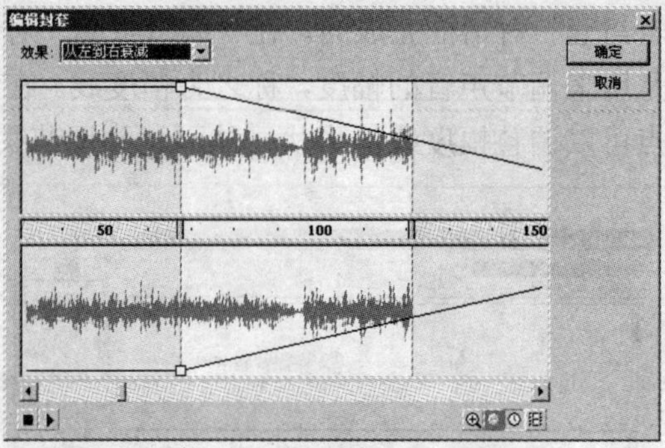

图 12-11 从左到右淡出效果图

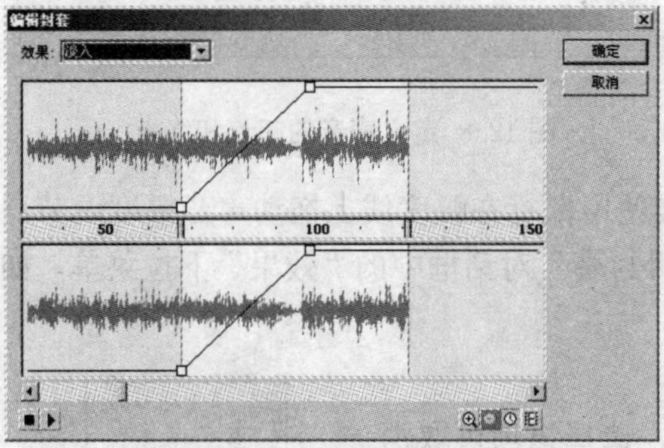

图 12-12 声音淡入的效果图

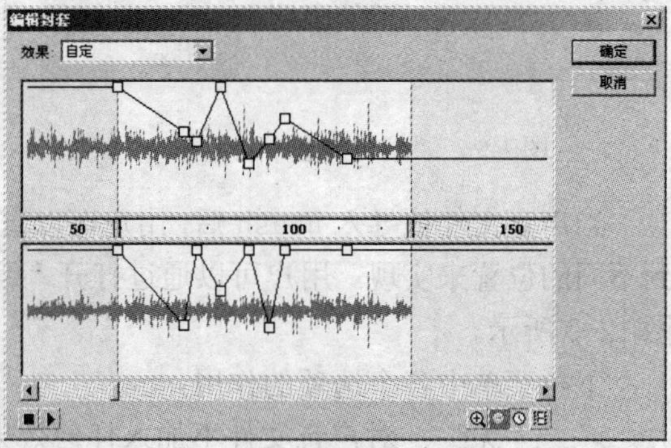

图 12-13 添加声音调节点

12.1.4 使用声音

Flash 动画中使用声音主要包括在指定关键帧开始或停止声音的播放、为按钮添加声音。

1. 在指定关键帧开始或停止声音的播放

指定关键帧开始或停止声音的播放以使它与动画的播放同步是编辑声音时最常见的操作。当动画播放到关键帧时，将开始声音的播放。用户也可以让关键帧与舞台中的事件联系起来，这样就可以在完成该动画时停止或播放声音。

在指定关键帧开始或停止声音播放的操作步骤如下：

01 将声音导入到库面板中。

02 选择“插入”菜单里“时间轴”中的“图层”命令，为声音创建一个图层。

03 单击选择声音层上预定开始播放声音的帧，将其设为关键帧。

04 在调出的属性面板里，声音下拉列表框中选择一个声音文件，然后打开“同步”下拉列表框选择“事件”选项。

05 在声音层声音结束处创建另一关键帧。

06 在“声音”下拉列表框中选择同一个声音文件，然后打开“同步”下拉列表框选择“停止”选项。

按照上述方法将声音添加到动画内容之后，可以在时间轴窗口的声音图层中看到声音的幅度线，如图 12-14 所示。

注意：声音图层时间轴中的两个关键帧的长度不要超过声音播放的总长度，否则当动画还没有播放到第 2 个关键帧，声音文件就已经结束，添加的功能就无法实现。

2. 为按钮添加声音

为了制作带声音的按钮，用户可以先制作一个按钮，然后根据按钮元件的不同状态设置声音，因为声音与元件一同存储，所以加入的声音将作用于所有基于按钮创建的实例。

为按钮添加声音的步骤如下：

01 新建一个 Flash 文件（ActionScript 2.0）或 Flash 文件（ActionScript 3.0）。

02 选择“插入”菜单里的“新建元件”命令，调出“新建元件”对话框，在该对话框中的“名称”文本框中输入元件的名称，单击选择“类型”下面的“按钮”单选按钮，单击“确定”按钮关闭该对话框，跳转到元件编辑窗口中。

03 在元件编辑窗口中加入一个声音图层，在声音图层中为每个要加入声音的按钮状态创建一个关键帧，如图 12-15 所示。例如，若想使按钮在被单击时发出声音，可在按钮的标签为“按下”的帧中加入一个关键帧。

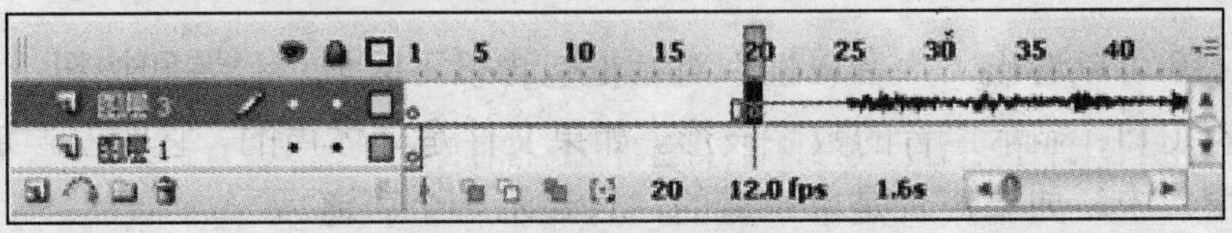

图 12-14 添加声音后的时间轴窗口

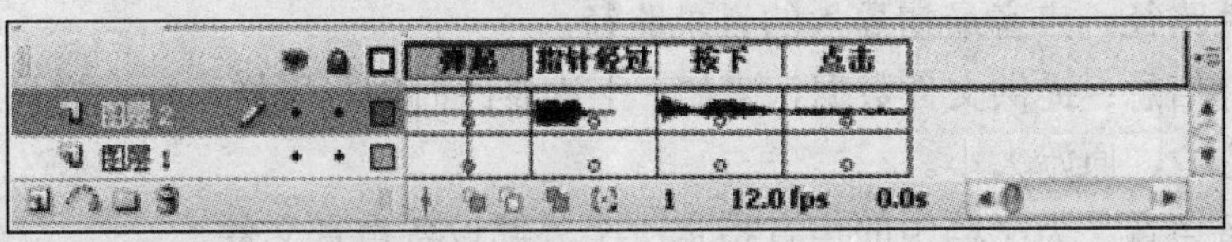

图 12-15 在按钮元件编辑窗口中添加声音图层

04 向创建的关键帧中加入声音，打开对应属性设置面板中的“同步”下拉列表框，从中选择声音对应的事件。

05 添加声音后，返回到场景编辑舞台。从库面板中将刚才创建的按钮，拖动到舞台中的工作区域内。

这样，就为按钮添加了声音。

技巧：为了使按钮中不同的关键帧中有不同的声音，可把不同关键帧中的声音置于不同的层中，还可以在不同的关键帧中使用同一种声音，但使用不同的效果。

12.1.5 声音的优化与输出

1. 声音属性

Flash 本身不是一个声音编辑优化程序，但是用户可以通过“声音属性”对话框优化声音。要打开声音属性对话框，**应作如下操作**：

01 从“窗口”菜单中选择“库”命令，将库窗口打开。

02 选择要优化的声音，双击声音名左边的声音图标打开“声音属性”对话框。如图 12-16 所示。

技巧：也可以右击库中的声音名，然后从出现的弹出菜单中选择“声音属性”命令。

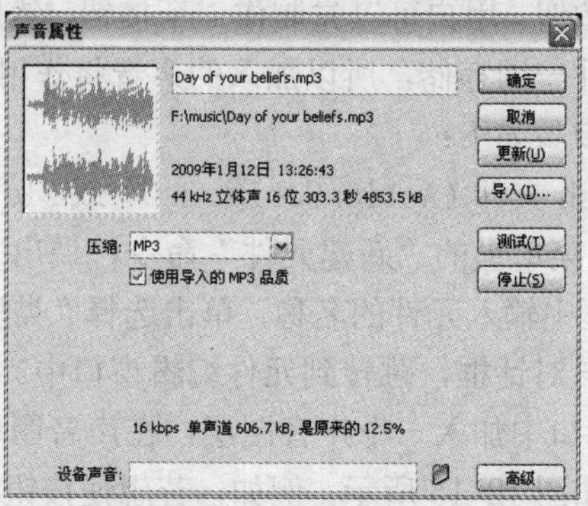

图 12-16 “声音属性”对话框

由图 12-16 可以看出“声音属性”对话框包含以下区域、设置和按钮：

- 预览窗口：显示声音的数字波形。如果文件是立体声的，它的左声道和右声道会出现在预览窗口中。如果声音是单声道的，只显示一个声道。
- 文件名：Flash 基于原始文件名给声音文件分配了一个默认的名字，用来在库中标识这个声音。可以将它改为一个好记的文件名。
- 文件路径：声音最初导入的目录路径。
- 文件信息：提供文件数据，诸如：上次修改时间、采样率、采样尺寸、持续时间（以秒为单位）、原始大小。
- 设备声音：为文档中的声音指定一个外部设备声音文件。

设备声音是一种以设备的本机音频格式（如 MIDI 或 MFi）编码的声音。Flash 创作工具不允许将设备声音文件直接导入到 Flash 文档中；而需要首先以支持的格式（如 MP3、WAV 或 AIFF）导入代理声音。然后将代理声音链接到外部移动设备声音，如 MIDI 文件。在文档发布过程中，代理声音将被链接的外部声音替换。

设备声音只能用做事件声音；不能使设备声音与时间轴同步。链接到外部设备声音的声音波形在时间轴显示为绿色；未链接到外部设备声音的声音波形显示为蓝色。

- 压缩类型：这个弹出菜单可设置当导出项目以创建 Flash 电影时，对声音采用何种压缩方法。每种声音都有自己独特的设置。
- 确定/取消按钮：用此按钮完成或删除在声音编辑对话框中的动作。
- 更新按钮：在声音编辑程序中，如果改动或编辑了导入到 Flash 的原始文件（即目录路径位置中的文件），可以用这个按钮更新 Flash 中的声音，以反映出所做的改动。
- 导入按钮：这个按钮可以改变目录路径信息所引用的声音文件。以这种方法导入声音会将对当前声音的所有引用改为用这个按钮所导入的引用。

➢　测试按钮：单击这个按钮可以看到不同的压缩设置如何影响声音。

➢　停止按钮：这个按钮与测试按钮一起用，单击测试按钮，可以完全预览，单击停止可以在任意点暂停预览。

2．压缩声音

打开声音属性对话框后，在“压缩”下拉列表框中进行有关声音压缩的设定，根据压缩方式的不同，可用的选项也有所不同，“压缩”下拉列表框有 5 个选项，下面就来介绍这 5 种不同的压缩方式。

➢　默认：选择这个选项将使用默认的设置压缩声音。

导出时，Flash 提供一个通用的压缩设置，可以用同一个压缩比压缩电影中的所有声音。这样便不必对不同的声音分别进行特定设置，从而可以节省时间。但是，不建议这样做。因为，首先读者可能想控制声音的各个方面，包括声音的压缩。其次，对声音来说，默认设置并不总是最好的方法。用通用设置，有些声音听起来不错，有些却糟透了。因此，具体情况要具体分析，对不同的声音应该采用不同的压缩比。

➢　ADPCM：将声音文件压缩成 16 位的声音数据。在输出短的事件声音，如按钮单击事件的声音时最好将它压缩成 ADPCM 格式。这种压缩方式最适用于简短的声音，例如单击按钮的声音、音响效果的声音、事件驱动式声音。这个选项用于循环音轨非常好，它的压缩速度比 MP3 快，而 MP3 在循环中会造成迟延（不应有的空白间隔）。

选择 ADPCM 选项后，在对话框的下面出现如图 12-17 所示的设置选项。

（1）预处理：这个选项可以把立体声转化为单声道的声音。它自动地把声音切掉一半从而减少了对整体电影文件大小的影响。用这种方法可以将声音的数据量减少一半。

注意：通过声音属性对话框底部的结果信息，可立刻看到预处理选项对文件大小的影响。

（2）采样率：这个选项出现如图 12-18 所示的列表，它可以设置声音导入到最终电影中的采样率。即使声音原来的采样率为 22kHz，也可以选择 5kHz。Flash 将在导出时按用户选择进行再采样。采样率小会减少对整体电影文件大小的影响，但是会损失声音的质量。

图 12-17 ADPCM 的设置选项

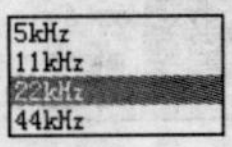

图 12-18 采样率列表

技巧：做的任何选择都要用测试按钮预览一下。通常，声轨可以采用较低的采样率，音轨则需要较高的采样率以避免单调。

➢ MP3：声音以这种方式压缩时，一部分原文件会丢失。用 MP3 压缩原始的声音文件（.wav）会使文件大小减为原来的十分之一，而音质没有明显的损害。在输出一较长的声音数据流时适合使用这种格式。

➢ 原始：这个选项不是真正的压缩，它允许用户导出声音时用新的采样率进行再采样。例如，原来导入的是 22kHz 的声音文件，用户可以转换为 11kHz 或 5kHz 的文件导出。它并不进行压缩。

➢ 语音：把声音不经压缩就输出，用户可以对采样率进行设置。

➢ 在输出影片时，对声音设置不同的采样率和压缩比对影片中声音播放的质量和大小影响很大，压缩比越大、采样率越低会导致影片中声音所占空间越小、回放质量越差，因此这两方面应兼顾。

3．输出声音

Flash 软件向来以文件输出格式多样而引人注目，Flash 可以输出多种的图形图像文件。Flash 不但可以向动画中添加声音，而且可以将动画中的声音以多种格式进行输出。在这一小节中将具体阐述怎样使用 Flash CS5 来输出声音。

输出带声音的动画的步骤如下：

01 选择“文件”菜单里的“导出影片”命令，调出“导出影片”对话框，如图 12-19 所示。

02 在“导出影片”对话框的“保存在”下拉列表框中选择保存文件的位置。

03 在“保存类型”下拉列表框中选择保存文件的类型。

04 在“文件名”文本框中输入声音文件的名称。

05 单击“保存”按钮，进行确认。同时会弹出“导出 Flash Player”对话框，如图 12-20 所示。

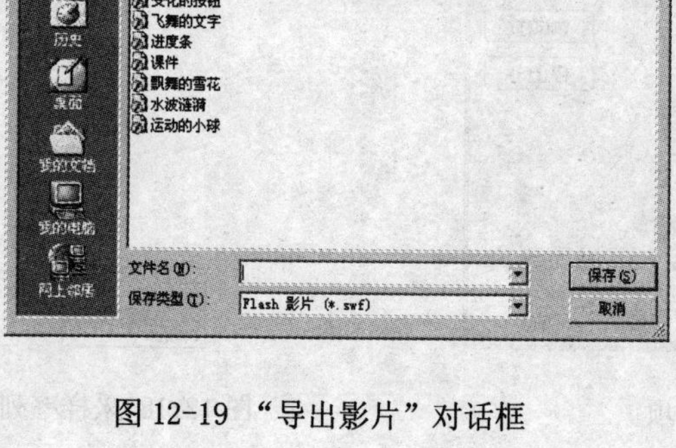

图 12-19 “导出影片”对话框

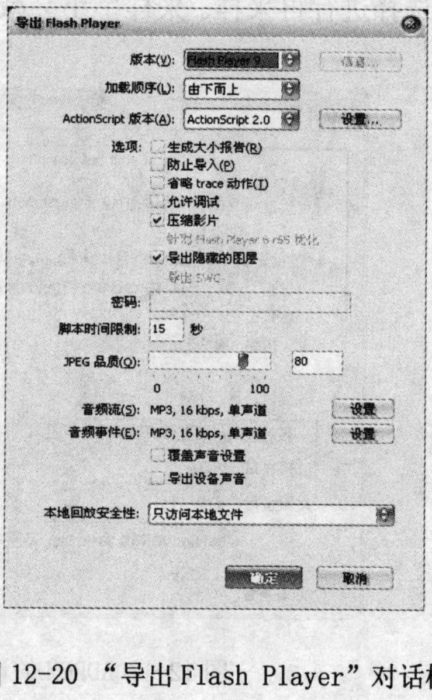

图 12-20 “导出 Flash Player”对话框

06 在“导出 Flash Player”对话框可以重新设置输出声音的属性、选择以 Flash 的何种版本导出该动画，以及要使用的 Flash 安全模型等功能。各项的具体设置方式请参见第13章相关内容的说明。

Flash CS5 提供了本地和网络回放安全模式，新的安全模型允许用户决定是否允许 SWF 文件从本地或网络访问文件和计算资源。这有助于防止恶意使用 SWF 文件来访问本地计算机上的信息，并通过网络传输该信息。

07 设置完成后，单击“确定”按钮，进行确认，就完成了对声音的输出。

12.2 应用视频

Flash CS5 允许导入多种格式的视频文件。可以将这些视频文件作为视频流或通过 DVD 进行分发，或者将其导入到视频编辑应用程序（例如 Adobe® Premiere®）中。FLV 和 F4V (H.264) 视频格式具备技术和创意优势，允许用户将视频、数据、图形、声音和交互式控制融为一体。FLV 或 F4V 视频使用户可以轻松地将视频以几乎任何人都可以查看的格式放在网页上。

Flash CS5 可以对视频进行缩放、旋转、扭曲、遮罩等操作，以及使用 Alpha 通道将视频编码为透明背景的视频，并且可以通过脚本来实现交互效果。导入视频后，还可以对视频进行缩放、旋转、扭曲、遮罩等操作，以及使用 Alpha 通道将视频编码为透明背景的视频，并且可以通过脚本来实现交互效果。

12.2.1 导入视频文件

在 Flash CS5 中导入视频时，用户可以嵌入一个视频片断作为动画的一部分。在导入视频时就好像导入位图或矢量图一样方便。在动画中可以设置视频窗口大小、像素值等。

导入的视频文件格式并不受太多的限制，只要系统支持的文件都可以导入到 Flash CS5 中。利用 Flash CS5 的“视频导入”向导，用户可以轻松地部署视频内容，以供嵌入、渐进下载和流视频传输。可以导入存储在本地计算机上的视频，也可以导入已部署到 Web 服务器或 Flash Communication Server 上的视频。

Flash CS5 进一步增强了视频支持功能，借助舞台视频擦洗和新提示点属性检查器，简化了视频流程。FLVPlayback 组件完美地整合了提示点编辑功能，支持通过添加采样点来剪切影片，现在不需要太多的编程即可实现高级的视频编辑应用。FLVPlayback 还添加了迷你系列的皮肤，使控件皮肤可以更少的占用屏幕空间。

此外，还可以直接在 Flash CS5 舞台中播放视频，且视频支持透明度，这意味着用户可以更容易地通过图片资源校准视频。

下面就在 Flash CS5 中导入一个视频文件。

01 通过“文件”菜单下的“导入”子菜单选择一种导入方式。

其中，“导入到舞台”是直接把视频文件导入到 Flash CS5 的工作区，“导入到库”是把视频文件导入到库里。“打开外部库”是打开一个库里存在的视频文件。

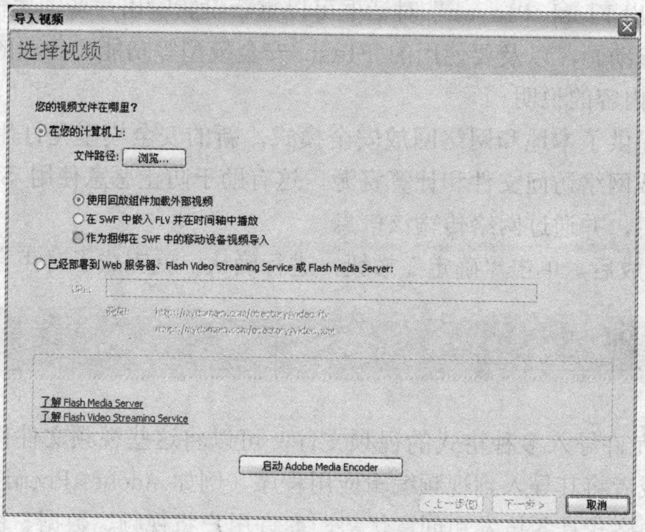

图 12-21 “导入视频”向导

02 选择“导入视频”，弹出“导入视频”向导如图 12-21 所示。在这里用户根据具体情况，可以选择是在本地计算上，或服务器上定位要导入的视频文件。本例在本地计算机上导入一个视频文件，输入文件路径，或使用浏览按钮选择文件。

若要将视频导入到 Flash 中，必须使用以 FLV 或 H.264 格式编码的视频。如果导入的视频文件不是 FLV 或 F4V 格式，系统会弹出一个提示框，提示用户先启动 Adobe Media Encoder 以适当的格式对视频进行编码，然后切换回 Flash 并单击“浏览”按钮，以选择经过编码的视频文件进行导入。单击“确定”按钮关闭对话框。

03 在“文件路径”下方的单选按钮组中，设置部署视频文件的方式，如图 12-22 所示。选中一种需要的导入方式后，“导入视频”对话框底部会显示该方式的简要说明或警告信息，以供用户参考。本例选择“使用回放组件加载外部视频”方式。

➢ 使用回放组件加载外部视频：导入视频并创建 FLVPlayback 组件的实例以控制视频回放。

➢ 在 SWF 中嵌入 FLV 或 F4V 并在时间轴中播放：将 FLV 或 F4V 嵌入到 Flash 文档中。这样导入视频时，该视频放置于时间轴中可以看到时间轴帧所表示的各个视频帧的位置。嵌入的 FLV 或 F4V 视频文件成为 Flash 文档的一部分。

注意：将视频内容直接嵌入到 Flash SWF 文件中会显著增加发布文件的大小，因此仅适合于小的视频文件。此外，在使用 Flash 文档中嵌入的较长视频剪辑时，音频到视频的同步（也称作音频/视频同步）会变得不同步。

➢ 作为捆绑在 SWF 中的移动设备视频导入：与在 Flash 文档中嵌入视频类似，将视频绑定到 Flash Lite 文档中以部署到移动设备。

注意：如果视频剪辑位于 Flash Communication Server 或 Web 服务器上，则只能将它导入为流文件或渐进式下载文件使用。无法将远程文件导入为嵌入的视频剪辑使用。

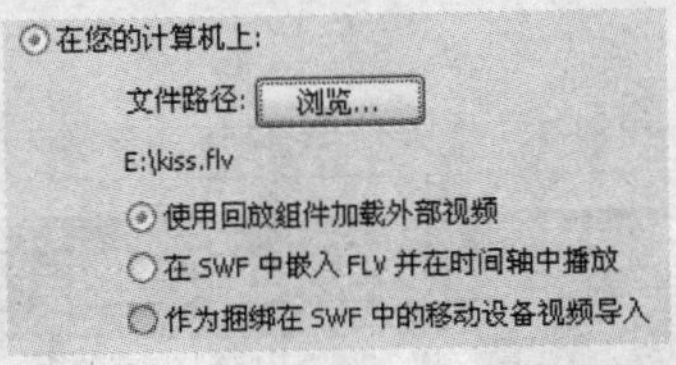

图 12-22 视频部署

04 单击“启动 Adobe Media Encoder”按钮，启动视频转换组件，如图 12-23 所示。

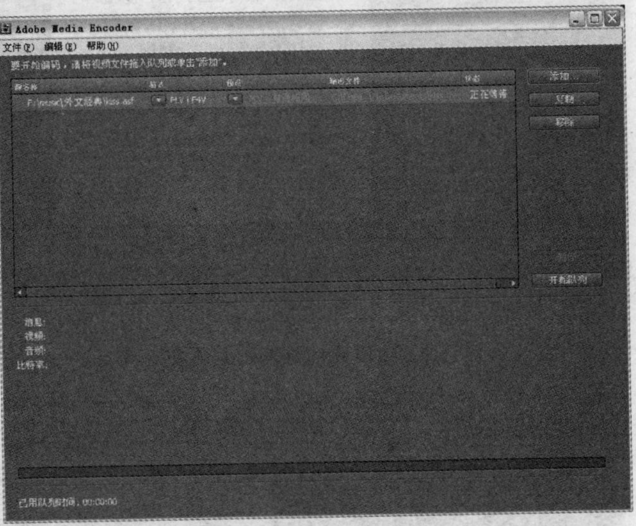

图 12-23 Adobe Media Encoder 界面

在 Flash CS3 中，视频转换组件的名称为 Adobe Flash CS3 Video Encoder，在 Flash CS5 中改为了 Adobe Media Encoder CS5。而且，在以往的版本中，视频转换组件需要单独下载，Adobe Flash CS5 集成了 Adobe Media Encode CS5 组件，在安装主程序时，可以根据需要选择需要的组件进行安装。

作为更新的视频转换组件，Adobe Media Encoder 变得更为易用，通常的转码设置无需进入下一级菜单，即可直接选择格式转换。而详细的转码设置菜单也与 Premiere 等后期软件的输出菜单看齐，使得转码设置更为直观和专业，而且支持了 Alpha 通道。

05 单击“预设”下方的下拉箭头，在弹出的下拉菜单中选择 Flash 视频编码配置文件，如图 12-24 所示。本例选择“FLV — 与源相同 Flash 8 和更高版本”。

Flash CS5 提供了 22 种视频编码配置文件，每一种配置文件右侧都有较详细的配置的主要相关参数。

Adobe 已经开始将 Flash Player 10 作为新的标准。值得一提的是，从 Adobe Flash Player 9 时期开始就有了 F4V 的图标，事实上却并未实际应用到 Flash CS3 中，而 Adobe Media Encoder CS5 则真正提供了 F4V 的文档标准和编解码。

06 单击“输出文件”下方的路径，可以选择编码后的视频的保存位置。单击“添加”按钮可以打开资源管理器，打开其他需要编码的视频文件。单击“预设”下方的配置文件，切换到如图 12-25 所示的对话框。在这里可以设置影片的音视频编码。本例保留默认设置。

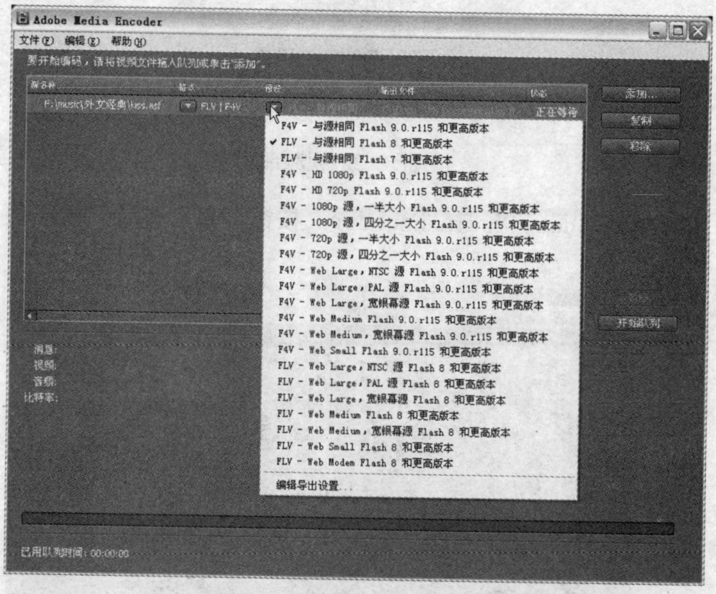

图 12-24 设置视频编码配置文件

图 12-25 编码界面

07 单击对话框右侧的“视频”标签，可以在如图 12-26 所示的对话框中设置视频编码。本例保留默认设置。

➢ “编解码器”：在该区域可以选择用于编码视频内容的视频编解码器。

如果为 Flash Player6 或 7 创作动画，选择“Sorenson Spark”编解码器；如果为 Flash Player 8 或更高版本创作，则选择“On2 VP6”编解码器。

➢ “编码 Alpha 通道”：如果选中该项，则使用 Alpha 通道将视频编码为透明背景的视频。

➢ “设置关键帧距离”：该选项用于指定视频关键帧导入后的频率。

Flash 视频并不是每一帧都保留完整的数据，而保留完整数据的帧叫做关键帧。默认情况下，在回放时间中每两秒放置一个关键帧。通常，在视频剪辑内搜寻时，默认的关键帧值可以提供合理的控制级别。如果需要选择自定义的关键帧位置值，请注意关键帧间隔越小，文件大小就越大。

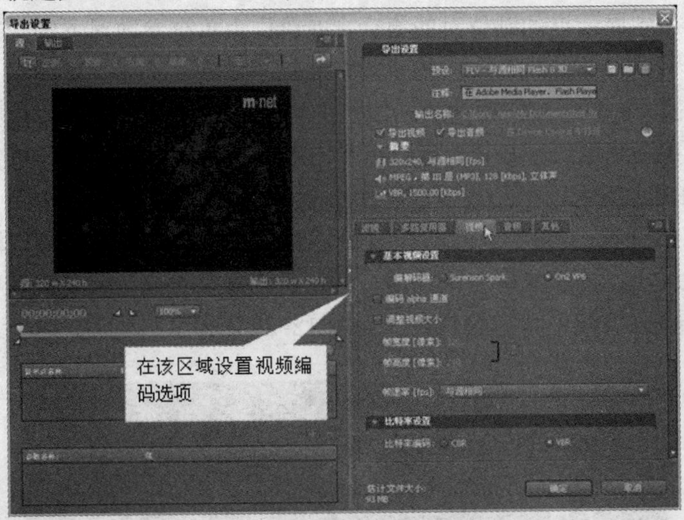

图 12-26 设置视频编码

08 单击“编码”对话框中的“音频”标签，可以在打开的对话框中设置影片的音频编码。本例保留默认设置。

09 使用回放头定位到要嵌入提示点的特定帧（视频中的位置），然后单击提示点列表左上角的“添加提示点”按钮，并在“类型”下拉列表中指定要嵌入的提示点的类型。如图 12-27 所示。

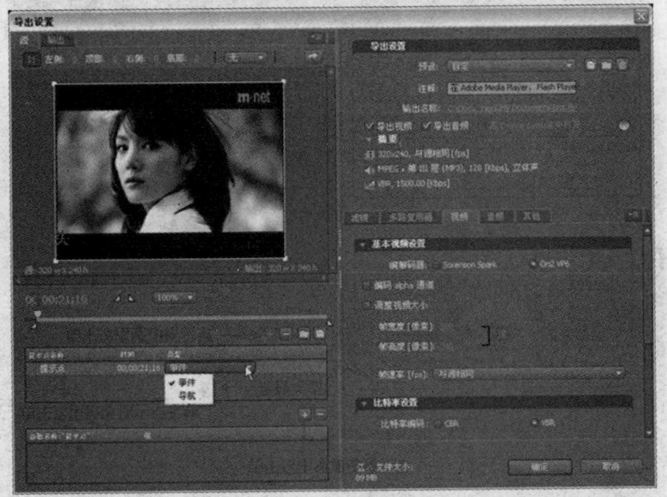

图 12-27 添加提示点

在 Flash 中，提示点可以直接嵌入 Flash 视频（FLV）文件中，使视频回放触发演示文稿中的其他动作，从而可以将视频与动画、文本、图形和其他交互内容同步。

嵌入的提示点的类型分为两种：事件提示点和导航提示点。导航提示点用于导航和搜寻，还可用于在到达提示点时触发 ActionScript 方法。嵌入导航提示点就是在视频剪辑中的该点插入一个关键帧。

10 在对话框左下方区域，单击加号（+）按钮，然后修改自动添加的参数的名称和值。参数是可添加到提示点的键值对的集合。参数作为单个参数对象的成员传递到提示点事件处理函数。

11 在对话框左侧区域拖动播放轴线上的⊿和◺滑块，可以设置视频剪辑的起始点和结束点。单击视图缩放级别按钮，可以在弹出的下拉列表中设置对话框左上方视图的缩放大小，如图 12-28 所示。

12 单击对话框左上角的“裁剪”按钮，视频视图四周将出现裁切框，将鼠标指针移到裁切框的边线上，按下鼠标左键拖动，可以在某一个方向上裁切视频剪辑，消除视频中的一些区域，以强调帧中特定的焦点，如图 12-29 所示。

图 12-28 编辑视频

图 12-29 裁切视频剪辑

13 单击“确定”按钮，切换到 Adobe Media Encoder 主界面，单击“开始队列”按钮，即可开始按以上设置对视频文件进行编码，如图 12-30 所示。

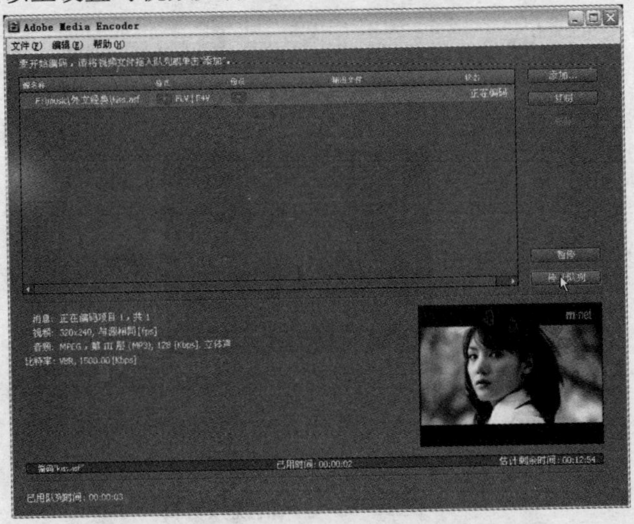

图 12-30 开始编码

14 编码完毕，对话框“状态”下方将显示一个绿色的勾号。单击标题栏右上角的“关闭”按钮，关闭 Adobe Media Encoder，返回到“导入视频向导”对话框。选择刚编码完的视频文件，然后单击“下一步”按钮，进入如图 12-31 所示的“外观”对话框。在“外观”下拉列表中可以选择一种视频的外观，以及播放条的颜色。

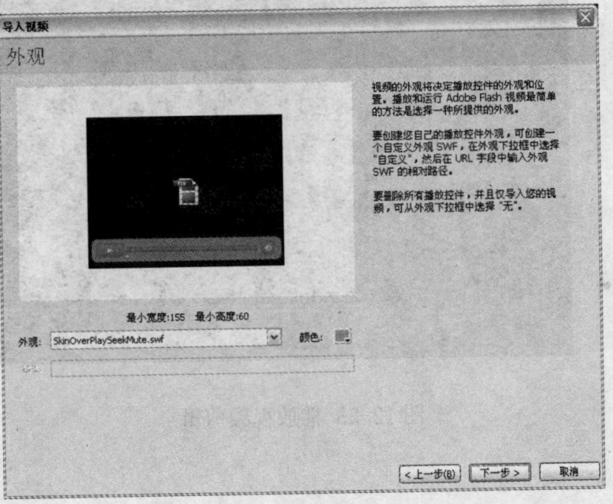

图 12-31 选择视频回放组件的外观

如果要创建自己的播放控件外观，请选择“自定义外观 URL”，并在“URL”文本框中键入外观的 URL 地址。单击后面的颜色井图标，可以设置播放控制栏的颜色。

如果希望仅导入视频文件，而不要播放控件，可以在“外观”下拉列表中选择“无”。

15 单击“下一步”按钮完成视频的导入。在对话框中单击“完成”按钮，弹出“另存为”对话框。在该对话框中将视频剪辑保存到与原视频文件相同的文件夹中，然后单击

“保存”按钮，即可开始对视频进行编码。

16 编码完成后，即可在 Flash 舞台上看到该视频文件，如图 12-32 所示。

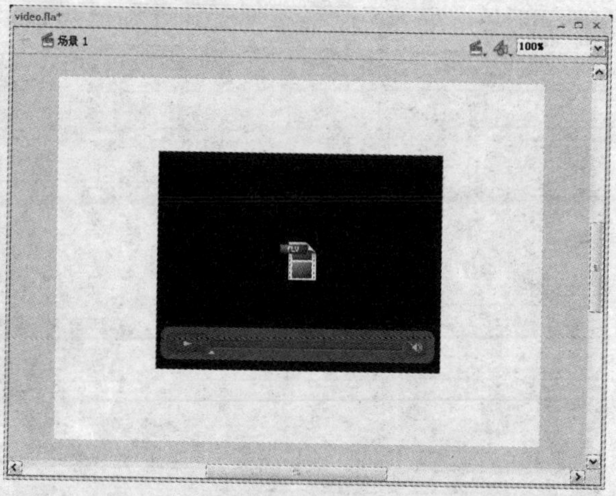

图 12-32 导入的视频剪辑

17 保存文档后，按 Ctrl + Enter 组合快捷键，即可播放视频剪辑。

在 CS5 之前的 Flash 版本中，FLV 文件默认打开方式为 Flash Player，而在 Flash CS5 中，FLV 和 F4V 的默认打开方式是 Adobe Media Player，如图 12-33 所示。

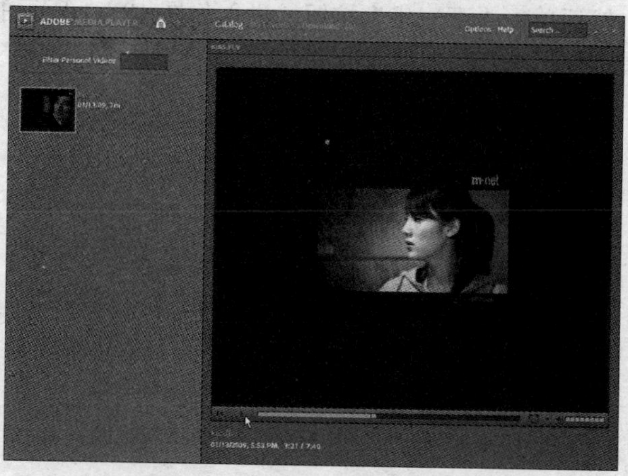

图 12-33 播放视频剪辑

12.2.2 对视频对象的操作

在舞台中选中已经导入的视频文件，就可以在属性面板中对其进行相关操作了。如图 12-34 所示。

在属性面板里显示出了调用的视频对象的尺寸，在舞台中的位置以及当前视频对象在舞台中的名称。单击实例名称右侧的按钮，将打开“组件检查器”面板，如图 12-35 所示。

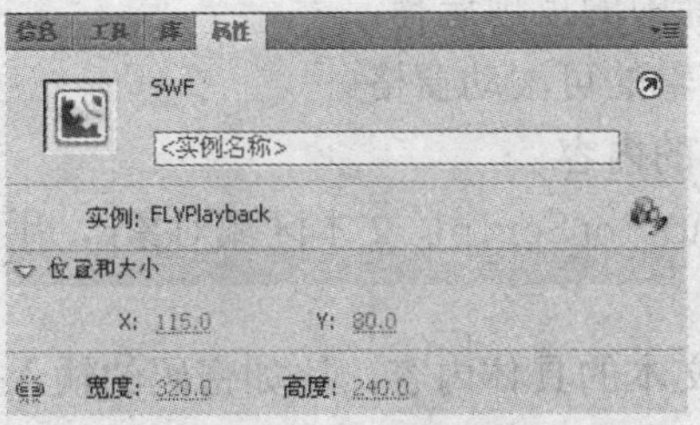

图 12-34 视频属性

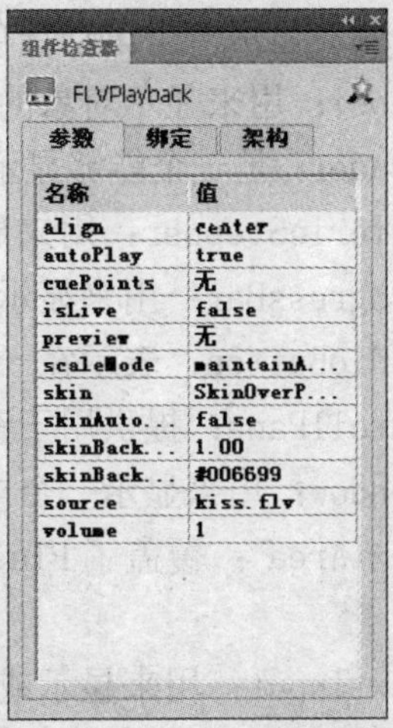

图 12-35 “组件检查器”对话框

用户可以在该面板中修改视频及播放组件的相关属性。有关组件的使用请参见本章下一节的介绍。

12.3 使用组件

Flash CS5 的组件提供了简单方法，使用户在动画创作中可以重复使用复杂的元素，而不需要编写 ActionScript。

12.3.1 组件概述

组件是在创作过程中包含有参数的复杂的动画剪辑，也是由组件开发者与定义的一种具有特殊功能的影片剪辑。它们本质上是一个容器，包含很多资源，这些资源共同工作来提供更强的交互能力以及动画效果。

在 Flash CS5 中包含 5 组组件，用户可以单独使用这些组件向 Flash 电影中添加简单的交互动作，也可以组合使用这些组件为 Web 表单或应用程序创建一个完整的用户界面。

引入组件这一概念，使 Flash 成为一种开放式的、分布式的软件，任何人都能够以制作组件的形式参与到 Flash 的更新开发中来。组件通常由开发者设计好外观，并为它编写大量的复杂的动作脚本。在这些动作脚本中定义了组件的功能与参数。对于普通用户来说，这些动作脚本的具体内容不用去关心，而只需要了解组件的功能及参数设置就够了。

组件可以用来控制动画。当安装好 Flash CS5 时，如果没有添加其他组件的时候，Flash CS5 中有 3 组组件。通过这些组件，可以很容易制作出网页中常见的各种用户界面。

在这里，需要提请读者注意的是，Flash CS5 已从“组件”面板中删除 ActionScript 2.0 数据组件。下面简要介绍一些常用组件的功能。

- Button：可以用来响应键盘或者鼠标的输入。
- CheckBox：表示单项选择。
- ComboBox：显示一个下拉选项列表。

- List：显示一个滚动选项列表。
- Label：用来显示对象的名称，属性等。
- Loader：是一个能够显示 SWF 或 JPEG 的容器。用户可以决定该组件的内容目录。
- NumericStepper：用来显示一个可以逐步递增或递减数字的列表。
- ProgressBar：用来显示载入的进度。
- RadioButton：表示在一组互斥选择中的单项选择。
- ScrollPane：提供用于查看影片剪辑的可滚动窗格。
- Window：用来显示一个电影剪辑里的内容
- TextArea ：覆盖了 Flash 自带的 ActionScript 文本区域对象.，用来显示文本输入区域。
- TextInput：用来显示或隐藏输入文本的具体内容，比如密码的输入，通常就要用到这个组件。

12.3.2 如何添加组件

01 通过选择“窗口”菜单里的“组件”命令，可打开组件面板，如图 12-36 所示。

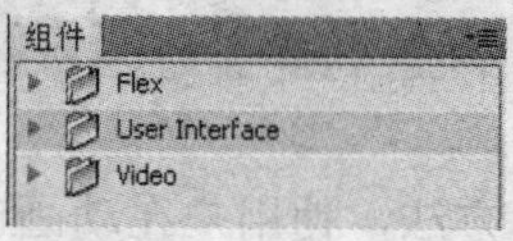

图 12-36 “组件”面板

02 单击选择的组件图标并将其拖放到舞台里，也可双击选择的组件，使其被添加到舞台中。

03 选中舞台上的组件，使用属性面板给实例命名，使用参数标签设定实力的参数。根据需要改变组件的大小。

在把组件添加到舞台上后，可以在不同的面板，库中手工修改组件的参数，属性以及图形。或者使用对象上的或时间线上的某一帧中的 ActionScript 代码来修改。

在一个实例被添加到库中之后，可以在 ActionScript 中使用 MovieClip.attachMovie()方法来把组件添加到动画中。

12.3.3 查看和修改组件的参数

在 Flash CS5 中可以轻松地修改组件的外观和功能。

选择组件，打开组件属性面板，如图 12-37 所示。属性和参数两个选项包含了组件全部的属性信息，通过它们可以修改组件的外观。只需要简单的选择属性选项卡，选中颜色菜单，之后就可以改变亮度，色彩，透明度或者通过选择高级综合运用这些元素。

单击实例名称右侧的按钮，将打开“组件检查器”面板。在 Flash CS5 中，组件检查器可以帮助用户从组件中添加或删除参数，还可以通过指定参数的值从而控制这个组件的实际功能，如图 12-38 所示。

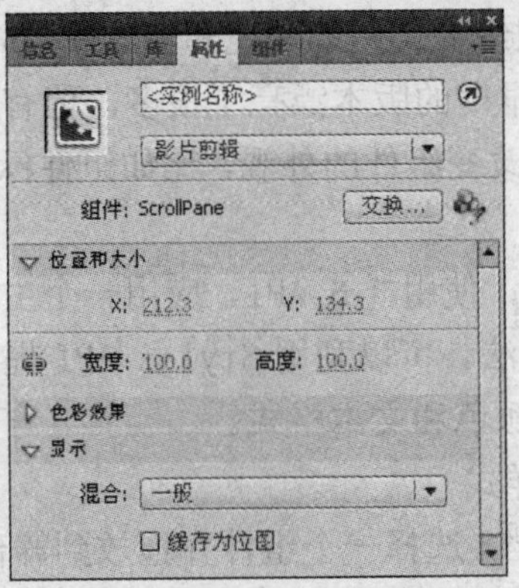

图 12-37 组件的属性面板

12.3.4 设置组件的外观尺寸

在舞台上，如果组件实例不够大，以致无法显示它的标签，那么标签文本就不能正常完全显示，如果组件实例比文本大，那么单击区域又会超出标签。

在 Flash CS5 中，如果使用动作脚本的_width 和_height 属性来调整组件的宽度和高度，则可以调整该组件的大小，但组件内容的布局依然保持不变，这将导致在影片回放时发生扭曲。因此，需要使用绘图工具箱里的自由变形工具或组件对象的 setsize 或 setwidth 方法来设置组件的宽度和高度，如图 12-39 所示。

图 12-38 组件检查器

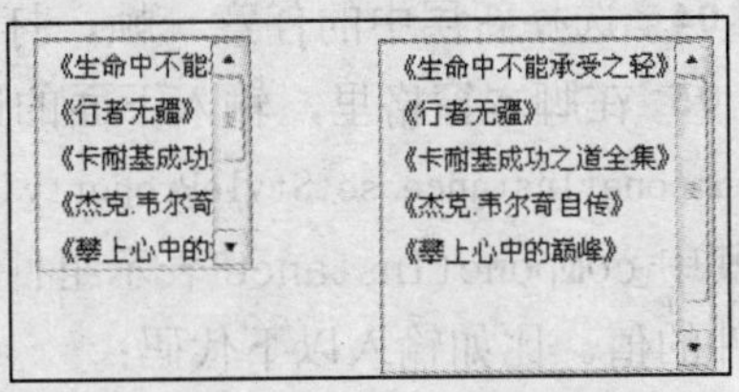

图 12-39 使用自由变形工具改变组件大小

12.3.5 预览组件

对组件的属性和参数修改结束以后，可以从动画预览中看到组件的改变。

在 Flash CS5 中，选择“控制”菜单里的“启用动态预览”命令，可以启用实时预览功能，使用户能够在舞台上查看组件。默认情况下，这个预览功能是开启的，以便用户预览组件的外观和大小。但是在这个状态下不能对组建进行测试和操作。要测试该组件功能，可以使用“控制”菜单里的“测试影片”命令。

12.3.6 自定义组件外观

当默认情况下的组件实例的外观不能满足用户创作动画的需要时，可以使用

SetStyleProperty 方法来更改组件实例的颜色和文本属性。

Flash CS5 自带的组件比早期的版本漂亮了很多，但有时候为了让组件的外观和整个页面的样式相统一，必须重新改变组件的外观，比如组件标签的字体和颜色，组件的背景颜色等等。

改变组件外观有 3 种方法：使用样式 API、应用一个主题名、修改或替换组皮肤。这里着重说明使用样式 API 的方法。可以利用 Styles API 提供的属性和方法（setStyle() 和 getStyle()）来改变组件的颜色和文本格式。

1. 对一个组件实例设置样式

01 新建一个 Flash 文档，选择一个组件并拖放到舞台中。例如本例选择“Button”组件。

02 在组件的属性面板的“实例名称”文本框中输入该实例的名称，比如“mybutton”，然后打开“组件检查器”，如图 12-40 所示。

图 12-40 组件参数面板

03 在时间轴中创建一个新层，用来设置组件属性。

04 选择新层中的任意一帧，打开“动作”面板。

05 在脚本窗格里，输入下面的语句来指定实例的属性和值。

```
componetInstance.setStyleProperty("property",value);
```

其中 componetInstance 表示组件实例的名称，Property 表示组件的属性，value 表示组件的值。比如输入以下代码：

```
myBtn.setStyle("themeColor", "0x00CCFF");
myBtn.setStyle("fontFamily", "Verdana");
myBtn.setStyle("fontSize", "10");
myBtn.setStyle("fontWeight", "bold");
myBtn.setStyle("color", "0x990000");
```

06 使用“测试影片”命令，就可以看到组件属性的改变了，如图 12-41 所示。

2. 更改所有组件设置样式

利用 Flash CS5 中_global 对象的 Style 属性可以更改所有组件的设置样式。

01 创建一个新文档，从组件面板中拖放多个组件到舞台中，这里用的是 Button、CheckBox 和 RadioButton3 个组件。

02 在时间轴中创建一个新层，用来设置属性动作。

03 选择新层中的任意一帧，然后打开“动作”面板。

04 在脚本窗格中输入语句：

```
_global.style.setStyle("themeColor", "0x00CCFF");
_global.style.setStyle("fontFamily", "Verdana");
_global.style.setStyle("fontSize", "10");
_global.style.setStyle("fontWeight", "bold");
_global.style.setStyle("color", "0x990000");
```

05 使用“测试影片”命令，就可以看到组件属性的改变了。如图12-42所示。

这种方法使得场景里的所有组件的外观保持一致.。

3. 创建自定义样式并应用到指定的组件实例

当把组件拖到舞台场景里便可以利用 CSSStyleDeclaration 对象创建一个样式来改变指定组件的外观。

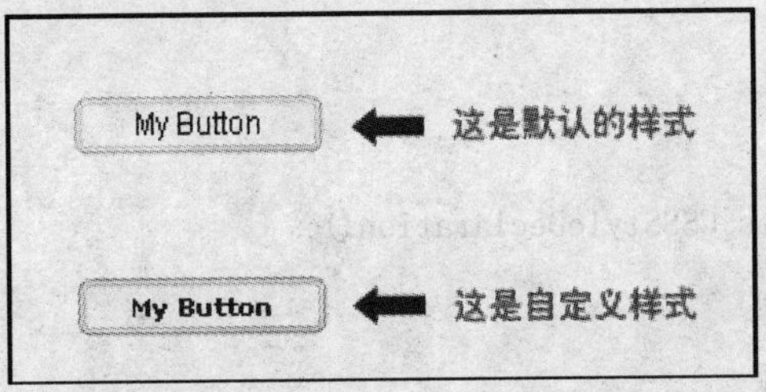

图12-41 自定义一个组件样式

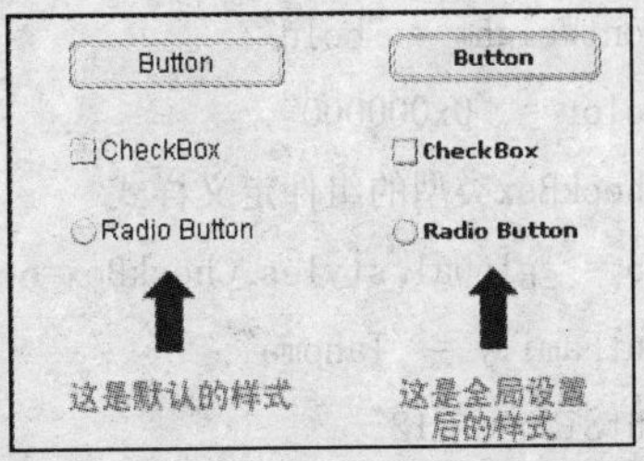

图12-42 3个组件的前后效果对比图

01 创建一个新文档，从组件面板拖 Button，CheckBox 和 RadioButton3 个组件到舞台上。

02 将这3个组件分别命名为 CompA、CompB、CompC。

03 在时间轴中创建一个新层，用来设置组件的属性动作。

04 选择新层中的任意一帧，然后打开动作面板。在脚本窗格里输入下列语句：

```
//创建一个CSSStyleDeclaration对象实例
var styleObj = new mx.styles.CSSStyleDeclaration;
//设置styleName属性
styleObj.styleName = "newStyle";
//将样式放到全局样式列表
_global.styles.newStyle = styleObj;
//设置样式属性
styleObj.fontFamily = "Verdana";
styleObj.fontSize = "10";
styleObj.fontWeight = "bold";
styleObj.color = "0x990000";
styleObj.setStyle("themeColor", "0x00CCFF");
//对组件设置样式
CompA.setStyle("styleName", "newStyle");
CompB.setStyle("styleName", "newStyle");
```

```
CompC.setStyle("styleName", "newStyle");
```

05 使用“测试影片”命令，就可以看到组件属性的改变了。如图 12-43 所示。

4. 为组件类别创建样式

01 创建一个新文档，从组件面板里拖动 Button、CheckBox 和 RadioButton 组件放到舞台中。

02 在时间轴中创建一个新层，用来设置组件的属性动作。

03 选择新层中的任意一帧，然后打开动作面板。在脚本窗格里输入下列语句：

```
//为Button类型的组件定义样式
var btn = _global.styles.Button=new mx.styles.CSSStyleDeclaration();
btn.fontFamily = "Verdana";
btn.fontSize = "12";
btn.fontWeight = "bold";
btn.color = "0x000000";
//为CheckBox类型的组件定义样式
var cb = _global.styles.CheckBox=new mx.styles.CSSStyleDeclaration();
cb.fontFamily = "Tahoma";
cb.fontSize = "12";
cb.fontWeight = "bold";
cb.color = "0x990000";
//为RadioButton类型的组件定义样式
var rb = _global.styles.RadioButton=new mx.styles.CSSStyleDeclaration();
rb.fontFamily = "Arial";
rb.fontSize = "12";
rb.fontWeight = "bold";
rb.color = "0x003399";
```

04 使用“测试影片”命令，就可以看到组件属性的改变了。如图 12-44 所示。

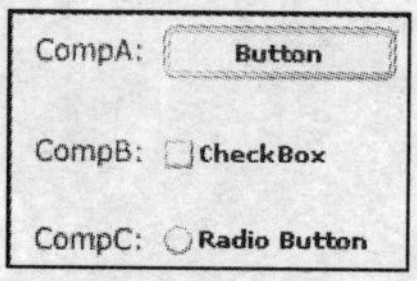

图 12-43 3 个组件应用样式后的效果图

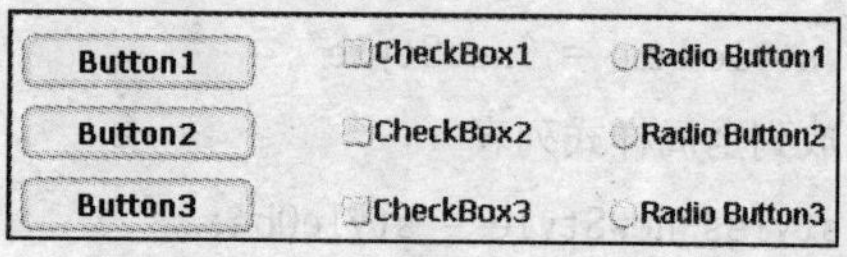

图 12-44 创建组件类别样式

注意：这种方法为场景内某一类型的组件定义样式，只对此类别有效。

12.4 思考题

1. 在 Flash CS5 中可以包含哪两种声音，它们在运行时各有什么特点？
2. 在 Flash CS5 中，如何控制声音的停止和播放？

3. 如何在 Flash 影片中添加视频？
4. 如何将 QuickTime 视频链接到 Flash 电影里？
5. 如何为 Flash 电影添加组件？
6. 如何设置 Flash CS5 中组件的样式？

12.5 动手练一练

1. 创建一个按钮，并为按钮的不同状态制定不同的声音。

2. 创建一个 Flash 影片，并在该影片中添加声音，并将导入到 Flash 动画中的声音以 MP3 的格式进行压缩。

3. 将导入到 Flash 动画中的声音调节为淡入或淡出的效果。

4. 使用 Flash CS5 中的组件，创建如图 12-45 所示的简单用户界面。

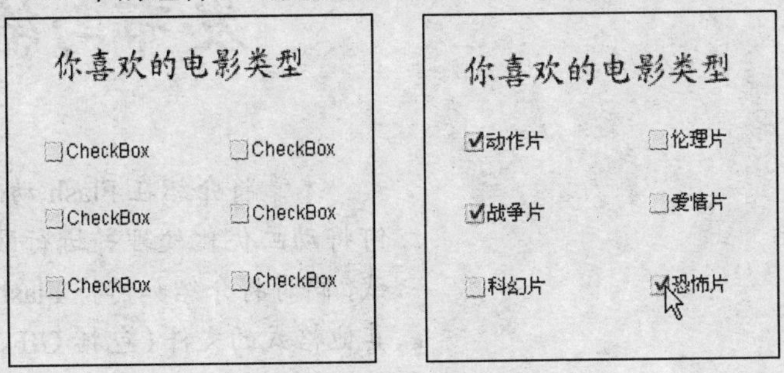

图 12-45 创建用户界面

第 13 章

发布与输出

本章将介绍在 Flash 动画完成后，如何将动画优化处理并进行网上的发布测试，同时将介绍如何将 Flash 动画输出为其他格式的文件（包括 GIF，JPEG，PNG 等），以方便其他应用程序使用，同时也将介绍如何将 Flash 动画打包，发布到 flash 网站，使自己的作品可以在 Internet 上一展风采。

学习要点

- 掌握 Flash 动画的优化与测试。
- 掌握 Flash 动画的发布。
- 掌握 Flash 动画的输出。
- 掌握 Flash 动画的打包。

13.1 Flash动画的优化和测试

在导出影片之前，可以使用多种策略来减少文件的大小，从而对其进行优化。在影片发布的时候，也可以把它压缩成SWF文件。当进行更改时，分别在不同的计算机、操作系统和Internet连接上运行。

13.1.1 Flash动画的优化

作为动画发布过程的一部分，Flash会自动检查动画中相同的图形，并在文件中只保存该图形的一个版本，而且还能把嵌套的组对象变为单一的组对象。此外用户还可以执行以下方法之一进一步减小文件大小。

1. 线条的优化

- 执行菜单“修改”菜单下“形状”子菜单里的“优化”命令，尽量精简图形中的线条数。
- 限制可使用的线条的类型数，比较而言，实线占用空间较少，使用铅笔绘图工具画出的线条比使用笔刷工具画出的线条占用空间少。

2. 颜色的优化

- 尽量多用纯色，少用渐变色，因为使用渐变色填充区域比使用单色填充区域多占用50字节的存储空间。
- 使用属性设置面板中的“颜色”下拉列表的选项来获得同一符号不同实例的颜色效果。

3. 文本字体的优化

- 减少动画中所用到的字体和格式，少用嵌入式字体。

4. 元件的优化

- 多使用元件。对在动画中多次出现的元素，应尽量把它转换为元件。
- 清除不必要的元件。

5. 音频的优化

- MP3格式是体积最小的声音格式，输出音频时应尽可能使用。

6. Flash动画的总体优化

- 多用渐变动画产生动画效果，少使用逐帧动画。
- 使用层把运动元素和静止元素分开。
- 位图文件大，只适合作背景或静止元素，应避免使用位图做长距离动画。
- 限制每个关键帧上发生变化的区域的范围，把动画限制在尽可能小的区域中。

在对flash动画进行优化之后，还应该在不同的计算机、不同的操作系统和网上进行测试，以达到最好的效果。

Flash动画之所以流行的原因就在于网络上快捷的下载和流畅的播放，Flash动画不一定非要追求华丽的画面，即使是简单的线条、图形，同样可以给人充满视觉冲击力的精彩动画。因此，在制作动画的过程中应随时注意对动画的优化，以减小文件的尺寸。但是，所要做的 Flash 动画优化是有一个前提条件的，那就是保证 Flash 动画的质量。如果不顾一切地过度追求优化 Flash 动画，而导致动画质量下降，这样的优化，并不是优化的初衷，一定要避免。

13.1.2 Flash 动画的测试

在正式发布和输出 Flash 动画之前，需要对动画进行测试，通过测试可以发现动画效果是否与设计思想之间存在偏差，一些特殊的效果是否实现等。因此，进行测试是十分必要和有用的。测试 Flash 动画有两种方法：一种是使用播放控制栏进行操作；另一种是使用 Flash 动画效果专用测试窗口。

1. 使用播放控制栏

执行“窗口”菜单下的“工具栏”子菜单里的“控制器”命令，可以打开播放器控制栏，如图 13-1 所示。

可以看到，在播放器控制栏中有 6 个按钮，它们从左到右，作用依次为：

图 13-1 播放器控制栏

- “停止”：使播放的动画停留在当前帧。
- “后退”：使 Flash 动画直接后退到第一帧。
- “后退一步”：使 Flash 动画停留在当前帧的前一帧。
- “播放”：Flash 动画从第一帧开始播放。
- “向前”：使 Flash 动画停留在当前帧的后一帧。
- “转到结尾”：使 Flash 动画直接跳转到最后一帧。

2. 使用专用测试窗口

对于很多简单的基本动画而言，使用播放控制栏就足以对动画进行测试，观看其效果。但是，如果动画中包括交互动作，场景的转换以及动画的剪辑的时候，那么使用播放器控制栏就有些力不从心了，毕竟它不能完全显示动画的效果。此时，就需要使用 Flash 提供的动画效果专用测试窗口。

执行“控制”菜单里的“测试影片”命令，就可以打开 Flash 动画效果专用测试窗口了，如图 13-2 所示。专用测试窗口包括两个部分，上面为模拟带宽监视模式的显示区，下面为动画的播放区。

如果模拟带宽监视模式的显示区没有出现在测试窗口中，可以在专用测试窗口执行“视图”菜单里的“带宽设置”命令，调出模拟带宽监视模式的显示区。

模拟带宽监视模式的显示区也分为两个部分，左边是带宽的数字化显示，明确给出了 Flash 动画播放的相关参数，包括画布大小，动画大小，帧率，持续时间，预载时间以及所设定的带宽和播放的进度，以帧为单位显示；右边是带宽图形示意窗口，给出了每帧大小的柱状图，显示了播放动画中的各帧所需传输的数据量，数据量大的帧自然要较多的时间才能下载。因此当柱状图方框高于显示框中的红色水平线时，即表明动画下载的速度慢于播放速度，动画将在其对应帧的位置上产生停顿。

在模拟带宽监视模式的显示区，红色水平线的位置由传输条件决定。在专用测试窗口执行“视图”菜单下的“下载设置”子菜单，可以选择不同的传输速度，14.4（1.2KB/s）、28.8（2.3KB/s）、56（4.7KB/s）分别代表了14.4KB、28.8KB、56KB的传输速度。选择不同的传输速度，就可以看到红色水平线的位置变化，如图13-3、图13-4所示。

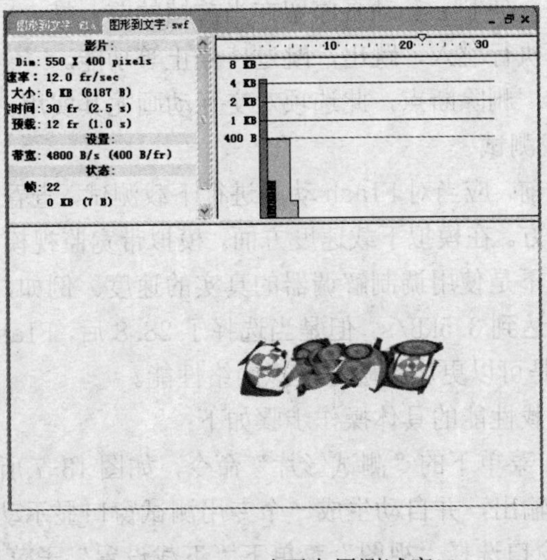

图13-2 Flash动画专用测试窗口

此外，执行“视图”菜单下的“下载设置”子菜单里的“自定义”命令，也同样可以设定网络传输速度，如图13-5所示。

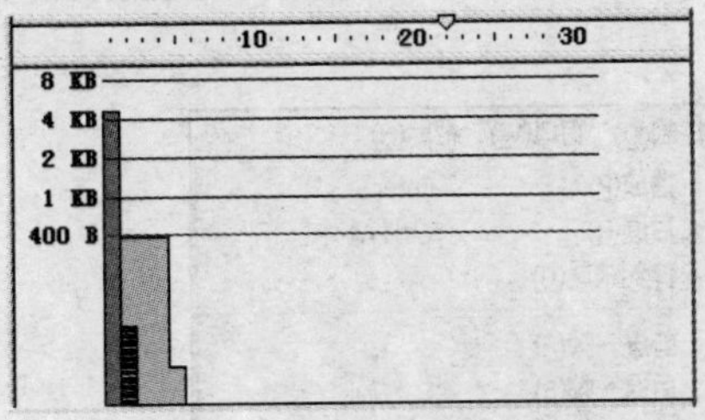

图13-3 56KB的传输速度

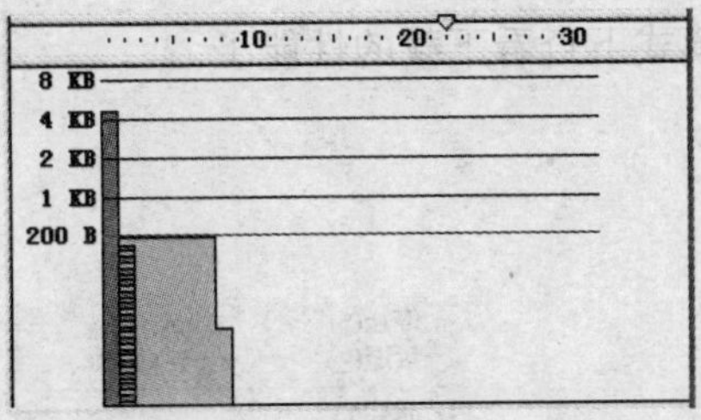

图13-4 28.8KB的传输速度

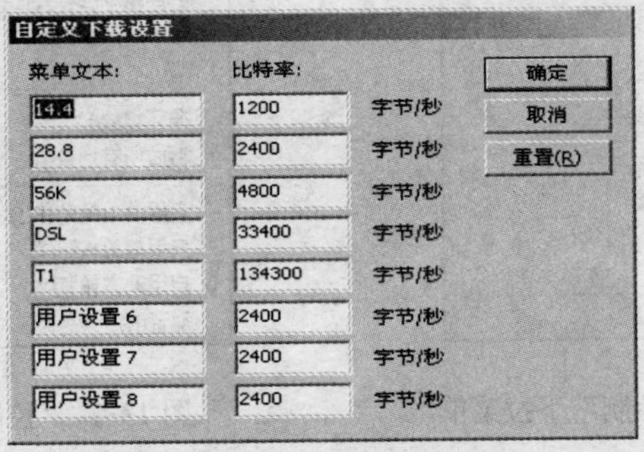

图13-5 “自定义下载设置”对话框

单击“控制”菜单，可以看到如图13-6所示的下拉菜单。其中的选项跟播放控制栏类似。功能主要为：

➢ “播放”：Flash 动画从第一帧开始播放。
➢ “后退”：使 Flash 动画直接后退到第一帧。
➢ “循环”：循环播放 Flash 动画。
➢ “前进一帧”：使 Flash 动画停留在当前帧的后一帧。
➢ “后退一帧”：使 Flash 动画停留在当前帧的前一帧。
➢ 选择快捷键，执行跳入，跳出，跳过，停止等功能。
➢ 可以设置断点，删除断点，此选项对交互动画尤其实用。

3. Flash 动画下载测试

发布 Flash 动画之前，应当对 Flash 动画进行下载测试，查看下载过程中是否有动画停顿或者速度变慢的地方。在模拟下载速度方面，模拟带宽监视模式下的显示区会使用预期的典型网络性能，而不是使用调制解调器的真实的速度。例如，28.8Kbps 的调制解调器理论上下载速度可以达到 3.5KB/s，但是当选择了 28.8 后，Flash 会自动地将下载速度定为 2.3KB/s，目的就是可以更加精确地模拟网络性能。

测试 Flash 动画下载性能的具体操作步骤如下：

01 执行“控制”菜单下的“测试影片”命令，如图 13-7 所示，Flash 会以 SWF 的格式将当前场景或动画输出，并自动生成一个专用测试窗口显示动画。

02 在专用测试窗口选择“视图”菜单下“下载设置”子菜单里的选项，选择一个传输速度来模拟 Flash 动画的下载速度。如 14.4，56 等。或者执行“视图”菜单下的“下载设置”子菜单里的“自定义”命令，自行设置一个传输速度。

03 在专用测试窗口执行“视图”菜单下“带宽设置”命令，就可以在模拟带宽监视模式下查看下载的性能了。

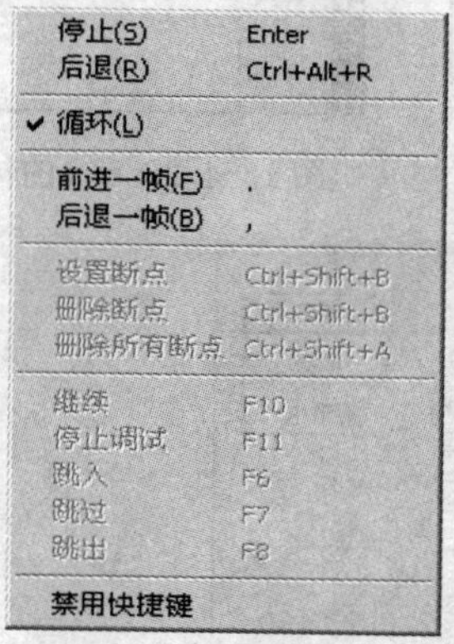

图 13-6 “控制”下拉菜单

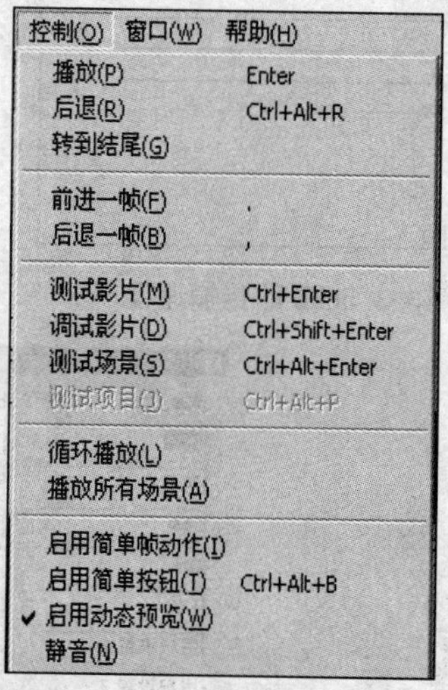

图 13-7 “控制”下拉菜单

04 执行“视图”菜单里的“数据流图表”，可将流量以图表的形式显示出来，如图 13-8 所示，执行“视图”菜单里的“帧数图表”，可以看到 Flash 动画中的所有关键帧，如图 13-9 所示。

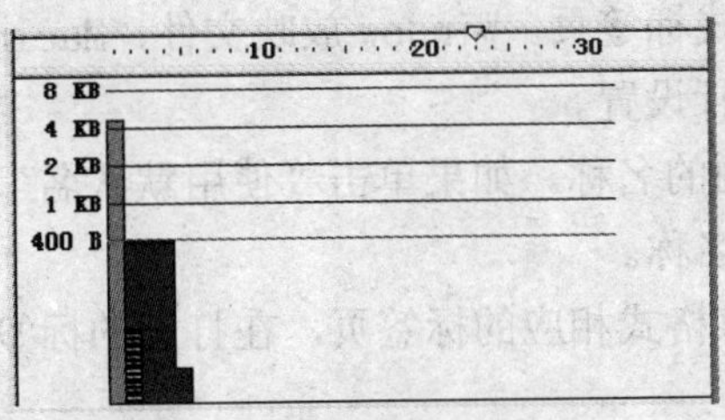

图 13-8 “数据流图表”

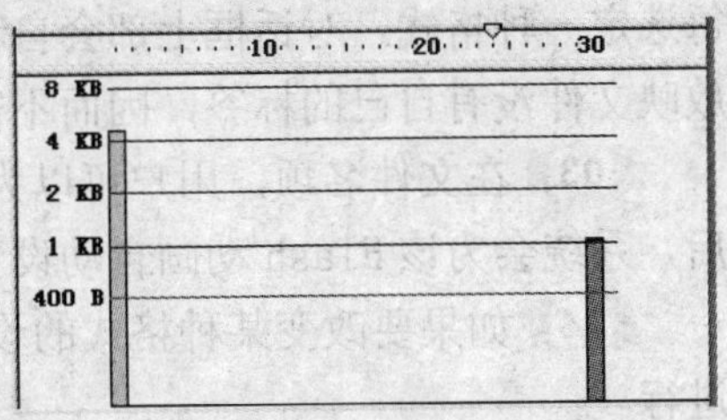

图 13-9 “帧数图表”

13.2 Flash 动画的发布

利用“发布”命令可为 Internet 配置好全套所需的文件。也就是说，发布命令不仅能在 Internet 上发布动画，而且能根据动画内容生成用于未安装 Flash 播放器的浏览器中的图形，创建用于播放 Flash 动画的 HTML 文档并控制浏览器的相应设置。同时，Flash 还能创建独立运行的小程序，如.exe 格式的可执行文件。本节将介绍 Flash 动画发布中使用到的 Flash、HTML、GIF 和 JPEG，PNG 等选项。

在使用发布命令之前，利用“发布设置”命令对文件的格式等发布属性进行相应的设置。一旦完成了所需的设置之后，就可以直接用发布命令，将 Flash 动画发布成指定格式的文件了。发布 Flash 动画的操作步骤如下：

01 执行“文件”菜单里的“发布设置”命令，调出发布设置对话框，如图 13-10 所示。

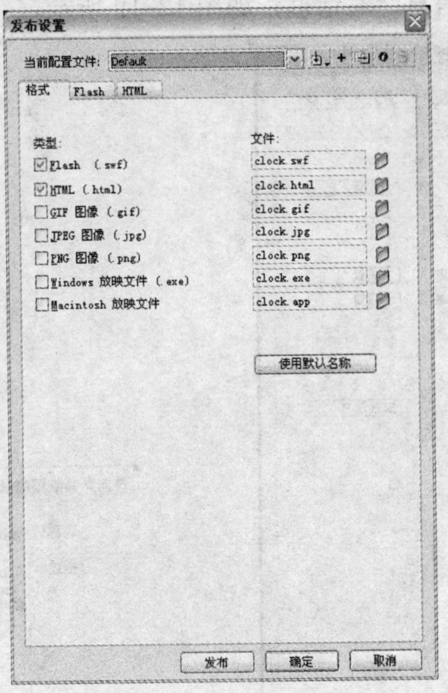

图 13-10 “发布设置”对话框

02 在格式选项卡上的类型选项组选择想发布的文件格式，如 GIF、JPEG 或 PNG 等，每选定一种格式，对话框上部会自动添加一个格式标签页。Window 放映文件，Macintosh 放映文件没有自己的标签，因而不需要对它们进行设置。

03 在文件名项，用户可以为文件设定动画的名称。如果单击“使用默认名”按钮后，系统会为该 Flash 动画自动设置一个默认的名称。

04 如果要改变某种格式的设置，可点击该格式相应的标签页，在打开的标签页中进行。

05 执行“文件”菜单里的“发布”命令，可立即按指定设置生成所有指定格式的文件。

13.2.1 Flash 文件的发布设置

Flash 动画发布的主要格式是使用 Flash Player 播放的，以 swf 为后缀的文件。默认的格式自然就是 swf 文件。因此，在不做任何发布设置的情况下，Flash 会自动发布生成 swf 格式的文件。

在“发布设置”对话框中单击选择 Flash 标签，打开 Flash 选项卡，如图 13-11 所示。

该选项卡中各个选项的意义及功能如下：

➤ “播放器”：打开该下拉列表框，设置 Flash 作品的版本，可以选择输入 Flash Lite 1.0 或者从 Flash 1 到 Flash 10 或者 Adobe AIR 1.1 各个版本的作品，但高版本的文件不能用在低版本的应用程序中。

当选择 Flash Lite 1.0 或 Flash Lite 1.1 时，其后的“信息”按钮可用. 单击该按钮，弹出“自定义播放器信息”对话框，如图 13-12 所示。

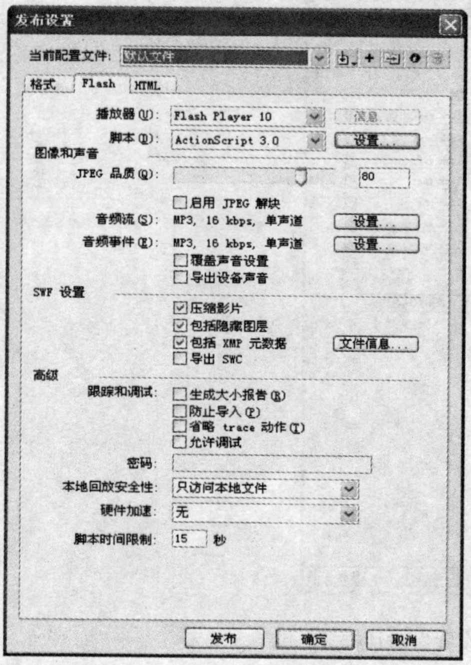

图 13-11 Flash 选项卡

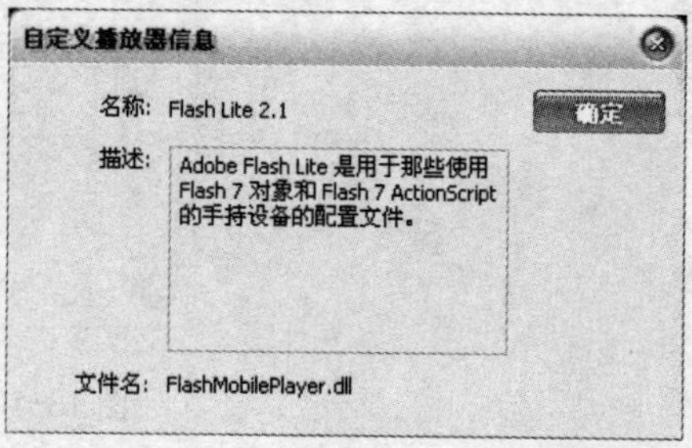

图 13-12 “自定义播放器信息”对话框

当选择播放器为 Adobe AIR 1.1 时，其后的“信息”按钮变为“设置”按钮，在这里可以设置 AIR 应用程序的元数据及数字签名。

➢ “脚本”：打开该下拉列表框，设置脚本的版本，可以选择 ActionScript 1.0、ActionScript 2.0 或者 ActionScript 3.0。

当选择 ActionScript 2.0 或 ActionScript 3.0 时，其后的按钮“设置”变为可用，单击该按钮会弹出 ActionScript 类文件设置的对话框．在其中可以“添加”，“删除”，“浏览”类的路径，如图 13-13 所示。

➢ “JPEG 品质”：该选项用来确定动画中所有位图以 JPEG 文件格式压缩保存时的压缩比，该选项设置较低时有助于减小文件所占空间，而设置较高时可得到较好的画质，压缩比设为 100 时可得到最高质量的画质，但文件尺寸也最大。可尝试设置不同的压缩比以便在文件尺寸和画质两方面达到最佳组合。如果动画中不包含位图，那么该选项设置将无效。

➢ “音频流”和“音频事件”：这两个选项用于分别对导出的音频和音频事件的取样率和压缩比等方面进行设置。如果动画中没有声音流，该设置将不起作用。单击这两个选项后面的“设置”按钮，将弹出如图 13-14 所示的“声音设定”对话框。

➢ “覆盖声音设置”：该选项使得动画中所有的声音都采用当前对话框中对声音所作的设置。使用该选项，便于在本地机上创建大的高保真的音频动画，或者在 internet 上创建小的低保真的音频动画。

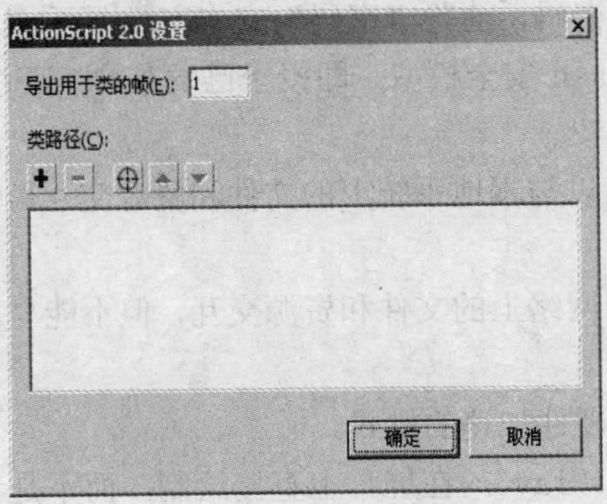

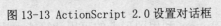

图 13-13 ActionScript 2.0 设置对话框

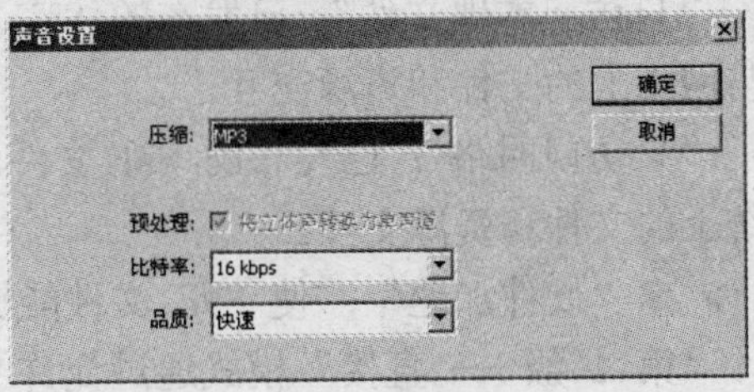

图 13-14 “声音设定”对话框

➢ “导出设备声音”：导出适合于设备（包括移动设备）的声音，从而代替原始的库文件里的声音。

➢ “生成大小报告”：如果选择该选项将生成一个文本文件，内容是以字节为单位的动画的各个部分所占空间的一个列表，可作为缩小文件体积的参考。

➢ “防止导入”：选择该选项时，可防止发布的动画被他人从网上下载到 Flash 程序中进行编辑。

➢ “省略 trace 动作”：选择该选项时可以使 Flash 忽略当前动画中的 Trace 语句。Trace 语句可以使 Flash 打开一个输出窗口并显示一定的内容。

➢ “允许调试”：选择该选项后，将允许远程调试 Flash 动画。如果需要，可以在下面的“密码”文本框中输入一个密码，用来保护作品不被他人随意调试；将密码输入区清空，则可以清除密码。

➢ “压缩影片”：该选项为默认选项，可以压缩 Flash 动画，从而减小文件大小和下载时间。压缩的 Flash 动画仅可以在 Flash 6 及更高的版本上播放。

➢ “针对 Flash Player 6 r65 优化”：只有在版本下拉框中选择了 Flash Player 6 才可以使用该选项。该选项可以通过脚本来提高动画的性能，不过仅可以在 Flash 6 及更高的版本上有效。

➢ “导出隐藏的图层”：该选项是 Flash CS5 编程方面的改进。用户可以有选择地输出图层，例如只发布没有隐藏的图层，或导出隐藏的图层。

➢ “包括 XMP 元数据”：在导出发布的文件中包括元数据。单击其右侧的“文件信息”按钮，可以打开 XMP 面板，用户可以查看或键入文件要包括的元数据。

➢ Adobe 自 Flash CS4 引进了元数据（XMP）支持，使用全新的 XMP 面板可以向 SWF 文件添加元数据。快速指定标记以增强协作和移动体验。

➢ “导出 SWC”：导出 .swc 文件，该文件用于分发组件。SWC 文件包含可重用的 Flash 组件。每个 SWC 文件都包含一个已编译的影片剪辑、ActionScript 代码以及组件所要求的任何其他资源。

➢ “密码”：如果用户使用的是 ActionScript 2.0，并且选择了“允许调试”或“防止导入”，则在“密码”文本字段中输入密码。如果添加了密码，则其他用户必须输入该密码才能调试或导入 SWF 文件。若要删除密码，清除“密码”文本字段即可。

➢ “本地回放安全性”选择要使用的 Flash 安全模型。即授予已发布的 SWF 文件本地安全性访问权，或网络安全性访问权。

“只访问本地文件”：已发布的 SWF 文件可以与本地系统上的文件和资源交互，但不能与网络上的文件和资源交互。

“只访问网络”：已发布的 SWF 文件可以与网络上的文件和资源交互，但不能与本地系统上的文件和资源交互。

➢ “硬件加速”：使 SWF 文件能够使用硬件加速的模式。

“第 1 级 — 直接”模式通过允许 Flash Player 在屏幕上直接绘制，而不是让浏览器进行绘制，从而改善播放性能。

“第 2 级 —GPU ”模式通过允许 Flash Player 利用图形卡的可用计算能力执行视频播放并对图层化图形进行复合。根据用户的图形硬件的不同，这将提供更高一级的性能优势。如果预计您的受众拥有高端图形卡，则可以使用此选项。

在发布 SWF 文件时，嵌入该文件的 HTML 文件包含一个 wmode HTML 参数。选择级别 1 或级别 2 硬件加速会将 wmode HTML 参数分别设置为 direct 或 gpu。打开硬件加速会覆盖在“发布设置”对话框的“HTML”选项卡中选择的“窗口模式”设置，因为该设置也存储在 HTML 文件中的 wmode 参数中。

➢ “脚本时间限制”：设置脚本在 SWF 文件中执行时可占用的最大时间量，在“脚本时间限制”中输入一个数值。Flash Player 将取消执行超出此限制的任何脚本。

13.2.2 HTML 文件的发布设置

如果需要在 Web 浏览器中放映 Flash 动画，必须创建一个用来启动该 Flash 动画并对浏览器进行有关设置的 HTML 文档。可以由发布命令来自动创建所需的 HTML 文档。

HTML 文档中的参数可确定 Flash 动画显示窗口、背景颜色和演示时动画的尺寸等。在“发布设置”对话框中，单击选择 HTML 标签，则会打开 HTML 选项卡，如图 13-15 所示。

Flash 能够插入用户在模板文档中指定的 HTML 参数，模板可以是任何包含模板变量的文本文件，可以是一般的 HTML 文件，其中可包含解释性的语言脚本（如 Cold Fusion 和 ASP 等），可从“模板”下拉列表框中选择模板，其中有基本的用于浏览器上显示动画的模板，也有包含测试浏览器及其属性代码的高级模板，还可以创建自己的模板。当然，也可使用文本编辑器手工编写包含 Flash 动画的 HTML 代码。

Flash 修改的许多 HTML 参数是有关 OBJECT（对象）和 EMBED（嵌入）方面的标签，其中 OBJECT 适用于 Active X 和 Internet Explorer 浏览器，后者则适用于 Netscape 浏览器。

该选项卡中各个选项的意义及功能如下：

➢ “模板”：该选项设定使用的模板，所有下拉列表框中列出的模板对应的文件都在 Flash 安装目录路径的 HTML 子文件夹中。在下拉列表框的右边，是一个标有“信息”字样的按钮，点击该按钮将出现一个内容为所选定模板的简要介绍的消息框。图 13-16 显示了当选择模板为“仅限 Flash”时弹出的对话框。如果未选择任何模板，Flash 将使用名为 Default.html 的文件作为模板；如果该文件不存在，Flash 将使用列表中的第一个模板。Flash 将依据嵌入的动画和所选择的模板为生成的文档命名，文档的名称为嵌入的动画的名称，扩展名与原模板的相同。例如，如果在发布名为 New.swf 的文件时选择了名为 Standard.asp 的模板，那么生成文件的名称为 New.asp。

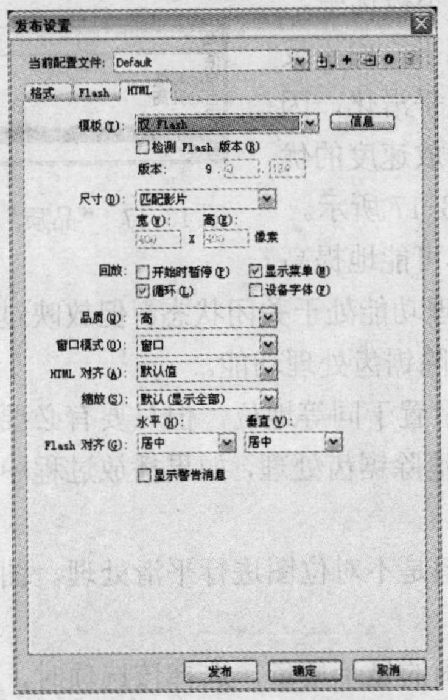

图 13-15 HTML 选项卡

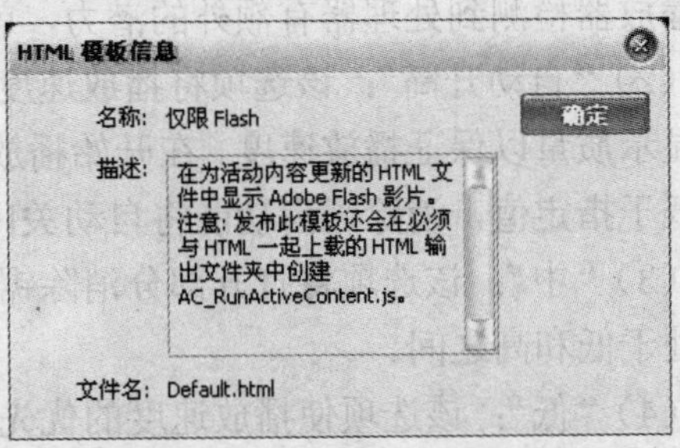

图 13-16 “HTML 模板信息”对话框

➢ “检测 Flash 版本”： 对文档进行配置，以检测用户拥有的 Flash Player 的版本，并在用户没有指定的播放器时向用户发送替代 HTML 页。该选项只在选择的“模板”不是“图像映射”或“QuickTime”，并且在“lash”选项卡中已将“版本”设置为 Flash Player 4 或更高版本时，才可选择。

➢ Flash 8 以前的版本使用 Flash Player 检测会导致创建 3 个单独的 HTML 页面。现在，Flash 对 Flash Player 的检测功能有了很大改进，仅发布一个 HTML 页面，简化了 Flash 内容的发布。

➢ “尺寸”：该选项用于设置在生成文档的 OBJECT 或 EMBED 标签中的宽度和高度值。该选项的下拉菜单中有如下 3 个选项：

(1)“匹配影片”：该选项为系统默认的选项，“尺寸”设置为动画的实际尺寸大小。

(2)“像素”：该选项允许在下方文本框内输入以像素为单位的宽度和高度值。

(3)“百分比”：允许在下方文本框输入相对于浏览器窗口的宽度和高度的百分比。

➢ “回放”：该选项组用于设置在生成文档的 OBJECT 或 EMBED 标签中的循环、播放、菜单和设备字体方面的参数。设置动画在网页的播放属性，有如下 4 个选项：

(1)“开始时暂停”：该选项将一开始就暂停动画的播放，直到用户在动画区域内单击鼠标或从快捷菜单中选择播放为止。默认情况下该选项被关闭，这可使得动画一载入就开始播放。

(2)“循环”：选中该选项，将使动画反复播放，取消对该选项的选择则动画播放到最后一帧时就停止播放。默认情况下该选项被选中。

(3)“显示菜单”：选中该选项，在 SWF 动画文件上单击鼠标右键时将出现快捷菜单，如果想使“关于 Flash”成为快捷菜单中唯一的命令，可取消对该选项的选择。默认情况下该选项被选中。

(4)“设备字体”：该选项只适用于 Windows，选中该项，用系统中的反锯齿字体代替动画中指定但本地机中未安装的字体，默认情况下不被选中。

➢ “品质”：该选项用于确定反锯齿性能的水平。由于反锯齿功能要求每帧动画在屏幕上渲染出来之前就得到平滑化，因此对机器的性能要求很高。品质参数对动画外观和回放速度的优先级进行了设置。该选项有如下 6 个子选项，如图 13-17 所示。

图 13-17 “品质”选项

(1)“自动降低”：在确保播放速度的情况下，尽可能地提高图像的品质。因此 Flash 动画在载入时，消除锯齿处理功能处于关闭状态。但放映过程中只要播放器检测到处理器有额外的潜力，就会打开消除锯齿处理功能。

(2)“自动升高”：该选项将播放速度和显示质量置于同等地位，但只要有必要，将牺牲显示质量以保证播放速度。在开始播放时也进行消除锯齿处理，如果播放过程中实际帧率低于指定值，消除锯齿功能将自动关闭。

(3)“中”：该选项将打开部分消除锯齿处理，但是不对位图进行平滑处理。图像的品质处于低和高之间。

(4)“低”：该选项使播放速度的优先级高于动画的显示质量，选择该选项时，将不进行任何消除锯齿的处理。

（5）“高”：该选项使显示质量优先级高于播放速度，选择该选项时，一般情况下将进行消除锯齿处理。如果 Flash 动画中不包含运动效果，则对位图进行处理；如果包含运动效果，则不对位图进行处理。这是“品质”参数的默认选项。

（6）“最佳”：该选项将提供最佳的显示质量而不考虑播放速度，包括位图在内的所有的输出都将进行平滑处理。

➢ “窗口模式”：该选项仅在安装了 Flash Active X 控件的 Internet Explorer 浏览器中，设置动画播放时的透明模式和位置。该选项有如下 3 个子选项：

（1）“窗口”：该选项将 WMODE 参数设为 Window，使动画在网页中指定的位置播放，这也是几种选项中播放速度最快的一种。

（2）“不透明无窗口”：该选项将 Window Mode 参数设为 opaque，这将挡住网页上动画后面的内容。

（3）“透明无窗口”：该选项将 Window Mode 参数设为 transparent，这使得网页上动画中的透明部分显示网页的内容与背景，有可能降低动画速度。

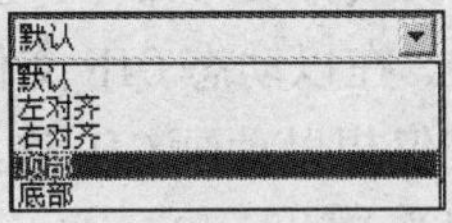

图 13-18 “HTML”选项

➢ “HTML 对齐”：决定动画在浏览器窗口中的位置。该选项有如下 5 个子选项（如图 13-18 所示）：

（1）“默认”：该选项使动画置于浏览器窗口内居中，并裁去动画大于浏览器窗口的各边缘。

（2）“左对齐”：该选项使动画在浏览器窗口中居左，如果浏览器窗口不足以容纳动画，将裁去动画大于浏览器窗口的各边缘。

（3）“右对齐”：该选项使动画在浏览器窗口中居右，如果浏览器窗口不足以容纳动画，将裁去动画大于浏览器窗口的各边缘。

（4）“顶部”：该选项使动画在浏览器窗口的顶部，如果浏览器窗口不足以容纳动画，将裁去动画大于浏览器窗口的各边缘。

（5）“底部”：该选项使动画在浏览器窗口的底部，如果浏览器窗口不足以容纳动画，将裁去动画大于浏览器窗口的各边缘。

➢ “缩放”：该选项确定动画被如何放置在指定长宽尺寸的区域中，该设置只有在输入的长宽尺寸与原动画尺寸不符时起作用。该选项有如下 4 个子选项：

（1）“默认（显示所有）”：使动画保持原有的显示大小在指定区域中显示，区域边界可能在动画两边显现。

（2）“无边框”：使动画保持原有的显示比例和尺寸，即使浏览器窗口大小被改变，动画大小也维持原样，若指定区域小于动画原始大小，则区域外的部分不显示。

（3）“精确匹配”：会根据指定区域大小来调整动画显示比例，使动画完全充满在区域中，这样可能造成变形。

（4）“无缩放”：文档在调整 Flash Player 窗口大小时不进行缩放。

➢ “Flash 对齐”：该选项设定包含水平和垂直两个下拉列表框，确定动画在动画窗口中的位置方式，以及如果必要的话，如何对动画的尺寸进行剪裁。“水平”下拉列表中有左，居中和右 3 个选项，“垂直”下拉列表中有顶，居中，底部 3 个选项。

➢ “显示警告信息”：该选项确定如果标签设置上发生冲突，Flash 是否显示出错消息框。

13.2.3 GIF 文件的发布设置

GIF 文件提供了一种输出用于 Web 页中的图形和简单动画的简便易行的方式，标准的 GIF 文件就是经压缩的位图文件。动画 GIF 文件提供了一种输出短动画的简便方式。在 Flash 中对动画 GIF 文件进行了优化，并只保存为逐帧变化的动画。

在以静态 GIF 文件格式输出时，如果不作专门指定，将仅输出第 1 帧，如果想把其他帧以静态 GIF 文件格式输出，可以在时间轴窗口中选中该帧后在“发布设置”对话框中的 GIF 面板执行发布命令，也可以在时间轴窗口中把要输出的帧的标签设为静态后再执行发布命令。在以动态 GIF 文件格式输出时，如果不作专门指定，Flash 将输出动画的所有帧；如果仅仅想以动画 GIF 格式输出动画中的某一段，可以把这一段的开始帧和结束帧的标签分别置为 First 和 Last。

Flash 可以输出生成 GIF 的映射图，使原动画中有 URL 的按钮在输出的 GIF 图片依然保持链接功能。具体做法是把要在其中创建映射的帧的标签置为#Map，如果不创建这个标签，Flash 将根据动画的最后以帧创建映射图，要创建映射图，选择的模板中必须提供$IM 模版变量。

在“发布设置”对话框中单击 GIF 标签，会打开 GIF 选项卡，如图 13-19 所示。

该选项卡中各个选项的意义及功能如下：

➢ “尺寸”：以像素为单位在宽度和高度文本框中设置输出图形的长宽尺寸，如果选中“匹配影片”复选框，则设置值将无效，Flash 将按动画尺寸输出图片。输出尺寸改变时，Flash 会使输出图形保持动画的长宽比例。

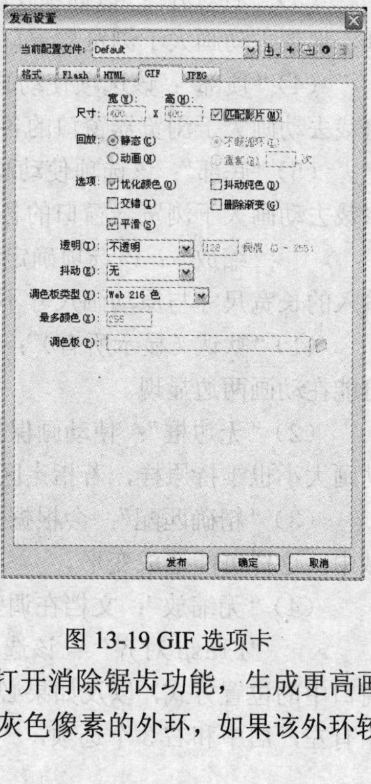

图 13-19 GIF 选项卡

➢ “回放”：确定输出的图形是静态的还是动态的。单击“静态”单选按钮将输出静态图形；单击“动画”单选按钮将输出动态图形，此时还可以选择“不断循环”或“重复”并在后面的文本框中输入循环播放次数。

➢ “选项”：有关输出的 GIF 文件外观的设定，它有如下 5 个子选项：

(1)“优化颜色”：从 GIF 文件的颜色表中将任何不用的颜色删掉，这将在不牺牲画质的前提下使文件少占用 1000～1500 字节的存储空间，但将使内存开销稍稍增加，该选项对“动画”调色板无效。

(2)“平滑”：令输出图形消除锯齿或不消除锯齿。打开消除锯齿功能，生成更高画质的图形。然而，进行消除锯齿处理的图形周围可能有一灰色像素的外环，如果该外环较明显或要生成的图形是在多颜色背景上的透明图形，可取消对该选项的选择，这还可使文件所占存储空间变小。

(3)“交错”：在浏览器中下载该图形文件时，以交错形式边下载边显示。GIF 交错图像较适用于速度较慢的网络，但是不能对 GIF 动画使用该项功能。

(4)“抖动实体”：可以用于纯色，也可以处理渐变色。

(5)“删除渐变色”：把图形中的渐变色变为单色，该单色为渐变色中的第一种实色。渐变色会增加文件的存储空间，且画质较差。在选择该选项之前为避免产生不可预料的结果，应选好渐变色的第一种颜色。默认情况下该选项不被选择。

➢ “透明”：确定动画中的背景和透明度在生成的 GIF 文件中如何转换，它有如下 3 个子选项：

(1)“不透明”：使动画的背景不透明。

(2)“透明”：使动画的背景透明。

(3) Alpha：设置了一个 alpha 值的极限，图片中 alpha 值低于此极限的颜色将完全透明，alpha 值高于此极限的颜色不发生变化。极限的取值范围是 0～255 之间，可以在右边的文本框中直接输入。只有在选择为 Alpha 值时，其后的文本框才可用。

➢ “抖动”：确定是否对图形中的颜色进行处理并决定处理方式。如果当前调色板中没有原动画中用到的颜色，将用相近颜色代替。当该选项关闭时，同样情况下 Flash 将不使用调色板中与原动画中相近的颜色来代替，但这可减小文件的大小，实际操作时应注意察看输出文件，确保输出效果。它有如下 3 个子选项：

(1)“无”：关闭抖动处理。

(2)“有序”：在尽可能减少文件的存储空间的前提下提供好的抖动处理效果。

(3)“扩散”：提供最好的抖动质量，但因此而引起的文件存储空间的增加也比上一项要大许多，此外该选项只有当“Web 216”调色板被选中的情况下方能起作用。

➢ “调色板类型”：指定图形用到的调色板。它有如下 4 个子选项（如图 13-20 所示）：

(1)“Web 216 色”：使用标准 216 色浏览器调色板创建 GIF 文件，该选项提供好的画质，并且在服务器上的处理速度也是最快的。

(2)“最合适”：将对不同的图形进行颜色分析并据此产生该图形专用的颜色表，这可以产生与原动画中的图形最匹配的颜色，但文件所占用的存储空间比 Web 216 项的要大，可以通过减少调色板中的颜色数来减少这种情况下生成的 GIF 文件所占的空间。当图形使用的颜色数很多时，选用该选项可取得满意效果。

(3)“接近 Web 最适色”：除将相近的颜色转变为 Web 216 调色板中的颜色外，其余与上一项相同。同样为减小文件所占用的存储空间，要对生成文件的调色板进行优化。

(4)“自定义”：允许为将要输出的图形指定经优化过的调色板，该选项将提供与 Web 216 项同样的处理速度。用好该选项的前提是对创建和使用自定义调色板较熟悉。要选择一个自定义调色板，可选中该选项后单击对话框右下角处的一个“文件夹”图标，如图 13-21 所示。在出现的对话框中选择作为调色板的文件。Flash 支持以 ACT 格式保存的调色板，Adobe Fireworks 和其他目前流行的图形处理应用程序也支持该格式。

➢ “最多颜色”：设置在 GIF 图形中用到的颜色数，当该设置的数字较小时，生成的文件所占用空间也较小，但有可能使图形的颜色失真。该选项只有在“接近 Web 最适色”调色板选中时有效。

图 13-20 “调色板类型”选项

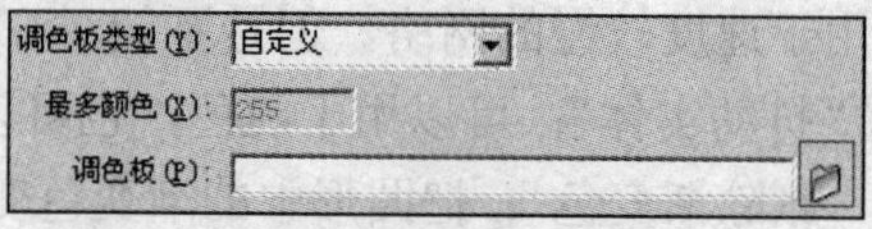

图 13-21 自定义调色板

📖13.2.4 JPEG 文件的发布设置

JPEG 图像格式是一种高压缩比的、24 位色彩的位图格式。总的来说，GIF 格式较适于输出线条形成的图形，而 JPEG 格式则较适于输出包含渐变色或位图形成的图形。

同输出静态 GIF 文件一样，在以 JPG 文件格式输出某一帧时，如果不作专门指定，将仅输出第 1 帧，如果想把其他帧以 JPEG 文件格式输出，可以在时间轴窗口中选中该帧后在“发布设置”对话框中的 JPEG 面板执行发布命令，也可以在时间轴窗口中把要输出的帧的标签设为“静态”后再执行发布命令。在“发布设置”对话框中，单击 JPEG 标签打开 JPEG 选项卡，如图 13-22 所示。

该选项卡中各个选项的意义及功能如下：

➢ “尺寸”：以像素为单位在宽度和高度文本框中设置输出图形的长宽尺寸。如果选中了“匹配影片”复选框，则设置值将无效，Flash 将按动画尺寸输出图片。输出尺寸改变时，Flash 会使输出图形保持动画的长宽比例。

➢ “品质”：控制生成的 JPEG 文件的压缩比，该值较低时，压缩比较大，文件占用较少的存储空间，但画质也较差；该值高时，画质较好，但占用较大的存储空间。可以试着选用不同设置以在画质和存储空间上达到平衡。

➢ “渐进”：生成渐进显示的 JPEG 文件。在网络上这种类型的图片逐渐显示出来，较适于速度较慢的网络。该选项与 GIF 的交错选项相似。

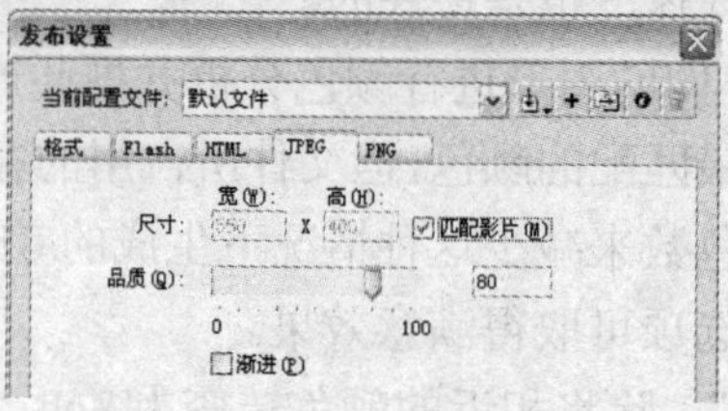

图 13-22 JPEG 选项卡

📖13.2.5 PNG 文件的发布设置

PNG 格式是唯一的一种可跨平台支持透明度的图像格式，这也是 Adobe Fireworks 本身所带的输出格式。Flash 将动画的第 1 帧输出为 PNG 格式，除非为别的关键帧定义了标签名称#Static。

在“发布设置”对话框中，单击PNG标签打开PNG选项卡，如图13-23所示。

该选项卡中各个选项的意义及功能如下：

➢ “尺寸”：以像素为单位在Width（宽度）和Height（高度）文本框中设置输出图形的长宽尺寸。如果选中了“匹配影片”复选框，则设置值将无效，Flash将按动画尺寸输出图片。输出尺寸改变时，Flash会使输出图形保持动画的长宽比例。

➢ “位深”：设定创建图像时每个像素点所占的位数。该选项定义了图像所用颜色的数量。对于256色的图像，选择“8位”；对于上万的颜色，选择“24位”；对于带有透明色的上万的颜色，选择“24位 Alpha”。位值越高，生成的文件越大。

➢ “选项”、“抖动”、“调色板类型”和GIF的一致，在此不再累述。

➢ “过滤器选项”：设定PNG图像的过滤方式。PNG图像是进行逐行过渡的，使得图像更易于压缩。该下拉列表包括6个选项：

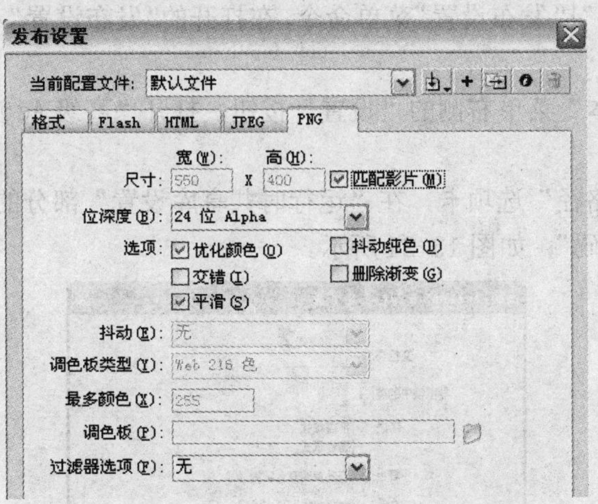

图13-23 PNG选项卡

（1）“无”：无过滤效果。

（2）“下”：向下传递主要像素字节间的差值和对应字节的值。

（3）“上”：向上传递主要像素的字节间差值和对应字节的值。

（4）“平均”：利用两个相邻像素的平均值来作为该像素的预测值。

（5）“线性函数”：利用与其相邻（上部，左侧和左上部）的3个像素的线性回归值来作为该像素的预测值。

（6）“最合适”：非正式选项。

13.2.6 预览发布动画

执行“文件”菜单里的“发布预览”命令，可以使Flash按所选的文件类型在默认浏览器中输出并进行预览。

该命令不仅适用于输出并显示按在“发布设置”中的所设定的所有文件类型，还按照当前发布属性对话框中的设置进行输出预览。

13.3 发布包含 TLF 文本的 SWF 文件

为使文本正常显示，所有 TLF 文本对象都应依赖特定的 TLF ActionScript 库，也称为运行时共享库或 RSL。在创作期间，Flash 将提供此库。在运行时，将已发布的 SWF 文件上载到 Web 服务器之后，可以通过两种方式提供运行时共享库——本地计算机和 Adobe 服务器。

在发布包含 TLF 文本的 SWF 文件时，Flash 将在 SWF 文件旁边创建名为 textLayout_X.X.X.XXX.swz（其中 X 串替换为版本号）的附加文件。用户可以选择是否将此文件及 SWF 文件一起上载到 Web 服务器。执行此操作有利于应对由于某种原因 Adobe 的服务器不可用的罕见情况。

若要编译已发布 SWF 文件中的 TLF ActionScript 资源，可以执行下列操作：

01 执行“文件”|“发布设置”菜单命令，在打开的“发布设置”对话框中单击“Flash”选项卡。

02 单击“脚本”菜单右侧的“设置”按钮，打开“高级 ActionScript 3.0 设置”对话框。

03 单击“库路径”选项卡，在“运行时共享库设置”部分的“默认链接”下拉列表中选择“合并到代码”，如图 13-24 所示。

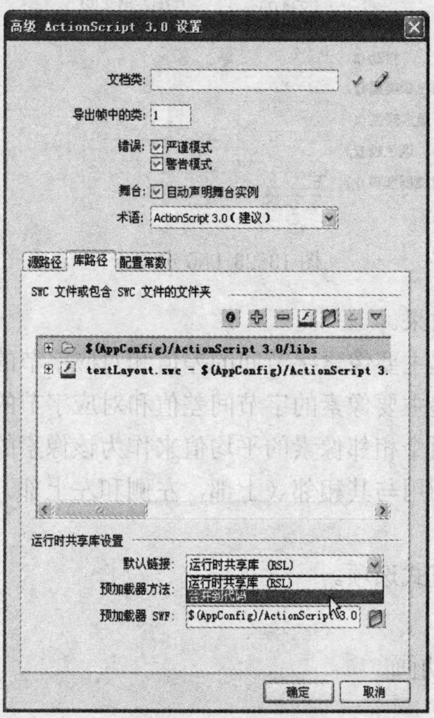

图 13-24 “高级 ActionScript 3.0 设置”对话框

04 单击“确定”按钮关闭对话框。如果本地播放计算机上没有嵌入 TLF ActionScript 资源或嵌入的 TLF Action Script 资源不可用，则当 Flash Player 下载这些资源时，在 SWF 播放过程中可能会发生短暂延迟。用户可以选择 Flash Player 在下载这些资源时显示的预加载器 SWF 的类型。通过设置 ActionScript 3.0 设置中的“预加载器方法”来选择预加载器。

若要设置“预加载器方法”，可以执行下列操作：

01 打开如图 13-24 所示的“高级 ActionScript 3.0 设置”对话框。

02 在“运行时共享库设置”部分的“预加载器方法”下拉列表中选择方法。

➢ 预加载器 SWF：这是 Flash CS5 的默认设置值。Flash 在已发布 SWF 文件中嵌入一个小型的预加载器 SWF 文件。在资源加载过程中，此预加载器会显示进度栏。

➢ 自定义预加载器循环：如果您要使用自己的预加载器 SWF，请使用此设置。

注意：仅当“默认链接”设置为“运行时共享库(RSL)”时，“预加载器方法”设置才可用。

13.4 Flash 动画的输出

可以执行“导出图像”命令和“导出影片”命令来导出图形或动画。导出命令用于将 Flash 动画中的内容以指定的各种格式导出以便其他应用程序使用，与发布命令不同的是，使用导出命令一次只能导出一种指定格式的文件。

13.4.1 输出图形和动画

“导出影片”命令可将当前 Flash 电影中所有内容以所支持的文件格式输出，如果所选文件格式为静态图形，该命令将输出为一系列的图形文件，每个文件与电影中的一帧对应；在 Windows 下，该命令还可将动画中的声音导出为.WAV 格式的音频文件。

“导出图像”命令可将当前帧中的内容或选中的一帧以静态图形文件的格式输出，或输出到另一单帧的 Flash 播放器文件中。在将图形以向量图形格式输出时，图形文件中有关向量的信息会保存下来，可在其他基于向量的图形应用程序中进行编辑，但文件不能被导入到绝大多数排版和字处理软件中。

当将一个 Flash 图形导出为 GIF、JPEG、PNG 或 BMP 格式的文件时，图形将丢失其中有关向量的信息，仅以像素信息的格式保存，可以在如 PhotoShop 之类的图形编辑器中进行编辑，但不能在基于向量的图形应用程序中进行编辑。

执行“导出图像”和“导出影片”命令导出的基本步骤如下（如果输出图形，首先选取动画中要输出的帧或图形）：

01 执行“文件”菜单里的“导出影片”或“导出图像”命令，调出相应的对话框。

02 在出现的对话框中选择保存文件的位置。

03 在“保存类型”下拉列表框中选择保存文件的类型，在“文件名”文本框中为输出文件定义名称。

04 单击“保存”按钮，进行确认。根据所选择的文件格式不同，如果需要进一步的输出设定，会在出现相应的输出属性。

05 在输出属性对话框中设置所选定格式的输出选项，单击“确定”按钮。

13.4.2 输出文件格式

Flash CS5 在增加软件的新功能和新特性的同时，Flash CS5 还弃用了一些不常用或不好用的功能，例如，Flash CS5 不再支持导出 EMF 文件、WMF 文件、WFM 图像序列、BMP 序列或 TGA 序列。下面介绍几种在 Flash 中常用的输出文件格式。

1．Flash Movie（*.SWF）文件格式

这个格式是 Flash 本身特有的文件格式，也是在“导出影片”或“导出图像”命令对话框中默认选择的文件类型。这种格式的文件不但可以播放出所有在编辑动画时设计的各种效果和交互功能，而且输出的文件量小，效果不失真。

2. Windows AVI (*.AVI) 文件格式

Windows AVI 格式是标准的 Windows 电影格式，但不支持任何交互操作。该格式的文件适用于在视频编辑应用程序中进行编辑，但因为该格式是基于位图的，所以如果分辨率高或较长的动画时，会使输出的文件很大。

当选择以该格式输出时，会出现“导出 AVI”对话框，如图 13-25 所示。

该对话框中各个选项含义如下：

- “尺寸”：以像素为单位设置指定 AVI 中的宽和高。只需设置其中之一，Flash 会按照原动画的长宽比例自动算出另外一个值，以使输出文件保持和原始动画的宽高比一致。如果取消对“保持高宽比”项的选择，则可同时设置宽高尺寸。
- “视频格式”：用于设定色深。目前许多应用程序仍不支持 Windows32 位色的图形格式，所以如果使用这种格式出现问题，可使用旧的 24 位色的图形格式。
- “压缩视频”：设定采用标准的 AVI 压缩方式。在输出的 AVI 电影中打开或关闭边缘平滑功能，该功能可改善位图的外观，但当背景是彩色的时，会使图形周围产生一个灰色的色环，这时可取消对该选项的选择。
- “平滑”：打开或关闭 Flash 输出位图的消除锯齿功能。
- “声音格式”：设置输出声音的取样率。取样率高，声音的保真度就高，但占据的存储空间也大；输出文件越小，可能衰减的越多。

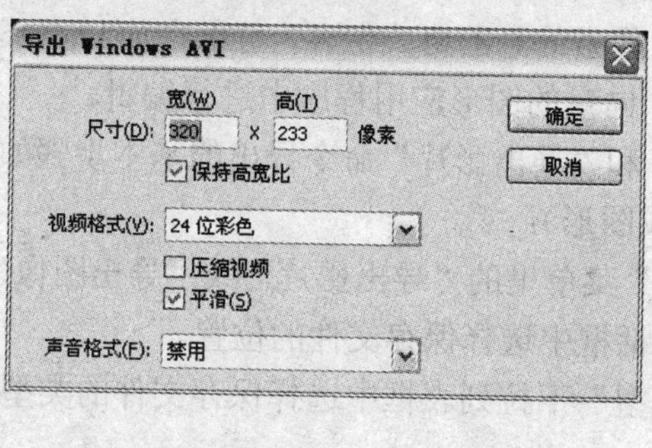

图 13-25 “导出 AVI”对话框

3. Adobe Illustrator 序列文件（*.AI）

该文件格式是 Flash 和其他绘图应用程序间交换图形时最好的格式．对曲线、不同的

线条类型和填充区域能进行十分精确地转换。

4. Bitmap 位图文件

BMP 图像是采用 Microsoft 技术创建的，但 BMP 文件不适用于 Macintosh 机器，所以如果想与 Macintosh 机共享资源时，就不能选用 BMP 文件格式。当选择以该格式输出时，会出现“导出位图”对话框，如图 13-26 所示。

该对话框中各个选项含义如下：

- “尺寸”：以像素为单位设置输出位图的宽和高。只需设置其中之一，Flash 会按照原动画的长宽比例自动算出另外一个值，以使输出文件保持和原始动画的宽高比一致。
- “分辨率”：设置输出位图的分辨率，即 dpi 值。点按右方的“匹配屏幕”将设置分比率与显示器分辨率一致。
- “颜色深度”：指定图形所用颜色的位数。
- “平滑”：打开或关闭消除锯齿功能。该功能打开时能产生更高画质的位图图形，但如果背景为彩色时，图像周围可能出现一个灰色的色环，这时可关闭该功能。

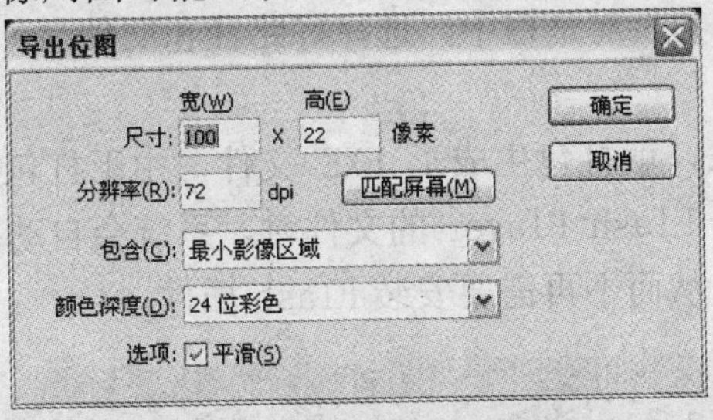

图 13-26 “导出位图”对话框

5. QuickTime（*.MOV）格式

以 QuickTime 格式输出将创建 QuickTime 4 格式的视频文件，它将不再是 Flash CS5 动画作品，但是在 QuickTime 4 视频文件中的 Flash 动画内容将继续保持它的交互性。该格式的输出选项同它的发布选项是一样的。

13.5 动画的打包

在网页中浏览 Flash 动画时，需要安装 Flash 的插件；如果想将自己的作品用 Email 发送出去，但又怕对方因为没有安装插件而无法欣赏，此时就需要将动画打包成可独立运行的 EXE 可执行文件。该文件不需要附带任何程序就可以在 Windows 系统中播放，并且和原 Flash 动画的效果一样。

若要打包 Flash 动画，创建 EXE 可执行文件，有两个方法：

- 执行“文件”菜单里的“发布设置”命令，按照设置发布文件的方法，在“发布设置”对话框中单击选择“Windows 放映文件”。然后执行“文件”菜单里的“发布”命令，就可以生成 EXE 文件。
- 在 Windows 操作系统的资源管理器中，浏览到 Adobe Flash CS5 安装目录下的

“Players”文件夹，打开后可以看到如图 13-27 所示的窗口。

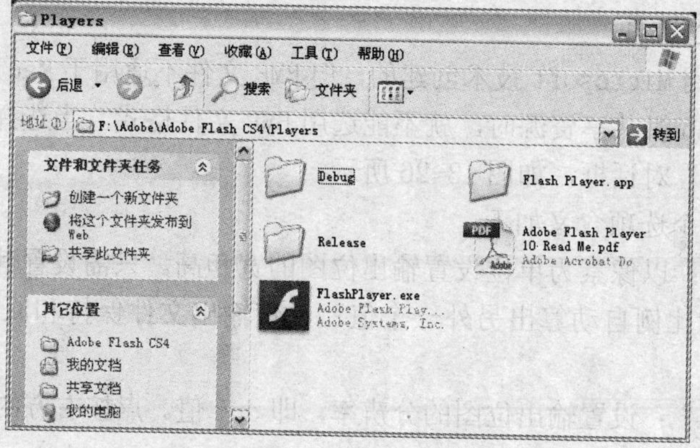

图 13-27 Flash Player 文件夹

双击 FlashPlayer.exe 文件，将会出现 Flash 动画播放器。在播放器中执行“文件”菜单里的“打开”命令，打开一个 Flash 动画，然后在执行“文件”菜单里的“创建播放器”命令。此时在“另存为”对话框中，选择好路径和文件名，单击“保存”按钮，就可以生成 EXE 文件。

通过上面的两种方法，就打包生成了 EXE 文件，由于打包文件中已经加入了 Flash 动画播放器，所以当双击 Flash Player 的文件时，系统会自动打开一个 Flash 动画播放器，并在其中播放动画，从而不再需要安装 Flash 插件。

13.6 思考题

1. 为什么要对 Flash 动画进行优化？有哪些方法？
2. 如何模拟带宽进行 Flash 动画的下载性能测试？
3. Flash 发布的文件有哪些格式？
4. Flash 输出的文件有哪些格式？它和 Flash 的发布有何异同？
5. 为什么要对 Flash 动画进行打包？

13.7 动手练一练

1. 打开一个 Flash 文件，然后以 Flash、GIF，JPEG，PNG4 种不同格式进行发布。

提示：执行“文件”菜单里的“发布设置”命令，调出“发布设置”对话框，在该对话框中分别单击 Flash，GIF，JPEG 和 PNG4 种标签，并分别在对应的选项卡中进行相关的设置，然后单击“发布”按钮即可。

2. 打开一个 Flash 文件，然后以“*.SWF”和“*.AVI”，“*.MOV”3 种不同类型的文件格式进行输出。

提示：执行“文件”菜单里的“导出影片”命令，调出“导出影片”对话框，在该对话框中选择所需要发布的文件类型，输入文件名后单击“确定”按钮，即可打开对应的对话框，再根据需要进一步进行设置，设置完成后单击“确定”按钮即可。

3. 打开一个 Flash 动画，然后将它打包成可独立运行的 EXE 文件。

提示：按照 13.5 节中介绍的两种方法进行。

第 3 篇　Flash CS5 实战演练

第 14 章

彩图文字

本章将向读者介绍如何制作 Flash 电影中的彩图文字，内容包括通过导入图片来创建彩图背景，并运用柔化效果制作文字边框，最后通过图文合并得到所需要的彩图文字。

学习要点

- 掌握如何在文档中导入图片。
- 掌握文字的输入与属性设置方法。
- 掌握对象分离的操作方法。
- 掌握对文字的填充与柔化方法。

14.1 创建彩图背景

要制作彩图文字，首先需要一个彩图背景，下面先来创建一个彩图背景：

01 从“文件”菜单里选择“新建”命令，创建一个新的 Flash 文件（ActionScript 2.0）或 Flash 文件（ActionScript 3.0）。

02 选择“文件”菜单里的“导入”子菜单里的“导入到舞台”命令，弹出“导入”对话框，如图 14-1 所示。

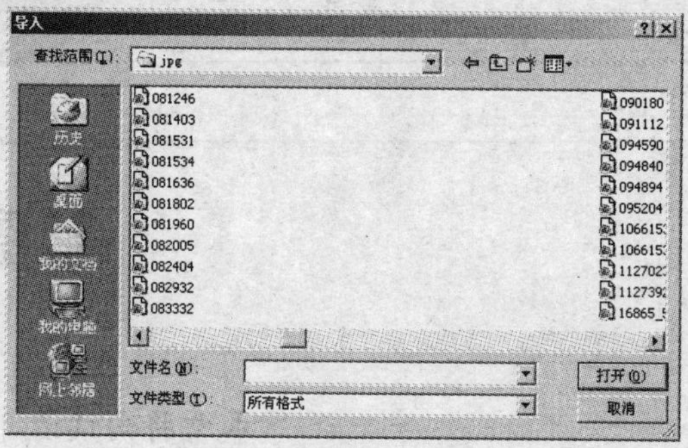

图 14-1 “导入”对话框

03 从对话框中选择用于填充文字的图片名称，然后点击“打开”按钮。

04 这时，在工作区中将出现刚才导入的图片，用工具箱中的箭头工具，将导入的图片拖动到工作区的中央。

05 使用自由变换工具，调整该图片的大小，使之与工作区尺寸匹配，如图 14-2 所示。

图 14-2 导入图形后的工作区

06 选择“修改”菜单里的“分离”命令，将图片分散。分散后的效果如图 14-3 所示。

图 14-3 分散图形

14.2 文字的输入与柔化

完成了彩图背景的创建后，接下来的任务就是对文字的操作了。

01 选择绘图工具栏中的文字工具，点击工作区，然后在弹出的文字工具属性对话框里，将字体的颜色设置为红色，字体大小设置为 60，字体类型设置为 Arial Black。

02 在工作区中输入“wahaha”这几个字母。

03 使用箭头工具，将文字拖动到工作区的上方。

04 连续两次使用“修改”菜单里的“分离”命令，这时文字被打散，如图 14-4 所示。

05 选择“修改”菜单里的“形状”子菜单里的“柔化填充边缘”命令，在弹出的“柔化填充边缘”对话框进行如图 14-5 所示设置。

图 14-4 打散文字

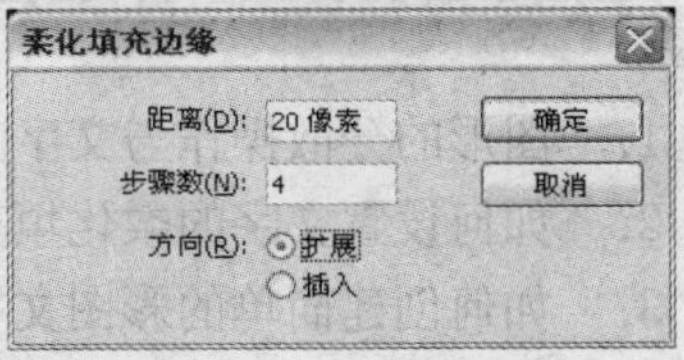

图 14-5 设置柔化参数

06 点击“确定”按钮，这时文字周围出现渐渐柔化的边框，如图 14-6 所示。

07 使用箭头工具，在工作区的空白处点击鼠标，取消对文字的选择。

08 按住 Shift 键，依次点选文字中的填充部分，将它们全部选中。

09 选择“编辑”菜单中的“清除”命令，将已选择的文字填充部分删除，这时文字将只剩下柔化边框，如图 14-7 所示。

图 14-6 文字周围出现柔化边框

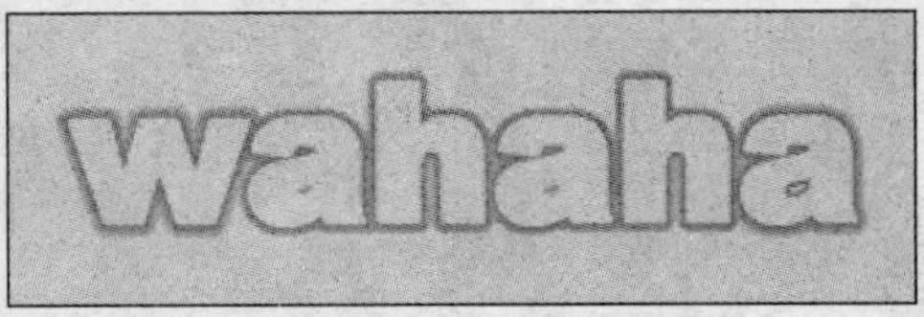

图 14-7 柔化边框

14.3 图文合并

背景图形和文字都创建结束后，只需将它们组合起来即可完成彩图文字的制作：

01 用箭头工具在文字周围拖动一个方框，将文字边框全部选中，再将它们向下拖动到图中，如图 14-8 所示。

图 14-8 将文字拖放到图片中

图 14-9 彩图文字效果图

02 点击图片文字外围部分，将它们全部选中。

03 选择“编辑”菜单里的“清除”命令，将已选择的图片部分删除，这时就得到要制作的彩图文字了，如图 14-9 所示。

14.4 思考题

1. 图形的分散操作与文字的分散操作有何不同？
2. 如何设置文字的柔化填充边缘？
3. 如何创建简单的彩图文字？

第 15 章

水波涟漪效果

本章将向读者介绍水波涟漪效果的制作方法，内容包括制作水滴下落过程，制作水波波纹扩大的动画以及溅出水珠的效果。本实例是在基本的图形绘制基础上，通过改变填充色和 Alpha 值，设置水滴、波纹和水珠的颜色效果。通过使用运动补间动画和形状补间动画的原理完成水滴下落和波纹荡漾的动画效果。

学习要点

- 制作水波波纹扩大的动画。
- 制作水滴下落效果。
- 制作溅起水珠的效果。

15.1 制作水波波纹扩大的动画

01 新建一个 Flash 文件(ActionScript 2.0)或 Flash 文件(ActionScript 3.0)。

02 选择“修改”菜单里的“文档”命令，弹出“文档属性”对话框，在“标题”栏中输入“水波涟漪”，将其中的背景色设置为深蓝色，其他设置不变，如图 15-1 所示。

03 选择“插入”菜单里的“新建元件”命令，在弹出的“创建新元件”对话框中输入元件的名称为“波纹”，并指定其类型为图形，如图 15-2 所示，单击“确定”，进入波纹元件的编辑模式。

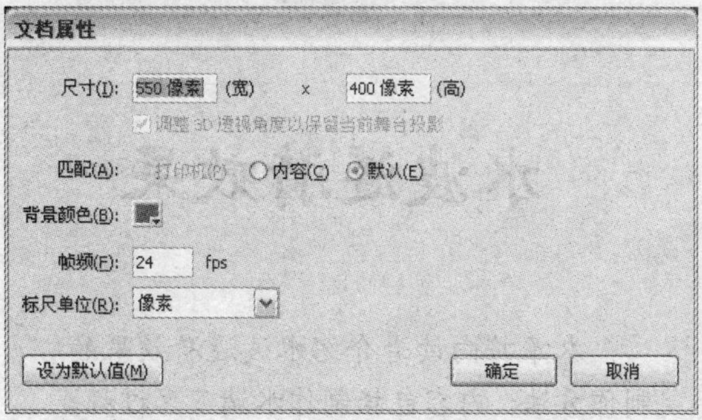

图 15-1 “文档属性”对话框

图 15-2 “创建新元件”对话框

04 选择绘图工具箱里的椭圆工具，在其属性面板里将线条颜色设为白色，宽度设置成 2，填充设置成“无填充”模式，在元件编辑模式的工作区中绘制一个椭圆形线框，如图 15-3 所示。

05 用箭头工具选中这个椭圆形线框，从“窗口”菜单里调出“信息”面板，并对其进行如图 15-4 所示的设置。

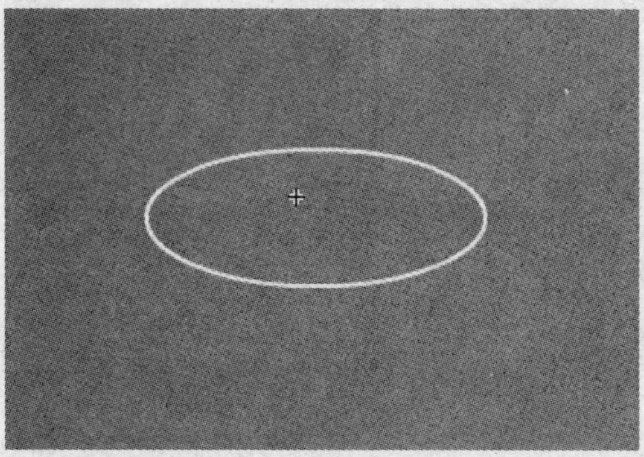

图 15-3 绘制一个椭圆

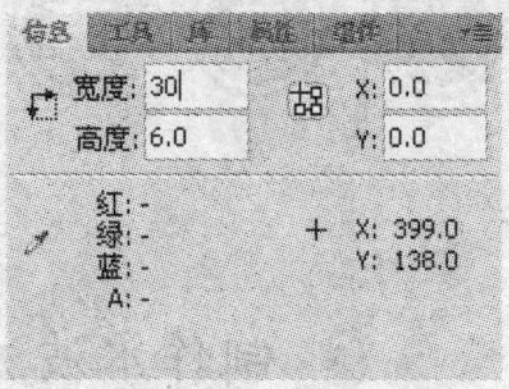

图 15-4 信息面板

06 选择“修改”菜单里的“形状”子菜单里的“将线条转化为填充”命令，使椭圆的线框转变成为填充区域。

07 选择颜料桶工具，并调出“颜色”面板，将其参数栏中的填充颜色设置为如图 15-5 所示，在椭圆上点击鼠标，椭圆线框变成渐变色，如图 15-6 所示。

08 选择“修改”菜单里的“形状”子菜单里的“柔化填充边缘”命令，在弹出的对话框里进行如图 15-7 所示的设置，然后确定，这时椭圆线框将出现柔化效果，如图 15-8 所示。

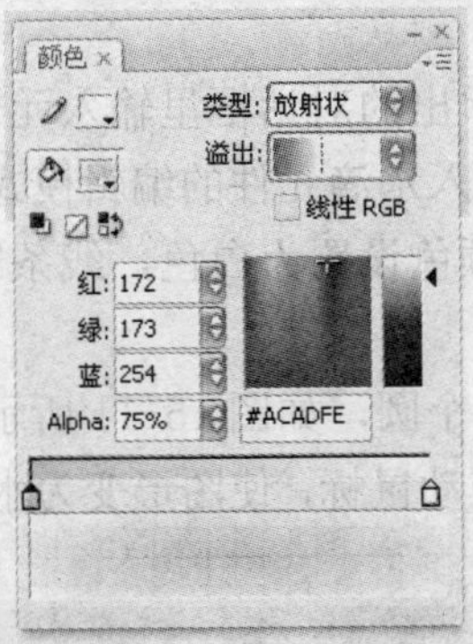

图 15-5 颜色设置

图 15-6 填充后的椭圆

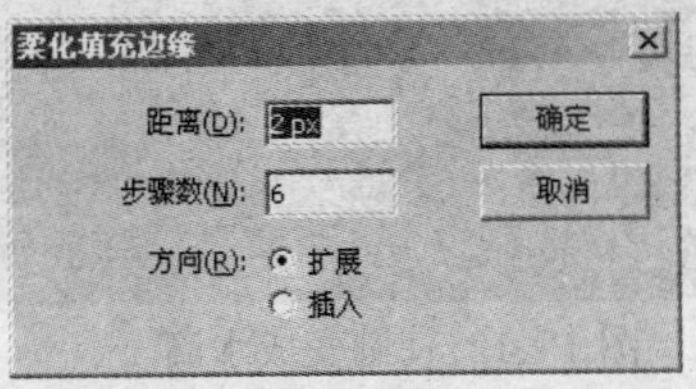

图 15-7 “柔化填充边缘”对话框

图 15-8 柔化后的椭圆

09 右击时间线上图层 1 的第 30 帧，在弹出的菜单里选择“插入关键帧”，这时将在第 30 帧处添加一个关键帧。

10 选择“编辑”菜单里的“清除”命令，将第 30 帧中的图形删除。

11 用同样的方法再绘制一个椭圆线框，并通过“信息”面板将它设置为 w=300，h=60，其他设置不变。

12 再将这个椭圆线框转化为可填充图形，并用同样的颜料桶进行填充。

13 选择“修改”菜单里的“形状”子菜单的“柔化填充边缘”命令，在弹出的对话框里进行如图 15-9 所示的设置。单击确定，这时的波纹如图 15-10 所示。

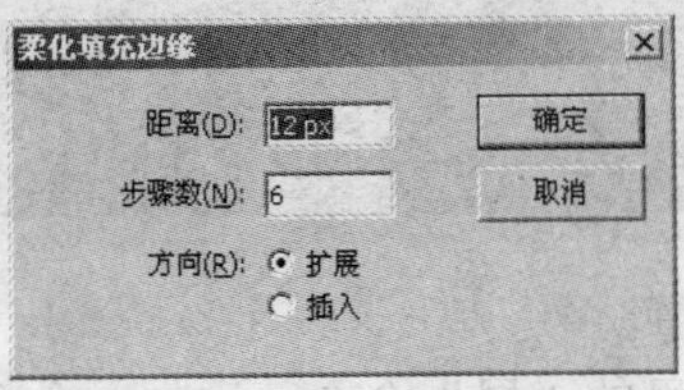

图 15-9 柔化属性设置

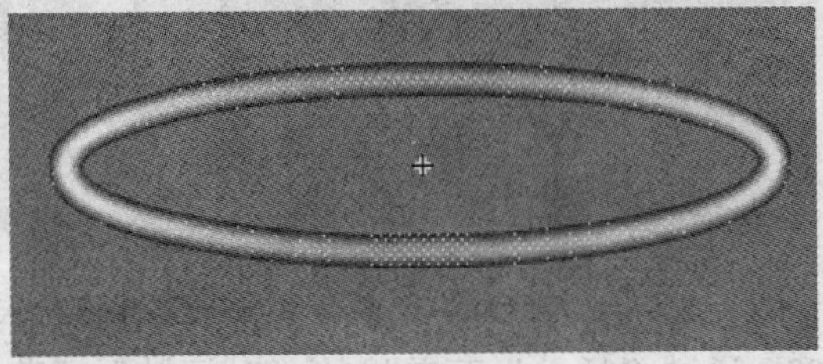

图 15-10 柔化后的效果

14 用鼠标右键点击第 1 到 30 帧中的任意一帧，从弹出的快捷菜单中选择“创建补间形状”命令，这时按 Enter 键就可以看到波纹变化的效果了。

15.2 制作水滴下落效果

01 选择“插入”菜单里的“新建元件”命令，在弹出的对话框里输入元件名称为“水滴”，并为其指定类型为“图形”，点击“确定”，进入水滴元件的编辑模式。

02 选择椭圆绘图工具，将椭圆工具属性中的线框颜色设置为白色，线条宽度设置为 1，填充设置成与前面颜料桶相同的渐变模式。

03 在图形编辑模式的工作区中按住 Shift 键绘制一个圆，如图 15-11 所示。

04 选择黑色箭头工具，按住 Ctrl 键，在圆形上端拖动鼠标，使图形变为水滴形。如图 15-12 所示。

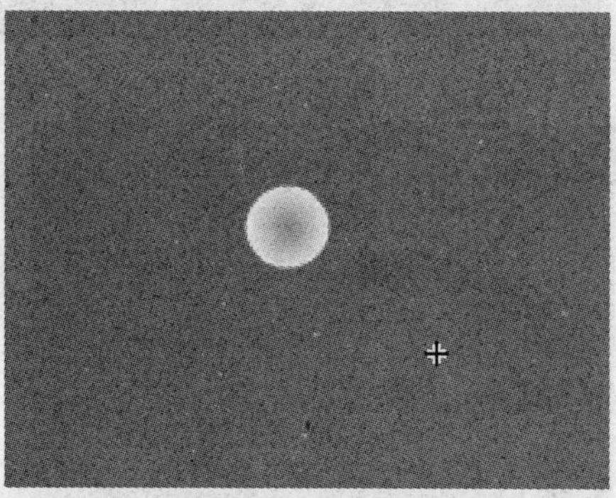

图 15-11 绘制一个圆

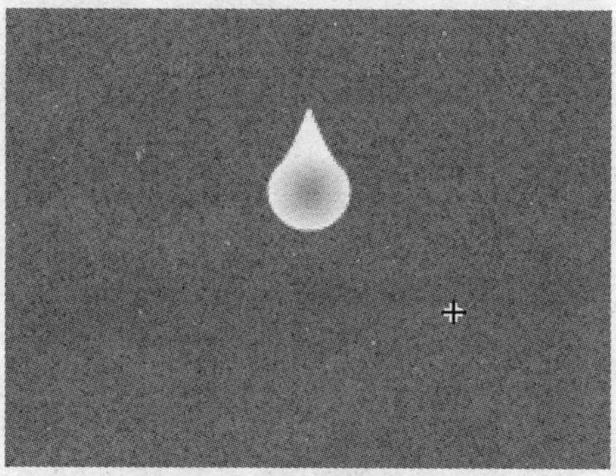

图 15-12 使圆变成水滴

05 点击时间线窗口上方的“场景 1”，返回场景模式。

06 选择“窗口”菜单里的“库”命令，打开库窗口，从中选择“水滴”元件，并将其拖动到工作区中，位置尽量靠近上方，因为我们要制作一个水滴下落的动作。

07 点击时间线窗口中的第 7 帧，为其添加一个关键帧。

08 按住“Shift”键，用箭头工具向下拖动水滴，将其拖动到舞台的中下位置时，释放鼠标，如图 15-13 所示。

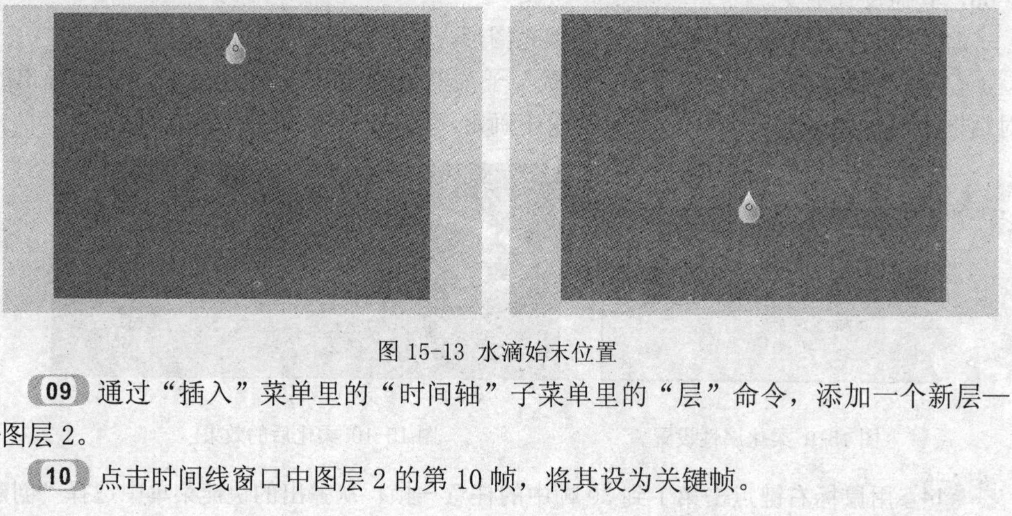

图 15-13 水滴始末位置

09 通过“插入”菜单里的“时间轴”子菜单里的“层”命令，添加一个新层——图层 2。

10 点击时间线窗口中图层 2 的第 10 帧，将其设为关键帧。

11 从库窗口中选择波纹元件，并将其拖动到工作区中水滴的下方，位置如图 15-14 所示。

12 点击时间线窗口中图层 2 的第 36 帧，也将其设置为关键帧。

13 在工作区中用鼠标单击选中的波纹实例，在对应的属性面板的“色彩效果”区域的“样式”下拉列表中选择“Alpha”项，并将其值设置成 0%，如图 15-15 所示。

14 用鼠标右键点击时间线窗口中的图层 2 的第 10～第 36 帧中的任意一帧，然后从弹出的菜单中选择“创建传统补间”命令，这时水波纹扩大并消失的效果就已完成。

15 在时间线上添加 4 个新层，按住 Shift 键，点击时间线窗口中的图层 3 和图层 6，将新增图层的所有帧全部选中，如图 15-15 所示。

图 15-14 波纹的位置

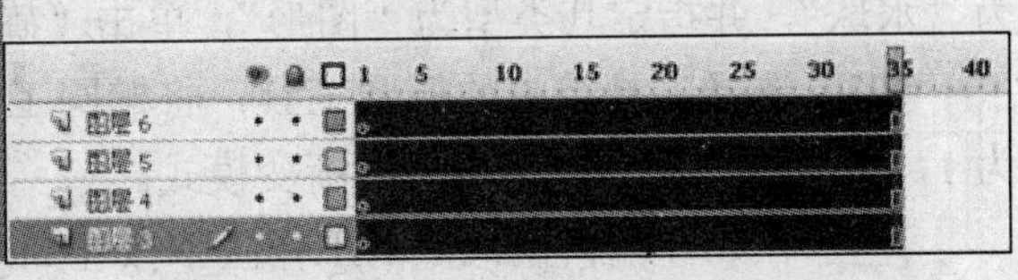

图 15-15 选中图层

16 用鼠标右键点击被选中的任意一帧，从弹出的菜单中选择“删除帧”命令，将选中的帧全部删除。

17 选中图层 2 的第 10～36 帧，右击被选中的任意一帧，从弹出的菜单中选择“复制帧”命令。

18 用鼠标右键点击图层 3 的第 15 帧，从弹出的菜单中选择“粘贴帧”，这时就把图层 2 中第 10～第 36 帧的内容复制到了图层 3 上，如图 15-16 所示。

19 用鼠标右键点击图层 4 的第 19 帧，从弹出的菜单中选择“粘贴帧”，这时场景如图 15-17 所示。

20 用鼠标右键点击图层 5 的第 25 帧，从弹出的菜单中选择“粘贴帧”，这时场景如图 15-18 所示。

21 用鼠标右键点击图层 6 的第 31 帧，从弹出的菜单中选择“粘贴帧”，这时场景如图 15-19 所示。

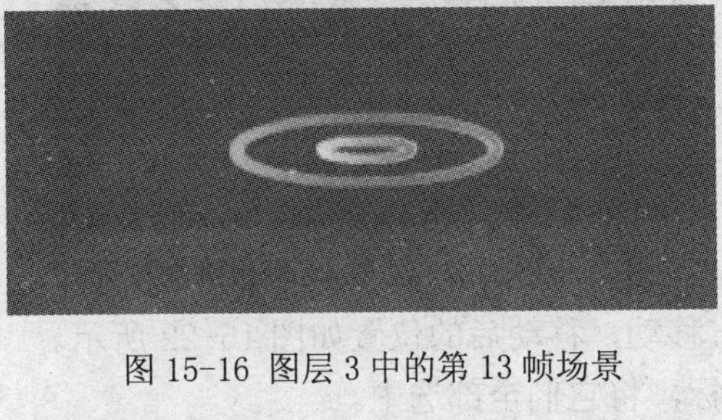

图 15-16 图层 3 中的第 13 帧场景

图 15-17 图层 4 中的第 19 帧场景

22 这时点击第 1 帧，按下 Enter 键，就可以看到水滴下落并荡开涟漪的效果了。

图 15-18 图层 5 中的第 25 帧场景

图 15-19 图层 6 中的第 31 帧场景

15.3 制作溅起水珠的效果

01 选择“插入”菜单里的“新建元件”命令，在弹出的对话框中输入元件名称为“水珠”，并指定其类型为“图形”，单击“确定”按钮。

02 选择工具箱中的椭圆工具，将椭圆工具的属性设置为线条颜色为白色，宽度为 1，填充设置为与前面相同的渐变模式。

03 在元件编辑模式下的工作区中按住 Shift 键绘制一个圆形。

04 点击时间线窗口上方的“场景 1”，返回场景模式。

05 新增一个图层 7，用鼠标右键点击图层 7 的第 8 帧，从弹出的菜单里选择“插入关键帧”。

06 从库窗口中选择“水珠”元件，将其拖动到工作区中，位置如图 15-20 所示。

07 按住 Ctrl 键，用鼠标右键点击图层 7 中的第 12 和 14 帧，将其设置为关键帧。

08 点击图层 7 的第 12 帧，用鼠标右键点击工作区中的水珠实例，在其属性对话框里，将 Alpha 值设置为 50。

09 使用自由变形工具，将工作区中的水珠实例略微放大，然后将它向上方移动，移动到如图 15-21 所示的位置。

10 点击图层 7 的第 14 帧，用鼠标右键点击工作区中的水珠实例，从调出的其属性面板中将 Alpha 值设置为 0。

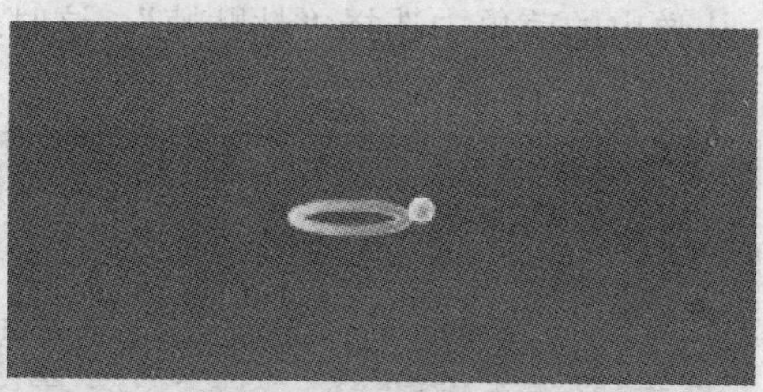

图 15-20 水珠实例在工作区中的位置

图 15-21 图层 7 中第 12 帧水珠的位置

11 用箭头工具将工作区中的水珠向下方移动，移动后的位置如图 15-22 所示。

12 在图层 7 的第 8 到第 14 帧中移动鼠标，将它们全部选中。

13 用鼠标右击时间线窗口中图层 7 被选择帧中的任意一帧，从弹出的菜单中选择“创建传统补间”命令。

14 增加一个图层 8，为其第 8 帧添加一个关键帧。

15 从库窗口中选择水珠元件，并将其拖动到工作区中，将它略微放大并拖动到如图 15-23 所示位置。

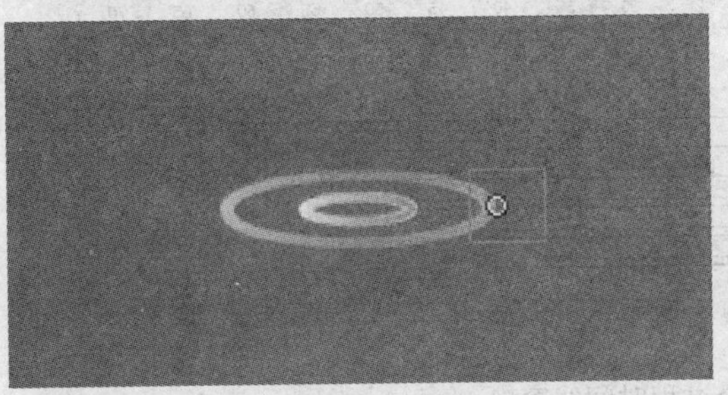

图 15-22 图层 7 中第 14 帧中水珠的位置

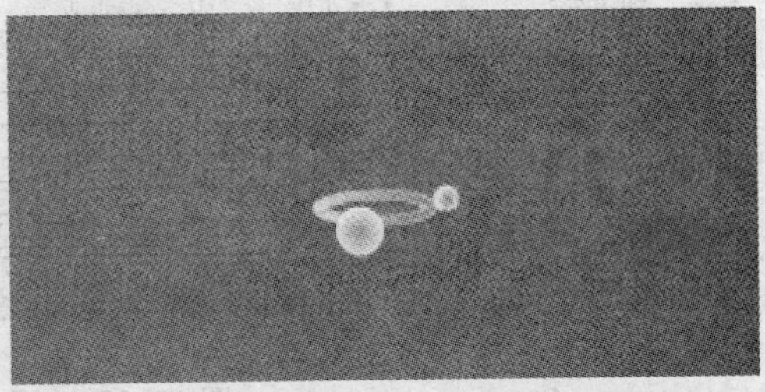

图 15-23 图层 8 中第 8 帧的水珠位置

16 分别为图层 8 上的第 13 帧和第 16 帧添加关键帧。

17 用前面的方法将图层 8 的第 13 帧水珠实例变成半透明，再放大一些后拖动到如图 15-24 所示的位置。

18 选中图层 8 的第 8 到第 16 帧。

19 右击图层 8 中被选择帧中的任意一帧，从弹出的菜单里选择“创建传统补间”。

20 添加第 9 图层，并为其第 8 帧添加关键帧。

21 从库窗口中选择水珠元件，并将其拖动到工作区中，将它略微放大之后拖动到如图 15-25 所示的位置。

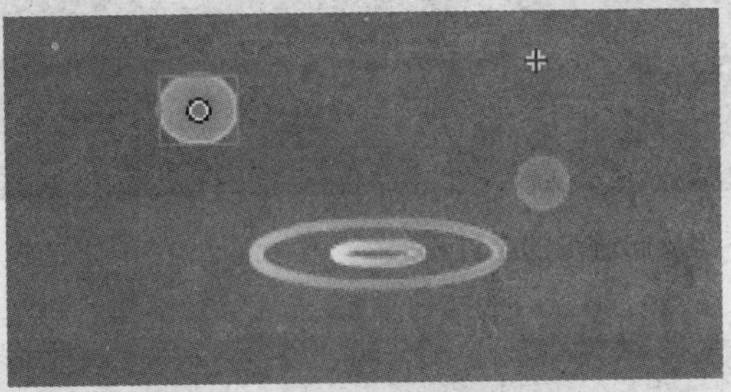

图 15-24 图层 8 中第 13 帧中的水珠位置

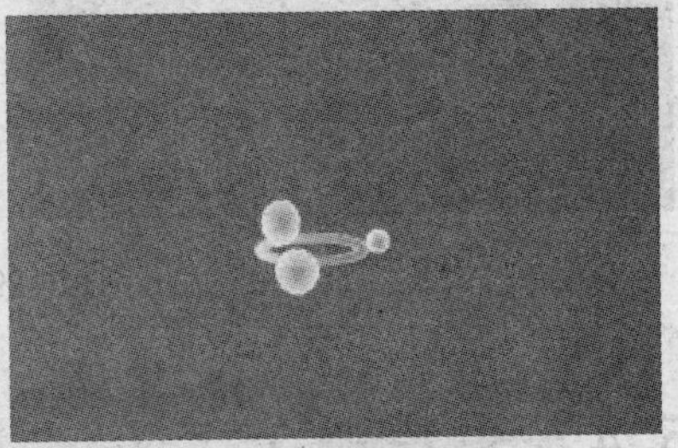

图 15-25 图层 9 中第 8 帧中水珠的位置

22 为图层 9 上的第 13 帧和第 16 帧添加关键帧。

23 用前面的方法将图层 9 中的第 13 帧实例变成半透明，再放大一些后拖动到如图 15-26 所示的位置。

24 将图层 9 中的第 16 帧实例变成全透明，并拖动到如图 15-27 所示位置。

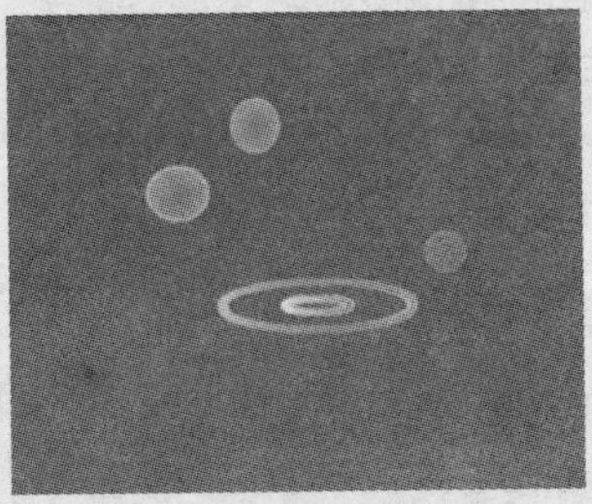

图 15-26 图层 9 中第 13 帧中水珠的位置

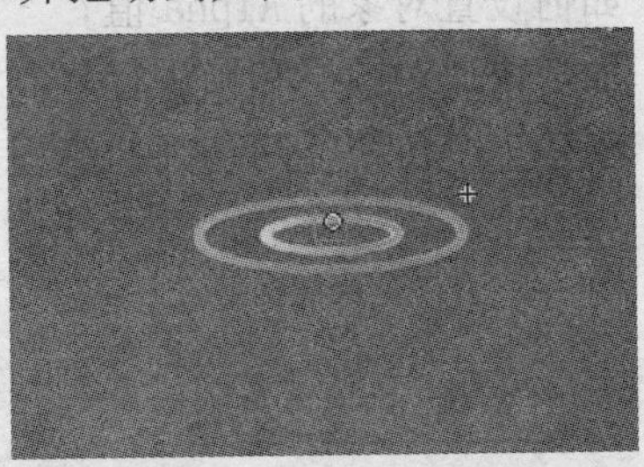

图 15-27 图层 9 中第 16 帧中水珠的位置

25 选中图层 9 中的第 8 到第 16 帧，为其创建补间动画。

到此，制作工作就完成了，此时，时间轴窗口如图 15-28 所示。

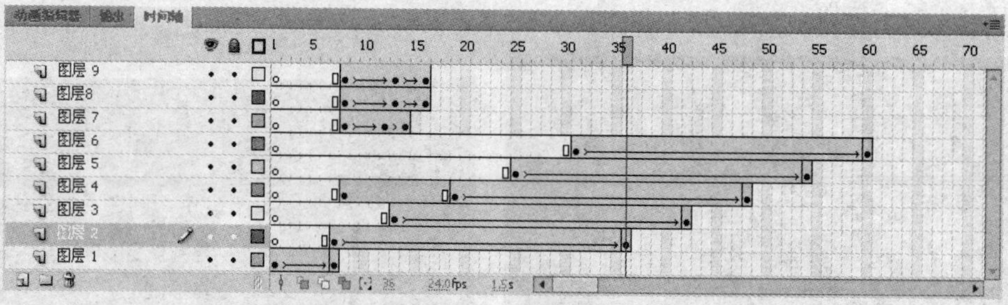

图 15-28 动画全过程时间线窗口

水滴下落泛起涟漪的全过程如图 15-29 所示。

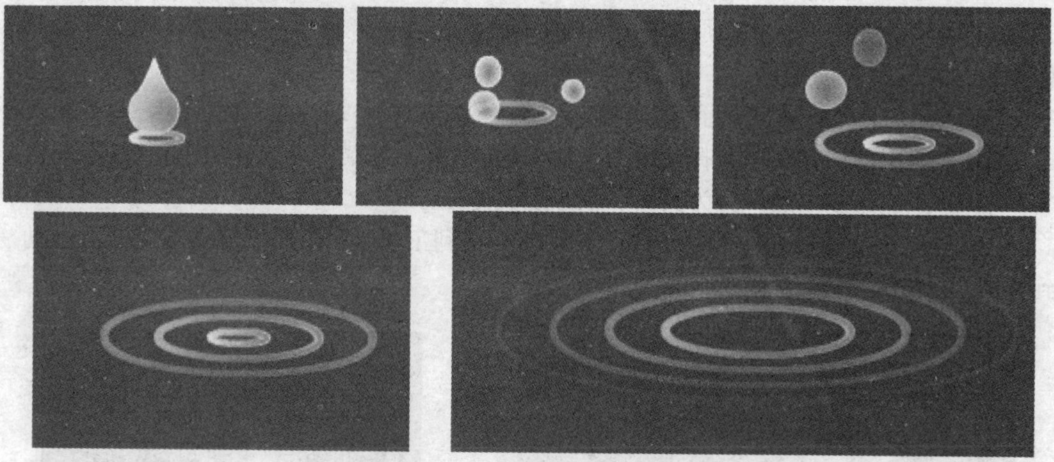

图 15-29 水滴下落泛起涟漪的全过程

15.4 思考题

1. “修改”菜单里的“形状”子菜单里的“将线条转化为填充”命令有什么作用？
2. 通过“信息”面板可以调整对象的哪些属性？
3. 如何通过“颜色”面板改变对象的填充效果？
4. 如何设置对象的 Alpha 值？
5. 如何快速对图层和帧进行复制、粘贴等操作？
6. 创建一个传统补间动画的流程是什么？

第16章

运动的小球

本章将向读者介绍小球下落再弹起以及左右运动效果的制作，内容包括一个小球和它的阴影的制作，通过小球的运动和阴影透明度的变化，产生小球跳动的效果。最后建立两个按钮，分别控制小球的运动，单击向右按钮时，跳转到小球向右运动的动画剪辑，而单击向左运动，则跳转到小球向左运动的动画剪辑。并且小球在每一个动画剪辑的最后一帧，添加帧动作，使动画停在最后一帧。

学习要点

- 创建小球元件
- 制作下落效果
- 设置阴影的效果
- 制作弹起的效果
- 制作运动动画

16.1 创建小球元件

01 新建一个 Flash 文件（ActionScript 3.0），背景色设为白色。

02 执行“插入”菜单里的“新建元件”命令，给图形元件命名为“ball”，如图 16-1 所示。

03 选择椭圆形工具，按住 Shift 键画一个正圆，删除周围的边线，并且把这个圆移动到 ball 元件的中央，如图 16-2 所示。

04 选中这个圆，在属性面板里选择颜色为灰色的放射状填充，如图 16-3 所示。

05 选择工具箱中的渐变变形工具，调整小球的颜色，使它更有立体感，如图 16-4 所示。

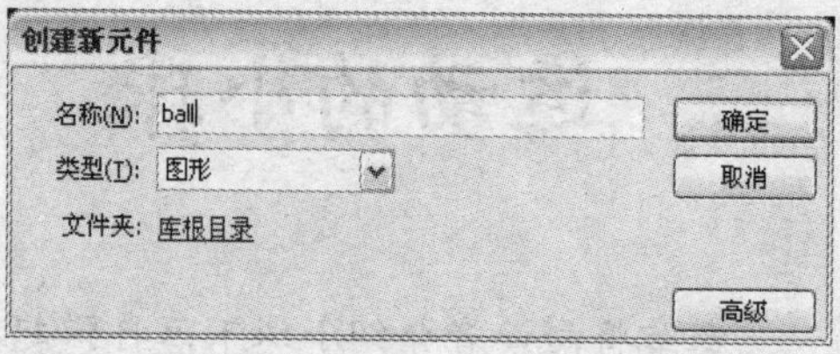

图 16-1 新建“ball”元件

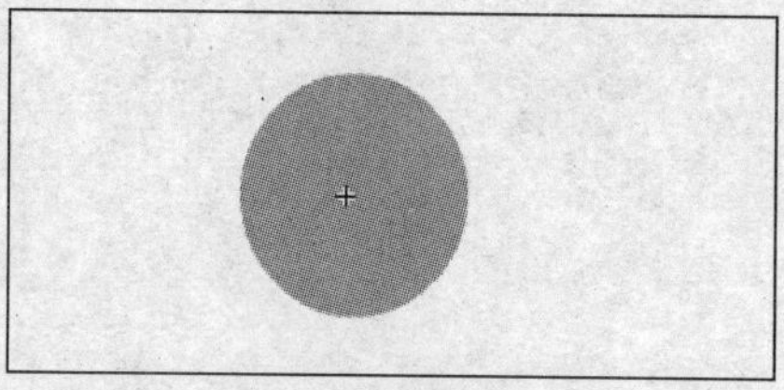

图 16-2 绘制小球

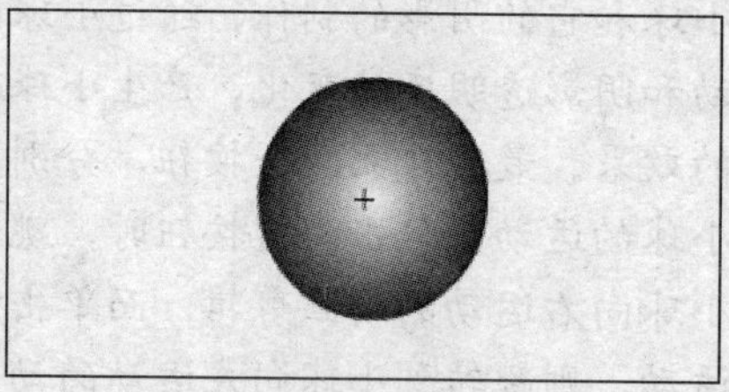

图 16-3 选择填充色

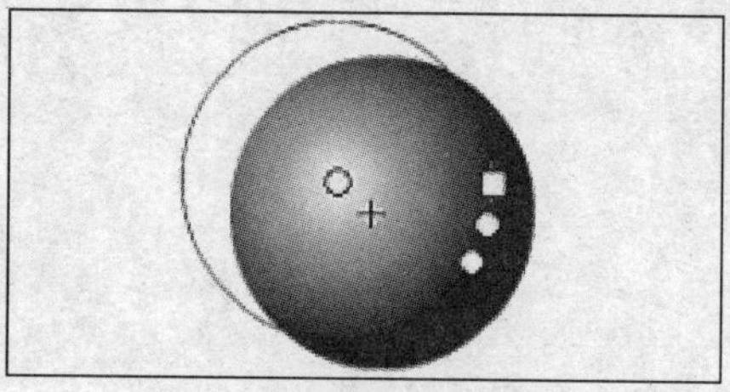

图 16-4 调整填充色

这样小球就画好了。

16.2 绘制阴影

01 执行“插入”菜单里的“新建元件”命令，给图形元件命名为“阴影”，如图 16-5 所示。

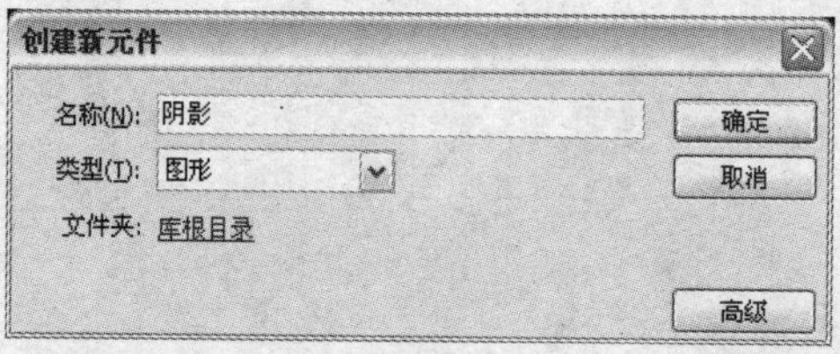

图 16-5 建立阴影元件

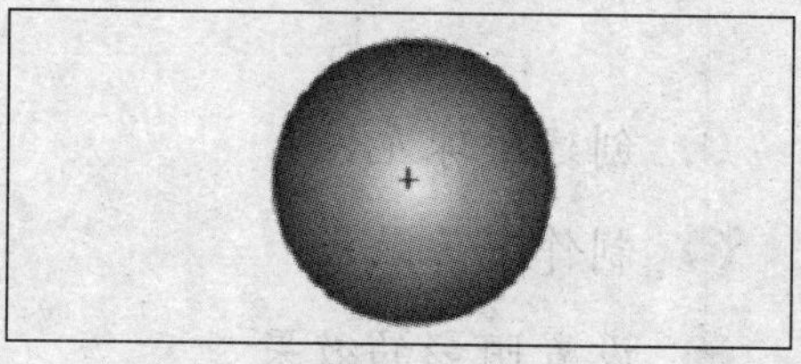

图 16-6 绘制阴影

02 选择椭圆形工具，在舞台上画一个正圆，选择灰色放射性填充，将边线删除，如图 16-6 所示。

03 选中所画的圆，选择“窗口”菜单下的“颜色”面板，或者按 Shift+F9 组合键打开颜色面板，将小球的颜色设为从黑色的中心向白色的边沿扩散。效果如图 16-7 所示。

04 改变阴影的形状，因为是从正面看小球下落的，所以阴影应该为扁平状。选择任意变形工具，将小球的纵向进行压缩，得到阴影的最终效果如图 16-8 所示。

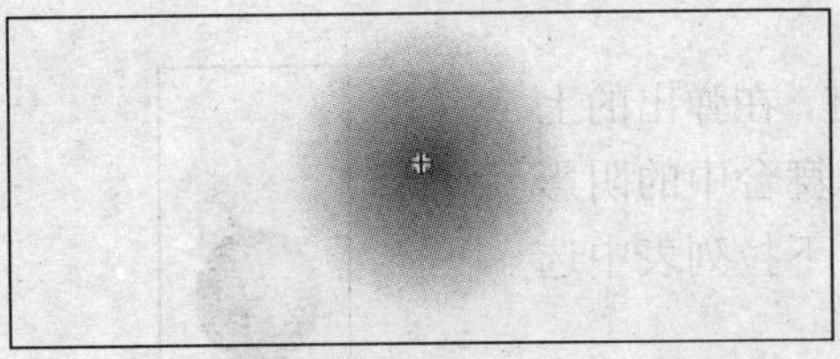

图 16-7 调整填充色

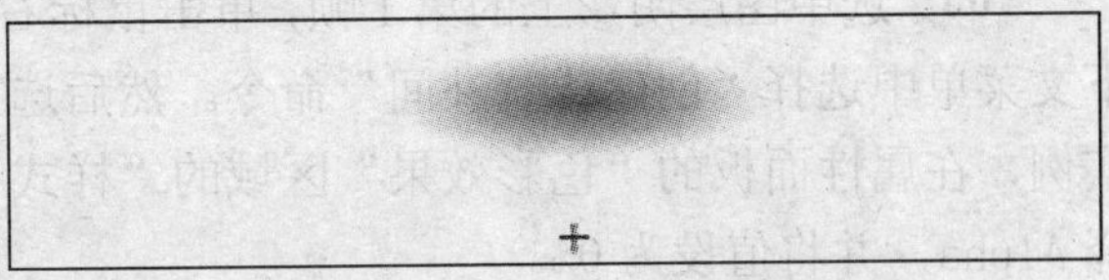

图 16-8 小球的阴影已经建好

16.3 制作下落效果

01 回到场景中，选中第 1 帧，将小球拖动到场景的上部（舞台的最上面），如图 16-9 所示。

02 选中第 10 帧，将其转换为关键帧。

03 选中第 1 帧，单击鼠标右键，在弹出的上下文菜单中选择“创建传统补间”命令，并在属性面板上设定缓动值为-30，这样可以控制小球的下落速度，是越来越快的，与真实情况接近。

04 单击选中第 10 帧，将小球移动到舞台的中部，这样小球的第一次下落就完成了。打开时间轴上的洋葱皮选项，看到如图 16-10 所示的效果。

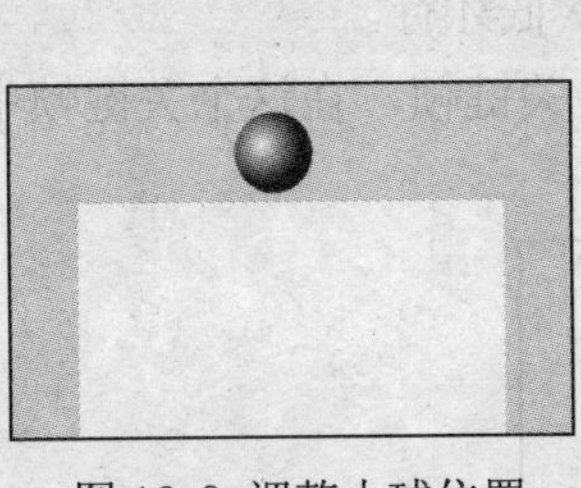

图 16-9 调整小球位置

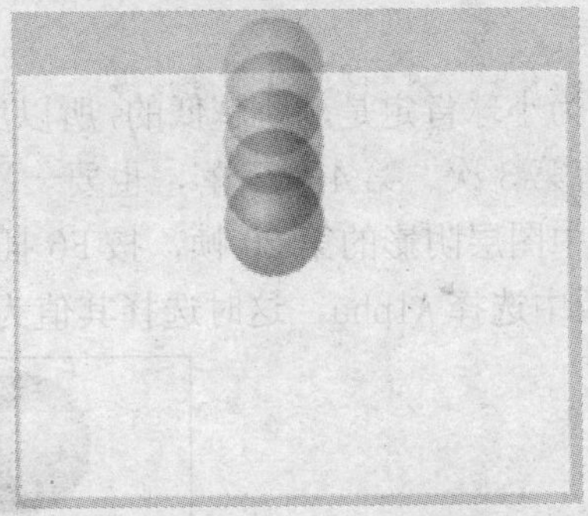

图 16-10 小球下落效果

技巧：为了观察动画的效果，在按回车键测试影片的时候，可以选择位于时间轴下方的洋葱皮按钮，这样可以同时观察到除当前帧外的其他临近的帧。同时我们也可以通过拖动时间轴上部的洋葱皮的括弧来扩大显示的帧数。

16.4 设置阴影的效果

01 在主场景中，添加一个图层，命名为阴影。并将元件“阴影”拖入场景中，调整位置，使阴影层位于图层 1 的下面。这样当小球下落时它自然就可以挡住阴影被遮住的部分，就会使得效果更加逼真了，如图 16-11 所示。

02 选中图层阴影上的第 10 帧，按 F6 插入一个关键帧。

接下来的步骤利用透明度的渐变来实现随着小球的下落，地上的影子应该逐渐的变暗，变的清晰和明显的效果。

03 选中图层阴影上的第 1 帧，单击鼠标右键，在弹出的上下文菜单中选择“创建传统补间”命令。然后选择舞台中的阴影实例，在属性面板的“色彩效果”区域的“样式”下拉列表中选择 Alpha，并将值设为 0%。

04 选中阴影图层上的第 10 帧，然后选择舞台中的阴影实例。在属性面板的“色彩效果”区域的“样式”下拉列表中选择 Alpha，并将值设为 100%。

图 16-11 动画效果

注意：Alpha 值就是透明度的值，调节它的大小可以使对象能够看到下层的物体，通常也用它来实现渐隐渐现的效果。例如第 1 帧透明度设为 0，第 20 帧的透明度设为 100%，这样在第 1 帧和第 20 帧之间物体就会慢慢呈现出来.

16.5 制作弹起的效果

01 制作小球弹起的效果。在图层 1 中的第 20 帧，按 F6 插入关键帧，选中第 10 帧，单击鼠标右键，在弹出的上下文菜单中选择“创建传统补间”命令，创建传统补间。

提示：将缓动值设为 45，这样可以使小球的运动逐渐减慢，更加符合抛体运动的特征。

02 选中第 20 帧，在这一帧上将小球向上移动一段距离，使小球有弹起的感觉，如图 16-12 所示。

注意：因为小球肯定是越跳越低的，所以应该设定的是第二次弹起的高度比落下时低，如果还有第 3 次、第 4 次下落，也要一次比一次低才行。

03 选中图层阴影的第 20 帧，按 F6 插入一个关键帧，在这个关键帧中点击阴影，在其属性面板中选择 Alpha，这时选择其值为 25%。

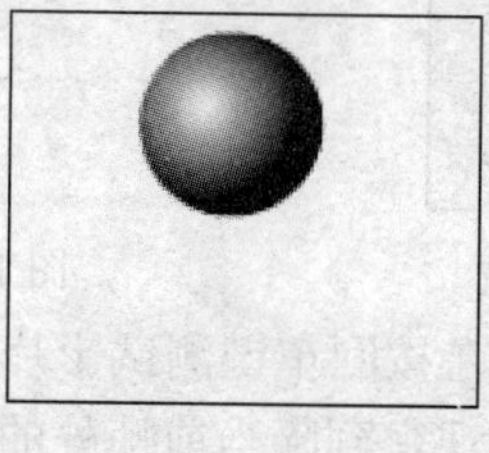

图 16-12 将小球上移

注意：因为小球肯定是越跳越低的，所以应该设定的阴影也不可能像一开始的时候那样，透明度为 0，看不见阴影。现在小球低了，应该有一定的较浅的阴影，所以设定 Alpha 的值为 25%，读者也可以自己根据经验设定。

04 按照同样的原理再新建几个关键帧，并使小球越落越低，最后停在地上，如图

16-13 所示。

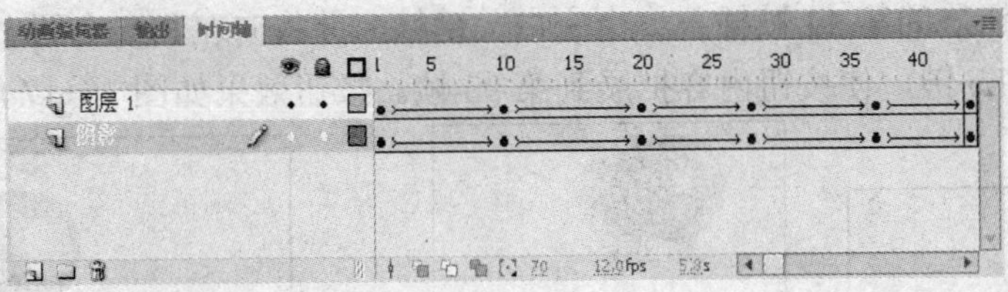

图 16-13 动画的时间轴

05 执行“控制”菜单里的“测试影片”命令，就可以看到跳动的小球了。

16.6 制作按钮

01 建立一个新的元件，命名为 left，指定其类型为“按钮”。这是向左的按钮，当点击它的时候，小球将会向左运动。双击打开 left 按钮，在按钮的第一帧，选择矩形工具，圆角设定为 20，画一个圆角矩形。新建一个图层，在第一帧画一个指向左边的三角形，颜色为橙色。

02 在第一层的最后一帧按 F5 使绿色矩形扩展到按钮在第一层的各帧，在图层 2 上把鼠标移到上面的那一帧中，将黄色的三角形变成红色，如图 16-14 所示。

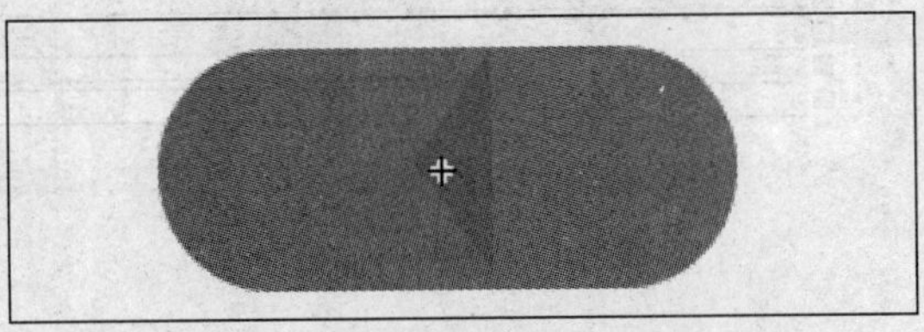

图 16-14 向左按钮

03 同样的建立向右的按钮，只不过向右的按钮，箭头指向右边。

16.7 制作运动动画

01 回到场景 1 中，选择全部图层最后一帧的下一帧，然后按 F7 键，插入一个空白关键帧，并且在场景中新建一个图层，命名为按钮。

02 在新建的空白关键帧中分别拖入小球和阴影实例，并将它们对应起来，效果如图 16-15 所示。

03 按住 Shift 键同时选中各图层的第 70 帧，按 F6 键插入关键帧，并在小球和阴影所在的层创建传统补间动画。

04 在刚才的动画中设定成小球和阴影缓慢向左移动。移动的洋葱皮效果如图 16-16 所示。

05 在第 95 帧建立另一段传统补间动画，同刚才的动画相似只不过小球是从起点开始向右运动的，其他设置与上一段动画相似。

06 在按钮层的第 44 帧插入一个空白关键帧，并将向左和向右两个按钮拖入场景。在第 95 帧，按 F5 键，使按钮内容扩展到第 95 帧。按钮效果如图 16-17 所示。

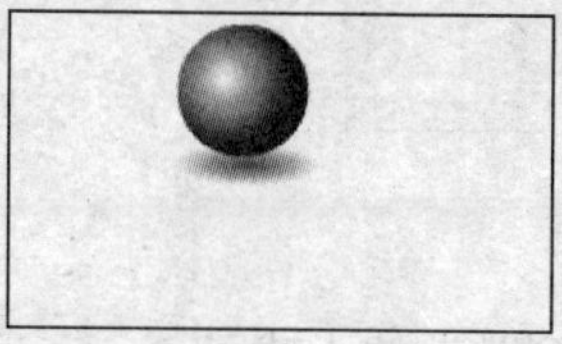

图 16-15 拖入小球和阴影

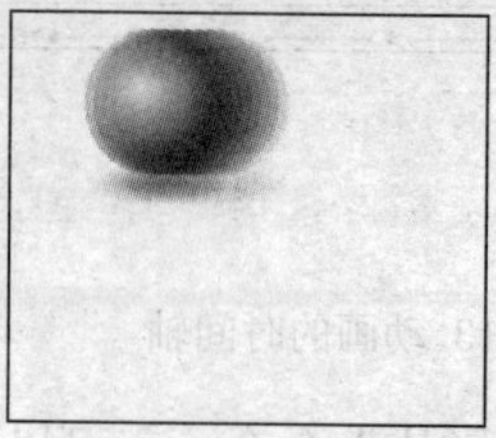

图 16-16 小球左移

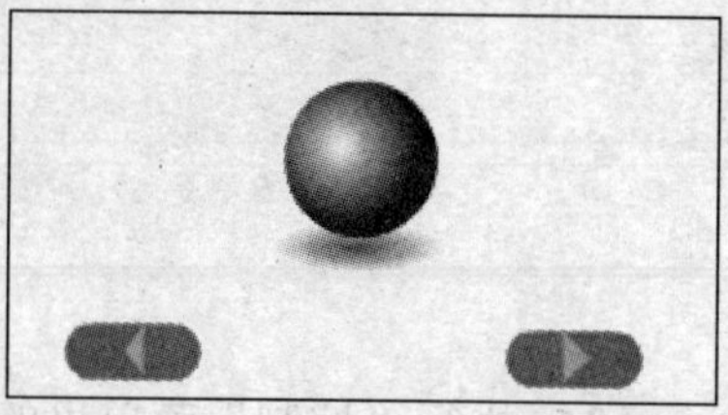

图 16-17 设置按钮层

07 新建一个图层，命名为控制层，这一层主要用来添加帧动作。在这一图层的第 44，第 70 和第 95 帧，分别建立空白关键帧，这些就是要添加动作的关键帧。分别在这些帧上添加动作，“stop();”，这样当影片播放到这一帧时，动画就停下来，等待观看者做出响应，如单击按钮等。这就是交互动画的初步，最后的时间轴如图 16-18 所示。

接下来将使用 Flash CS5 新增的“代码片断”面板为向左，向右两个按钮添加动作。向左按钮的动作是当鼠标点击时跳转到第 45 帧，播放小球向左运动的动画，向右的按钮则是跳转到第 71 帧。

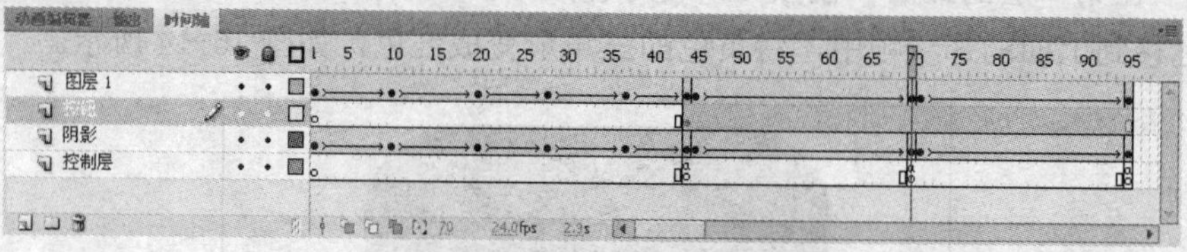

图 16-18 动画的时间轴效果

08 打开“代码片断”面板，单击“时间轴导航”折叠图标展开代码片断列表，然后双击“单击以转到帧并播放”，将相应的代码添加到“动作”面板的脚本窗格中。

09 切换到“动作”面板，按照代码片断的说明，将代码中的数字 5 替换为 45，如图 16-19 所示。

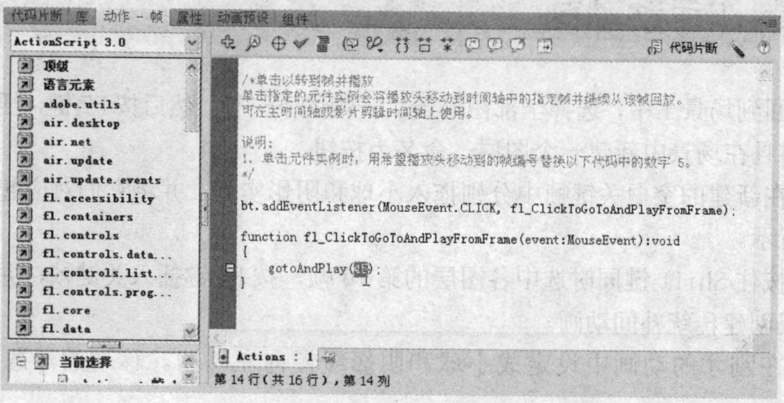

图 16-19 设定向左按钮的动作

10 按上述同样的方法为向右按钮添加控制脚本，将数字改为 71。

运动的小球最终结果如图 16-20 所示。

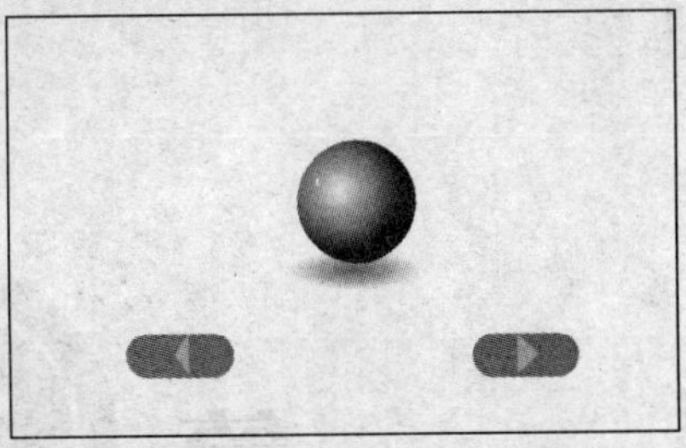

图 16-20 运动的小球

16.8 思考题

1. 时间轴上的洋葱皮按钮有何作用？如何使用它？
2. 帧属性面板中的“缓动”选项有何作用？
3. 如何制作按钮？
4. 如何使用“代码片断”面板为帧和按钮添加动作？

第 17 章

飘舞的雪花

本章将向读者介绍雪花飞舞的制作方法，内容包括雪花图形元件的创作，通过创建关键帧动画来制作飘落动画，将各个元件组合成下雪的场景，最后把这些元件合理地布置在场景中，制作了一个雪花纷纷扬扬下落的场景。

学 习 要 点

- 掌握使用矩形工具制作雪花的方法。
- 掌握“变形”面板调整对象的方法。
- 掌握自由变形工具的使用方法。

17.1 制作雪花元件

01 新建一个 Flash 文件（ActionScript 2.0）或 Flash 文件（ActionScript 3.0），并将其背景色设定为黑色，如图 17-1 所示。

02 执行“插入”菜单里的“新建元件”命令，给元件命名为“snow1”，并指定其类型为图形，如图 17-2 所示。

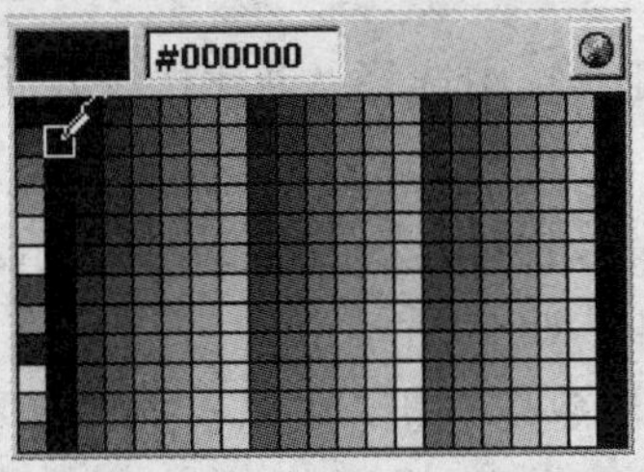

图 17-1 设置背景色

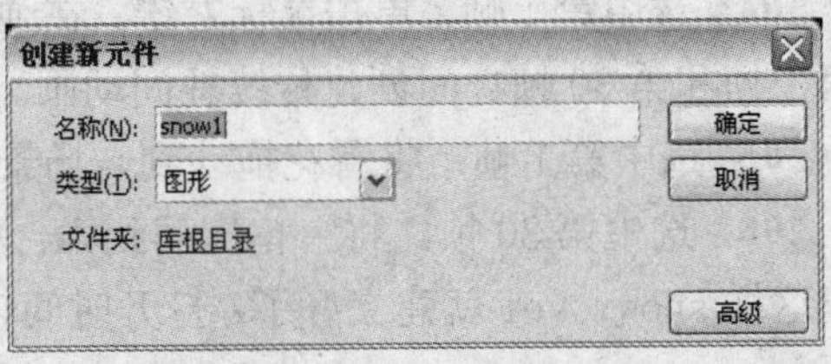

图 17-2 新建“snow1”元件

03 选择绘图工具箱里的矩形工具，在工作区里绘制一个长条状的矩形，将其填充颜色设为灰色，并删除周围的边线，如图 17-3 所示。

04 选择这个矩形，右击鼠标在弹出的菜单里选择“复制”命令，将其复制并粘贴。

05 从“窗口”菜单打开如图所示的“变形”面板，调整复制得到的矩形的角度为旋转 60.0 度，如图 17-4 所示。

06 同样，再复制一个矩形，把它旋转 120° 。把 3 个矩形叠放起来，如图 17-5 所示，就形成了雪花的样子了。

图 17-3 建立矩形

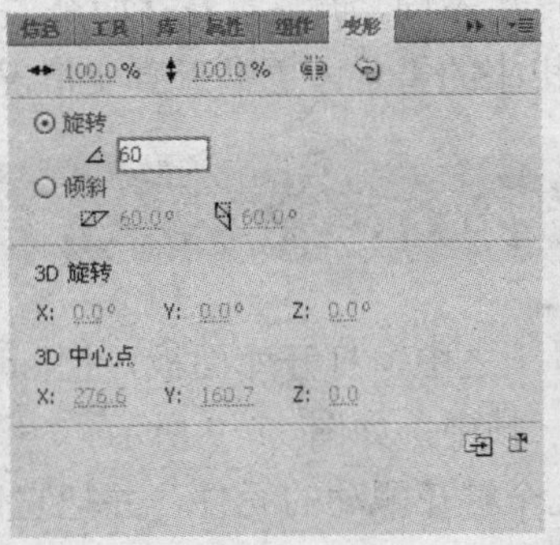

图 17-4 “变形”面板

图 17-5 创建雪花

17.2 制作飘落动画

01 执行“插入”菜单里的“新建元件”命令，给元件命名为“snowmove1”，指定其类型为影片剪辑，如图 17-6 所示。

02 打开库面板，将 snow1 拖入元件 snowmove1 的编辑窗口中。

03 选中第 30 帧，按 F6 键，在第 30 帧建立一个关键帧。

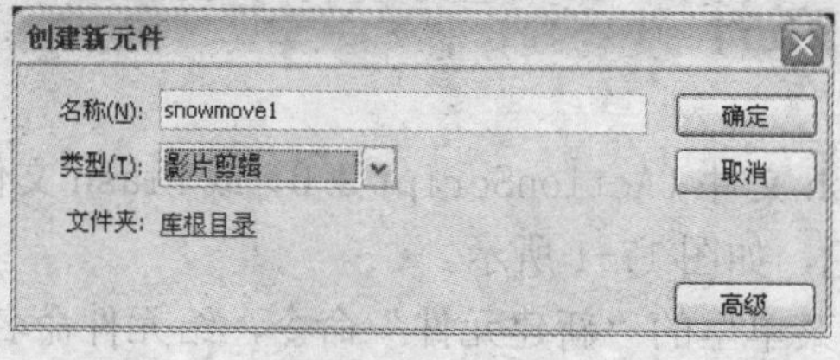

图 17-6 新建影片剪辑元件

04 选中第 1 帧，单击鼠标右键，在弹出的快捷菜单中选择“创建传统补间”命令，在第 1 帧和第 30 帧之间创建传统补间动画。

05 选中第 1 帧，将雪花拖动到与场景中的十字号相对齐，如图 17-7 所示。

06 选中第 30 帧，将雪花拖动到舞台底部。如图 17-8 所示。

这样 snowmove1 就建立好了，打开时间轴下方的洋葱皮按钮，可以看到雪花下落的动画。

图 17-7 调整雪花位置

图 17-8 调整雪花位置

07 同样制作 snowmove2， snowmove3 两个元件，通过调整两个关键帧之间的距离，使雪花的下落速度产生不同，调整雪花在两个关键中的位置帧，使其中雪花飘落的轨迹各不相同。这样制作出来的雪景才更贴近真实情况。

17.3 将元件组合成场景

01 回到场景 1 之中，打开库面板，把 snowmove1， snowmove2， snowmove3 从库面板中拖入场景的第一帧中，如图 17-9 所示。

02 多拖入几个雪花飘动的元件，并把它们进行随机地摆放，使它们有高有低，如图 17-10 所示。

图 17-9 将影片剪辑拖入场景 1

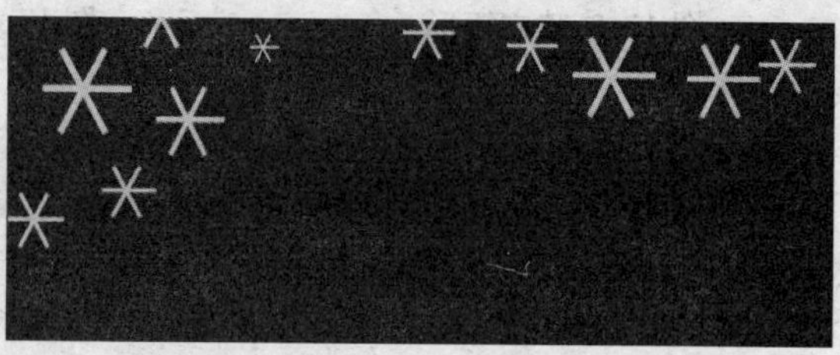

图 17-10 随机的摆放雪花

03 调整雪花的大小，因为距离较近的雪花看起来比较大而远处的雪花看起来比较小，这样可以使雪景更加真实，如图 17-11 所示。

注意：在调整雪花大小的过程中，不要把雪花的形状和长宽比例改变了，否则得到得就将是一堆压扁的雪花了。

04 选中第 35 帧，按 F6 键，插入一个关键帧，这样动画的第一层就完成了。

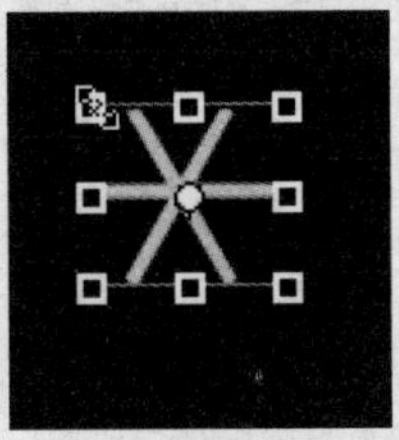

图 17-11 调整雪花大小

17.4 制作分批下落的效果

01 新建一个图层，选择图层 2 的第 7 帧，按 F7 键插入一个空白关键帧。

02 选中图层 2 的第 7 帧，从库面板中拖入几个 snowmove 的实例，并且调整好大小和形状，这样新拖入的雪花就会在第 7 帧开始下了。即实现了雪花分批降落的目的，如图 17-12 所示。

03 按照同样的原理再新建几个图层，并在不同的帧引入雪花，这样雪花就看起来自然一些。

04 执行“控制”菜单里的“测试影片”命令，就可以看到制作的雪景了，如图 17-13 所示。

图 17-12 雪花分批降落

图 17-13 飘动的雪花

17.5 思考题

1. 在时间轴线上加入空白帧有何作用？
2. “变形”面板能够对对象进行哪些调整？
3. 如何通过帧的操作来改变雪花下落的速度？

第18章

翻动的书页

本章将向读者介绍一个很漂亮的动画效果，即单击“下一页”按钮，书页向后翻页，单击“上一页”按钮，书页向前翻，翻到最后一页时，单击“完”按钮，书本合上。内容包括封面的设计，隐形按钮的制作，书页翻动的动画，各层动画和播放时间的设置，以及javascript语句。

学习要点

- 封面设计
- 页面设计
- 翻页动画制作
- ActionScript 语句

18.1 封面设计

01 新建一个 Flash 文档，选择“修改”|“文档”命令打开“文档属性”对话框。设定影片标题为“翻动的书页”，尺寸为 400×300，然后单击“确定”按钮关闭对话框。

02 选择“插入”|“新建元件”命令打开“创建新元件”对话框，新建一个名称为“cover”，类型为图形的元件。选中绘图工具栏中的矩形工具，设置其笔触颜色为无，填充颜色为红褐色，在舞台上画一个矩形。选中矩形工具后，在属性面板上将其宽改为 300，高为 400，左上角对齐舞台的中心点。

03 导入一幅图片，选择“修改”|“转换为元件”命令将其转换为影片剪辑元件。在属性面板上单击“滤镜”折叠按钮打开滤镜面板。单击“添加滤镜”按钮打开滤镜菜单，选择“模糊”命令，并设置模糊 X 和模糊 Y 的值为 2，柔化图片边缘。再从滤镜菜单中选择“发光”命令，设置模糊 X 和模糊 Y 均为 10，发光颜色为白色。

04 选择绘图工具栏中的文字工具，设置字体为楷体，大小为 50，颜色为黄色，在舞台中输入“咖啡文化”。

05 将图片和文字拖放到矩形的适当位置，完成封面的制作，如图 18-1 所示。

图 18-1 书本封面

18.2 页面设计

01 执行“插入”|“新建元件”命令新建一个名为“page”的图形元件。选择矩形工具，在舞台上画一个宽为 300，高为 400 的矩形，并将其左上角对齐舞台的中心点。

02 执行“插入”|“新建元件”命令新建一个名为“button”的按钮元件。选取“点击”帧，并按 F6 插入一个关键帧，在舞台用矩形工具画一个矩形。

03 执行“插入”|“新建元件”命令新建一个名为“pages”的影片剪辑元件。单击“插入图层”图标新建一个图层，在图层名称上双击，并将其重命名为“book”。

04 右键单击 book 层的第 1 帧，在弹出的上下文菜单中选择“转换为空白关键帧”命令。选中第 1 帧，在“动作”面板中输入 stop();，如图 18-2 所示。

05 在第 2 帧处按 F7 插入空白关键帧，在库面板中将元件 cover 拖放到舞台上，左上角和舞台中心点对齐。

06 在第 3 帧处按 F7 插入空关键帧，将元件 page 拖放到舞台上，并和 cover 的实例对齐。

07 在第 8 帧按 F5 插入帧，使 book 层的帧扩展到第 8 帧。

08 单击“插入图层”图标，在 book 层上新建一个图层，在图层名称上双击，并将其重命名为“button”。 右键单击第 1 帧，在弹出的上下文菜单中选择“转换为空白关键帧”命令。在第 2 帧处按 F6 插入关键帧，将按钮元件 button 拖放到舞台中，在属性面板中将其宽设为 300，高设为 400，并覆盖在 cover 上方，如图 18-3 所示。

09 在“button”层的第 3、4、5、6、7、8 帧处分别建立关键帧，用文字工具输入页码 1、2、3、4、5、6。

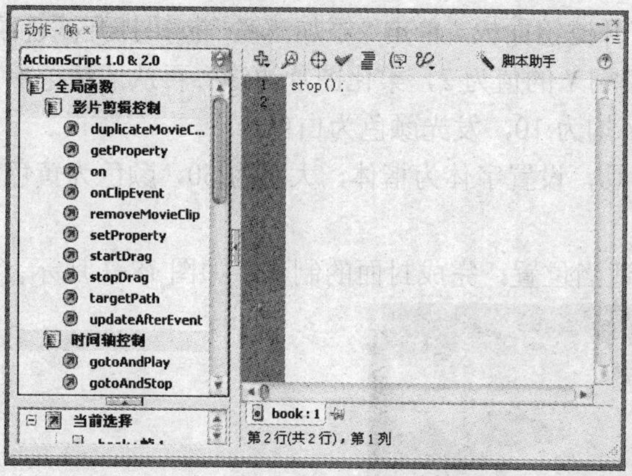

图 18-2 第 1 帧的动作

图 18-3 隐形按钮页面效果

10 单击“插入图层”图标，在 button 层上新建两个图层，在图层名称上双击，分别将其重命名为“pagebutton”和“text”。将 pagebutton 层的第 4 帧转换为关键帧，制作向后翻页按钮“下一页”； 将 text 层的第 4 帧转换为关键帧，插入图片或输入文本，完成后的页面效果如图 18-4 所示。

11 按照上一步的操作将 pagebutton 层的第 5、6、7、8 帧转换为关键帧，在第 5 帧和第 7 帧制作向前翻页按钮“上一页”；在第 6 帧制作向后翻页按钮“下一页”； 将 text 层的第 5、6、7 帧转换为关键帧，输入文本。将 pagebutton 层的第 8 帧转为关键帧，制作按钮“完成”，作用是当按下此按钮时，书本合上，返回到初始状态，如图 18-5 所示。

图 18-4 页面效果

图 18-5 制作完成按钮

18.3 翻页动画制作

01 选择“插入”|“新建元件”命令新建一个名为“flip”的影片剪辑，在第 37 帧右击，从上下文菜单中选择“插入帧”命令，将帧扩展至 37 帧。在 flip 层上新建一个图层，重命名为“rightflip”，将影片剪辑 pages 放置在舞台内，右上角和舞台中心点对齐，即，在“信息”面板中，其坐标为 x=-150，y=200。在属性面板将其命名为 rightflip。

提示：为在设计动画时方便查看舞台效果，读者可以进入元件 pages 的编辑窗口，将时间轴中各图层的第一帧删除。动画制作完毕后，再在各图层加上一个空白关键帧及相应的帧动作命令。

02 在 rightflip 层下新建 leftpage 层。将影片剪辑 pages 放置在舞台内，打开“信息”面板，将其坐标设置为 x=-450，y=200。并在属性面板中将其命名为 leftpage。此时，rightflip 和 leftpage 的位置如图 18-6 所示。两者间的距离为书本的宽度。

03 在 rightflip 层上方再新建 leftflip 层。将影片剪辑 pages 放置在舞台内，和 rightflip 对齐，并将其命名为 leftflip，这个层主要用来实现翻页效果。

04 选中 leftflip 层的第 2 帧和第 9 帧，按 F6 将其分别转换为关键帧。选择工具面板上的任意变形工具，将 pages 的中心点移至左上角，在“变形”面板中将第 9 帧处的 pages 的水平缩放设置为 85%，垂直倾斜设置为-85，如图 18-7 所示。

图 18-6 leftpage 和 rightflip 的位置

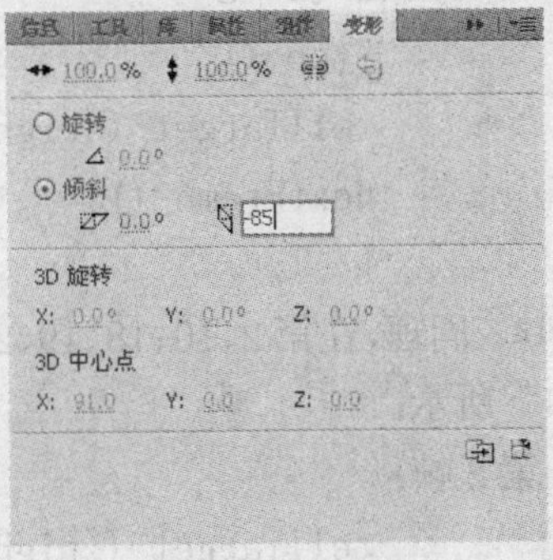

图 18-7 leftflip 的变形设置

05 将 leftflip 层的第 10 帧转换为空白关键帧，将影片剪辑 pages 拖放到舞台上，在“信息”面板中设置其坐标为 x=-150，y=200。然后选择工具面板上的任意变形工具，将 pages 的中心点移至左上角。

06 将 leftflip 层的第 18、19、20、29 帧转换为关键帧。

07 将第 10，第 29 帧处 pages 的“变形”设置为：水平缩放 85%；垂直倾斜 85。效果如图 18-8 所示。

08 将第 19 帧的 pages 拖放在舞台外。

09 选择第 9 帧，单击右键，从上下文菜单中选择“复制帧”，在第 30 帧上单击右键，选择“粘贴帧”；同理，将第 2 帧复制至 36 帧，将第 19 帧复制到第 37 帧。

10 第 36 帧处将 pages 的“变形”设置为：水平缩放 95%；.垂直倾斜 10。

11 在帧面板中，将第 2～9、10～18、20～29、30～36 帧的渐变设置为动画渐变动画，如图 18-9 所示。

图 18-8 变形效果图

图 18-9 翻页效果图

18.4 ActionScript 语句

01 新建 Actions 层，在第 1 帧处按 F6 建立关键帧，打开“动作”面板，输入以下 ActionScript 语句。

```
stop ();
tellTarget ("rightflip") {
nextFrame ();
}
```

02 同理，在第 2、10、18、19、20、29、37 帧处建立关键帧，并分别设置其 ActionScript 语句如下所示：

第 2 帧：

```
tellTarget ("rightflip") {
nextFrame ();
}
tellTarget ("rightflip") {
nextFrame ();
}
tellTarget ("leftflip") {
nextFrame ();
}
```

第 10 帧：

```
tellTarget ("leftflip") {
nextFrame ();
}
```

第18帧：

```
tellTarget ("leftpage") {
nextFrame ();
}
tellTarget ("leftpage") {
nextFrame ();
}
```

第19帧：

```
stop ();
```

第20帧：

```
tellTarget ("leftpage") {
prevFrame ();
}
tellTarget ("leftpage") {
prevFrame ();
}
```

第29帧：

```
tellTarget ("leftflip") {
prevFrame ();
}
```

第37帧：

```
tellTarget ("leftflip") {
prevFrame ();
}
stop ();
tellTarget ("rightflip") {
prevFrame ();
}
tellTarget ("rightflip") {
prevFrame ();
}
```

03 单击时间轴上的编辑元件按钮，切换到影片剪辑pages，单击层button的第2帧，选中舞台上的按钮，在动作面板中输入如下代码：

```
on (release) {
tellTarget ("..") {
gotoAndPlay (2);
}
}
```

04 在 pagebutton 层，单击第 4 帧，选中舞台上的“下一页”按钮，在动作面板中输入如下代码：

```
on (release) {
tellTarget ("..") {
gotoAndPlay (2);
}
}
```

05 同理，设置第 5 帧 “上一页”按钮的代码如下：

```
on (release) {
tellTarget ("..") {
gotoAndPlay (20);
}
}
```

第 6 帧“下一页”按钮的代码如下：

```
on (release) {
tellTarget ("..") {
gotoAndPlay (2);
}
}
```

第 7 帧“上一页”按钮的代码如下：

```
on (release) {
tellTarget ("..") {
gotoAndPlay (20);
}
}
```

第 8 帧“完成”按钮的代码如下：

```
on (release) {
tellTarget ("../leftpage") {
gotoAndStop (1);
}
tellTarget ("../leftflip") {
gotoAndStop (2);
}
tellTarget ("../rightflip") {
gotoAndStop (4);
}
tellTarget ("..") {
gotoAndPlay (32);
```

```
        }
    }
```

06 回到场景，将影片剪辑 flip 放置在场景中，摆放好位置。按 Ctrl+Enter 测试效果。

书页翻动的效果图如图 18-10 所示。

图 18-10 书页翻动的效果图

18.5 思考题

1. 在本实例中，如果没有对齐 rightflip 和 leftflip，结果会怎样？

2. 在步骤 9 中，如果不在“动作”面板中输入 stop();，对整个动画效果会有什么影响？

第 19 章

课件制作

本章将向读者介绍包括数学、物理、化学在内的一个关于实验课件的制作过程。内容包括文字和按钮的制作，按钮对应的影片剪辑的制作，最后使用ActionScript控制影片剪辑。在本实例中分别点击不同的按钮可以进入相应的实验内部，在实验内部又是对应实验的一个简单演示，包括实验的名称和一段小的动画演示。

学习要点

- 制作静态元件
- 制作实验的影片剪辑
- 将元件添加进场景
- 用 ActionScript 进行编程

19.1 制作静态元件

01 新建一个Flash文件（ActionScript 2.0）或Flash文件（ActionScript 3.0），设置文档大小为550×400，背景色为白色，其他保持不变。

02 使用绘图工具箱里的矩形工具，在属性面板上设定其圆角半径为30，如图19-1所示。在舞台上绘制一个矩形。剪裁掉其下半部分，形成按钮形状。

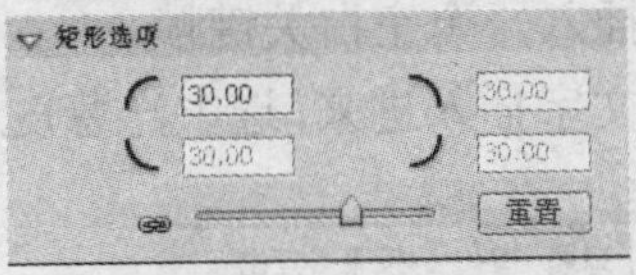

图19-1 设置矩形圆角半径

03 使用颜料桶工具将矩形的填充色设定为绿色渐变填充，使用工具箱中的渐变变形工具，改变其填充方向，如图19-2所示。

04 输入按钮上的文字，包括黑色和橙色的“数学”，“物理”，“化学”。字体选择方正粗倩简体，字号：28，如图19-3所示。

图19-2 调整填充

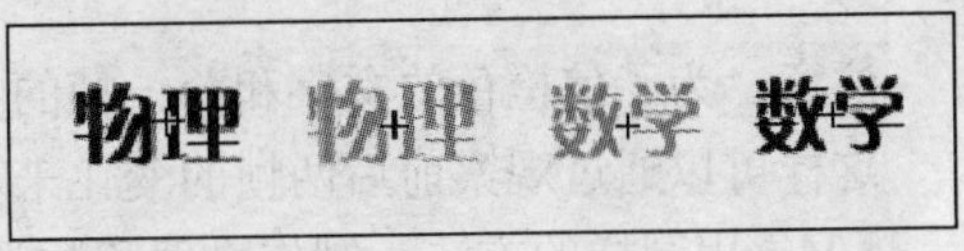

图19-3 按钮文字

注意：之所以要两种不同颜色的文字，是为了使按钮的几个状态有所区别，比如不放鼠标上去时，按钮文字是黑色，当放上鼠标后，按钮文字变成橙色。当点击时文字又变成黑色。

05 使用文字输入工具制作标题，包括虚拟实验系统，函数曲线的认识，烧杯的使用等文字，分别设置不同的颜色。字体也为方正粗倩简体。如图19-4所示。

图19-4 输入文字

06 用绘图工具栏的相应矩形、椭圆、箭头以及铅笔工具制作函数曲线，烧杯，和抛体小球，如图19-5所示。

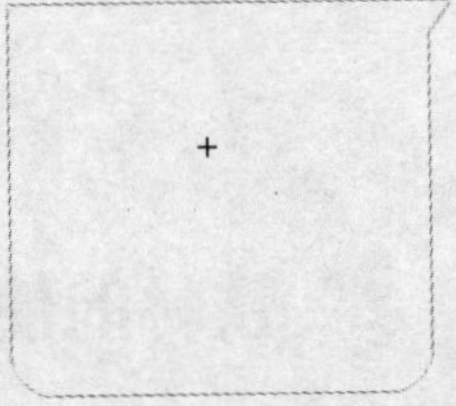

图19-5 绘制烧杯

19.2 制作按钮

需要制作的 3 个按钮每个按钮分两层，下面一层是绿色的背景，按钮的各个状态下均相同。上面一层，是文字层，包括不同的 3 个状态。下面开始制作。

01 先将绿色背景拖到按钮的编辑窗口中，并按 F5 扩展帧，如图 19-6 所示。

02 新建一个图层，命名为“文字”，这个图层将放置文字，在指针经过帧处拖入黑色的文字“化学”，在点击帧，插入一个空白关键帧。

03 把上面编辑好的橙色文字插入进来，选中洋葱皮选项，按钮效果如图 19-7 所示。

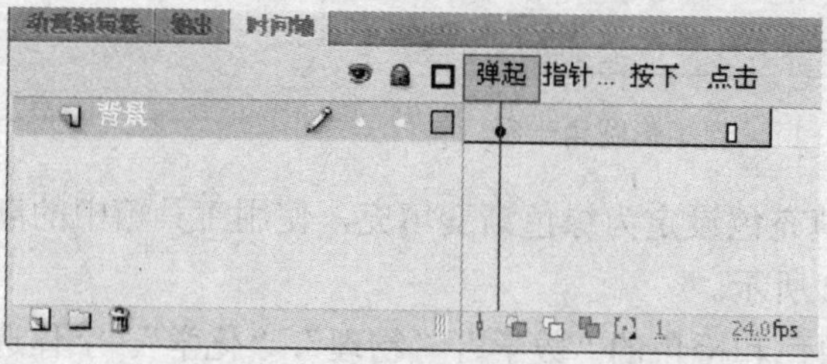

图 19-6 按钮图层

图 19-7 按钮效果

注意：为了使橙色的文字和前一帧的文字能够对齐，打开时间轴下面的洋葱皮选项，这样可以通过观察前后两帧的变化来对齐文字。

04 用同样的方法，制作物理和数学的按钮。

19.3 制作实验的影片剪辑

01 先制作物理实验。在第一层中制作一个逐帧的动画，形成抛出小球的轨迹动画。在第 2 层的 13 帧～20 帧设置实验标题“抛体实验演示”的渐现的动画，如图 19-8 所示。

02 制作化学实验的动画。先将烧杯拖入，在第 7 帧插入关键帧，并将第 7 帧的烧杯稍微旋转一下，从而在第 1 帧和第 7 帧之间形成烧杯倾倒的动画。

03 新建一个图层，把化学实验的标题——“烧杯的使用”加入进去，并设置从第 8 帧到第 20 帧的渐现的动画效果，如图 19-9 所示。

04 制作数学实验。数学实验又分两层，一层是函数曲线，一层是数学实验的标题。只有标题层设置渐现的动画效果，如图 19-10 所示

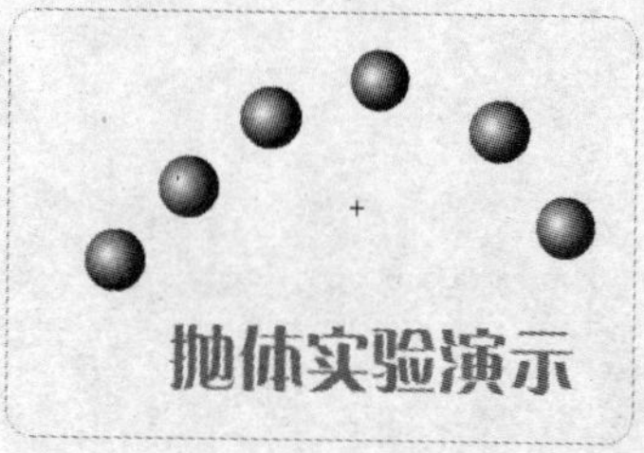

图 19-8 物理实验

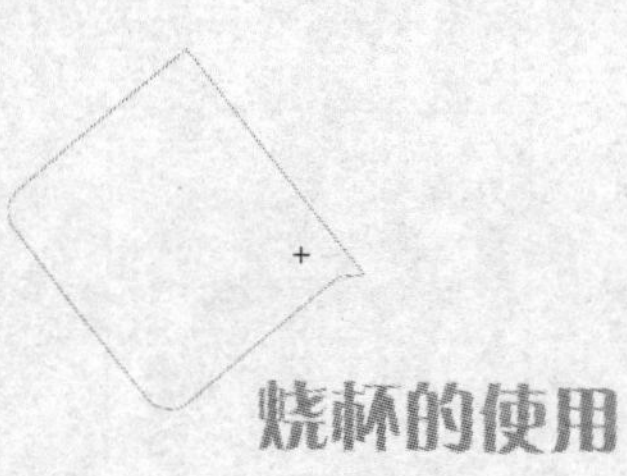

图 19-9 化学实验

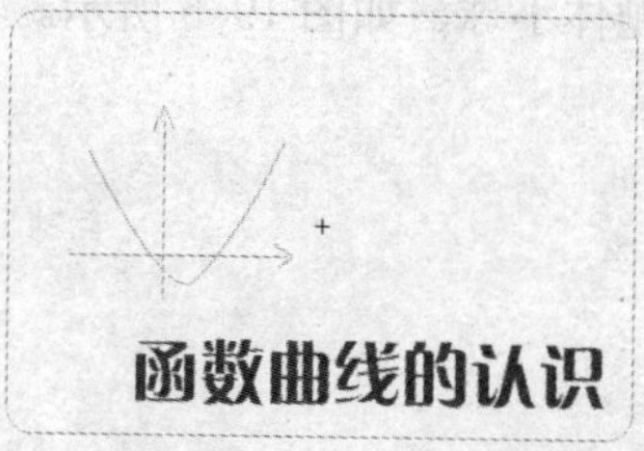

图 19-10 数学实验

19.4 将元件添加进场景

01 建立 4 个图层，并分别进行命名为背景层、按钮层、控制层和放置内容的图层 3，如图 19-11 所示。

02 在背景层中拖入背景元件，即橙色的背景边框，如图 19-12 所示。

03 在按钮层放入 3 个按钮，如图 19-13 所示。

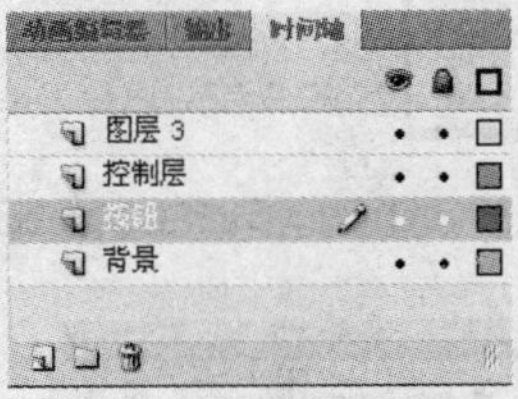

图 19-11 图层

图 19-12 背景边框

图 19-13 设定按钮层

04 在放置内容的图层 3，先在 1～19 帧设置虚拟实验系统的渐现动画。后面的 20 帧中拖入物理实验的动画，再向后的 20 帧拖入化学实验的影片剪辑，最后 20 帧拖入数学实验的影片剪辑，如图 19-14 所示。

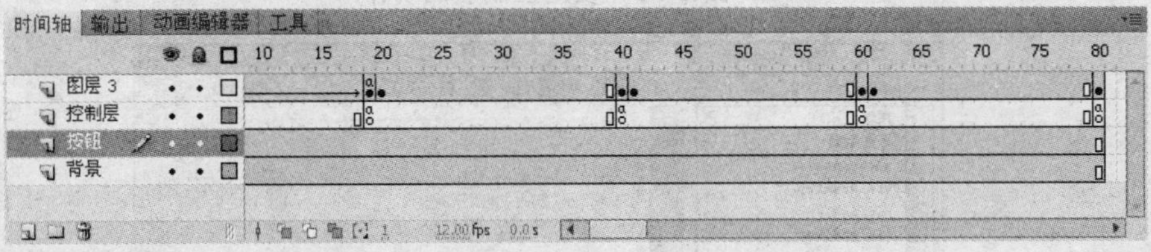

图 19-14 场景 1 的时间轴

注意：要将 3 个实验的动画剪辑中的线框与背景层的橙色线框对齐。

控制层主要是添加帧动作，从而控制影片播放。

19.5 用 ActionScript 进行编程

01 在 3 个实验的动画的最后一帧添加帧动作“stop”，从而使动画停留在最后一帧。选择最后一帧，打开动作面板，选择 stop()，如图 19-15 所示。

02 设定场景 1 中的控制层的动作，分别在每个实验剪辑片段的结尾插入一个空白关键帧，在各个空白关键帧处设定帧动作，同样选择 stop()，使影片停留在该帧，如图 19-16 所示。

接下来使用“代码片断”面板为各个按钮设定动作。

03 选中物理按钮实例，打开“代码片断”面板。双击“事件处理函数”分类下的“Mouse Click 事件”，将相应的代码片断添加到脚本窗格中。

04 切换到“动作”面板，删除事件处理函数中的示例代码，然后添加自定义代码：

gotoAndPlay(20);，如图 19-17 所示。

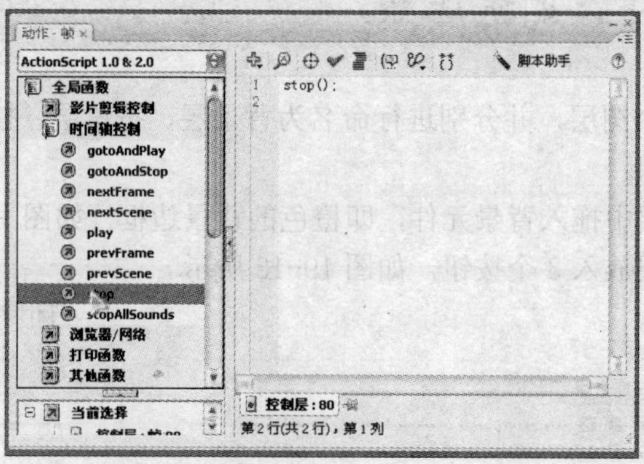

图 19-15 设置播放动画的播放

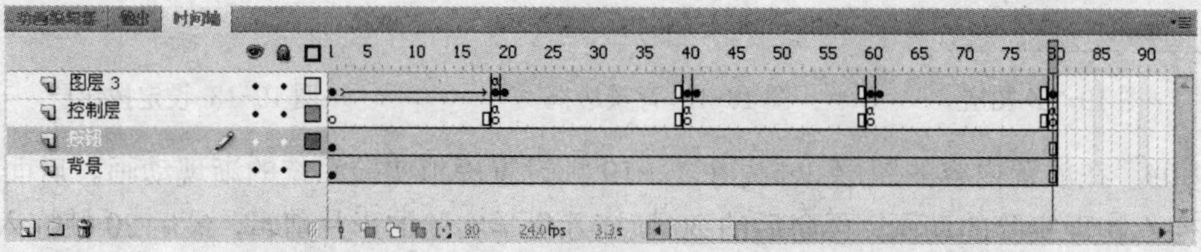

图 19-16 设定控制层的动作.

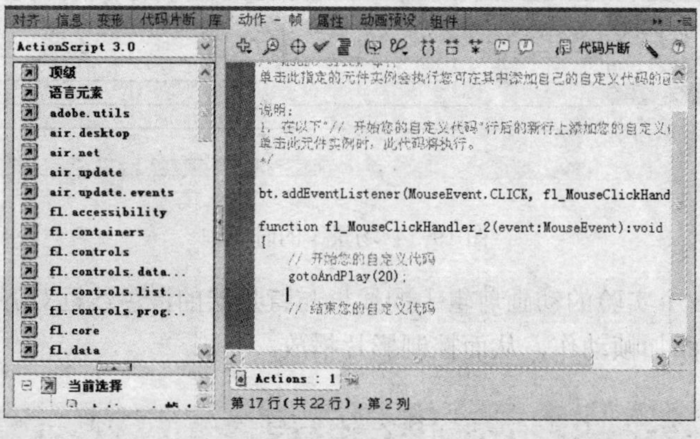

图 19-17 物理按钮的动作

当鼠标在按钮上按下，又放开（即单击）时，会触发动作 gotoAndPlay(20)；即转到当前场景的第 20 帧，开始播放物理实验的影片剪辑，当播放到最后一帧的时候，触发最后一帧的帧动作 stop();，然后影片就会停留在影片剪辑的最后一帧。

05 按照上述相同的方法为化学按钮实例设定动作，代码如下：

```
gotoAndPlay(41);
```

06 设定数学按钮的动作，代码如下：

```
gotoAndPlay(61);
```

07 执行“控制”菜单里的“测试影片”命令，就可以看到动画效果了。

实验课件的制作结果如图 19-18 所示。